KB120366

현대시의 기호론적 세계

정 유 화 지음

청운

인간이 사는 세계는 각종 기호로 구조화된 세계이다. 그것이 자연적 기호이든 인공적 기호이든지 간에 일단 구조화된 현상으로 나타나게 되면, 그것은 의미를 산출하는 기능으로 작용하게 된다. 그러므로 우리에게 가장 먼저 주어지는 것은 의미의 세계가 아니라 바로 기호의 세계이다. 이로 미루어 보면, 우리는 의미의 세계를 살고 있다기보다는 기호의 세계를 살고 있는 셈이 된다. 이처럼 기호는 의미의 집이다. 따라서 기호 없이는 의미를 인식할 수가 없다. 우리가 날마다 기호를 생산하고 기호를 소비하며 기호를 끝없이 욕망하는 이유도 이에 기인한다.

예의 시인들은 일반인들과 달리 언어기호를 가장 미적으로 구조화하는 사람들이다. 그래서 시인들이 산출하는 기호들은 우연적이거나 산만하지 않다. 달리 말하면 필연적이고 체계적이며 통일적이다. 그러므로 그들이 사용한 모든 언어기호들은 예외 없이 하나의 질서를 따라 시 텍스트를 구조화하는데 그 임무를 다할 수밖에 없다. 여기서 '하나의 질서'를 달리 표현하면 그것은 '기호를 구조화하는 원리'를 뜻한다. 사실, 시 텍스트의 공간적 형식을 결정하는 가장 중요한 것은 바로 이 원리이다. 만약에 독자가 시인이 구사한 이러한 원리를 잘 파악할 수 있다면 어떻게 될까. 말할 것도 없이 시 텍스트의 형식과 시적 의미작용을 누구보다도 더 깊이 있게 객관적으로 탐구해낼 수 있을 것이다.

기호론적 세계에서 보면, '기호를 구조화하는 원리'는 다름 아닌 이항대립적 원리이다. 주지하다시피 이항대립적 원리는 차이의 원리이다. 부연하면, 하나의 구조를 전제로 하여 그 안에서 차이를 가시화할 수 있는 대립의 쌍, 예컨대 '선/악, 미/추 …' 같은 대립의 쌍을 통하여 그 의미를 탐색해내는 원리이다. 그런 만큼 이항대립적 원리에서 가장 중요한 것은 '구조의 틀'과 '대립쌍의 틀'이다. 우리가 시를 이해하고 연구하기 위해서는 가장 기본적으로 이러한 '구조의 틀'과 '대립쌍들의 틀'을 지각하고 인식해야 한다. 문제는 이러한 것들이 불가시적인 형태로 존재하기에, 우리가 이를 이성적, 논리적으로 탐구하지 않으면 이를 가시적인 형태로 드러낼 수 없다는 데에 있다.

이 책이 의도하는 목적도 예외는 아니다. 기호론적인 측면에서 시 텍스트의 '구조의 틀'과 '대립쌍들의 틀'을 탐색해내고, 이를 바탕으로 하여 그 시적 의미작용을 새롭게 밝혀내고자 한 것이다. 그 대상 시인으로는 현대시문학사에서 시문학의 큰 족적을 남긴 이상화, 정지용, 이육사, 백석, 김광균, 김현승, 신동엽, 신경림 등을 삼았다. 이 시인들의 경우, 시적 주제나 소재 그리고 시적 상징이나 이미지 등이 모두 변별적이다. 요컨대 그 시적 세계관과 기법이 모두 다르다. 그럼에도 불구하고 기호론적 방법론으로 이 시인들의 시 텍스트를 보면, 시적 구조화 곧 시적 코드의 원리 및 그 공간적 의미작용의 원리가 동일한 것으로 나타난다. 그 시적 코드 원리는 이항대립과 삼원구조이다. 예의 삼원구조는 이항대립과 그것을 매개하는 매개항까지 포함한 구조이다. 물론 이러한 시적 코드는 공간적 의미작용을 산출하게 만든다. 수평적 공간에서는 내부와 외부의 변별적인 의미작용을 산출하게 만들고, 수직적 공간에서는 천상과 지상, 혹은 상/하의 변별적인 의미작용을 산출하게 만든다. 이렇게 기호론적 방법론으로 시인들의 시 텍스트를 탐구해보면, 한국현대시문사의 통시적인 공간 구조의 특성과 그 의미지향성을 구체적으로 인식할 수 있게 된다.

이 책을 출판해주신 전병욱 사장님과 정성을 다해 편집해주신 최덕임 편집장께 감사의 말씀을 올린다. 해마다 청운출판사가 번창하기를 진심으로 기원한다.

2014년 6월 20일

정 유 화

차 례

차 례

▶ 제 1 장 ◀
이상화의 시 텍스트

▸제1장◂ 이상화의 시 텍스트

1. 꿈의 기호론적 세계와 시적 코드

Ⅰ. 서론

주지하다시피 「나의 침실로」와 「빼앗긴 들에도 봄은 오는가」는 李相
和 시의 대표작이다. 이 두 작품은 시적 주제뿐만 아니라 시적 구조면
에서도 일정한 문예미학적인 성취를 이루고 있다. 그래서 이 두 작품은
그의 많은 시편들을 수렴하고 확대하는 지배소적 기능을 하기도 한다.
이상화에 대한 연구자들이 거의 빠짐없이 이 두 작품을 언급하고 있는
것도 바로 이러한 이유 때문이다. 그 정도로 이 두 작품은 이상화의 전
체 시세계를 조명하는데 있어서 중심이 되는 두 개의 큰 기둥이라고 할
수 있다. 그러므로 큰 기둥에 해당하는 이 두 작품에 대한 탐색과 해명
이 제대로 될 때, 그 기둥을 얽는 부분들도 자연스럽게 해명될 것이다.
　이 두 작품에 대한 연구는 양과 질에서 모두 어느 정도 흡족한 성과
를 거두고 있다. 많은 연구자들이 다양한 방법을 동원하여 집중적으로
두 작품을 분석했기에 가능한 것이다. 그 연구 방법을 거시적으로 분류
해 보면, 해석과 의미구조 중심으로 텍스트를 분석한 방법,[1] 전기적 비
평으로 텍스트를 분석한 방법,[2] 구조 기호학적 원리로 텍스트를 분석

---

[1] 오세영(1981), 「어두운 빛의 미학-〈나의 침실로〉의 작품 분석」, 신동욱 편, 『이
상화연구』, 새문사;홍문표(1998), 「자기 동일성의 상실과 회복-〈나의 침실로〉
에 대한 언술적 의미」, 『인문과학연구논총』 제18집, 명지대 인문과학연구소.

한 방법,[3] 현상학적 비평으로 텍스트를 분석한 방법,[4] 신화적 비평으로 텍스트를 분석한 방법[5] 등으로 나눌 수 있다. 이러한 기존 연구들은 이 상화 시 텍스트에 대한 의미와 구조를 해명하는데 일정한 기여를 했을 뿐만 아니라 연구 범주를 다양하게 확대할 수 있는 방법론도 제공해 주고 있다.

그러나 기존 연구에 문제점이 전혀 없는 것은 아니다. 그 중의 하나는 「나의 침실로」와 「빼앗긴 들에도 봄은 오는가」를 연대기적 순서, 곧 통시적 순서로만 분석하고 있다는 점이다. 통시적 분석에 의하면 이 두 작품은 시적 형식과 시적 경향이 전혀 다른 것으로 나타나고 있다. 가령, 초기 작품인 「나의 침실로」는 감상주의와 낭만주의를 대변하는 것으로, 후기 작품인 「빼앗긴 들에도 봄은 오는가」는 신경향파 혹은 저항시를 대변하는 것으로 규정된다. 이는 연대기적 순서에 따라 그 내용(주제)만의 변화를 중심으로 분석한 결과적 산물이라고 할 수 있다. 하지만 이 두 작품을 공시적으로 분석하면 그러한 차이는 무의미해진다. 공시적 분석에 의하면 두 작품은 하나의 동일한 시적 코드와 구조로 건축되고 있다. 예컨대, 「나의 침실로」는 '마돈나(외부) − 외나무다리(매개항) − 침실(내부)'이라는 '삼원구조[6]'를 구축한다. 그리고 이러한 구조

2) 김용직(1981), 「식민지 시대의 창조적 감각 − 〈빼앗긴 들에도 봄은 오는가〉의 이해」, 신동욱 편, 『이상화연구』, 새문사;김재홍(1989), 「尙火 李相和」, 『한국현대시인연구』, 일지사.

3) 이승훈(1988), 「〈빼앗긴 들에도 봄은 오는가〉의 구조 분석」, 이승훈 엮음, 『한국문학과 구조주의』, 문학과비평사;정효구(1988), 「〈빼앗긴 들에도 봄은 오는가〉의 구조시학적 분석」, 이승훈 엮음, 『한국문학과 구조주의』, 문학과비평사;박민수(1988), 「〈나의 침실로〉의 구조 분석」, 이승훈 엮음, 『한국문학과 구조주의』, 문학과비평사;이어령(1995), 「몸과 보행의 시학 − 〈빼앗긴 들에도 봄은 오는가〉의 구조 분석」, 『詩 다시 읽기』, 문학사상사.

4) 송명희(2008), 「이상화 시의 장소와 장소상실」, 『한국시학연구』 제23호, 한국시학회.

5) 김주현(2004. 4), 「신령주의와 조선문학의 건설 − 〈빼앗긴 들에도 봄은 오는가〉에 대한 새로운 해석」, 『문학・선』, 문학・선.

6) 삼원구조는 兩極的 요소들과 그것을 매개해 주는 기능을 갖는 매개항으로 이루어진다. 매개항이란 두 요소를 중재하는 것으로써 양극적 요소를 극대화하

에 하늘과 지상의 기호가 관여하면서 텍스트가 건축되고 있다. 마찬가지로 「빼앗긴 들에도 봄은 오는가」도 '나(출발) – 들판(매개항) – 맞붙은 곳(종착)'이라는 삼원구조를 구축하고 있으며, 여기에 하늘과 땅(대지)의 기호가 관여하면서 텍스트가 건축되고 있다. 요컨대 텍스트를 건축하는 시적 코드 원리와 구조가 동일하다. 그리고 다른 하나는 두 작품에 대한 의미 해석이 텍스트의 구조적 논리와 부합하지 않는 경우가 있으며, 부합하더라도 타당성에 문제가 있는 경우가 있기도 하다.

이 글에서는 기존 연구를 토대로 해서 두 작품의 시적 코드 원리와 구조, 그리고 의미작용을 탐색하기로 한다. 좀 더 부연하면 기호론의 기본적 원리인 이항대립을 적용하여 지배소를 분석하고 이를 근거로 해서 미시적 구조 및 의미작용을 분석하기로 한다.

Ⅱ. 꿈의 침실을 위한 시적 코드: 「나의 寢室로」 분석

— 「가장아름답고 오-랜것은 오즉꿈속에만잇서라」 — 「내말」

1) 「마돈나」지금은밤도, 모든목거지에, 다니노라 疲困하야돌아
  가려는도다.
  아, 너도, 먼동이트기전으로, 水蜜桃의네가슴에, 이슬이맷도
  록달려오느라.

2) 「마돈나」오려므나, 네집에서눈으로遺傳하든眞珠는, 다두고몸
  만오라.
  쌜리가자, 우리는밝음이오면, 어댄지도모르게숨는두별이어라.

거나 완화시키는 다양한 기능을 한다. 이사라(1987), 『시의 기호론적 연구』, 도서출판 중앙, p.24.

3) 「마돈나」구석지고도어둔마음의 거리에서, 나는두려워썰며기
   다리노라,
   아, 어느듯첫닭이울고—뭇개가짓도다, 나의아씨여, 너도듯
   느냐.

4) 「마돈나」지난밤이새도록, 내손수닥가둔寢室로가자, 寢室로!
   낡은달은쌔지려는데, 내귀가듯는발자욱—오, 너의것이냐?

5) 「마돈나」짧은심지를더우잡고, 눈물도업시하소연하는내맘의
   燭불을봐라.
   ¥털가튼바람결에도窒息이되어, 얄푸른연긔로써지려는도다.

6) 「마돈나」오느라가자, 압산그름애가, 독갑이처럼, 발도업시이
   곳갓가이오도다.
   아, 행여나, 누가볼는지—가슴이쒸누나, 나의아씨여, 너를부
   른다.

7) 「마돈나」날이새련다, 쌜리오렴으나, 寺院의쇠북이, 우리를비
   웃기전에
   네손이내목을안어라, 우리도이밤과가티, 오랜나라로가고말자.

8) 「마돈나」뉘우침과두려움의외나무다리건너잇는내寢室열이도
   업느니!
   아, 바람이불도다, 그와가티가볍게오렴으나, 나의아씨여, 네
   가오느냐?

9) 「마돈나」가엽서라, 나는미치고말앗는가, 업는소리를내귀가
   들음은—
   내몸에피란피—가슴의샘이, 말라버린듯, 마음과목이타려는
   도다.

10) 「마돈나」 언젠들안갈수잇스랴, 갈테면, 우리가가자, 끄을려가
지말고!
너는내말을밋는「마리아」―내寢室이復活의洞窟임을네야알년
만……

11) 「마돈나」 밤이주는꿈, 우리가얽는꿈, 사람이안고궁그는목숨
의꿈이다르지안흐니,
아, 어린애가슴처럼歲月모르는나의寢室로가자, 아름답고오랜
거긔로.

12) 「마돈나」 별들의웃음도흐려지려하고, 어둔밤물결도자자지려
는도다.
아, 안개가살아지기전으로, 네가 와야지, 나의아씨여, 너를
부른다.[7]

―「나의 寢室로」 전문

1. 부제와 지배소 분석 및 의미작용

일반적으로 副題라고 하면 제목을 좀 더 부연 설명해 주는 부차적인
기능으로 이해한다. 그래서 부제는 제목에 종속되는 것으로서 독자적
인 의미작용을 하지 않는 것으로 본다. 하지만 부제 또한 텍스트를 구
성하는 한 부분으로서 독자적인 구조와 의미를 지니고 있다. 부제는 제
목과 본문 사이에 위치하는 매개적 언술로서 제목에 영향을 주기도 하
고 본문에 영향을 주기도 한다. 다시 말해서 부제는 독자적인 하나의
'작은 텍스트'로서 '큰 텍스트'의 의미를 수렴하고 확산하는 기능을 한
다. 「나의 침실로」에서 "―「가장아름답고 오 - 랜것은 오즉꿈속에만잇
서라」―「내말」."은 부제이다. 예의 부제는 독자적인 텍스트로 의미작용
을 수행한다.

---

7) 인용한 시 텍스트에 붙인 번호는 聯 단위의 표기로서 논의의 편의상 筆者가
붙인 것이다.

이 언술의 구조를 분석하면 '꿈/현실, 아름답다/추하다, 오래(무한)/잠시(유한)'라는 이항대립으로 구조화되어 있다. '꿈속'이 '아름다운 것, 오래인 것'을 양식으로 한다면, '현실 속'은 '추한 것, 잠시인 것'을 양식으로 하는 것이 된다. 前者가 긍정적이고 상승적인 의미를 산출한다면 後者는 부정적이고 하강적인 의미를 산출한다. 제목에 나오는 '침실'은 현실과 대립하는 공간이다. 이것을 부제와 연관시키면 자연스럽게 '꿈속의 침실'이 된다. 그리고 부제를 본문과 연관시키면 '꿈속에 있는 나(언술주체)'와 '현실 속에 있는 너(언술대상, 마돈나)'의 대립으로 나타난다. 이 대립이 시 텍스트를 건축해나가는 시적 에너지로 작용한다. 또한 부제에서 빠뜨릴 수 없는 요소가 있는데, 바로 '내말'이다. '내말'은 '너의 말, 너희들의 말'과 대립하는 언술이다. '내말'이 특수하고 개인적인 시인의 언술이라면, '너의 말, 너희들의 말'은 일반적이고 사회적인 언술이다. 부제를 통해서 보면, 이상화는 시인의 언술로서 사회적인 언술을 전복시키려고 한다고 볼 수 있다. 이러한 전복의 시적 욕망이 시 텍스트의 건축을 가능하게 해주고 있다. 이런 점에서 부제는 텍스트의 의미를 수렴하고 확산하는 지배소라고 할 수 있다.

支配素인 부제의 대립을 구체화하고 있는 것이 예의 본문의 텍스트이다. 꿈과 현실의 대립은 본문에서 현실에 존재하는 '마돈나'와 현실 밖에 존재하는 '침실'의 기호로 구체화되고 있다. 그리고 이러한 대립을 매개하는 기호는 '외나무다리'이다. 따라서 '마돈나 – 외나무다리 – 침실'은 삼원구조를 형성하면서 텍스트를 건축해 나가는 지배소 기능을 담당하게 된다.[8] 본문의 구조를 통하여 그 지배소의 기능과 의미를 탐색

---

8) 이 텍스트에서 '마돈나, 외나무다리, 침실'을 지배소로 본 것은 의미구조에 근거한 것이다. 의미론적 구조로 보면, 언술주체가 욕망하는 대상은 마돈나이고, 그 마돈나가 지향해야 하는 곳은 다름 아닌 침실이다. 그리고 그 침실은 외나무다리에 의해 그 고유한 의미를 산출하고 있다. 따라서 '마돈나, 외나무다리, 침실'은 의미론적 구조에 있어서 이 텍스트를 건축하는 뼈대적인 요소, 곧 핵심적인 요소가 될 수밖에 없다. 많은 연구자들이 거의 빠짐없이 '마돈나, 침실' 등을 핵심적인 상징으로 보고, 이를 중심으로 시 텍스트를 해석하

해 보도록 한다.

이 텍스트의 문을 열고 닫는 것은 '마돈나'라는 호칭이다. 제1연에서 시작된 그 호칭은 제12연에 이르기까지 한 연도 거르지 않고 꼭 한 번씩 등장하고 있다. 만약에 이 텍스트에서 '마돈나'를 삭제한다면 시적 긴장이 무너질 뿐만 아니라 언술 주체의 간절한 목소리도 호소력을 상실하고 말 것이다. 그리고 텍스트의 구조로 보면, 1연에서 '마돈나'로 시작된 언술이 12연에서는 '너를 부른다'라는 언술로 종결되고 있다. 이를 통합해 보면 '마돈나, 너를 부른다'라는 언술구조가 된다. 곧 마돈나를 부르는 언술이 전체 텍스트 공간을 감싸고 있는 구조이다. '마돈나'가 지배소가 될 수 있는 것도 바로 여기에 기인한다. 그래서 많은 연구자들도 '마돈나'의 존재에 대해 집중 조명해 왔다. 기존 연구의 공통된 논의는 '마돈나'를 '성모마리아, 애인(님), 민족' 등의 상징으로 모아지고 있다. 그러나 한 가지 아쉬운 것은 그 논의들이 텍스트의 외재적 요소에 근거하여 규명하고 있다는 점이다.

'마돈나'의 기호가 텍스트의 내부로 들어오면 '마돈나'는 그 내부의 여러 부분들과 관계를 맺으면서 그 고유한 의미를 산출하게 된다. 먼저 제일차적인 마돈나의 의미를 보도록 한다. '마돈나'를 문화적 층위로 보면 한국적 이미지인 '인순이'(「쓰러져 가는 미술관」)와 대립하는 서양적 이미지로서 '고귀한 신분'이라는 의미를 내포하고 있다. 언술주체가 마돈나를 한국의 문화적 언어인 '아씨'라고 별칭한 것도 그러한 이유에서다. 그리고 '마돈나'를 종교적 층위로 보면 세속성, 육체성(性, 감정)과 대립하는 신성성, 정신성(聖, 이성)의 의미를 내포한 이미지이다. 性女가 아니라 聖女인 셈이다. 따라서 '마돈나'는 '고귀한 신분'으로서 '신성성, 정신성'을 지닌 聖女라고 할 수 있다.

고 있는 것도 이에 연유한다고 볼 수 있다. 물론 '상징성'을 중심으로 분석하는 경우와 '지배소'를 중심으로 분석할 경우, 그 의미체계는 다르지만 말이다. 다만 기존 논의에서 '외나무다리'는 중요한 상징으로 보고 있지 않다. 이는 의미구조보다는 의미해석에 치중한 결과적 현상이 아닌가 한다.

이러한 제일차적인 '마돈나'의 기호가 텍스트 내부의 여러 기호들과 결합되면서 제이차적인 의미를 산출하게 된다. 마돈나와 직접적으로 관계되는 어구들은 제1연의 '수밀도의 가슴', 제2연의 '집에서 눈으로 遺傳하던 진주'이다. '수밀도의 가슴'은 性的 에너지가 절정 상태에 이른 마돈나의 젊은 육체성을 나타내는 은유이다. 이 은유에 의해 제7연의 '네 손이 내 목을 안어라'라는 언술을 가능케 한다.9) 이에 비해 '네 집에서 눈으로 遺傳하던 진주'는 이성과 정신을 나타내주는 언술이다. '눈'을 신체공간기호로 보면 '가슴'보다 상방공간에 위치해 있다. 가슴이 육체성을 의미한다면 눈은 정신성을 의미한다. 그러므로 '눈으로 유전한다'는 것은 性에 대한 정신적 이념을 물려받는다는 것을 의미한다. 그 정신적 이념을 표방하는 것이 예의 '진주'라는 기호이다. 은유법으로 구성된 진주의 의미를 제1차적으로 '눈물'의 의미, 제2차적으로 '일상적 규범과 비본래적 인생관'이라는 포괄적인 의미로 볼 수도 있다.10) 하지만 신체공간기호로 도출해 보면 '순결'의 상징적인 의미가 된다. '진주'는 여성의 환유로서 단순한 장식품을 의미하는 동시에 상징적인 의미로 쓰이기도 한다. 그 상징적인 의미는 '순수성(순결성), 여성성, 신성성, 정신성' 등이다.11) 따라서 눈으로 유전하는 진주는 '순결'을 지켜야 하는 정신(이성)적 가치를 의미한다.

앞의 논의를 통합해 보면, '마돈나'는 '고귀한 신분'으로서 '신성성, 정신성'을 지닌 聖女이다. 이러한 '마돈나'는 텍스트가 전개되면서 성적 에

---

9) 박민수는 은유구조인 '수밀도의 가슴'을 논리적으로 분석하면서 이 은유가 육체를 연상하는 관능적 표현이 아니라고 한다. 그러면서 물과 달콤함이 지닌 순수성과 기쁨을 은유한 것이라고 결론을 내린다. 은유 자체의 분석에는 어느 정도 수긍이 가지만, 다른 부분(네 손이 내 목을 안어라)과 관련지을 때에는 그 해석에 모순이 생기고 만다. 그래서 순수성과 기쁨의 은유이기보다는 육체성의 순수함(성적 경험이 없는)을 은유한 것이 더 타당하지 않을까 한다. 박민수(1988), 앞의 논문, pp.229~230. 참조.
10) 오세영(1981), 앞의 논문, pp. I - 15~16. 참조.
11) 잭 트레시더, 김병화 옮김(2007), 「천국의 보석, 진주」, 『상징 이야기』, 도솔, p.171. 참조.

너지가 절정 상태에 이른 젊은 육체성의 기호가 되고, 동시에 그러한 몸의 욕망을 억제해야 하는 순결성의 기호가 되기도 한다. 말하자면 육체성과 정신성이 대립하는 모순의 몸으로서의 마돈나이다. 언술주체인 내가 이러한 마돈나를 침실로 부르는 것은 정신적 세계에 억압된 몸을 육체적 세계로 전환·전복시키기 위한 것이다. 기존 논의에서처럼 단순하게 성적 욕망만을 성취하기 위한 언술이 아닌 것이다.

다음으로 '외나무다리'의 지배소 분석이다. 어휘 빈도수에서 볼 때 '외나무다리'는 단 한번만 나타나지만 의미구조로 볼 때에는 매우 중요한 위치를 담당하고 있다. 마돈나가 있는 시공간과 침실이 있는 시공간을 분절하여 그 양항의 의미를 변별시키는 기능을 하고 있기 때문이다. 곧 '묵거지, 집, 사원' 등의 현실세계와 '침실'인 꿈의 세계를 분절하고 매개하는 기능을 한다. 외나무다리가 지배소가 되는 이유도 여기에 있다. 그래서 '외나무다리'는 현실과 꿈의 의미소를 모두 지닌 모순의 기호, 즉 양의적 기호가 된다. 현실에서의 의미소는 '뉘우침과 두려움'이고 꿈에서의 의미소는 '아름다움'이다. 이런 점에서 '외나무다리'는 육체성(性女)과 신성성(聖女)을 지닌 모순의 마돈나와 등가 관계를 갖는다. 그리고 '나무다리'와 변별되는 것이 '외나무다리'이다. 전자가 양항의 연결을 쉽게 해주는 것이라면 후자는 그 연결을 어렵게 해주는 기능을 한다. 이는 곧 현실세계와 꿈의 세계가 연결되기 어렵다는 것을 암시한다. 그 암시를 좀 더 확장해서 보면 마돈나의 '육체성(性女)'과 '신성성(聖女)' 사이에도 외나무다리가 있고, 주체인 '나'와 '마돈나' 사이에도 외나무다리가 있는 셈이다. 그러므로 외나무다리는 단순하게 '고난의 과정'[12]의 기능만을 의미하지 않는다. 양항 사이의 의미를 변별하는 동시에 언술주체인 '나'와 '마돈나'의 심리적 갈등을 유발하는 기능으로 작용하기도 한다.

마지막으로 '침실'의 지배소 분석이다. '침실'이 지배소 자격을 얻을

---

12) 홍문표(1998), 앞의 책, p.9. 참조. 이 외에도 대다수의 연구자들이 '외나무다리'를 '통과제의'로 보고 있다.

수 있는 것은 의미론적 구조에 기인한다. 이 텍스트의 의미론적 구조는 '마돈나, 나의 침실로 가자'이다. 그러므로 침실이 텍스트의 의미를 수렴하고 확대하는 중요한 기호로 작용할 수밖에 없다. 따라서 실제로 텍스트에서는 '침실'이 4번 나타나지만 의미론적 구조로 보면 '마돈나'와 동일한 빈도로 나타나고 있는 셈이다. 이처럼 마돈나와 침실은 한 쌍으로서 이 텍스트의 주춧돌과 같은 역할을 하고 있다. 때문에 침실은 이 텍스트에서 중요한 지배소가 된다. 지배소인 침실의 일차적인 의미는 '나/너'의 대립에 의해 산출된다. 제4연의 '내 손수 닦아둔 침실', 제8, 10연의 '내 침실', 제11연의 '나의 침실'에서 알 수 있듯이, 침실의 소유가 '나'임을 강조하고 있다. 부제에서 '나'를 강조하고 있는 것과 같은 원리이다. '나'는 '너, 너희들'들을 전제한 언어이다. 그러므로 '나의 침실'은 '너, 너희들의 침실'과 다른 것이다. '너, 너희들의 침실'은 일상적 공간인 '목거지, 마을, 사원, 집' 등에 있지만, '나의 침실'은 그와 대립하는 비일상적인 공간에 있다. 집단적, 사회적인 지배를 받는 공간이 아니라 그것을 일탈한 공간이다. 즉 언술 주체만의 개인적인 욕망에 의해 지배되는 특수한 공간이다. '너, 너희들의 침실'이 육체성을 억압하는 정신성의 침실로서 죽음의 세계가 된다면, '나의 침실'은 육체성과 정신성이 결합된 침실로서 復活의 세계가 된다. 좀 더 부연하면 '聖女'와 '性女'의 변별이 해체되는 침실이며, 사회적 제도와 금기를 전복시키는 침실이다.

이처럼 지배소인 '마돈나, 외나무다리, 침실'은 텍스트를 건축해나가는 주춧돌 기능을 하고 있다. 다시 말해서 '마돈나(일상적, 세속적) - 외나무다리(매개항) - 침실(비일상적, 탈속적)'이라는 수평적 삼원구조를 구축한 가운데 天地의 시공간적 기호[13]들을 불러오고 있는 것이다. 이렇게 해서 텍스트는 다의적인 의미를 산출하게 되고, 마돈나를 애타게 호명하는 언술 주체의 내면적 심리를 드러내게 된다.

---

13) 이 텍스트에서 天의 기호로는 '별, 달' 등이며, 地의 기호로는 '목거지, 집, 닭, 개, 앞산, 사원' 등이다.

2. 텍스트의 구조와 의미작용 분석

'마돈나-외나무다리-침실'의 삼원구조가 거시구조로서 텍스트의 뼈대라면, 이와 결합하는 다른 부분들은 미시구조로서 텍스트의 살이라고 할 수 있다. 그러므로 거시구조와 미시구조를 통합해서 분석할 때에 텍스트의 전체적인 구조와 의미작용을 탐색해 낼 수 있을 것이다.

이 텍스트는 12연으로 구성되어 있는데 의미구조로 보면 전반부와 후반부로 나누어진다. 제1~6연까지가 전반부이고, 제7~12연까지가 후반부이다. 매 연을 마무리하는 서술어 층위를 보면 6연의 '너를 부른다'만이 12연에서 그대로 다시 반복되고 있다. 이 외에는 서술어 층위가 제각기 모두 다르다. 제1연의 문을 여는 '마돈나'와 제6연의 문을 닫는 서술어 층위를 결합해 보면 '마돈나, 너를 부른다'가 된다. 마찬가지로 제7~12연의 의미구조도 '마돈나, 너를 부른다'이다. 결국 이 텍스트는 전반부의 의미를 다시 후반부에 강조하는 구조를 보여주고 있다.

먼저 제1~6연까지의 의미구조와 의미작용을 탐색해 보도록 한다.[14] 제1~6연까지의 의미구조는 '마돈나, 너를 부른다'이다. 그런데 이 언술은 시공간의 제한을 받는 가운데 산출되고 있다. 시간은 밤으로 제한되고 있으며, 공간은 상호 대립하는 목거지와 침실로 제한되고 있다. 밤은 낮의 시간 곧 '먼동(1연), 밝음(2연)' 등과 대립하는 시간으로서 나와 마돈나의 육체적 결합을 가능하게 해주는 긍정적인 의미작용을 한다. 이로 미루어 보면 '먼동, 밝음'은 정신과 이성이 지배하는 부정적인 시간의 의미를 나타내고, '밤'은 육체와 감성이 지배하는 긍정적인 시간의 의미를 나타낸다. 언술 주체가 자기와 마돈나를 천상적 존재인 두 별로 상징화한 이유도 바로 여기에 있다. 별의 몸은 밤에만 빛날 수 있기 때문이다. 말할 것도 없이 그 빛남은 억압된 몸의 해방을 의미한다. 그런데도 불구하고 천상적 공간(별)과 대립하는 목거지(집)의 공간은 나의

---

14) 이 텍스트의 의미구조는 시간적 순서로 구성된 것이 아니다. 동일한 여러 개의 통나무를 붙여놓은 것처럼 되어 있기 때문에 그 연의 순서와 관계없이 그 연을 바꾸어 분석해도 의미상 차이가 없다.

육체를 피곤하게 하고 마돈나가 지닌 수밀도의 가슴을 억압하고 있다. 하지만 마돈나 역시 아직 오지 않는 상태이기 때문에 마돈나는 천상의 '별'에도 걸리고 地上의 '집'에도 걸리는 양의적인 몸이다.

이에 비해 '지난밤이 새도록, 내 손수 닦아둔 침실(4연)'의 밤은 두 별의 몸이 빛날 수 있는 공간이다. 이성과 감성이 통합되는 공간, 신성성과 육체성이 통합되는 공간이다. 언술 주체가 마돈나를 침실로 오라고 부르는 것도 그러한 이유에서다. 침실의 밤은 외나무다리와 연결된 수평축에 놓여 있지만, 이를 수직축으로 세우면 의미론적으로는 천상적 공간이 된다. 그러므로 침실로 가는 것은 곧 천상적 공간인 별의 세계로 가는 것과도 같다. 그러므로 천지공간에 내재한 밤의 소멸은 언술 주체를 '피곤함의 몸(1연)→두려워 떠는 몸(3연)→촛불로 꺼지는 몸(5연)'으로 만들게 된다. 곧 존재 상실인 것이다. 그런데도 불구하고 聖女와 性女의 양의성을 지닌 마돈나는 나의 부름에도 불구하고 오지 않고 있다. 마돈나에 대한 나의 태도는 '나의 아씨여, 너를 부른다(6연)'에서 알 수 있듯이 양가적이다. '아씨'라는 호칭은 마돈나를 聖女로 대하는 태도이고, '너'라는 호칭은 마돈나를 性女로 대하는 태도이다. 그러므로 간절한 나의 부름에도 모습을 나타내고 있지 않는 것은 사회적 기표인 '聖女'의 존재로 남아 있는 것을 의미한다. 이는 몸의 죽음에 지나지 않는다. 따라서 '마돈나, 너를 부른다'라는 언술에는 聖女에서 性女로 전환할 것을 요구하는 욕망이 내재해 있다. 그리고 흔히 '누가 볼는지 가슴이 뛰누나(6연)'의 언술을 원죄의식의 산물로 보지만,[15] 이것을 의미론적 구조로 보면 이것 또한 聖女에서 性女로 전환하는데 따른 사회적 의식의 산물에 지나지 않는다.

후반부인 제7~12연은 전반부인 제1~6연의 구조적 의미를 다시 강조하거나 구체화하는 언술 구조를 보여준다. 가령, '먼동→날이 새다'로, '누가 보다→우리를 비웃다'로, '두려움에 떨다→미치고 말다'로, '연기로

---

15) 김재홍(1989), 앞의 책, p.59. 참조.

꺼지다→마음과 목이 타다'로, '낡은 달→별들의 웃음'으로 코드가 변환되고 있을 뿐이다. 이런 코드 변환은 주체의 내면적 세계를 강하게 드러내는 언술로 작용하게 된다. 제7연에서 '네 손이 내 목을 안아라, 우리도 이 밤과 같이, 오랜 나라로 가고 말자'라는 것은 '침실의 밤'을 전제로 한 주체의 내면적인 언술이다. 현실에서는 밤이 소멸되고 있지만 주체의 내면에서는 '밤'이 지속되고 있다. 그래서 '뉘우침과 두려움의 외나무다리 건너 있는 내 침실(8연)'이 등장하게 된다. 예의 '뉘우침과 두려움'은 聖女를 性女로 전복시키는 것을 의미한다. 물론 이것은 사회적 제도와 금기를 위반하는 데에 따른 내면적 의식의 결과적 산물이다.16) 그러므로 여기서 다리를 건너겠다는 것은 사회적 제도와 금기를 위반하겠다는 행위적 태도가 된다. 이에 따라 자연스럽게 '내 침실'은 사회적 제도와 금기가 해체된 공간, 즉 이성에 억압된 몸을 회복할 수 있는 공간이 되고 만다.

하지만 언술 주체는 갑자기 제9연에서 자기 분열증을 일으키고 만다. '「마돈나」 가엾어라, 나는 미치고 말았는가, 없는 소리를 내 귀가 들음'이라는 언술은 자기 분열증을 구체적으로 보여주는 시적 언술이다. 이는 '현실'과 '내면'의 세계를 동일시하려는 무의식에 의해 산출된 언술이다. 그 동일시는 현실에 의해 쉽게 깨질 수밖에 없다. 주체가 '마음과 몸이 타는' 것도 동일시 상실의 위기감에 기인한다. 물론 그 위기감이 클수록 주체는 현실이 아니라 내면세계의 '침실의 밤'에 집착하게 된다. 그래서 제10연에서는 주체 스스로 내면의 침실을 잃지 않기 위해 더욱 명료하게 침실의 의미를 규명하기에 이른다.

제10연은 '내 말을 믿다(개인적 담론)/그들의 말을 믿다(사회적 담론)'와 '스스로 가다(능동)/끌려가다(수동)'라는 이항대립 구조로 되어 있다.

---

16) '뉘우침과 두려움'을 개인적인, 사회적인, 역사적인 현재의 세계로 다양하게 해석할 수 있다.(홍문표(1998. 12), 「자기 동일성의 상실과 회복 - 〈나의 침실로〉에 대한 언술적 의미」, 『인문과학연구논총』 제18호, 명지대 인문과학연구소, p.9.) 하지만 그 내포가 너무 확장되어 있고 추상적이라 이와 연결되는 '침실'의 의미를 규명하는 데에는 어려움이 따른다.

'내 말'에 의하면 '내 침실은 부활의 동굴'이다. 하지만 '그들의 말', 곧 사회적 담론에 의하면 '죽음의 동굴'이다. 그러므로 聖女와 性女 사이에 걸려 있는 마돈나는 나의 말과 그들의 말 사이에도 걸려 있는 몸이다. 주체가 '내 말을 믿는 「마리아」'라고 한 것은 사회적 담론을 거부하라는 메시지이다. 동굴은 출산, 재생 등을 의미하는 자궁 이미지이다.17) 죽음의 공간이 아니라 존재가 다시 태어나는 신성한 공간이다. 그러므로 '부활의 동굴'인 '침실'은 존재 전환이 이루어지는 신성한 공간이자 신비의 공간이다. 이 텍스트에서 존재 전환이란 곧 聖女의 상징적인 죽음과 性女의 상징적인 탄생을 의미한다. 침실은 '피안이고 죽음의 세계'18)이기보다는 이와 같이 존재 전환을 이루는 몸의 재생공간이다. 이것이 바로 밤이 주는 꿈이다.

이러한 꿈은 제11연에서 세 가지로 층위로 나타난다. '밤이 주는 꿈', '우리가 얽는 꿈', '사람이 안고 궁그는 목숨의 꿈'이다. 사회적 담론에 의하면 세 가지 층위는 모두 분별된다. 하나는 자연적 층위의 꿈이요, 다른 하나는 금기를 위반한 죽음의 꿈이요, 마지막은 일반 사람들의 삶의 꿈이다. 하지만 李相和의 개인적 담론 곧, 시적 담론에 의하면 모두 동일할 뿐이다. 자연적 층위인 '밤이 주는 꿈'은 침실 외부에서 생성되면서 인간적 층위인 '우리의 꿈, 사람의 꿈'을 감싸고 있다. 비유적으로 말하면 태아를 감싸고 있는 母體로서의 꿈이라고 할 수 있다. 모체의 영양을 공급 받아서 꿈을 꾸는 태아처럼 '우리'와 '사람들'은 '밤이 주는 꿈'을 공급 받아서 영원한 꿈을 꾸게 된다. 하나의 유기체로 결합되어 있는 셈이다.

결국 '침실'은 '우리=침실=밤'을 하나로 융합하는 유기체로서의 몸을 부활시켜주는 의미작용을 한다. 천지인이 통합된 요람의 세계, 욕망의 결핍이 없는 행복의 세계를 제공해 주고 있는 것이다. 자연적 층위인

---

17) 잭 트레시더, 김병화 옮김(2007), 「땅·동굴·돌」, 『상징이야기』, 도솔, p.161.
18) 조동일(1981), 「이상화의 〈나의 침실로〉 분석과 이해」, 신동욱 편, 『이상화연구』, 새문사, pp. I-35~6. 참조.

밤은 침실을 감싸고 있는 우주로서의 몸이며, 그 침실 안에서 꿈을 꾸는 '우리'는 사회적 기표로서의 몸이 아니라 자연적 기표로서의 몸이다. 다시 말해서 '정신성으로서의 몸(이성)'이 아니라 '육체성으로서의 몸(감성)'일 뿐이다. 우주와 인간이 유기체로 결합된 자연으로서의 몸일 뿐이다. 그래서 우주의 밤은 인간의 꿈이 되고 인간의 꿈은 우주의 밤이 된다. 요컨대 '밤'과 '꿈'은 異音同義語인 셈이다. 침실이 '가장 아름다운' 이유도 바로 이와 같은 데에 있다. 다시 말하면 침실은 '관능적 쾌락과 퇴폐적 공간'[19]도 아니며, 현실을 도피하는 '도피공간'[20]도 아닌 것이다. 우주와 융합된 공간인 것이다. 그러나 주체의 이러한 내면적 욕망에도 불구하고 현실은 '별들의 웃음도 흐려지려 하고, 어둔 밤물결도 잦아지려하고(12연)' 있다. 자궁의 양수로 상징되는 '밤물결'이 '우리(마돈나와 나)'로 상징되는 '별들의 웃음'을 감싸고 있었는데, 이제 그것이 소멸되므로 꿈의 침실, 침실의 꿈도 소멸되고 있다.

이와 같이 이상화는 부정의 세속적인 세계를 떠나 긍정의 이상적인 세계를 시 텍스트로 건축하려는 시적 욕망을 보여주고 있다. 그는 삼원구조의 코드로서 「나의 침실로」를 건축하여 이상적인 세계, 곧 꿈의 침실을 창조해내고 있다. 그 꿈의 침실에서는 사회적 기표로서의 몸이 해체되고 자연적 기표로서의 몸이 재생된다. 그 재생된 몸은 天地와 하나로 융합되는 행복한 몽상을 할 수 있다. 이상화의 이러한 시적 건축 원리는 코드 변환을 통해 다양한 시 텍스트를 산출해내고 있다. 가령, 「허무교도의 찬송가」에서는 '세상(너희들, 부정) - 길(매개항) - 세 나라(나, 긍정)'의 코드 변환으로 건축되고 있으며, 「금강송가」에서는 '묵은 조선(부정) - 금강(매개항) - 미래 조선(긍정)'의 코드 변환으로 건축되고 있다. 마찬가지로 「빼앗긴 들에도 봄은 오는가」에서는 '나(현실, 부정) - 들(매개항) - 맞붙은 곳(비현실, 긍정)'의 코드 변환으로 건축되고 있다.

---

19) 김준오(1985), 「이상화론 - 파토스와 저항」, 서준섭 외, 『식민지 시대의 시인연구』, 시인사, p.96.
20) 송명희(1981), 앞의 책, pp.Ⅱ - 72~73. 참조.

이로 미루어 볼 때, 시의 내용이나 주제에 따라 낭만주의 작품과 저항시의 작품으로 구분하여 분석하는 것은 무의미한 것으로 보인다. 이럴 경우, 시작품이 전기적 현실에 의해 해명되는 종속적 결과를 낳을 수도 있다.

Ⅲ. 꿈의 步行을 위한 시적 코드: 「빼앗긴 들에도 봄은 오는가」의 분석

앞에서 언급했듯이 「나의 침실로」와 「빼앗긴 들에도 봄은 오는가」는 그 시적 소재와 공간이 달라도 텍스트를 건축하는 시적 코드 원리는 동일하다. 흔히 전기시의 대표작 「나의 침실로」를 관념지향의 시로, 후기시의 대표작 「빼앗긴 들에도 봄은 오는가」를 현실지향의 시로 대별하기도 한다.[21] 이것은 주제에 의한 변별적 분류라고 할 수 있다. 하지만 텍스트의 구조로 보면, 동일한 시적 코드 원리에 의해 건축되고 있음이 드러난다. 가령, 「나의 침실로」가 '마돈나 - 외나무다리(매개항) - 침실'의 三元構造를 바탕으로 한 가운데 천지(별, 달/목거지, 닭)의 시공간이 관여하면서 텍스트가 건축되고 있다면, 「빼앗긴 들에도 봄은 오는가」는 '나 - 들(매개항) - 맞붙은 곳'의 삼원구조를 바탕으로 한 가운데 천지(하늘/보리밭, 도랑)의 시공간이 관여하면서 텍스트가 건축되고 있다. 부연하면 '마돈나'가 '나'로, '외나무다리'가 '들'로, '침실'이 '맞붙은 곳'으로 시적 코드만 변환되고 있을 뿐이다. 本 章에서는 「빼앗긴 들에도 봄은 오는가」를 지배소와 의미구조를 중심으로 그 의미작용을 구체적으로 탐색해 보기로 한다. 덧붙여 두 텍스트의 유사점과 차이점도 간략하게 분석하기로 한다.

---

21) 김은철(2007. 8), 「이상화의 시를 통해서 본 한국시가의 관념과 현실」, 『한국문예비평연구』 제23집, 한국현대문예비평학회, p.96.

1. 텍스트의 지배소 분석 및 의미작용

1) 지금은 남의 짱—쌔앗긴 들에도 봄은 오는가?

2) 나는 온몸에 해살을 받고
   푸른한울 푸른들이 맛부튼 곳으로
   가름아가튼 논길을싸라 꿈속을가듯 거러만간다.

3) 입술을 다문 한울아 들아
   내맘에는 내혼자온것 갓지를 안쿠나
   네가 끌었느냐 누가 부르드냐 답답워라 말을 해다오.

4) 바람은 내귀에 속삭이며
   한자욱도 섯지말라 옷자락을 흔들고
   종조리는 울타리넘의 아가씨가티 구름뒤에서 반갑다웃네.

5) 고맙게 잘 자란 보리밧아
   간밤 자정이넘어 나리든 곱은비로
   너는 삼단가튼머리를 깜앗구나 내머리조차 갑븐하다.

6) 혼자라도 갓부게나 가자
   마른논을 안고도는 착한도랑이
   젓먹이 달래는 노래를하고 제혼자 엇게춤만 추고가네.

7) 나비 제비야 깝치지마라
   맨드램이 들마꼿에도 인사를해야지
   아주까리 기름을바른이가 지심매든 그 들이라 다보고십다.

8) 내손에 호미를 쥐여다오
   살찐 젓가슴과가튼 부드러운 이흙을

발목이 시도록 밟어도보고 조흔쌈조차 흘리고십다.

9) 강가에 나온 아해와가티
  쌈도모르고 긋도업이 닷는 내혼아
  무엇을찾느냐 어데로가느냐 웃어웁다 답을하려무나.

10) 나는 온몸에 풋내를 씌고
  푸른웃슴 푸른설음이 어우러진사이로
  다리를절며 하로를것는다. 아마도 봄신령이 접혓나보다.

11) 그러나 지금은―들을쌔앗겨 봄조차 쌔앗기것네.

―「쌔앗긴들에도 봄은오는가」 전문

이 텍스트도 「나의 침실로」처럼 제1연과 마지막 제11연이 전체 텍스트를 감싸는 구조로 되어 있다. 텍스트를 여는 첫 연은 '지금은 남의 땅―빼앗긴 들에도 봄은 오는가?'라고 묻고 있고, 마지막 연에서는 '그러나 지금은―들을 빼앗겨 봄조차 빼앗기겠네.'라고 응답을 하고 있기 때문이다. 통사구문으로 보면 이 텍스트는 닫힌 형식의 구조이다.[22] 이러한 구조를 형성하고 있는 만큼 첫 연과 마지막 연은 텍스트 건축의 진행 방향을 이끄는 지배소 역할을 할 수밖에 없다. 그렇다면 구체적으로 지배소 역할을 담당하고 있는 어휘는 어떤 것일까. 첫 연과 마지막 연에서 공통적으로 나타나는 명사를 찾아보면 '들'과 '봄'이다. 물론 '들'과 '봄'은 모두 서술어 '빼앗기다'와 관련되어 있다. 그런데 들은 '빼앗긴 들

---

22) 이 텍스트는 일차적으로 그 형식이 닫힌 구조이면서 동시에 제6연을 중심으로 1연과 11연, 2연과 10연, 3연과 9연, 4연과 8연, 5연과 7연이 상호 대응하는 대칭구조이다. 이어령(1995), 「몸과 보행의 시학 ―〈빼앗긴 들에도 봄은 오는가〉의 구조 분석」, 『시 다시 읽기』, 문학사상사, pp.205~206.; 이 글에서는 이어령의 논지를 따르기로 한다. 그리고 그가 사용하는 '步行'이라는 용어도 그대로 차용하기로 한다.

(1연), 들을 빼앗겨(11연)'라고 해서 두 번이나 강조되고 있지만, 봄은 '봄조차 빼앗기겠네(11연)'라고 해서 한 번만 언급되고 있다. 마찬가지로 닫힌 구조 속에서도(2~10연) '들'의 어휘는 3번 나오지만 '봄'의 어휘는 한 번도 나오지 않는다. 이렇게 '봄'보다는 '들'을 강조함으로써 이 텍스트는 '들'에 의해 건축되고 있음을 시사해 준다.

지배소인 '들'로 보면, 이 텍스트는 '빼앗긴 들'로 휩싸여 있는 공간이다. 그 휩싸인 공간 속에서 '들'은 세 층위로 변별되고 있다. '들'의 어휘가 직접 노출된 行을 보면 다음과 같다. '푸른 하늘 푸른 들이 맞붙은 곳', '입술을 다문 하늘아 들아', '아주까리기름을 바른 이가 매던 그 들'이다. 먼저 '푸른 들'을 보면 '푸른 하늘'과 짝을 이루며 구조화되고 있다. 천지공간이 함께 융합되어 움직인다는 것은 천상적 원리와 지상적 원리가 상응한다는 것을 의미한다. 그래서 하늘이 봄을 불러오자 '빼앗긴 들'임에도 불구하고 '들'도 겨울(죽음)과 대립하는 봄(삶)을 불러오고 있다. 하늘과 들의 변화는 언술 주체로 하여금 들판의 步行을 시작하게 해준다. 긍정적인 의미작용이다. 말하자면 '하늘 – 나 – 들판'이 합일되는 공간을 마련해 주고 있는 것이다.

마찬가지로 '입술을 다문 들'은 '입술을 다문 하늘'과 짝을 이룬다. 그러나 '푸른 들, 푸른 하늘'과는 변별적이다. 자연적 층위이던 '푸른 들, 푸른 하늘'이 의인화되어 인간적 층위로 변환되고 있기 때문이다. 인간적 층위, 곧 들의 몸, 하늘의 몸이 되면서 그 둘은 언술 주체인 나의 몸과는 분리되고 만다.[23] '몸으로서의 하늘과 들'은 언술 주체인 '나'의 물음에 침묵하고 있기 때문이다. 그래서 언술 주체는 천지로부터 분리되고 억압받는 상태가 된다. '나'의 보행 역시 잠시 정지될 수밖에 없다.

---

23) 조두섭에 의하면 하늘은 순수성의 상태이고 들판은 순수성을 잃고 짓밟힌 상태이다. 그러므로 이 둘은 '입술을 다문' 침묵이고 불화의 관계이다.(조두섭(2006), 「이상화의 시적 신명과 양심의 강령」, 『비평문학』 제22호, 한국비평문학회, p.258.) 하지만 천지인 구조로 보면, 하늘과 들판은 불화의 관계라기보다는 융합의 관계에 있다. 불화의 관계는 주체인 '나'와 '하늘 · 들판'이다.

그렇다면 무엇 때문에 몸으로 인격화된 '하늘과 들'이 '나'와의 대화를 거부하고 침묵할까. 두 가지 이유를 들 수 있다. 하나는 빼앗긴 들, 곧 남의 들판, 남의 몸이 된 역사적 현실을 '내'가 망각하고 있기 때문이다. 다른 하나는 '하늘과 들의 몸'을 主宰하는 것은 봄신령인데, 아직 그 봄 신령의 실체를 인식하지 못하고 있기 때문이다. 이에 따라 '하늘과 들의 몸'은 '나의 몸'과 침묵의 상태를 유지하게 된다. 언술 주체가 보행을 계속할 수밖에 없는 것은 그러한 침묵을 해체하기 위해서다.

다음으로 '아주까리기름을 바른 이가 지심 매던 들'의 층위이다. 이 층위는 하늘과 들의 몸과 분리된 채로 보행하여 다다른 마지막 장소이다. 이 층위에 이르자 합일이든 불화이든지 간에 '나의 몸'과 함께 움직이던 '하늘'이 등장하지 않게 된다. 들판과 함께 움직이던 하늘의 사라짐은 '봄'의 사라짐을 의미한다. 때문에 천지인 합일을 꿈꾸던 나의 보행도 더 이상 진행할 수가 없다. 보행의 완전한 정지는 봄조차 빼앗길 수 있다는 현실을 인식하는 계기로 작용한다. 그래서 '나'는 그제야 과거에 '매던 들'을 바라다보게 된다. '매던'이라는 과거형 시제에서 알 수 있듯이, 지금의 들판은 過去의 들판, 곧 빼앗기기 전의 들판과는 다른 모습이다. 빼앗기기 전의 들판은 지심을 매던 사람과 들판, 그리고 하늘이 봄 속에 융합되고 있었다. 이는 삶의 의지인 노동행위에 국한되는 것[24]을 넘어서 천지인 융합을 이루던 공간임을 말해주는 것이다. 그러나 지금은 일구는 사람도 없는 들판으로 존재하고 있으며 봄(하늘)조차 빼앗길 상황에 있다. 이에 언술 주체는 봄을 빼앗기지 않기 위해 '푸른 하늘과 푸른 들이 맞붙은 곳'으로 다시 보행을 하려고 한다. 하지만 나를 끌어주던 하늘의 사라짐으로 인해서 그 몸의 보행은 현실적으로 어렵게 되어 있다. 결국 언술 주체는 몸과 분리된 魂의 보행, 즉 꿈의 보행으로 전환하게 된다.

그리고 '들'과 함께 언술 주체인 '나'도 지배소이다. 의미론적 구조로

---

24) 김재홍(1989), 앞의 책, p.72. 참조.

보면 이 텍스트는 '나─너(하늘과 들)'의 대화구조로 되어 있다. 그러므로 '나'의 언술이 이 텍스트를 건축해 나가는데 있어 기본적인 뼈대가 될 수밖에 없다. 동시에 '나'는 보행자로서 텍스트 속의 무수한 기호들을 생산해내는 주체로서 존재한다. 이것 또한 텍스트 산출의 중요한 요소이다. 이런 근거에 의해 '나'가 지배소 자격을 부여받을 수 있는 것이다. 이 지점에서 '나'로 직접 표출된 제2연과 제10연을 통하여 '나'와 '너(들·하늘)'의 관계를 탐색해 보도록 한다.

> 2) 나는 온몸에 해살을 받고
>   푸른한울 푸른들이 맛부튼 곳으로
>   가름아가튼 논길을싸라 쑴속을가듯 거러만간다.

> 10) 나는 온몸에 풋내를 씍고
>   푸른웃슴 푸른설음이 어우러진사이로
>   다리를절며 하로를것는다. 아마도 봄신명이 접혓나보다.

1연과 11연의 '빼앗긴 들'이 전체 텍스트를 감싸고 있다면, 그 텍스트 안의 제2연과 제10연의 '나'는 제3연에서 제9연까지 감싸고 있다. 그만큼 '들'과 '나'와의 관계가 밀접할 뿐만 아니라 그 비중 또한 높다는 것을 보여준다. 제2연에서 언술 주체인 나의 보행은 하늘과 들의 도움을 받아 시작되고 있다. 천상적 기표인 봄햇살을 온몸으로 받으면서 지상적 기표인 논길의 안내를 따라 꿈의 보행하고 있기 때문이다. 따라서 꿈의 보행인 첫출발은 수동적인 보행으로 나타나고 있다. 물론 그 보행의 방향은 천지가 생기로 융합된 '맞붙은 곳'이다. 이때 들판의 하위 기표인 논길은 여기의 '나'와 저기의 '맞붙은 곳'을 연결해주는 매개공간이다. 그래서 논길은 「나의 침실로」에서 마돈나와 침실을 매개하는 '외나무다리'와 상동적인 관계에 놓인다.

하지만 언술 주체의 보행이 제10연에 이르면 다시 능동적인 현실의 보행으로 나타난다. 현실의 보행이 되자 온몸에 작용하는 공간도 달라지고 있다. '온몸의 햇살'이 '온몸의 풋내'로, '푸른 하늘 푸른 들이 맞붙은 곳'이 '푸른 웃음 푸른 설움이 어우러진 사이'로 전환되고 있다. '풋내'는 천상의 기표인 '햇살'과 대립하는 들의 기표이다. 그러므로 풋내를 띤 몸은 들판의 몸이 되고 있다는 것을 의미한다. 몸이 들판의 일부가 되자 인격화된 하늘과 들은 '웃음(天, 상승)'과 '설움(地, 하강)'의 감정으로 분리되고 만다. 또한 '맞붙은 곳'도 '어우러진 사이'로 전환되어 하늘의 몸과 들판의 몸도 분리되고 있다. 지평 공간의 상실인 셈이다. 그래서 나의 몸은 하늘에 걸리는 머리(웃음)와 들판에 걸리는 다리(설움)로 양의적인 몸, 곧 불구의 몸이 되고 만다. '다리를 절며 하루를 걷는' 불구의 보행이 된 것도 이에 기인한다. 이렇게 불구적 보행이 된 것을 두고 '나'와 '들'의 관계를 불구적 관계로 보는 것은 무리가 있다.[25]

　그러나 李相和는 불구의 보행을 극복하기 위해 인간과 대립하는 '봄신령'을 등장시킨다. 제3연의 '네가 끌었느냐 누가 부르더냐'에서 '너'에 해당하는 것은 '하늘·들'이고 '누가'에 해당하는 것은 실체가 보이지 않는 '봄신령'이다. 그러므로 처음 '꿈속 보행'을 가능케 한 것은 '하늘·들'과 '봄신령'이다. '봄신령'은 비현실적 존재로서 푸른 하늘, 푸른 들을 주재하는 자이다. 그래서 봄신령은 비현실적 공간인 '맞붙은 곳'으로 자유롭게 갈 수 있다. 불구적 몸의 보행을 하던 '내'가 봄신령과 접신하여 혼의 보행으로 전환하게 된 이유도 바로 여기에 있다. 이렇게 해서 '꿈의 보행(수동적)→현실 보행(능동적)→혼의 보행(수동적)'으로 지속되고 있다. 결국 혼의 보행은 봄(하늘)을 빼앗기지 않으려는 이상화의 시적 욕망을 담고 있는 셈이다. 덧붙여 '봄신령'을 「나의 침실로」의 '밤'과 대응시켜보자. '밤'이 침실을 밤의 꿈으로 감싸고 있듯이, '봄신령'은 천

---

25) 이승훈은 들과 화자의 관계가 불구적 관계라고 본다. '들'은 젊은 어머니의 이미지인데, 이를 신체기관으로 보면 들의 상반신은 어머니의 몸이고, 하반신은 '아이(화자)의 몸'이라는 것이다. 이렇게 상하의 관계가 자연스럽지 못하기 때문에 불구적 관계라는 것이다. 하지만 아이가 흙(대지)속의 공간에 위치한다는 논리에는 선뜻 동의하기가 어렵다. 이승훈(1988), 앞의 책, pp.127~128.

지를 봄기운으로 감싸고 있다. 모두 긍정적이고 상승적인 의미작용을 한다. 따라서 '밤'의 코드를 변환한 것이 예의 '봄신령'이 된다.

마지막으로 지평 공간인 '맞붙은 곳'도 지배소이다.[26] 의미론적 구조로 보면 '맞붙은 곳'은 텍스트의 모든 의미를 수렴하고 확대하는 핵심적인 공간으로 작용하고 있다. 이에 따라 지배소 자격을 부여받을 수 있는 것이다. 푸른 하늘과 푸른 들이 '맞붙은 곳'은 빼앗기지 않은 들과 빼앗기지 않은 하늘(봄)이 완전하게 하나로 융합된 공간이다. 곧 하늘이 들이고 들이 하늘인 공간이다. 부연하면 역사적 현실에 의해 훼손당하지 않은 원초적 공간이라고 할 수 있다. 언술 주체가 혼의 보행으로 그 곳으로 가고자 하는 것도 이에 연유한다. 이로 미루어 보면 '맞붙은 곳'은 「나의 침실로」에서 '침실'과 등가에 놓인다. '침실'이 현실 넘어 존재하고 있는 것처럼 '맞붙은 곳'도 현실 너머 존재하는 비현실적인 공간이다. 그래서 꿈으로 '침실'로 갈 수 있는 것처럼 혼의 보행으로 '맞붙은 곳'으로 갈 수 있다. 이런 점에서 '침실'의 코드를 변환한 것이 바로 '맞붙은 곳'이 된다.

2. 텍스트의 구조와 의미작용 분석

이 텍스트는 전반부(1연~5연)와 후반부(6연~11연)로 나누어지고 있다. 먼저 전반부를 보도록 한다. 지배소 분석에서 언급된 부분을 제외하고 제3연부터 보기로 한다. '빼앗긴 들에도 봄이 오는가'에 대한 응답을 얻기 위해 시작한 '꿈의 보행'은 단독자의 보행이 아니라 복수자로서의 보행이다. '내 혼자 온 것 같지 않다'는 언술이 바로 그것이다. 언술

---

26) 이승훈은 어휘론적 층위에서 '들, 나(화자)'를 중요한 이미지, 곧 지배소에 해당하는 것으로 보고 있으며(이승훈(1988), 위의 책, p.125.), 정효구는 어휘론적 층위에서 '들, 봄'을 중요한 지배소로 보고 있다(정효구(1988), 앞의 책, p.198.). 물론 그 준거는 다르지만 본고에서 선택한 지배소와 거의 동일하다. 다만 '맞붙은 곳'을 지배소로 하지 않는 것이 변별될 뿐이다. 본고에서 '맞붙은 곳'을 지배소로 본 것은 의미론적 구조면에서 핵심적인 기능을 하고 있는 것으로 보았기 때문이다.

주체가 하늘과 들에게 '네가 끌었느냐 누가 부르더냐'라고 묻지만 침묵할 뿐 응답해주지 않는다. 그 침묵으로 인하여 행복한 '꿈의 보행'은 답답한 '현실의 보행'으로 전환되면서 머뭇거림의 상태를 보인다. 하지만 '현실의 보행'에서 만나는 '바람과 종조리(4연)'는 천지의 침묵을 대신하여 '나'에게 응답을 해준다. '바람은 내 귀에 속삭이며', '종조리는 구름 뒤에서 반갑게 웃으며' '나'의 보행을 도와주고 있다. 부정에서 긍정으로의 전환인 셈이다. 이렇게 보면 '바람과 종조리'는 천지를 매개하는 양의적 기호로서 천지의 응답을 자신들이 간접적으로 전달하는 의미작용을 한다.

그렇다면 상방공간을 향하던 언술 주체의 시선이 땅, 즉 하방공간으로 향하면 어떻게 될까. 하방공간인 '보리밭(5연)' 역시 긍정적인 의미작용을 한다. 들판의 하위기표인 '보리밭'은 간밤에 내린 고운 비로 머리를 감고 있는데, 그 모습이 '나의 머리조차 가뿐하게 해주고' 있기 때문이다.[27] '나'는 천상의 기표인 '햇살'을 받고 '꿈의 보행'을 했는데, '보리밭' 또한 천상의 기표인 '고운 비'를 받고 현실적인 '삶의 보행'을 하고 있다. 그러므로 '나'와 '보리밭'은 상동적 구조를 지닌 동시에 천상적 기표에 의해 움직이는 존재가 된다. 나아가 '나의 몸'이 '들판의 몸'과 화합하게 해주는 단초가 되기도 한다. 이렇게 전반부는 꿈의 보행을 현실의 보행으로 전환시키는 구조를 보이고 있으며, 천지 공간의 하위 기표들이 '현실의 보행'을 돕는 구조를 보이고 있다. 여기서 「나의 침실로」와 잠시 비교해 보자. 「나의 침실로」에서는 '나'의 부름에 마돈나도 응답이 없을 뿐만 아니라 천지기호인 '달, 개, 닭, 사람' 등이 모두 부정적인 의미작용을 하고 있었다. 이에 비해 이 텍스트에서는 천지기호 중에서 긍정적인 의미작용을 하는 기호가 산출되고 있다. 그래서 「나의 침실로」가 하강적인 의미를 산출하고 있다면 이 텍스트는 상승적인 의미를 산출하고 있다. 이를 통해 텍스트를 건축하는 코드 원리는 동일하지만 그

---

27) 이것 또한 들의 긍정적인 응답이라고 할 수 있다. 이어령(1995), 앞의 책, pp.217~218. 참조.

의미작용은 변별적임을 알 수 있다.

그래서 이 텍스트의 후반부에 오면 '혼자라도 가쁘게나 가자(6연)'라는 언술에서 알 수 있듯이, '나'의 현실적 보행은 능동적이고 적극적인 행동을 보여준다. 그렇다고 해서 들판이 '나'의 보행에 호의적인 응대를 해주는 것은 아니다. 여전히 냉담한 태도를 취하고 있다. '나(주체) - 너(들판)'가 상호 소통하는 대화적 관계를 구축하지 못하는 것도 이에 연유한다. 예컨대 '착한 도랑(6연)'은 '제 혼자 춤을 추며 갈' 뿐 '나'와의 대화를 하지 않는다. '도랑'을 '너'라고 칭하지 않고 삼인칭 '제(저이)'라고 지칭한 것도 대화의 상대자가 아니라는 뜻이다. 그렇다면 도랑은 어떤 이미지로 작용할까. '도랑'은 마른 논을 안고 젖먹이 달래며 노래하는 産母의 이미지이다. 자연스럽게 마른 논은 영아의 이미지가 된다. 이를 통해 도랑을 지닌 들판이 여성의 몸으로서 '생명의 세계(영아)'를 낳고 있다는 것을 알 수 있다. 이렇게 들판의 몸은 겨울(죽음)과 대립하는 봄(삶)의 세계를 열고 있는데도 불구하고, '나의 몸'을 온전하게 받아들이지 않고 있다. 때문에 '나의 몸'은 봄(삶)과 대립하는 겨울(죽음)의 시공에 있는 것과 같다고 할 수 있다.

제7연도 예외는 아니다. '나비, 제비'는 '맨드라미 들마꽃'과 관계를 가질 뿐, '나'와 직접적인 관계를 갖지 있지는 않다. 나비, 맨드라미 등의 모든 존재는 객관적인 풍경으로 존재할 뿐이다. 다만 6연과 다른 것이 있다면 '나비, 제비'에게 말 건네는 형식이 있다는 점이다. 하지만 '나비, 제비'는 동적인 기호로서 들판과 대립하는 산, 마을, 도시 등으로도 갈 수 있다. 이에 비해 맨드라미, 들마꽃은 부동의 기호로서 전적으로 대지에 소속된 존재이다. 말하자면 '나비, 제비'는 들판의 손님일 뿐 주인은 아닌 것이다. 그래서 언술 주체가 들판의 主人인 '맨드라미, 들마꽃'에게 인사하라고 주문하고 있다. 심리적으로 보면, '나' 또한 '나비, 제비'처럼 손님에 해당한다고 볼 수 있다. 어쨌든 '나의 몸'과 '들판의 몸'은 냉담한 거리를 유지하고 있다. 주체인 '나'는 그 거리를 좁히기 위해 '아주까리기름을 바른 이가 지심 매던 들', 곧 빼앗기기 전의 들판의 몸을 떠올리게 된다. 말할 것도 없이 빼앗기기 전의 들판의 몸은 인간의 몸과 하늘의 몸과 슴—을 이루던 생명의 공간이었다. 그러나 지금은 들과 인간이 분리되고 있다. 따라서 「나의 침실로」에서 마돈나가 聖女와 性女, 신성성과 세속성을 지닌 양의적인 몸이었듯이, 이 텍스트에서 '나' 또한 '빼앗긴 들(현재)'과 '빼앗기기 전의 들(과거)'의 의미를 동시에 지닌 양의적인 몸이 되고 있다.

언술 주체는 그 모순을 극복하기 위해 '내 손에 호미를 쥐어다오(8 연)'라고 언술한다. '호미'는 '나의 몸'과 '들판의 몸'을 매개해주는 기호이다. '나'는 호미로써 '들'과의 육체적이고 감각적인 합일을 이룰 수 있다. 곧 겨울(죽음)의 들판을 봄(삶)의 들판으로 일깨울 수 있는 것이다. 예의 들판에 참여하는 '나'의 노동행위는 영아가 젖을 빠는 수유행위와 같다. '들판의 흙'을 젊은 여성의 몸인 '살찐 젖가슴'으로 비유하고 있어서 그러하다. 이에 따라 '밟아도 보고 땀조차 흘리고 싶다'는 언술은 젖을 빠는 상징적인 수유행위로서 어머니의 몸과 일체화됨을 의미한다.

그렇다고 해서 '나'의 욕망이 실현된 것은 아니다. '~쥐어다오', '~흘리고 싶다'라는 언술에서 알 수 있듯이 행동으로 옮겨진 것은 아니기 때문이다. 현실적으로는 여전히 '나의 몸'과 '들판의 몸'은 분리되어 있다. 분리된 보행으로는 천지인이 융합되는 '맞붙은 곳'으로 갈 수 없다. 들판의 몸과 하늘의 몸이 '나'에게 응답하고 이끌어줘야 그 곳으로 갈 수 있다. 하지만 들판과 하늘은 응답은 없다. 그렇게 되자 '나'의 몸은 肉과 魂으로 분리되고 만다. 분리된 '내 혼(9연)'은 주체인 '나'의 의지로부터 벗어난 능동적인 자아다. '혼'을 방황하는 자아에 대한 자조로 볼 수도 있지만[28] 이보다는 주체인 '나'의 한계를 극복하려는 의지의 자아라고 할 수 있다. '육신의 보행'이 '혼의 보행'으로 전환할 수 있었던 것은 '봄신령(10연)'에 의해서다. 봄신령은 푸른 하늘과 푸른 들을 주재하는 자로서 무형의 존재이다. 부연하면 천지 공간에 봄을 생성시키고 있는 존

---

28) 김재홍(1989), 앞의 책, p.73.

재가 예의 봄신령이다. 그래서 '혼'은 봄신령과의 접신을 통하여 '맞붙은 곳(지평 공간)'으로 보행할 수 있게 된다. '혼'은 하늘의 몸과 들의 몸과 합일하는 행복한 보행자이다. 물론 이러한 '혼'은 「나의 침실로」에서의 '꿈'과 상동적 관계에 놓인다. '꿈'으로만 '침실'로 갈 수 있듯이, '혼'으로만 '맞붙은 곳'으로 갈 수 있기에 그러하다. 마찬가지로 '밤'이 '꿈'을 주듯이 '봄신령'이 '혼'을 주고 있다. 그러므로 '꿈'의 코드변환이 바로 '혼'이 되는 것이다. 이런 점에서 혼의 보행을 꿈의 보행이라고 할 수도 있다.

魂의 보행과 분리된 肉의 보행은 불구의 보행이다. 이미 지배소 분석에서 언급했듯이, '다리를 저는(10연)' 불구의 몸은 '빼앗긴 들(푸른 설움)'과 '빼앗기지 않은 하늘(푸른 웃음)'의 불일치로 산출된 것이다. 현실에서는 '맞붙은 곳'이 상실되고 있지만, 그나마 완전히 분리되지 않고 푸른 웃음과 푸른 설움이 어우러진 상태를 유지하고 있다. 어우러지고 있기 때문에 천지가 상호 소통할 수 있는 것이다. 그래서 하늘의 웃음이 들의 웃음이 될 수 있고, 들의 설움은 하늘의 설움이 될 수 있다. 다리를 절며 걷는 불구의 보행이 평상심을 잃은 우울한 마음에 기인한 것일 수도 있으나[29] 궁극적으로는 빼앗긴 들과 빼앗기지 않은 봄의 모순적 합치에 기인한 것이다. 하지만 이제 그 봄조차 빼앗길 위기에 처해 있다. 봄의 빼앗김은 불구의 보행조차 허락되지 않는 겨울(죽음)의 공간이 되는 것을 의미한다. 언술 주체가 혼의 보행을 하게 된 것은 봄의 주재자 곧 '봄신령'을 잃지 않기 위한 것이다.

이와 같이 李相和는 부조리한 역사적 현실에 의해 천지인이 융합하지 못하는 들판의 현실을 인식하고, 이를 융합시키기 위한 시적 욕망을 보여주고 있다. 그는 삼원코드로써 「빼앗긴 들에도 봄은 오는가」를 건축하여 혼의 보행과 천지인이 융합할 수 있는 '맞붙은 곳'을 창조해내고 있다. 그 '맞붙은 곳'은 비현실적 공간으로서 역사적 현실 이전의 원초적 공간을 상징한다.

---

29) 정효구(1988), 앞의 책, p.202.

Ⅳ. 결론

「나의 침실로」와 「빼앗긴 들에도 봄은 오는가」는 삼원구조로 건축된 동일한 시적 코드를 보여주고 있다. 다만 코드 변환에 의한 의미작용이 변별적일 뿐이다. 전자는 부조리한 사회적 기표로서의 몸을 해체하고 자연적 기표로서의 몸을 재생해내고자 하는 시적 욕망을 담고 있다. 그것을 가능하게 해주는 공간은 다름 아닌 침실이다. 그 침실은 행복한 몽상의 공간으로서 천지인이 하나의 유기체로서 융합되는 몸의 세계를 보여준다. 이에 비해 후자는 부조리한 역사적 공간인 들판을 천지인이 융합하는 들판으로 회복시키기 위한 시적 욕망을 담고 있다. 예의 그 공간은 푸른 하늘 푸른 들이 '맞붙은 곳'이다. 그 곳은 역사적 공간 이전의 원초적 공간으로서 천지인이 융합되는 행복한 공간이다. 물론 이러한 변별성만 있는 것은 아니다. 두 텍스트의 의미가 공유되는 부분도 있다. 두 텍스트가 동일하게 비현실적 공간을 유토피아로 삼고 있다는 점, 그리고 비현실 공간이 천지인을 융합하는 상승적인 공간이라는 점, 또한 비현실적 공간이 유한한 시공간이 아니라 영원한 시공간이라는 점 등이다.

이를 좀 더 구체화하면 「나의 침실로」에서 '침실'은 '聖女'와 '性女'의 변별을 해체하는 '꿈속의 침실'이다. 이러한 '꿈속의 침실'은 '우리(마돈나와 나)=침실=밤'이 하나가 되는 일원적인 몸, 유기체의 몸을 가능하게 해준다. 곧 천지인이 통합된 요람의 공간이다. 「빼앗긴 들에도 봄은 오는가」는 '꿈속 보행→현실보행(불구의 보행)→혼의 보행'의 구조를 보여준다. 이러한 보행으로 전환하게 된 것은 '빼앗긴 들'과 '빼앗기지 않은 봄'의 불일치 때문이다. 이것을 극복하고자 한 것이 바로 '혼의 보행'이다. 물론 '혼의 보행'을 가능케 한 것은 '봄신령'이다. 결국 '혼의 보행'에 의해 '하늘·나·들'이 융합되는 '맞붙은 곳'으로 가게 된다.

2. 우주적 원리로 본 시적 코드의 층위

I. 서론

이상화의 「나의 침실로」(1923.9)는 백조 동인으로서의 면모를 탁월하게 보여준 수작이다. 그는 이 작품을 통하여 감상적 낭만주의 사조를 대표하는 시인으로 자리 잡는다. 하지만 〈백조〉 3호(1923.9)를 끝으로 백조 동인이 해체되자 그는 감상적이고 퇴폐적인 시적 경향을 접고 1925년 신경향파 문학(카프)에 가담하여 현실참여적인 시를 쓰게 된다. 「거러지」, 「엿장사」, 「구루마꾼」 등의 작품이 이 시기의 소산물이다. 그러나 이 작품들은 계급투쟁이나 민중해방과 관련되는 이데올로기보다는 식민지 조선의 처절한 삶과 민족애를 표현한 것으로 신경향파가 추구하는 본령과는 거리가 있는 것이다.[30] 비록 그가 경향파 시인이라는 칭호를 얻었지만 작품의 미학적 수준에서는 「나의 침실로」에 버금가는 작품을 생산해내지는 못하고 있었다.

그럼에도 불구하고 그의 신경향파의 문학적 체험은 조선의 냄새, 조선의 생명이 담긴 자연 및 국토를 시적 공간으로 끌어들이는데 중요한 매개적 작용을 하게 된다. 다시 말해서 "朝鮮의내음새를맛보"고 "朝鮮의生命이表現된作品"[31]을 창조하기 위해 조선의 생활현실과 밀접한 관계를 맺고 있는 자연과 국토를 형상화하기에 이른 것이다. 그러므로 자연과 국토는 완상으로서의 시적 대상이 아니라 조선의 혼과 민족정신을 드러내기 위한 것으로서의 시적 대상이다. 예의 그 시적 미학의 최고 경지를 보여준 작품은 다름 아닌 「빼앗긴 들에도 봄은 오는가」(1926.6)

---

30) 김은철(2007. 8), 「이상화의 시를 통해서 본 한국시가의 관념과 현실」, 『한국문예비평연구』 제23집, 한국현대문예비평학회, p.96. 참조.

31) 이상화(1925. 4), 「文壇側面觀」, 『개벽』, pp.38~39. 참조.

이다. 이 작품은 이상화의 전체 시문학적 세계를 대표하는 명작으로 자리매김 되는 동시에 그를 민족시인, 저항시인이라는 반열에 올려놓게 된다.

그렇다고 해서 「빼앗긴 들에도 봄은 오는가」가 자연과 국토에 대한 시적 형상화의 총체를 의미하는 것은 아니다. 이상화는 자연과 국토를 형상화하기 위해 두 공간을 선택하고 있다. 그것은 다름 아니라 수평공간인 '들'과 수직공간인 '山'이다. 주지하다시피 '들'에 대한 대표적인 작품이 「빼앗긴 들에도 봄은 오는가」라면, '산'에 대한 대표적인 작품은 바로 「金剛頌歌」이다.[32] 그러므로 자연과 국토에 대한 총체적인 구조와 의미를 해명하기 위해서는 적어도 이 두 작품을 통합해서 탐색해 보아야 한다. 다시 말하면 두 작품에 나타난 구조와 의미를 총체적으로 탐색한 다음, 이것을 통합하여 그 공유점과 변별점을 규명해 보아야 하는 것이다. 그러나 기존 연구를 보면 「빼앗긴 들에도 봄은 오는가」에 대한 총체적 분석은 많이 진행되고 있지만 「금강송가」에 대한 총체적 분석은 상대적으로 매우 저조한 편으로 드러난다. 그 와중에서도 「금강송가」 자체만을 분석 대상으로 하여 그 구조와 의미작용을 치밀하게 논의한 경우가 거의 부재하다는 사실이다.

「금강송가」에 대한 기존 연구는 이상화의 詩論에 준하는 그의 평론들 예컨대, 「문단측면관」, 「문예의 시대적 변이와 작가의 의식적 태도」 등에 기대어 주로 시 텍스트의 주제를 조망한 경우가 대부분이다. 가령, 금강산을 통하여 "개인적 자아 및 민족적 자아를 발견"[33]했다는 것, "국토와 민족에 대한 사랑과 역사의식"[34]을 그리고 있다는 것, '조국애의

---

32) 이상화 시에서 초기의 원형심상을 대표하는 것은 '침실, 동굴'이지만, 후기의 원형심상을 대표하는 것은 '들, 산'이다. 兩項를 대응시키면 전자는 내향성을 지향하고 후자는 외향성을 지향한다. 특히 후자는 조국의 미래에 대한 열정적인 추구로 나타나는데 그 대표적인 작품이 「빼앗긴 들에도 봄은 오는가」, 「금강송가」 등이다. 문덕수(1989), 「李相和와 魯漫主義」, 신동욱 편, 『이상화 연구』, 새문사, pp. II - 37.
33) 김학동(1974), 「尙火 李相和論」, 『한국근대시인연구』, 일조각, p.169.

고취와 민족적 좌절감에 대한 극복의 이념'[35]을 제시했다는 것을 대표적으로 들 수 있다. 물론 이러한 주제 탐구가 타당하지 않다는 것은 아니다. 문제는 이러한 주제를 바탕으로 해서 텍스트 자체의 구조와 의미 작용을 정치하게 분석하지 않고 있다는 점이다. 이에 본고에서는 「금강송가」에 대한 기존 연구를 토대로 해서 자연과 국토가 어떻게 시적 코드로 구조화되고 있는지, 그리고 그 구조에 의한 의미작용은 어떤 것인지를 분석하고자 한다.[36] 이러한 것을 수행하기 위해 이 논문에서는 이항대립 체계를 기본으로 하는 기호론적 방법론을 원용할 것이다. 더불어 그 이항 대립적 대상은 주로 원형상징적인 의미를 지닌 이미지가 될 것이다.

Ⅱ. 「금강송가」의 시적 구조와 의미작용

「金剛頌歌」는 제목이 뜻하는 그대로 '금강산'을 기리고 예찬하는 노래이다. 일정한 목적을 지닌 '송가'의 텍스트인 만큼 모든 시적 의미들은 '금강'만을 드러내기 위해 유기적으로 구조화될 수밖에 없다. 그러므로 그 구조화의 원리, 곧 시적 코드 원리를 안다면 '금강'에 대한 송가의 의미를 명료하게 밝혀낼 수 있을 것이다. 예의 「금강송가」의 텍스트는 기본적으로 이항 대립적 체계와 그 변환에 의한 코드로 구조화되어 있다.[37] 이것은 이상화가 즐겨 사용하는 시적 코드이다. '산'과 대립하는

---

34) 이동순(2002. 2), 「태산교악의 시정신」, 『문예미학』 제9호, 문예미학회, p.9.
35) 송명희(2008. 12), 「이상화 시의 장소와 장소상실」, 『한국시학연구』 제23호, 한국시학회, p.235.
36) 참고로 언급하면 본고에서는 「빼앗긴 들에도 봄은 오는가」를 병행하여 논의하지는 않을 것이다. 이 텍스트에 대한 시적 코드 원리와 의미작용을 이미 자세하게 논구한 바 있기 때문이다. 정유화(2009. 12), 「꿈의 침실과 꿈의 보행을 위한 시적 코드:이상화론」, 『어문연구』 144호, 한국어문교육연구회, pp.257~284.
37) 기호론에서 기호의 조직 원리를 코드code라 하고, 코드에 의해 생산된 산물

'들'의 텍스트인 「빼앗긴 들에도 봄은 오는가」도 이항 대립적 체계로 구조화되고 있기 때문이다.[38] 「금강송가」의 경우, 그 대립 체계는 '나(화자)/너(금강)', '금강/조선' 등을 기본으로 하고 있다. 물론 이러한 대립이 그대로 유지되는 것은 아니다. 종국에 가서는 '금강-나-조선'이 융합되는 삼원구조를 보여준다. 그 통합된 구조가 산출하는 의미는 다름 아닌 우주적 삶의 원리로써 인간적 삶의 원리를 쇄신하는 것이다. 시 텍스트를 통해서 이와 같은 내용을 세밀하게 논구해 보기로 한다.

1) 金剛! 너는 보고 있도다──너의 淨偉로운 목숨이 엎대어 있는 가슴──衆香城 품 속에서 생각의 용솟음에 끄을려 懺悔하는 벙어리처럼 沈黙의 禮拜만 하는 나를!

2) 金剛! 아, 朝鮮이란 이름과 얼마나 融和된 네 이름이냐. 이 表現의 背景意識은 오직 마음의 눈으로만 읽을 수 있도다. 모오든 것이 어둠에 窒息되었다가 웃으며 놀라 깨는 曙色의 榮華와 麗日의 新粹를 描寫함에서──게서 비로소 熱情과 美의 源泉인 靑春──光明과 智慧의 慈母인 自由──生命과 永遠의 故鄉인 黙動을 볼 수 있으니 朝鮮이란 指奧義가 여기 숨었고 金剛이란 너는 이 奧義의 集中 統覺에서 象徵化된 存在이어라.

3) 金剛! 나는 꿈속에서 몇 번이나 보았노라. 自然 가운데의 한 聖殿인 너를──나는 눈으로도 몇 번이나 보았노라. 詩人의

을 텍스트라고 한다(김경용(1994), 『기호학이란 무엇인가』, 민음사, p.15.). 이 논문에서 쓰고 있는 '코드'라는 용어도 다름 아닌 기호의 조직 원리를 의미하는 용어임을 밝혀둔다.

38) 가령, 이 텍스트는 화자인 내가 '들'을 '너'로 의인화하여 '나-너'의 대립축을 생성시키고 있다. 그리고 이를 바탕으로 해서 '인간-자연', '하늘-땅', '몸-마음', '수동-능동', '긍정-부정' 등의 대립축을 만들면서 텍스트 의미를 다양하게 구조화해 간다. 이어령(1995), 「몸과 보행의 시학-〈빼앗긴 들에도 봄은 오는가〉의 구조 분석」, 『詩 다시 읽기』, 문학사상사, pp.206~212. 참조.

노래에서 또는 그림에서 너를——하나, 오늘에야 나의 눈
앞에 솟아 있는 것은 朝鮮의 精靈이 空間으론 우주 마음에 觸
覺이 되고 時間으론 無限의 마음에 映像이 되어 驚異의 創造
로 顯現된 너의 實體이어라.

4) 金剛! 너는 너의 寬美로운 微笑로써 나를 보고 있는 듯 나의
가슴엔 말래야 말 수 없는 야릇한 親愛와 까닭도 모르는 敬
虔한 感謝로 언젠지 어느덧 채워지고 채워져 넘치도다. 어제
까지 어둔 사리에 울음을 우노라——때 아닌 늙음에 쭈그러
진 나의 가슴이 너의 慈顔과 너의 愛撫로 다리미질한 듯 자
그마한 주름조차 볼 수 없도다.

5) 金剛! 벌거벗은 朝鮮——물이 마른 朝鮮에도 自然의 恩寵이
별달리 있음을 보고 애틋한 생각——보배로운 생각으로 입
술이 달거라——노래부르노라.

6) 金剛! 오늘의 歷史가 보인 바와 같이 朝鮮이 죽었고 釋迦가
죽었고 地藏 彌勒 모든 菩薩이 죽었다. 그러나 宇宙生成의 路
程을 밟노라——때로 變化되는 이 過渡現象을 보고 묵은 그
時節의 朝鮮의 얼굴을 찾을 수 없어 朝鮮이란 그 生成 全體가
죽고 말았다——어리석은 말을 못하리라. 없어진 것이란 다
만 묵은 朝鮮이 죽었고 묵은 朝鮮의 사람이 죽었고 묵은 네
목숨에서 곁방살이하던 印度의 모든 神像이 죽었을 따름이
다. 恒久한 청춘——無限의 자유——朝鮮의 生命이 綜合된 너
의 存在는 永遠한 自然과 未來의 朝鮮과 함께 길이 누릴 것이
다.

7) 金剛! 너는 四千餘年의 오랜 옛적부터 퍼붓는 빗발과 몰아치
는 바람에 갖은 威脅을 받으면서 荒凉하다 오는 이조차 없던
江原의 寂寞 속에서 忘却 속에 있는 듯한 孤獨의 설움을 오직
東海의 푸른 노래와 마주 읊조려 잊어버림으로써 서러운 自

문을 하지 않고 도리어 그 孤獨으로 너의 情熱을 더욱 가다
듬었으며 너의 生命을 갑절 북돋우었도다.

8) 金剛! 하루 일쯕 너를 못 찾은 나의 게으름——나의 鈍覺이
얼마만치나 부끄러워, 죄로와 붉은 얼굴로 너를 바라보지 못
하고 벙어리 입으로 너를 바로 읊조리지 못하노라.

9) 金剛! 너는 頑迷한 物도 虛幻한 精도 아닌——物과 精의 混融
體 그것이며, 허수아비의 靜도 미쳐 다니는 動도 아닌——靜
과 動의 和諧氣 그것이다. 너의 自身이야말로 千變萬化의 靈慧
가득 찬 啓示이어라. 億代兆劫의 圓覺덩어리인 詩篇이어라. 萬
物相이 너의 渾融에서 난 叡智가 아니냐. 萬瀑洞이 너의 知諧
에서 난 旋律이 아니냐. 하늘을 어루만질 수 있는 毘盧——
彌勒이 네 生命의 昇朓을 보이며 바다 밑까지 꿰뚫은 八潭,
九龍이 네 生命의 深滲을 말하도다.

10) 金剛! 아, 너 같은 極致의 美가 꼭 朝鮮에 있게 되었음이 야릇
한 奇蹟이고 자그마한 내 生命이 어찌 네 愛薰을 받잡게 되었
음이 못잊을 奇蹟이다. 너를 禮拜하러 온 이 가운데는 詩人도
있었으며 道師도 있었다. 그러나 그 詩人들은 네 外包美의 반
쯤도 부르지 못하였고 그 道師들은 네 內在想의 첫 길에 헤매
다가 말았다.

11) 金剛! 朝鮮이 너를 뫼신 자랑——네가 朝鮮에 있는 자랑——
自然이 너를 낳은 자랑——이 모든 자랑을 속깊이 깨치고 그
를 깨친 때의 驚異 속에서 집을 얽매고 노래를 부를 보배로
운 한 精靈이 未來의 朝鮮에서 나오리라, 나오리라.

12) 金剛! 이제 내게는 너를 읊조릴 말씨가 적어졌고 너를 기려
줄 가락이 거칠어져 다만 내 가슴 속에 있는 눈으로 내 마음
의 발자국 소리를 내 귀가 헤아려 듣지 못할 것처럼——나는

고요로운 이 恍惚 속에서——할아버지의 무릎 위에 앉은 손
자와 같이 禮節과 自重을 못차릴 네 웃음의 恍惚 속에서——
나의 生命, 너의 生命, 朝鮮의 生命이 서로 黙契되었음을 보았
노라. 노래를 부르며 가비얍으나마 이로써 사례를 아뢰노라.
아, 自然의 聖殿이여! 朝鮮의 靈臺여![39)

—「金剛頌歌」전문

1. '나(話者)의 몸—너(金剛)의 몸'의 시적 코드

「금강송가」는 비교적 그 내용이 긴 산문시 텍스트로서 모두 12연으
로 구성되어 있다. 먼저 이 텍스트의 표층적인 구조 형태를 보면 제1연
과 제12연이 텍스트의 의미를 감싸고 있는 닫힌 구조의 형태를 보여준
다. 제1연이 금강에 대한 "침묵의 예배"로 텍스트의 문을 열고 있다면,
제12연은 금강에 대한 '사례의 예배'로 텍스트의 문을 닫고 있기 때문이
다. 자연스럽게 침묵의 예배와 사례의 예배로 감싸인 제3연부터 제11연
의 언술은 금강을 예찬하는 송가의 내용으로 '노래의 예배'가 된다. 물
론 이 텍스트에서 예배라는 것은 기독교적인 의미가 아니라 신화적인
의미로 쓰이는 예배이다. 이렇게 송가가 '예배'의 형식으로 되어 있다는
것은 人間과 神 사이의 대화를 전제로 한 텍스트임을 의미한다.

그 대화라는 측면에서 보면, '침묵의 예배'는 입을 다문 상태의 예배
이기 때문에 인간과 신의 직접적인 대화가 시작되기 전의 상태이다. 말
하자면 인간과 신이 대립하고 있는 상태인 셈이다. 비로소 '노래의 예
배'가 시작되면 인간과 신의 직접적인 대화가 진행된다. 이 시간에 인간
과 신은 차츰 융화를 이루는 과정을 거친다. 그리고 송가가 목적으로
하는 내용을 모두 신에게 상달했을 때에는 마지막으로 감사하는 '사례
의 예배'를 올린다. 이때 인간과 신은 완전한 합일을 이룬다. 이것을 기

---

39) 인용한 시 텍스트에 붙인 번호는 聯 단위의 표기로서 논의의 편의상 필자가
붙인 것이다.

호형식과 기호내용으로 본다면 '침묵의 예배-노래의 예배-사례의 예배'는 기호형식이 되고, '대립 상태-융화 과정-합일의 상태'는 기호내용이 된다.

이제 '예배'에 대한 표층적인 구조를 근거로 해서 그에 해당하는 심층적인 구조를 본격적으로 분석하기로 한다. 먼저 '침묵의 예배'에 해당하는 제1연을 보면, 그것은 이항 대립적 체계로 구조화되어 드러난다. 제1연의 문을 여는 첫 언술은 '금강'에 대한 호명이다. 그런 다음에 그 '금강'을 바로 인격화하여 '너'로 호칭하고 있다. 그래서 이 텍스트는 '나-너'의 대화적 관계를 형성한다. 이러한 대화적 구조는 텍스트의 의미들을 이항 대립적 체계로 구조화하는 틀로 작용한다. '나-너'는 '화자-청자', '인간-신', '인간-자연' 등으로 대응축을 마련해가는 기반이 되기 때문이다. 주지하다시피 금강이 몸으로 현현하는 인격체가 되자 신체기호인 "목숨"과 '가슴'이라는 말을 부여받고 있다. 이에 따라 금강은 화자의 몸처럼 살아 움직이는 몸이 된다. 그렇다고 해서 금강의 몸과 나의 몸이 동일한 의미를 지니는 것은 아니다. 금강(너)의 몸은 나의 몸과 다르게 변별적인 의미를 지닌다. 금강(너)과 인간(나)을 이항 대립시키면 금강은 탈속적인 것, 신성한 것이라는 의미를 부여받고, 인간은 세속적인 것, 부정한 것이라는 의미를 부여받는다. 그러한 의미를 부여해주는 근거가 바로 금강이 지닌 "정위로운 목숨"이다. 그만큼 화자인 나는 '정위롭지 못한 목숨'인 것이다.

더불어 금강인 너의 "가슴"도 단순한 의미로 작용하지 않는다. '가슴'을 신체적 부위로만 보면 따스한 생명의 온기를 느끼는 곳이다. 하지만 '가슴'을 공간기호론으로 보면, 수직적 높이를 지닌 공간적 의미로 작용한다. 신체공간은 '머리(상)/허리(중)/다리(하)'로 분절된다. 여기서 상부 공간인 머리는 정신성, 신성성 등의 상징적인 의미를 부여받고, 하부 공간인 허리는 육체성, 세속성 등의 상징적인 의미를 부여받는다. 그런데 "가슴"은 하부공간인 다리보다 상부공간인 머리 쪽에 가깝기 때문에 정신성, 신성성의 의미를 부여받는 공간으로 작용한다. 현재 화자인 나는 그러한 금강의 가슴 속에 위치하고 있다. 그래서 나는 금강의 몸을 통하여 정신성, 신성성 등을 지각하게 된다. 내가 "참회"를 하게 된 것도 이에 연유한다. 그러므로 그 참회도 능동적인 것이라기보다는 수동적인 것이다. 그것을 "생각의 용솟음에 이끌려"라는 언술이 대변해주고 있다. '이끌려'는 '이끌고'와 달리 수동적인 행위를 나타내주는 서술어이다. 이 서술어의 기능으로 보면, 금강이 나의 의식을 이끌어가는 주체가 되고 있음을 시사해준다. 뿐만 아니라 그 참회 또한 예배 형식으로 되어 있기 때문에 금강(너)과 나는 상하의 위계적 관계로 나타난다. 예배는 인간이 신적인 존재에게 공손한 마음으로 감사와 기원의 절을 올리는 행위이다. 이로 볼 때, 그 신분적 지위도 역시 상하의 수직적인 관계로 나타난다.

　그런데 중요한 것은 화자가 "참회하는 벙어리처럼 침묵의 예배"를 하고 있다는 점이다. 요컨대 모순에 처한 예배라는 것이다. 참회를 소리(언어)로 표현하고 싶은 예배인데, 자기의 의지대로 그 소리가 나오지 않아 벙어리처럼 "침묵의 예배"를 하고 있기 때문이다. 이것은 '나-너'의 존재가 아직 대화 상태로 결합되지 못하고 분리되어 있다는 것을 의미한다. 그래서 너(금강)는 '듣다'라는 말 대신에 나를 '보고 있도다.'라는 언술을 취하고 있는 것이다. "침묵의 예배"는 '나-너'를 결합시키기위해 먼저 신을 청하는 請神의 시간으로도 볼 수 있다.[40] 달리 표현하면 세속적인 인간의 언어를 신성한 주술의 언어로 전환시키는 예배라고 할 수 있다. 이 "침묵의 예배"가 끝나면 바로 제2연부터 "노래의 예배"가 시작된다. 그 내용은 다름 아닌 금강에 대한 구체적인 예찬이다.

---

40) 주술, 곧 굿의 언술구조는 신을 맞이하는 청신 단계, 신과 교섭하는 접신 단계, 신을 보내는 송신 단계로 되어 있다(김주현(2004. 4), 「신령주의와 조선문학의 건설-「빼앗긴 들에도 봄은 오는가」에 대한 새로운 해석」, 『문학·선』, 상반기호, pp.392~393. 참조.). 그래서 이 텍스트의 구조도 '침묵의 예배(청신)-노래의 예배(접신)-사례의 예배(송신)'로 볼 수 있다.

2. '금강 - 조선'의 시적 코드

제2연부터 제11연까지는 금강에 대해서 무지했던 것을 뉘우치고 반성하는 참회의 내용을 노래한 것이다. 달리 말하면 금강에 대해서 새롭게 인식한 내용을 예찬하는 '노래의 예배'이다. 이것을 통하여 '금강 - 나 - 조선'은 분리 상태에서 차츰 융합하는 관계로 발전해가고 있다. 그런데 이에 해당하는 각 聯들의 전개 양상을 보면 병렬적 구성으로 되어 있다는 점이다. 부연하면 병렬법 중에서도 병렬적 연으로 구성되고 있는 것이다. 병렬법은 언어의 선조적인 계기성에서 벗어나 어떤 한 行이나 聯이 다른 行이나 聯과 평행적으로 대응하는 것을 뜻한다.[41] 이런 점에서 그 연들의 순서를 바꾸어도 내용에는 아무런 영향을 미치지 않는다고 할 수 있다. 제2연~제11연까지의 병렬적인 연을 보면, 그 의미가 세 층위로 나타난다. 하나는 '금강 - 조선'의 층위인데, 이에 해당하는 것은 제2, 3, 5, 6, 10, 11연이다. 다른 하나는 '금강 - 자연'의 층위인데, 이에 해당하는 것은 제7, 9연이다. 그리고 마지막 층위는 '금강 - 나(화자) - 조선'의 층위인데, 이에 해당하는 것은 제4, 8, 12연이다. 논의의 편의상 세 층위로 나누어 분석하기로 한다. 먼저 '금강 - 조선'의 층위를 보도록 한다.

> 2) 金剛! 아, 朝鮮이란 이름과 얼마나 融和된 네 이름이냐. 이 表現의 背景意識은 오직 마음의 눈으로만 읽을 수 있도다. 모오든 것이 어둠에 窒息되었다가 웃으며 놀라 깨는 曙色의 榮華와 麗日의 新粹를 描寫함에서——게서 비로소 熱情과 美의 源泉인 靑春——光明과 智慧의 慈母인 自由——生命과 永遠의 故鄕인 黙動을 볼 수 있으니 朝鮮이란 指奧義가 여기 숨었고 金剛이란 너는 이 奧義의 集中 統覺에서 象徵化된 存在이어라.

제2연의 첫 구절은 '침묵의 예배'를 깨뜨리고 '노래의 예배'를 시작하

---

41) 이어령(1995), 「병렬법의 시학」, 『詩 다시 읽기』, 문학사상사, pp.155~158. 참조.

는 기능을 한다. 금강을 호명한 다음에 바로 이어지는 "아,"라는 감탄사가 그 침묵을 깨뜨리고 있기 때문이다. 이에 따라 제1연의 '나 - 너'의 이항 대립적 체계도 '금강 - 조선'의 체계로 변환되고 있다. 그렇다면 이러한 코드 체계가 산출하는 의미는 어떤 것일까. 먼저 그것은 실질적 대상(금강·조선)에 부여된 이름이라는 기호(금강의 기호, 조선의 기호)를 모두 지우고 실질적인 대상(사물 자체)만 남게 하는 것이다. 금강과 조선이 기호 세계로 들어오면 그 실질의 의미와 무관하게 상호 변별적인 의미를 지시하는 기호로 작용한다. 예컨대 '금강'이라는 기호는 인간이나 강, 들과 변별되는 '山'이라는 의미만을 지시하고, '조선'이라는 기호는 이성계가 세운 나라, 한반도, 혹은 일본, 중국 등과 변별되는 '나라'만의 의미를 지시한다. 이런 논리로 보면 금강과 조선은 의미상 아무런 연계성이 없는 독자적인 기호로만 존재한다. 이처럼 기호는 "사물이 아니라 추상적인 차이의 체계"[42]로서 대상을 분별·차별화하는 작용을 한다. 말하자면 이것과 저것을 구별하는 기능인 셈이다.

그래서 이 텍스트를 생산하고 있는 시인은 그러한 기호의 세계를 일탈하고자 한다. "조선이란 이름과 얼마나 융화된 네 이름이냐."에서 알수 있듯이, 변별적인 두 대상(금강과 조선)의 이름을 융화시키고 있다. 이것은 두 대상과의 분별과 차이를 해체한다는 의미이다. 융화하기 위해서는 두 대상에 부연된 각각의 '이름(기호)'을 걷어내야 한다. 그 '이름'을 걷어냈을 때 남는 것은 바로 실질적인 대상 자체가 지닌 본질적인 의미이다. 그러므로 융화는 다름 아닌 두 대상의 본질적인 의미가 하나로 융합되는 것을 뜻한다. 하나로 융합된다는 것은 결국 그 본질적 의미가 거의 동일하다는 논리가 된다. 비유하자면 금강과 조선은 동일한 사람에게 부여된 '이름'과 '自號' 같은 것이라고 할 수 있다. 이런 점에서 금강과 조선은 이름을 상호 교환할 수 있다. '금강의 조선', '조선의 금강'으로 말이다.

---

42) 위의 책, p.32.

물론 그 기호의 세계를 일탈하기 위해서는 육안과 대립하는 마음의 눈으로 보아야 한다. 육안은 사물의 현상적인 모습(기호)만을 보지만, 마음의 눈은 사물의 본질적인 모습(의미)까지 보기 때문이다. 예컨대 육신의 눈은 어둠 속에 질식되었다가 깨어나는 금강의 외형적인 모습에서 그 의미를 읽어낸다. 그 의미를 나타낸 언술이 바로 "曙色의 榮華와 麗日의 新粹"이다. 이 언술은 'A의 B'라는 은유 구조를 보여주는데, A에 해당하는 '서색·여일'은 가시적인 자연적 현상이고 B에 해당하는 '영화·신수'는 불가시적인 현상이다. 그런데 후자 B의 의미는 神的 존재인 금강의 본질적인 삶의 원리를 보여주지 못하고 있다. 말하자면 자연적 현상에 대한 表皮的인 의미 부여만 한 셈이다. 그래서 화자는 "마음의 눈"으로 그 이름에 감춰진 의미를 보려고 한다. 마음의 눈은 육신의 눈과 달리 '은유의 은유'를 통해 그 내면의 세계를 읽어낸다. '은유의 은유'란 육신의 눈으로 본 'A의 B'라는 은유를 다시 'C의 D'라는 은유로 전이시키는 것을 말한다. 그러한 'C의 D' 은유가 바로 "熱情과 美의 源泉인 青春──光明과 智慧의 慈母인 自由──生命과 永遠의 故鄕인 黙動"이다. 'C의 D' 은유에서는 'A의 B'인 은유에 들어있던 가시적인 자연 현상(서색·여일)은 배제되고 모두 불가시적인 현상만 드러나고 있다. 그 불가시적인 현상에서 찾을 수 있는 의미는 '청춘·자유·묵동'이다. 결국 'C의 D' 은유에 의해 금강은 자연적(사물) 존재에서 '청춘·자유·묵동'의 삶의 원리를 지닌 신적인 존재로 전환되고 있다.

금강은 '늙음'과 대립되는 영원한 '청춘', '억압'과 대립되는 영원한 '자유', 일시적인 '소동'과 대립되는 영원한 '묵동'의 표상으로 드러난다. 이것이 바로 신격화된 금강의 이름이 지닌 의미이다. 조선이란 이름의 의미도 예외는 아니다. 조선은 금강과 대립하는 인간 세계의 역사적인 산물이다. 그런데 마음의 눈으로 보면, 조선의 '指奧義가 금강에 숨었다'는 것을 볼 수 있다. 그리고 불가시적인 지오의는 금강의 몸을 빌려 가시적인 형태로 나타나고 있다. 부연하면 금강이 그 불가시적인 지오의를 통각하여 가시적인 자신의 모습으로 상징화하여 드러내고 있는 것이다.

이에 따라 조선의 이름도 금강과 동일하게 '청춘, 자유, 묵동'의 의미를 내포할 수 있는 것이다.

이처럼 금강과 조선은 서로 분리될 수 없는 존재이다. 금강과 조선이 분리되어 있을 때에는 금강은 자연적 산물로만 존재하고 조선은 인간의 역사적 산물로만 존재한다. 하지만 이것이 융화되면 금강은 조선 奧義를 드러내는 몸 자체가 되고, 조선의 오의는 금강에 생명을 불어넣는 에너지가 된다. 이것이 살아 움직이는 신적인 존재로서의 금강이며, 화자가 일차적으로 깨달아 예찬하는 내용이다.

> 3) 金剛! 나는 꿈속에서 몇 번이나 보았노라. 自然 가운데의 한 聖殿인 너를──나는 눈으로도 몇 번이나 보았노라. 詩人의 노래에서 또는 그림에서 너를──하나, 오늘에야 나의 눈 앞에 솟아 있는 것은 朝鮮의 精靈이 空間으론 우주 마음에 觸覺이 되고 時間으론 無限의 마음에 映像이 되어 驚異의 創造로 顯現된 너의 實體이어라.

제2연의 '금강 - 조선'의 이름 코드가 제3연에 오면 '성전(금강) - 정령(조선)'의 코드로 변환한다. 이 코드 변환에 의해 '금강 - 조선'의 관계가 더욱 구체화되어 나간다. 금강은 "자연 가운데 한 성전"이다. 성전은 거룩한 공간으로서 세속적인 공간과는 대립된다. 말하자면 성전은 그 공간을 주위의 우주적 환경으로부터 분리시켜 질적으로 다른 공간을 만드는 의미작용을 한다.[43] 성전에 의해 금강은 금강 아닌 다른 山들과는 질적으로 다르게 나타난다. 그렇다면 누가 이러한 금강을 창조했을까. 이를 위해 제3연의 구조를 분석해 보도록 하자. 제3연은 시간적 대립으로 구조화되어 있다. '과거/현재'의 대립이 그것이다. 화자가 과거에 금강을 본 것은 '꿈속, 시인의 노래, 그림'에서다. 이것은 모두 실제적인

---

43) 멀치아 엘리아데, 이동하 역(1994), 「거룩한 공간과 세계의 성화」, 『聖과 俗 - 종교의 본질』, 학민사, p.24.

접촉에 의해서가 아니라 기호화된 대상을 통해서 간접적으로 본 것이다. 기호화된 대상, 곧 기호화된 금강은 거룩한 것과 세속적인 것을 분별해주는 기능을 하지만 금강의 살아 움직이는 불가시적인 생명의 실체는 볼 수가 없다. 그럼에도 불구하고 화자는 과거에 본 것들을 통해서 금강의 실체를 모두 인식한 것처럼 행동해 왔다.

이제 그 행동은 "하나, 오늘에야"라는 언술에 의해 모두 부정되고 만다. "오늘"이라는 현재적 시간에 직접적으로 "눈 앞에 솟아 있는" 금강을 보자마자, 그 금강은 기호화된 금강과는 전혀 다른 모습으로 다가온다. 기호화된 금강에서 볼 수 없었던 "조선의 정령"을 체감하고 있기 때문이다. 이 텍스트에서 불가시적인 "조선의 정령"은 조선의 이름, 곧 조선의 오의를 실현하는 주체이며, "자연 가운데 한 성전"을 창조한 주체이다. 그래서 "조선의 정령"은 단순한 존재가 아니다. "조선의 정령"은 우주적 시공간의 마음에 촉각·영상되어 금강의 실체로 나타나고 있다. 이에 따라 금강은 우주적 삶의 원리를 내포하고 있는 성스러운 신적인 존재가 된다. 물론 실질의 현상이 아니라 기호현상으로서 말이다.

 5) 金剛! 벌거벗은 朝鮮——물이 마른 朝鮮에도 自然의 恩寵이
    별달리 있음을 보고 애틋한 생각——보배로운 생각으로 입
    술이 달거라——노래부르노라.

 6) 金剛! 오늘의 歷史가 보인 바와 같이 朝鮮이 죽었고 釋迦가
    죽었고 地藏 彌勒 모든 菩薩이 죽었다. 그러나 宇宙生成의 路
    程을 밟노라——때로 變化되는 이 過渡現象을 보고 묵은 그
    時節의 朝鮮의 얼굴을 찾을 수 없어 朝鮮이란 그 生成 全體가
    죽고 말았다——어리석은 말을 못하리라. 없어진 것이란 다만
    묵은 朝鮮이 죽었고 묵은 朝鮮의 사람이 죽었고 묵은 네 목
    숨에서 곁방살이하던 인도의 모든 神像이 죽었을 따름이다.
    恒久한 청춘——無限의 자유——朝鮮의 生命이 綜合된 너의
    存在는 永遠한 自然과 未來의 朝鮮과 함께 길이 누릴 것이다.

금강의 상징(이름) 및 실체(정령)에 대한 기원적 언술이 끝나자 이제 금강과 조선에 대한 현실적 상황이 그 언술의 대상이 되고 있다. 상징 및 실체로 보면 금강과 조선은 그 기원부터 융합되어 왔던 존재이다. 그러나 이러한 '금강-조선'의 코드를 인간적인 공간, 즉 역사적인 공간으로 끌어오면 현재의 금강과 현재의 조선은 분리되고 만다. 현재에도 금강은 "항구한 청춘——무한의 자유——조선의 생명이 종합"된 신적인 존재로서 살아 있지만 현재의 조선은 "벌거벗은 조선——물이 마른 조선"으로 사멸되어 가고 있기 때문이다. 그럼에도 불구하고 화자는 조선에도 "자연의 은총이 별달리 있음을 보고" 금강을 입술이 닳도록 노래로써 예찬한다. 그 대립과 단절을 해체하기 위해서다.

그 예찬에는 두 자아의 목소리가 대립되어 나타난다. 하나는 "벌거벗은 조선——물이 마른 조선"을 보고 절망하는 세속적 자아의 목소리이고, 다른 하나는 "자연의 은총"을 보고 희망을 갖는 주술적 자아의 목소리이다. 제6연에서 전자에 해당하는 목소리는 '조선, 석가, 지장미륵, 보살' 등이 모두 죽었다는 역사적 종언의 목소리이고, 후자에 해당하는 목소리는 '죽은 것은 묵은 조선, 묵은 조선 사람들, 묵은 조선에 곁방살이 하던 印度의 神像이 죽었을 뿐, 조선은 우주생성의 노정을 밟고 있다'는 역사적 재생의 목소리이다. 이와 같은 역사적 재생은 순환하는 우주의 재생을 역사와 결합시키려는 역사적 상상력에서 나온 것이다.[44] 예의 화자는 역사적 재생의 목소리 편에 서서 "영원한 자연과 미래의 조선이 함께 길이 누릴 것"을 간구한다.

역사적 공간에서의 조선의 삶은 인간적인 삶의 원리를 바탕으로 하고 있다. 우주적 삶의 원리와 대립되는 인간적인 삶의 원리는 모든 우주만물이 선조적인 시간 속에서 일회적인 삶으로 끝난다는 의식을 그 기반으로 한다. 요컨대 순환과 반복, 재생 등의 삶이 없다는 원리이다. 하지만 우주적 삶의 원리는 모든 우주만물이 원형적인 시간 속에서 생

---

44) 육근웅(1999), 「「빼앗긴 들에도 봄은 오는가」의 한 이해」, 『대전어문학』 제16집, 대전대 국어국문학회, p.225.

성과 소멸의 주기적 반복을 통하여 그 삶을 계속 유지한다는 의식을 그 기반으로 한다. 요컨대 주기적인 리듬을 따라 산다는 원리이다. 화자는 역사적 운행과 우주적 운행, 곧 자연적 운행이 분리되어 있는 것이 아니라 상호 융합된 것으로 본다. 예의 조선 정령의 실체인 금강은 우주적 삶의 원리를 체현하는 존재이다. 조선의 정령은 사멸한 것이 아니다. 그러므로 조선의 정령이 도래하기를 기원하며 기다려야 한다. 그럼에도 불구하고 세속적인 조선 사람들은 금강에 조선의 정령이 없는 단순한 자연적인 사물로만 보고 있는 것이다. 곧 금강과 조선이 별개의 존재로 분리되어 있는 것으로 인식한다. 금강이 있는 한 조선은 죽은 것이 아니다. 조선은 우주적 순환 원리를 따라 역사적 재생을 할 수 있다. 이런 점에서 이 텍스트는 우주적 삶의 원리로써 인간적 삶의 원리, 곧 조선적 삶의 원리를 쇄신하려는 시적 의미를 담고 있다.

> 10) 金剛! 아, 너 같은 極致의 美가 꼭 朝鮮에 있게 되었음이 야릇한 奇蹟이고 자그마한 내 生命이 어찌 네 愛薰을 받잡게 되었음이 못잊을 奇蹟이다. 너를 禮拜하러 온 이 가운데는 詩人도 있었으며 道師도 있었다. 그러나 그 詩人들은 네 外包美의 반쯤도 부르지 못하였고 그 道師들은 네 內在想의 첫 길에 헤매다가 말았다.

> 11) 金剛! 朝鮮이 너를 뫼신 자랑――네가 朝鮮에 있는 자랑――自然이 너를 낳은 자랑――이 모든 자랑을 속깊이 깨치고 그를 깨친 때의 驚異 속에서 집을 얽매고 노래를 부를 보배로운 한 精靈이 未來의 朝鮮에서 나오리라, 나오리라.

조선과 나에게 생명을 부여해주는 금강은 극치의 美를 지니고 있다. 그러나 그 극치의 美를 예찬하거나 파악하기 위해 금강을 찾아온 시인들과 도사들은 모두 실패하고 말았다. 그들은 인간의 이성적인 능력으로서 그것을 파악하려 했기 때문이다. 자연이 낳은 신비로운 금강은 외포와 내재로 분절하여 파악할 수 있는 존재가 아니다. 우주 마음을 담은 조선 정령이 겉으로 현현하면 그 외포의 모습이 되고, 안으로 숨어들면 그 內在想이 되기에 그러하다.

그래서 화자는 단순하게 외포와 내재로 분절하여 보지 않고 '자연, 금강, 조선'의 통합적인 관계 속에서 금강을 보려고 한다. 그것에 대한 언술이 바로 "모든 자랑을 속깊이 깨치고"이다. 물론 그 깨우침이 있을 때, 죽은 조선을 재생할 수 있는 "보배로운 한 정령이 미래의 조선"에서 나올 수 있다. 그렇다면 무엇을 깨쳐야 하는가. 그것은 다름 아니라 조선과 금강의 관계를 깨치는 것이다. '금강을 모시다'라는 언술에서 알 수 있듯이, 윤리적 측면에서 보면 그것은 상하의 위계적 관계로 나타난다. 예의 금강을 조선 사람들이 모실 수밖에 없는 것은 조선 정령의 실체가 금강이기 때문이다. 더불어 조선 사람들은 다른 나라가 아닌 조선이라는 나라에 금강이 있다는 사실을 깨우쳐야 한다. "네가 조선에 있는 자랑"이 바로 그것을 시사해주는 언술이다. 그리고 금강과 자연의 관계를 깨우쳐야 한다. 그 관계를 보면, 자연은 어머니이고 금강은 자식이다. "자연이 너를 낳은 자랑"이라는 언술이 이를 대변해준다. 이때 자연은 우주적 삶의 원리를 주재하는 모태로서의 존재가 된다.

이 지점에서 이러한 것을 통합해 보면 금강은 조선 사람과 자연의 세계를 매개하는 신령한 존재가 된다. 부연하면 인간적인 삶의 원리와 우주적인 삶의 원리를 매개하는 양의적인 존재가 되고 있다. 그러므로 만약에 금강이 조선에 없다면 조선 사람들은 자연적 삶의 원리, 우주적 삶의 원리를 망각한 채 인간적인 삶의 원리로만 살아가게 될 것이다. 따라서 조선 사람들이 조선의 역사를 재생시키기 위해서는 '조선-금강-자연'이 하나의 생명체로 이어져 있다는 사실을 깨우쳐야 할 것이다. 그러함에도 불구하고 현재의 조선은 이를 깨우치지 못하고 있다. 이렇게 이를 깨우치지 못한다면 미래의 조선에서 '보배로운 정령'은 나올 수 없게 된다.

그렇다면 '보배로운 정령'은 어떤 존재일까. 금강을 민족혼의 산지,

그 근원으로 보고 보배로운 정령을 민족혼으로 보기도 하지만,[45] 텍스트의 구조로 보면 그 정령은 다름 아닌 미래에 나올 시인을 상징한다. "집을 얽매고 노래를 부를 보배로운 한 정령"에서 눈여겨 볼 것은 '노래를 부르다'라는 구절이다. 이 텍스트에서 보배로운 정령과 조선의 정령은 변별적이다. 조선의 정령은 조선 전체를 주재하는 존재이지만, 보배로운 정령은 그것과 달리 여러 정령들 중에서 가장 가치 있고 귀한 어떤 존재를 의미한다. 또한 언술적인 측면에서 보면 보배로운 정령이 노래를 부른다는 표현은 있지만 조선의 정령이 노래를 부른다는 표현은 없다. 그리고 "보배로운 한 영혼"에서 영혼을 수식하는 "한"의 기능으로 보면 추측에 해당하는 '어떤'이라는 뜻이다. 여기에 민족혼을 대입하면 '보배로운 어떤 민족혼'이 되기 때문에 이상한 표현이 되고 만다. 주지하다시피 시인인 이상화는 송가, 곧 노래로써 금강을 예찬하고 있다. 노래와 직·간접 되는 표현으로는 "입술이 달거라——노래부르노라"(제5연), "너를 바로 읊조리지 못하노라"(제8연), "너를 읊조릴 말씨"(제11연), "너를 기려 줄 가락"(제11연), "노래를 부르며"(제11연)' 등이 있다. 물론 이것은 곡조를 붙여 목소리로 부르는 노래가 아니라 시적 언어로서 부르는 노래이다. 이렇게 시인은 노래(언어)로써 '자연 - 금강 - 조선'의 실체를 탐구·예찬하고 있는 것이다. 따라서 "보배로운 한 정령"은 시로써 '자연 - 금강 - 조선'을 통합적으로 새롭게 노래할 미래의 어떤 시인이 되는 것이다.

3. '금강—자연'의 시적 코드

시인으로서의 화자는 금강과 조선의 융합적 관계를 노래했지만 다른 한편으로는 금강과 자연의 융합적 관계를 노래하기도 한다. 인격화된 금강은 인간처럼 하나의 생명체로서 자연 공간 속에 존재하고 있다. 하

---

45) 문덕수(1989), 「李相和와 魯漫主義」, 신동욱 편, 『이상화연구』, 새문사, p. Ⅱ - 41. 참조.

지만 금강은 인간과 달리 그 자연의 위력 앞에서도 굴하지 않고 자연과 융합하며 그 생명력을 유지해 오고 있다. 요컨대 인간의 역사와 대립하는 금강의 역사인 셈이다. 화자가 금강의 생명을 예찬한 이유도 바로 여기에 있다.

> 7) 金剛! 너는 四千餘年의 오랜 옛적부터 퍼붓는 빗발과 몰아치
>   는 바람에 갖은 威脅을 받으면서 荒凉하다 오는 이조차 없던
>   江原의 寂寞 속에서 忘却 속에 있는 듯한 孤獨의 설움을 오직
>   東海의 푸른 노래와 마주 읊조려 잊어버림으로써 서러운 自
>   足을 하지 않고 도리어 그 孤獨으로 너의 情熱을 더욱 가다
>   듬었으며 너의 生命을 갑절 북돋우었도다.

> 9) 金剛! 너는 頑迷한 物도 虛幻한 精도 아닌――物과 精의 混融
>   體 그것이며, 허수아비의 靜도 미쳐 다니는 動도 아닌――靜
>   과 動의 和諧氣 그것이다. 너의 自身이야말로 千變萬化의 靈慧
>   가득 찬 啓示이어라. 億代兆劫의 圓覺덩어리인 詩篇이어라. 萬
>   物相이 너의 渾融에서 난 叡智가 아니냐. 萬瀑洞이 너의 知諧
>   에서 난 旋律이 아니냐. 하늘을 어루만질 수 있는 昆盧――
>   彌勒이 네 生命의 昇昂을 보이며 바다 밑까지 꿰뚫은 八潭,
>   九龍이 네 生命의 深滲을 말하도다.

금강이 사물로 존재할 때에는 자연물의 일부에 지나지 않는다. 그래서 금강이 자연과 이항 대립하는 위치에 놓이지도 않는다. 하지만 금강이 인간처럼 생명을 부여받은 인격체로 전환하는 순간, 그 금강은 자연과 대립하는 위치에 놓이게 된다. 제7연에서 인격화된 금강은 태초부터 지금까지 자연과 대립하며 생명을 키워온 존재이다. '금강(인격체)'에게 자연기호들인 빗발과 바람은 부정적인 의미작용을 한다. 빗발은 하늘에서 지상으로 하강하는 천상적 기호이고, 바람은 천지를 매개하는 양의적 · 유동적인 기호이다. 때문에 금강에게는 천상공간도 하방공간도

모두 부정적인 의미로 작용하고 있다. 뿐만 아니라 인간도 찾아오지 않기에 인간도 부정적인 의미작용을 한다.

이처럼 천지인의 공간이 모두 부정적일 때 "고독의 설움"이 생겨난다. 이것은 즐거움이나 기쁨과 대립되는 감정으로서 하강적인 의미를 산출한다. 생의 확산이 아니라 생의 응축인 셈이다. 그러나 금강은 그 대립적 관계를 해소하기 위하여 동해의 푸른 노래와 함께 그 고독을 읊조리게 된다. 그렇게 함으로써 부정적인 의미작용을 긍정적인 의미작용으로 전환시키고 만다. 역설적으로 정열과 생명을 갑절 얻을 수 있기 때문이다. 이런 점에서, 금강의 정열과 생명의 에너지는 내부에 이미 주어진 것이라기보다는 외부에 의해서 생성되는 것이라고 볼 수 있다. 이렇게 자연적인 삶의 원리를 수용하며 생명력을 키우는 것이 바로 인간의 삶과 다른 점이다.

그래서 화자는 금강을 구체적으로 인간의 형상을 한 이미지로 묘사하기도 한다. 금강은 인간처럼 "物과 精의 混融體"로 되어 있으며, "靜과 動의 和諧氣"를 내재하고 있다. 즉 '物/精, 靜/動'이라는 모순된 의미를 통합한 하나의 몸이다. 예의 그 몸은 "靈慧 가득 찬 계시"적인 초월의 능력을 지니고 있으며, 깨달음을 얻은 부처처럼 "원각덩어리인 詩篇"으로 존재하고 있다. 신으로부터 받은 산물이 계시라면 자신 스스로 깨달아 얻은 산물은 시편이 된다. 뿐만 아니라 "만물상", "만폭동" 등도 사물로만 존재하는 것이 아니라 인간의 몸처럼 금강의 몸을 구성하는 유기체로서 '예지와 선율'을 생성해 내고 있다.

그런데 금강을 묘사하던 화자의 시선이 상방공간인 "곤로"에 이르자, 비로소 금강은 구체적인 인체의 형상으로 가시화되어 나타난다. 즉 '머리(상) ― 허리(중) ― 다리(하)'로 분절될 수 있는 인간의 형상으로 현현하고 있다. "하늘을 어루만질 수 있는 곤로"에서 '어루만지다'의 행위 주체는 다름 아닌 금강의 '팔'이다. 어루만지는 팔이 하늘에 닿을 수 있다면 금강의 머리 역시 하늘 바로 아래에 있다는 뜻이 된다. 그렇다면 금강의 다리는 어디에 있을까. "바다 밑까지 꿰뚫은 팔담, 구룡"에서 알 수 있듯이, 금강의 다리는 불가시적 세계인 저 "바다 밑"에 두고 있다. 하늘에 닿을 듯이 치솟는 머리가 "생명의 승앙"을 보여주는 것이라면, 다리는 생명력의 뿌리와 깊이인 "생명의 심삼"을 보여주는 것이다. 머리와 다리 사이를 매개하는 허리는 무표화되어 있지만 금강의 중간 부분들이 된다.

이처럼 금강은 수직으로 서 있는 거대한 인체적 이미지로 나타나고 있다. 이것을 공간기호론으로 보면 머리는 천상 공간, 허리는 지상 공간, 다리는 지하 공간을 의미한다. 그래서 금강의 수직축인 몸은 세 층위의 우주적 차원과 교섭하는 우주적 기둥으로 현현한다.[46] 우주적 기둥은 거룩하고 신성한 표지로서 세계의 중심에 위치한다. 화자는 우주기둥인 금강의 몸을 종교적 이미지인 미륵으로 현시하여 그 생명력과 신성함을 더욱 강조하고 있다. 요컨대 화자의 예찬을 받은 금강은 미륵의 몸으로서 조선의 중심축, 세계의 중심축, 자연(우주)의 중심축이 되고 있다. 그러면서 이 중심축은 지하 공간(바다 밑)에서 천상 공간(하늘)으로 수직상승하고 있기 때문에 하방공간의 가치를 천상공간의 가치로 전환시키는 의미작용을 한다. 말하자면 텍스트의 모든 기호 의미가 천상공간으로 수렴되고 있는 것이다. 그렇게 될 수밖에 없는 것은 그 금강이 바로 하늘과 교섭하는 존재이기 때문이다. 사물로서의 금강이 살아 있는 신적인 존재로 전환될 수 있는 것도 이에 연유한다.

4. '금강—나—조선'의 시적 코드

지금까지 화자는 금강과 조선, 금강과 자연의 시적 코드를 통하여 '금강'의 진면목을 예찬해 왔다. 그 과정을 거치면서 시인이자 주술자인 화

---

46) 천상, 지상, 지하라는 세계의 우주적 차원은 서로 교섭을 한다. 이 교섭에 의해 그것은 우주축의 이미지로 표상되기도 한다. 그리고 그 축은 천상과 지상을 접촉시키고 떠받는 의미작용을 하는데, 그 기반은 저 밑의 세계 곧, 지하(下界)에 고정시키고 있다. 그래서 이 같은 우주적 기둥은 오로지 우주의 중심에만 놓일 수 있게 된다. 전체 세계가 그것을 중심으로 펼쳐지기 때문이다. 멀치아 엘리아데, 이동하 역(1994), 앞의 책, pp.32~33.

자도 금강의 영향을 받고 차츰 새롭게 변화되는 모습을 보여주고 있다. 이런 점에서 볼 때, 이 텍스트의 언술은 두 층위의 코드로 구축되어 왔다고 할 수 있다. 하나는 '자연-금강-조선'에 대한 시적 코드이고, 다른 하나는 '금강-나-조선'에 대한 시적 코드이다. 전자가 외부적 세계를 그 대상으로 하고 있다면, 후자는 화자의 내면적 세계를 그 대상으로 하고 있는 것이다. 이 지점에서 후자의 시적 코드를 분석하기로 한다.

> 4) 金剛! 너는 너의 寬美로운 微笑로써 나를 보고 있는 듯 나의 가슴엔 말래야 말 수 없는 야릇한 親愛와 까닭도 모르는 敬虔한 感謝로 언젠지 어느덧 채워지고 채워져 넘치도다. 어제까지 어둔 사리에 울음을 우노라──때 아닌 늙음에 쭈그러진 나의 가슴이 너의 慈顔과 너의 愛撫로 다리미질한 듯 자그마한 주름조차 볼 수 없도다.

> 8) 金剛! 하루 일쯕 너를 못 찾은 나의 게으름──나의 鈍覺이 얼마만치나 부끄러워, 죄로와 붉은 얼굴로 너를 바라보지 못하고 벙어리 입으로 너를 바로 읊조리지 못하노라.

> 12) 金剛! 이제 내게는 너를 읊조릴 말씨가 적어졌고 너를 기려줄 가락이 거칠어져 다만 내 가슴 속에 있는 눈으로 내 마음의 발자국 소리를 내 귀가 헤아려 듣지 못할 것처럼──나는 고요로운 이 恍惚 속에서──할아버지의 무릎 위에 앉은 손자와 같이 禮節과 自重을 못차릴 네 웃음의 恍惚 속에서── 나의 生命, 너의 生命, 朝鮮의 生命이 서로 黙契되었음을 보았노라. 노래를 부르며 가비얍으나마 이로써 사례를 아뢰노라. 아, 自然의 聖殿이여! 朝鮮의 靈臺여!

제4연에서 알 수 있듯이, 화자인 나와 금강인 너의 직접적인 의사소통은 '시선'으로만 이루어지고 있다. 예컨대 시선을 통한 상호 대화라고 할 수 있다. 이것은 이미 제1연의 첫 구절에서 시작된 것이기도 하다.

제1연에서 '너는(금강) 보고 있다'라는 언술이 바로 그것이다. 마찬가지로 제4연에서도 너는 "관미로운 미소"로 나를 보고 있을 뿐이다. 여기서 "관미로운 미소"는 감정적인 표현으로서 울분의 감정과 대립한다. 미소와 울분을 공간기호론으로 보면 미소는 상승작용을 하고 울분은 하강작용을 한다. 상승의 감정은 밝고 가벼운 것이지만 하강의 감정은 어둡고 무거운 것으로써 공허감과 혼미의 뜻을 연상하게 만들기 때문이다.[47] 제1연에서 알 수 있었듯이 참회하고 있는 '나'는 무거운 감정에 사로잡혀 있었다. 하지만 금강인 너를 예찬하면서부터 나의 무거운 감정은 차츰 가볍게 된다. 너의 "관미로운 미소"가 나의 참회를 받아들이고 용서하는 메시지로 작용하고 있기에 그러하다. 이에 따라 "관미로운 미소", '친애의 미소'는 나를 새롭게 재생시키는 의미로 작용한다. 그 재생에 의해 어두운 사리의 나에서 밝은 사리의 나로, 늙음의 나에서 젊음의 나로 전환하게 된다. 부연하면 세속적인 자아에서 신성한 자아로 전환되고 있다. 이를 통해서 나와 너는 분리 상태에서 차츰 융합하는 상태로 발전해 간다. 그래서 "하루 일쯕 너를 못 찾은 나의 게으름"을 다시 한번 반성하고 있는 것이다.

이렇게 해서 이 텍스트의 마지막 聯인 제12연에 오면, "너를 읊조릴 말씨가 적어졌고 너를 기려 줄 가락이 거칠어"질 정도로 예찬의 내용을 전부 아뢰게 된다. 말하자면 사례의 예배를 드리는 시점에 이른 것이다. 그런데 문제는 예배를 끝낼 즈음에, 화자는 "내 가슴 속에 있는 눈", 다시 말해서 '마음의 눈'으로도 자아의 "발자국 소리"를 "귀가 헤아려 듣지 못"할 것 같다고 언술한다는 점이다. 지금까지 '마음의 눈'으로 금강을 예찬해 왔는데, 역설적으로 이제 '마음의 눈'으로도 자신의 행위를 인식하지 못한다고 하니 모순적이지 아니할 수 없다. 직설적으로 말하면, 이것은 세속적 자아가 주술적 자아로 완전히 전환되어 금강인 너와 융합된 것에 기인한다. 부연하면 주술자로서의 화자가 금강의 실체인

---

47) 필립 윌라이트, 김태옥 역(1993), 「원형상징」, 『은유와 실재』, 문학과지성사, pp.114~115. 참조.

조선의 정령과 온전하게 접신한 것에 기인한다.[48] 융합을 이루는 그 접신에 의해 나는 '마음의 눈'조차 그 기능을 상실하고 만다. 왜냐하면 신인 금강이 나의 전부를 주재하기 때문이다. 그래서 나는 '고요하고 황홀한' 공간에서 금강에게 애착과 친밀감을 느끼게 된다.[49]

그렇다면 나와 금강이 융합한 모습은 어떤 이미지로 나타나고 있을까. 제1연에서 나와 금강은 분리·대립하던 상태였다. 그러던 것이 나의 예찬에 의해 차츰차츰 결합·융화되는 과정을 거쳐 종국에는 '할아버지(금강·조선정령)'와 '손자(화자·나)'의 관계로 나타나고 있다. 요컨대 가족적인 이미지로 융합한 모습이다. "할아버지의 무릎 위에 앉은 손자"에서 알 수 있듯이, 인자하게 웃는 할아버지는 예절도 모르는 손자지만 사랑으로 껴안아 주고 있다. 그래서 손자는 어떤 생명의 억압도 받지 않은 채 자유롭게 존재한다. 이것은 주종의 수직 관계, 상하의 수직 관계가 아니고 상호 평등한 관계를 의미한다. 제1연에서는 상하의 수직 관계로 출발했지만 제12연에서는 이와 같이 평등의 관계로 전환되고 있는 것이다.

또한 할아버지(금강·조선정령)와 손자(나)는 같은 피를 나눈 혈족으로서 떼려야 뗄 수 없는 육친의 관계에 있다. 말하자면 생명의 역사를 함께 할 수밖에 없는 운명을 타고 난 것이다. 제11연까지는 나와 금강이 필연적인 관계가 아니었지만 마찬가지로 제12연에서는 피를 나눈 필연적인 관계로 전환되고 있다. 더불어 '할아버지 – 손자'의 코드는 현

---

48) 내 마음의 발자국 소리를 듣지 못할 무렵, 화자는 육체적으로 소진되어 마침내 혼의 이탈과 같은 황홀경 속에서 금강의 생명(신령)과 접신을 이루게 된다. 이것은 나와 너(금강)와 조선의 생명이 하나로 통합된 것을 의미한다. 이때 시인은 하나의 샤먼이 된다. 김주현(2004. 4), 앞의 책, p.397.

49) 금강산과의 친밀함은 장소애로부터 나온다. 화자는 금강산이 단순한 자연공간이 아니라 민족의식의 총복합체로서의 공간이기에 애착과 친밀감을 느끼고 있다. 이 같은 최고의 장소감은 화자로 하여금 민족적 정체성과 장소의 정체성이 완벽하게 일치하는 것으로 인식하게 만들고 있다. 송명희(2008. 12),「이상화 시의 장소와 장소상실」,『한국시학연구』제23호, 한국시학회, p.236.

실을 초월한 우주적인 삶의 원리가 아니라 현실을 바탕으로 한 우주적인 삶의 원리를 보여준다. 할아버지와 손자는 초인이 아니라 인간의 속성을 지니고 있기 때문이다.

이렇게 '할아버지-손자'의 코드에 의해 금강과 나는 우주적 삶의 원리를 따르며 사는 운명공동체로서 존재하게 된다. 물론 그것을 가능케해준 것은 바로 생명이다. "나의 생명, 너의 생명, 조선의 생명이 묵계"되었다는 언술도 이에 연유한 것이다. 화자가 '할아버지-손자'의 코드에서 '조선의 생명'까지 끌어들인 것은 나의 생명 역시 조선의 역사적 공간을 떠나서는 존재할 수 없기에 그렇게 한 것이다. 그러므로 '금강-나-조선'은 피를 나눈 혈족으로서 상호 분리되어 존재할 수가 없다. 물론 금강은 생명의 중심부에 놓인다. 그 생명의 피를 영원히 생성해내는 곳이 다름 아닌 신성한 금강이기 때문이다. 그래서 화자도 금강을 "자연의 성전", "조선의 영대"라고 극찬의 사례를 하고 있다. 결국 '조선-금강-자연'의 코드와 '나-금강-조선'의 코드를 통합하면, 우주적 삶의 원리를 따르는 금강만이 나와 조선의 생명을 재생·쇄신할 수 있다는 것이다.

Ⅲ. 결론

대부분의 기존 연구에서는 「금강송가」를 '조선혼과 민족정신'을 드러내는 송가의 양식으로 규명하고 있다. 하지만 '금강'을 텍스트로 구조화하는 시적 코드와 그 의미작용으로 보면, 이 텍스트는 새로운 차원의 주제를 생성해내고 있다. 먼저 이 텍스트를 표층적인 구조로 보면, '침묵의 예배-노래의 예배-사례의 예배'로 나타난다. 이것을 다시 심층적인 구조로 보면, '침묵의 예배'는 '나(화자)의 몸-너(금강)의 몸'이라는 코드로 되어 있다. 이 코드에 의하면 나와 금강은 '세속/탈속, 부정/신성, 수동/능동, 상/하' 등으로 대립한다. 이것은 '나-너'의 존재가 아직 융합되지 못하고 분리된 상태임을 의미한다.

화자는 이것을 극복하기 위해 비로소 '노래의 예배'로써 금강을 예찬한다. '노래의 예배'는 세 층위의 코드로 구조화되고 있는데, 하나는 '금강-조선'의 시적 코드이다. 이 코드에 의하면, 태초부터 금강과 조선의 정령은 한 몸이 되어 '청춘·자유·묵동'을 누리며 우주적 삶의 원리를 체현해 오고 있는 신적인 존재이다. 하지만 현실적인 조선의 역사적 공간에서는 그러한 금강의 존재와 분리된 채 인간적인 삶의 원리로만 살고 있다. 그래서 조선의 전체적인 삶은 죽어가고 있다. 화자가 조선의 인간적인 삶의 원리를 금강의 우주적인 삶의 원리로 전환시키려고 한 이유도 바로 여기에 있다. 예의 그것을 전환(융합)시킬 수 있는 존재는 미래에 나올 보배로운 정령인데, 그 정령은 다름 아닌 미래에 나올 새로운 시인을 의미한다.

다른 하나는 '금강-자연'의 시적 코드이다. 이 코드에 의하면, 금강은 인간처럼 하나의 생명체로서 우주 공간 속에 존재한다. 그러나 인간과 달리 금강은 자연의 온갖 위협에도 불구하고 그것을 삶의 원리로 수용하며 산다. 그리고 역설적으로 그 삶의 원리에 의해 영원한 생명력을 지닐 수 있게 된다. 금강이 인간의 이미지로 묘사되고 있지만 그것이 인간의 차원과 다른 모습으로 현현하는 것도 이에 연유한다. 금강은 그의 머리를 하늘에 두고 있으며, 다리는 바다 밑 공간에 두고 있는 신적인 존재이다. 이러한 수직성에 의해, 금강의 몸은 거룩한 우주적 기둥으로서 세계의 중심축이 된다. 이에 따라 금강은 하늘과 교섭하며 인간적 가치를 천상적 가치로 전환시키는 의미작용을 한다.

마지막은 '노래의 예배'와 '사례의 예배'를 통합한 '금강-나-조선'의 시적 코드이다. 이 코드에 의하면, '금강, 나, 조선'은 각기 분리된 상태에서 완전한 융합의 상태를 이룬다. 예의 '할아버지(금강·조선정령)'와 '손자(화자·나)'의 관계로 융합된 이미지가 바로 그것이다.[50] 이러한

50) 「빼앗긴 들에도 봄은 오는가」에서도 화자인 '나'는 푸른 하늘 푸른 들이 맞붙은 융합의 공간, 즉 천지가 융합된 공간을 향해 보행하고 있다. 하지만 그

이미지는 피를 나눈 혈족의 관계, 생명을 같이 하는 역사적 운명체라는 관계를 시사해 준다. 결국 '조선-금강-자연'의 코드와 '금강-나-조선'의 코드를 통합하면, 금강은 영원한 생명력을 지닌 신적 존재로서 인간적인 삶의 원리를 우주적인 삶의 원리로 전환시키는 존재가 된다. 물론 그러한 전환(융합)을 가능케 할 존재는 곧 미래에 나올 보배로운 정령, 곧 미래에 나올 새로운 시인이다. 그 시인만이 생명으로 연계된 '자연-금강-나-조선'의 우주적 삶의 원리를 하나로 통합하여 노래할 수 있기 때문이다.

융합은 온전하게 이루어지지 않는다. 다리를 저는 육신의 보행이 되자, 그 몸에서 이탈된 '혼'만 '봄신령'과 접신하여 그곳을 향해 혼의 보행을 하고 있기 때문이다. 하지만 이와 달리 「금강송가」에서는 할아버지(금강)와 손자(나)로 완전한 몸의 융합을 이루고 있다. 융합적인 측면에서 보면 상호 변별적으로 나타난다. 그러나 의미론적 측면에서 보면 두 텍스트는 동일한 경향을 보여준다. 전자가 천지인이 융합된 이상적인 공간을 향하여 보행하고 있다면, 후자 역시 '금강-나-조선'을 융합할 수 있는 이상적인 미래의 새로운 시인을 기다리며 살고 있기 때문이다. 정유화(2009. 12), 앞의 논문, pp.279~281. 참조.

▶ 제 2 장 ◀
정지용의 시 텍스트

▶ 제 2 장 ◀ 정지용의 시 텍스트

1. '집–기차–배'의 기호와 수평적 의미작용

I. 서론

정지용의 시문학에 대한 연구 업적이 매우 많은 데도 불구하고, 그 논의의 폭과 방법은 그렇게 넓거나 다양해 보이지 않는다. 연구 업적이 누적될수록 새로운 해석과 평가가 도출되어야 하는데, 그렇게 되지 못하고 기존 논의를 부연하거나 좀 더 미시적으로 분석한 경우가 대부분이다. 정지용에 대한 주된 논의가 모더니즘 기법으로 표현된 감각적 이미지에 대한 연구,[1] 시기별로 나누어 시세계를 해명한 주제적 연구,[2] '시어(詩語)'가 표방해주는 공간성에 대한 연구,[3] 원전 텍스트에 대한

---

[1] 문덕수(1981), 「정지용론」, 『한국모더니즘시연구』, 시문학사.
   진수미(2007. 2), 「정지용 시의 회화지향성 연구」, 『비교문학』 제41집, 한국비교문학회.
   고형진(2002. 12), 「지용 시와 백석 시의 이미지 비교 연구」, 『현대문학이론연구』 제18집, 현대문학이론학회.
[2] 김학동(1997), 『정지용 연구』, 민음사.
   이숭원(1999), 『정지용 시의 심층적 탐구』, 태학사.
   김용희(2004), 『정지용 시의 미학성』, 소명출판.
[3] 이 분야를 보면, 체계적 통일적으로 시 텍스트 전체에 대한 공간구조 연구를 탐색하고 있지는 않다. 시 텍스트에 나타난 일부 시어나 부분적인 구조를 대상으로 공간성을 논의한 경우이다. 김동근(2004), 「정지용 시의 공간체계와 텍스트의 의미」, 『한국문학이론과비평』 제22집, 한국문학이론과비평학회. ; 이태희(2006. 3), 「정지용 시의 체험과 공간」, 『어문연구』 129호, 한국어문교

비교 연구4) 등으로 제한되고 있는 상태이다.

물론 기존 논의는 나름대로 정지용 시를 해명하고 평가하는데 일정한 기여를 해왔다. 하지만 이제는 기존 논의의 외연을 확장할 수 있는 새로운 시각과 방법이 요구된다고 할 수 있다. 그 방법 중의 하나를 언급한다면, 그것은 시 텍스트 자체에 대한 정치한 기호체계 분석과 이를 통한 시적 건축원리를 탐색해내는 연구이다. 왜냐하면 시인이 욕망하는 다양한 세계가 다름 아닌 언어기호로 구조화될 뿐만 아니라 그 구조화된 코드원리에 의해 체계적이고 통합적인 의미가 산출되기 때문이다. 물론 이러한 연구가 전혀 없는 것은 아니다. 하지만 단편적이거나 한두 편의 시 텍스트에 국한되는 경우가 적지 않다는 점이다.5)

본고에서는 이러한 점을 감안하여 이항대립을 전제로 하는 기호론적 관점에서 정지용의 시 텍스트를 분석하고 해명하고자 한다. 부연하면 시 텍스트를 건축하고 있는 공간기호체계를 분석하여 그 구조적 원리 및 의미작용을 탐색하고자 한다. 정지용의 공간기호체계는 크게 두 가지로 나타난다. 하나는 '집→기차→배(항해)'의 기호체계로서 수평적 공간으로 탈주해 가는 것이고, 다른 하나는 '집→나무→산'의 기호체계로서 수직적 공간으로 초월해 가는 것이다. 지면상의 제한 때문에, 본고에서는 전자에 국한하여 논의하기로 한다. 후자는 다른 지면에서 논의할 예정이다. 본 연구가 소기의 목적을 이룬다면 정지용의 시세계를 새롭게 이해하는데 하나의 디딤돌이 될 것이다.

Ⅱ. 단절과 소통으로서의 '집'의 기호체계

바슐라르에 의하면 집은 "하늘의 雷雨와 삶의 雷雨들을 거치면서 인

육연구회.
4) 권영민(2004), 『정지용 시 126편 다시 읽기』, 민음사.
5) 이어령(1995), 「窓의 공간기호론 Ⅰ·Ⅱ」, 『詩 다시 읽기 - 한국 시의 기호론적 접근』, 문학사상사. ; 오세영(2001), 「정지용 - 유리창1」, 『한국현대시 분석적 읽기』, 고려대학교 출판부.

간을 붙잡아 준다. 그것은 육체이자 영혼이며, 인간 존재의 최초의 세계이다."[6] 바슐라르의 이 언술을 공간기호체계로 해석하면 집이라는 것은 "하늘의 뇌우와 삶의 뇌우"를 방어해 줄 수 있는 보호막, 즉 안팎을 분절해주는 '벽'이 있기 때문에 '인간 존재의 최초 세계'가 될 수 있다는 뜻이다. 그래서 외부세계가 부정적 가치를 지닐수록 상대적으로 집의 내부는 긍정적 가치의 밀도가 높아지게 된다. 정지용 시인이 시적 소재로 즐겨 사용한 '집'[7]도 마찬가지이다. 그는 외부세계의 침투를 방어해 줄 수 있는 안락한 집을 건축하여 그 내부에서 행복한 몽상을 하고자 한다.

정지용 시인이 건축한 집은 자연적 기호체계인 '계절' 및 '밤낮'의 시간적 변화에 민감하게 작용하는 집이다. 그래서 그의 집은 자연적 기호체계와 상호 밀접한 관련성을 맺으면서 사람의 몸처럼 움직이고 있다. 물론 그 시간적 변화를 민감하게 직접적으로 매개해주는 것은 벽, 문, 유리창 등이다. 이러한 매개항에 의해 그의 집은 닫힘과 열림, 상승과 하강 등의 운동을 하게 된다. 그렇다면 정지용은 어떠한 집을 건축하고 있을까. 그 집의 내부로 들어가 보기로 한다.

薔薇꽃 처럼 곱게 피여 가는 화로에 숫불,/立春때 밤은 마른풀 사르는 냄새가 난다.

한 겨을 지난 석류열매를 쪼기여/紅寶石 같은 알을 한알 두알 맛 보노니,

透明한 옛 생각, 새론 시름의 무지개여,/숲붕어 처럼 어린 녀

---

6) 가스통 바슐라르, 곽광수 옮김(1993), 「집」, 『공간의 시학』, 민음사, p.118.
7) 정지용이 즐겨 사용한 시적 소재로는 '바다'와 '산' 못지않게 '집'도 있다. '집'이 등장하는 대표적인 작품으로 「넷니약이 구절」, 「이른봄 아침」, 「향수」, 「발열」, 「유리창」, 「달」 등이다. 이로 미루어보면, 그의 시 텍스트에서 '집'이 갖는 의미는 단순하지 않다. 따라서 그의 시 텍스트를 해명하는데 중요한 키워드가 될 수 있다.

릿 녀릿한 느낌이여.

이 열매는 지난 해 시월 상ㅅ달, 우리 둘의/조그마한 이야기
가 비롯될 때 익은것이어니.

자근아씨야, 가녀린 동무야, 남몰래 깃들인/네 가슴에 조름
조는 옥토끼가 한쌍.

옛 못 속에 헤염치는 힌고기의 손가락, 손가락,/외롭게 가볍
게 스스로 떠는 銀실, 銀실,

아아 석류알을 알알히 비추어 보며/新羅千年의 푸른 하늘을
꿈꾸노니.

— 「석류」 전문

　시적 화자의 집은 외부세계와 단절되어 있다. 비록 '문'의 기호체계가
직접 나타나 있지는 않지만, 화자의 행위를 통해서 그것을 알 수 있다.
화자는 집을 포위하고 있는 '立春의 밤'을 방어해내기 위해 '화로에 숯불'
을 피워놓고 있기 때문이다. 이로 미루어 보면, 화자의 방은 닫혀져서
아늑해진 공간이 된다. 이렇게 닫혀진 집은 그 시간의 변화조차 외부와
대립한다. 외부세계는 겨울에서 입춘으로 변화되고 있는 반면에, 방의
내부는 입춘에서 다시 겨울로 거슬러 올라가고 있다. '입춘'과 '화로'의
대립을 통해서 그것을 알 수 있다.
　'입춘'을 실제현상이 아니라 기호현상으로 보면 겨울의 '끝'과 봄의
'시작'이 통합되어 있는 경계의 시공간이다. 부연하면 겨울과 봄의 의미
가 함께 내포되어 있는 셈이다. 화자가 '화로에 숯불'을 피우는 이유도
여기에 있다. 그는 '화로의 숯불'을 피우면서 봄을 느끼고자 한 것이 아
니라 역설적으로 지나간 겨울을 다시 느끼고 싶어 한다. 화로는 겨울을

환기하는 기표로서 인간을 추억 속으로 안내한다.[8] 그러므로 '화로의 숯불'은 입춘 속에 내재한 희미한 겨울을 적극적으로 몽상하고자 하는 기제이다. 그 몽상을 위해서 방의 내부는 내밀한 공간을 형성할 수 있는 열기와 빛이 필요한 것이다. 이와 같이 '화로'는 겨울을 필요로 한다. "立春때 밤은 마른풀 사르는 냄새가 난다"고 한 언술에서 '마른풀'도 '겨울'을 환기해 주는 은유이다. 마찬가지로 입춘의 '아침'이나 '오후'보다는 '밤'(따스한 빛의 결여)을 설정한 것도 '겨울'을 환기하기 위한 기호이다.

구체적으로 겨울의 몽상을 실현해 주는 대상은 "한 겨을 지난 석류" 이다. 석류알은 불변의 존재인 '홍보석'으로 비유되면서 겨울의 의미를 온전하게 응축한 광물성의 기호로 전환된다. 더욱이 화자가 석류알을 맛보는 미각작용을 통해 온몸으로 겨울의 시간을 떠올리게 된다. 그래서 과거의 추억이 희미한 것이 아니라 "透明한 옛 생각"으로 명징하게 나타나고 있다. 또한 '옛 생각'으로의 회귀는 "새론 시름의 무지개"이다. 여기서 '시름'은 현재 홀로 있는 화자의 외로운 세계를 나타낸 것이고, 무지개는 과거 행복했던 세계를 나타낸 것이다. 전자는 하강의 의미를, 후자는 상승의 의미를 산출하고 있다. 말하자면 모순의 통합이다. 화자는 이것을 '새롭다'라고 긍정적으로 언술한다. 이는 다름 아니라 '모순의 통합'을 향유할 때에 새로운 존재로 전환될 수 있다는 의미를 나타낸 것이다.

'현재'와 대립하는 '과거' 속의 세계는 어른과 변별되는 아이의 세계로서 자기충족이다. 자아와 대상이 분리되거나 갈등을 겪는 것이 아니라 하나로 결합된 행복한 상태의 상상계적 세계를 유지하고 있다.[9] 달리 표현하면, 자궁 안에 있는 아이의 세계와 같다. 그래서 어항 속의 어린

---

8) 겨울은 추억 속에 연륜을 넣어주는 계절인 동시에 우리를 오랜 과거로 되돌려 보내주는 계절이다. 가스통 바슐라르(1993), 「집과 세계」, 앞의 책, p.160.
9) 라캉에 의하면, 외부와 내부 세계가 틈새 없이 결합한 상태가 '상상계'가 되는데, 이것은 언어습득이나 오이디푸스 현상 이전의 단계에 해당한다. 엘리자베드 라이트, 권택영 역(1995), 「구조주의 정신분석학」, 『정신분석비평』, 문예출판사, p.146.

금붕어처럼 유유자적하기도 하고, 연못 속의 물고기처럼 가볍게 유영하기도 한다. 뿐만 아니라 '지난 해 시월상달'부터 시작된 사랑의 '조그마한 이야기'가 옥토끼로 변환되어 "작은아씨"의 가슴에 안기기도 하는 것이다. 하지만 화자는 여기에 만족하지 않는다. 석류알을 '맛보는 행위'에서 '알알이 비춰보는 행위' 전환을 통해 "신라천년의 푸른 하늘을 꿈꾸"기도 한다. 이는 시원의 시공간을 향한 몽상의 확대이다.

이와 같이 정지용이 건축한 집은 현실에서 과거로 회귀하는 몽상의 집이다. 입춘을 통해서 다가올 봄을 몽상하는 것과는 대조적이다. 예의 과거 시간을 환기해 주는 언술은 "한 겨을 지난", "옛 생각", "지난 해", "옛 못 속" 등이다. 이러한 과거 시간은 주체의 분열과 욕망의 결핍을 막아주는 긍정적인 의미작용을 한다. 그래서 그의 집은 주체의 몸과 융합하는 상승의 집으로서 현재와 미래적 시간과 대립하고 있다. 이런 점에서 그의 집은 현재를 사는 것이 아니라 과거를 사는 셈이다. 따라서 주체와 공간이 융합하느냐 대립하느냐에 따라 그 시간적 의미도 달라진다. 가령, 주체와 집이 불화와 대립을 산출할 경우, 그 시간은 부정적 의미를 띠게 되고, 그것이 극단에 이르면 그 공간을 탈출해야 하는 것으로 나타난다. 「유리창 2」에서의 '집'이 바로 그런 시공간을 보여주고 있다.

> 내어다 보니
> 아조 캄캄한 밤,
> 어험스런 뜰앞 잣나무가 자꼬 커올라간다.
> 돌아서서 자리로 갔다.
> 나는 목이 마르다.
> 또, 가까이 가
> 유리를 입으로 쫏다.
> 아아, 항안에 든 숲붕어처럼 갑갑하다.
> 별도 없다, 물도 없다, 쉬파람 부는 밤.

小蒸氣船처럼 흔들리는 窓.
透明한 보라ㅅ빛 누뤼알 아,
이 알몸을 끄집어내라, 때려라, 부릇내라.
나는 熱이 오른다.
뺨은 차라리 戀情스레히
유리에 부빈다, 차디찬 입마춤을 마신다.
쓰라리, 알연히, 그싯는 音響—
머언 꽃!
都會에는 고흔 火災가 오른다.

—「琉璃窓 2」 전문

    이 텍스트는 「석류」와 달리 집을 분절하는 매개항이 구체적으로 제
시되어 있다. 바로 '유리창문'이다. 이 유리창에 의해 집은 안과 밖으로
분절되고 있다. 하지만 유리창은 문과 달리 빛이나 어둠 등의 기호를
통과시킬 수밖에 없다. 이 텍스트에서 집은 안과 밖으로 분절되어 있지
만, 바로 어둠에 의해서 양항(兩項)이 균질화되고 있다. 그래서 유리창
은 안팎에 변별적 가치를 부여해 주지 못하고 있는 상태이다. 이에 따
라 양항의 가치를 변별하기 위해서는 어둠속에 움직이는 사물과 화자
의 동태를 살펴보아야 한다.
    이 텍스트에서 사물과 화자의 대립적인 동태는 세 개의 층위로 나뉘
어 진행되고 있다. 먼저 '뜰앞 잣나무'와 그것을 보고 있는 화자인 '나'의
대립이다. 자꾸 수분을 퍼올리며 커올라가는 잣나무는 생을 확장하는
것으로서 수직성을 나타내는 반면에 '나'의 몸은 목이 마른 상태가 되어
생의 하강적인 의미를 산출한다. 그렇다고 해서 내부에 목의 갈증을 풀
어줄 '물'이 있는 것도 아니다. 그래서 방의 내부는 부정적인 의미를 산
출하는 공간이 되고, 바깥은 긍정적인 의미를 산출하는 공간이 된다.
전자는 "항안에 든 금붕어처럼 갑갑"한 감금의 공간으로 구체화되면서
그 부정성의 밀도도 더욱 높아지고 있다. 이에 비해 후자는 지상인 뜰

앞의 잣나무에서 '별'이 없는 수직의 천상공간까지 확대되고 있다. 이에 화자는 방안을 탈출하고자 하는 욕망을 갖는다. 구체적으로 그 행위는 '유리를 입으로 쪼는 것', '유리에 뺨을 부비는 것'으로 나타난다. 이렇게 화자의 탈출의지는 몸의 일부인 '입'에서 '뺨'으로 확대되면서 몸전체의 행위로 전이되고 있다. 「석류」에서 어항 속의 금붕어가 유유자적하던 코드체계와는 정반대의 코드체계를 구축하고 있는 것이다.

다음 층위는 바람이 불고 누뤼알(우박)이 내리는 바깥 공간과 내부에 감금된 '나'의 대립이다. 대립적 층위가 바뀌자 방의 내부를 비유하던 '항안의 금붕어' 코드도 '바다의 小蒸氣船' 코드로 변환된다. '소증기선' 은 이동성, 항해성을 지닌 이미지로서 고착되고 감금된 방의 이미지와 는 대립적이다.[10] 하지만 마찬가지로 소증기선 역시 '유리창'에 의해 안 팎으로 분절되고 있다. 소증기선의 외부에는 바람이 불고 우박이 내린 다. 이에 비해 그 내부에는 더욱 몸의 '열'이 오르고 있다. 우박의 한기 (寒氣)와 몸의 열(熱)이 대립한 상태이다. 부연하면 소증기선의 내부는 몸의 일부분이던 목의 '갈증'이 더욱 심화되어 몸전체의 '열'로 확산되고 있는 것이다. 역시 탈출해야 할 부정적인 공간이다.

하지만 유리창은 이를 허락하지 않는다. 그래서 화자는 하늘에서 내 리는 우박에게 소증기선의 유리창을 때리고 부서뜨려달라고 요청한다. 유리를 쪼던 능동적인 행위에서 우박에게 의존하는 수동적인 행위로 전환되고 있는 것이다. 외부로의 탈출이 불가능한 상황에서 몸의 불꽃 열기를 식히기 위해서는 그렇게 할 수밖에 없다. 그러나 화자의 그런 욕망에도 불구하고 오히려 안팎의 고착된 대립은 더욱 강화될 뿐이다. 외부로의 탈출이 완전히 좌절되자, 화자는 몸의 전체라고 할 수 있는 입과 뺨을 유리창에 밀착시키는 행동을 취한다. 곧 화자의 변별적인 행

---

10) 이 텍스트에서 바람이나 배 등은 다 같이 열려진 바깥 공간에서의 이동성, 항해성의 이미지로 나타난다. 그러므로 바람이나 배 등은 목마르고 답답한 방안의 유폐성과 정면 대립하는 이미지이다. 이어령(1995), 「창의 공간 기호 론 II」, 앞의 책, p.121.

동의 추이를 보면 '내다 보다'→'가까이 가다'→'쪼다'→'부비다'→'마시다'로 이어지는데, 이것은 결국 우박의 한기(寒氣) 및 물기를 유리창이라는 매체를 통해 온몸으로 직접 흡수하려는 의미를 지닌다. 이로 볼 때 유리창은 모순의 의미를 산출해 주는 매개항이다. 유리창에 의해 단절되기도 하지만 또 그 유리에 의해 안과 밖의 가치가 상호 소통되거나 융합되기 때문이다.

마지막 층위는 외부세계인 도회의 고흔 화재가 오르는 것과 한기로 열을 식힌 화자의 의식과의 대립이다. 여기서 화자는 한기로 열을 식히는 행위를 "쓰라리, 알연히, 그싯는 音響—"이라고 언술한다. '쓰라리'는 화자의 내면세계를 의미하고, '알연히'는 우박이 유리에 부딪치는 소리, 즉 음향을 의미한다.11) 그런데 이 '음향'은 화자로 하여금 그의 의식을 일대 전환하게끔 해준다. 시상이 전환되자 그의 시선은 집과 대립되는 먼 도회로 향한다. 이때 "머언 꽃"으로 비유된 도시는 "고흔 화재"가 일어나고 있다. 외부공간임에도 불구하고 '우박'과 대립하는 '화재'의 공간인 것이다. 다시 말해서 한기와 대립하는 열기의 공간이다. 도회의 공간을 '멀다'라고 한 언술에서 알 수 있듯이, 그 열기는 '방' 안에 감금된 화자에게 직접적인 영향을 미치기보다는 시각을 통한 간접적인 영향을 미친다. 비록 그 강도는 약하지만 '도회'가 열기공간이 됨으로 해서 상대적으로 '집(방)'은 열기가 감소하는 공간이 된다.

이와 같이 유리창에 의해 집안의 내부적 시간이 부정적 의미를 산출하게 되자, 정지용의 몸과 집은 자기 분열을 일으키는 동시에 욕망의

---

11) 이숭원에 의하면 '쓰라리'는 자신의 쓰라린 심정을, '알연히'는 담배를 피우기 위해 성냥을 그을 때 나는 소리의 청량하고 은은함을 나타내는 표현이다. 그러면서 그는 담뱃불 붙이는 장면을 '머언 꽃'으로 비유했을 거라고 추측한다.(이숭원(1999), 「초기시와 시의식의 형성」, 앞의 책, pp.101~102.) 물론 이러한 견해로 볼 수도 있지만, 화자의 몸이 갈증과 불꽃열기로 가득한데 이러한 상태에서 다시 불(熱)과 관계되는 담배를 피운다는 것은 쉽게 납득이 가지 않는다. 그래서 본 연구자는 '그싯는 음향'을 우박이 유리창에 부딪칠 때 나는 소리와 뺨을 유리창에 부빌 때 나는 소리로 본다.

억압을 받게 된다. 닫혀져서 안정되지 못할 때, 집은 세계의 중심으로서 그 기능을 상실하게 된다. 이에 따라 주체는 상승과 대립하는 하강(감금)의 집을 체험할 수밖에 없다. 공간의 내부는 인격의 내부에 대한 하나의 표현이다.[12] 그러므로 하강(감금)하는 집은 주체의 내면을 공간적으로 표현한 양식이라고 할 수 있다. 주체의 내면을 반영한 집이 부정성을 띠게 되면, 주체에 의해 운영되는 시간도 부정성을 띠기 마련이다. 주체가 집의 내부공간을 탈출하고자 하는 의지는 곧 현재의 시간성으로부터 탈출하고자 하는 의지와 동일하다. 요컨대 공간의 탈출은 시간의 탈출인 셈이다. 정지용에게 공간 탈출은 사회적 공간을 거쳐 바다로 가는 것이며, 시간 탈출은 '과거(몽상의 행복한 공간)'나 '미래'로 가는 것이다. 이로 미루어 보면, 그에게 현재적 시간은 자아의 몸을 억압하는 부정적인 의미작용을 한다.

정지용의 집이 부정성을 지니게 된 것은 사회적 공간과의 갈등에 기인한다. 그의 집은 독자적으로 건축되는 것이 아니고 사회적 공간과 길항하며 건축되고 있다. 그의 내면에 미치는 사회적 공간이 어떠냐에 따라 그가 건축한 집의 세계도 달라진다.

> 한밤에 壁時計는 不吉한 啄木鳥！
> 나의 腦髓를 미신바늘처럼 쫏다.
>
> 일어나 쫑알거리는 〈時間〉을 비틀어 죽이다.
> 殘忍한 손아귀에 감기는 간열핀 모가지여！
>
> 오늘은 열시간 일하였노라.
> 疲勞한 理智는 그대로 齒車를 돌리다.
> …(중략)…

12) C. Norberg-Schulz, 김광현 역(2002), 「실존적 공간」, 『실존・공간・건축』, 태림문화사, p.50.

明日 !(日字가 아니어도 좋은 永遠한 婚禮 !)
소리없이 옴겨가는 나의 白金체펠린의 悠悠한 時間航路여 !

— 「時計를 죽임」 일부

이 텍스트에서 '벽시계'는 화자의 수면을 방해하는 부정적인 기호이
다. 그렇게 될 수밖에 없는 이유는 '벽시계'가 '벽'과 '시계'의 의미를 내
포한 모순의 기호체계이기 때문이다. '벽'은 단절의 기호체계이지만 시
계는 사회적 약속으로서 개인과 사회를 이어주고 연결해주는 소통의
관념적인 기호체계이다. 그러므로 '벽시계'는 집안에 있으면서도 집 밖
의 사회적 세계를 연결하기도 하는 모순의 시간적 기표이다. 이런 점에
서 화자가 〈時間〉을 비틀어 죽인다'는 것은 집안으로 침투하고 있는 사
회생활의 기호체계를 단절시킨다는 것을 의미한다. 부연하면 사회세계
와 물리적으로도 단절된 집, 관념적으로도 단절된 집을 확보하겠다는
의지이다. 화자에게 사회생활은 정신과 육체를 감금하는 부정적인 시
공간이다. 요컨대 '理智(이성적 통제)'에 의해 '치차(톱니바퀴)'처럼 돌아
가는 기계적인 시공간이다. 이러한 시간에 의해 정신과 육체는 철저하
게 감금당하고 있다. 그래서 화자는 '오늘 열시간 일하였다', '나의 생활
은 일절 분노를 잊었다', '꿈과 같은 이야기는 꿈에도 아니하겠다'라는
부정적인 언술을 하기에 이른다.

시적 화자가 욕망하는 집은 사회적 공간이 산출하는 부정성의 세계
를 비호해 주는 순수한 집, 인간적 가치가 누적되는 내밀한 집이다. 그
럼에도 불구하고 화자의 내면을 지배하는 것은 사회적 공간, 즉 도시적
삶이 강요하는 획일성이다. 이 텍스트의 주제를 "폐쇄적이며 고립적인
공간의식"[13]이나, '불화의 주제에 의해 구조화된' "닫혀진 공간에서의
불안의식"[14]으로 보는 이유도 여기에 기인한다. 그래서 화자는 명일(明

---

13) 이태희(2006. 3), 앞의 논문, p.263.
14) 김동근(2004), 앞의 논문, p.300.

日)이 되어도 노동의 생활로 복귀하지 않고 "白金체펠린"15)의 비행선을 타고 우주로 탈출하는 몽상을 하게 된다. '비행선'의 탈출은 도시적 시공간의 떠남을 의미하는 동시에 '미래적 시공간'으로의 전환을 의미한다. 더불어 '비행선'은 집처럼 안팎으로 분절되어 있으면서 내부를 지닌 공간이기에 우주공간을 여행하는 '집'과도 같다. 이때 집으로서의 비행선은 화자와 일체화되는 시공간, 융합되는 시공간으로서 행복한 몽상의 세계를 제공해 준다.

이처럼 정지용이 건축하는 집은 단순한 물질적인 집, 고정화된 집이 아니다. 사회적 시공간과 대립・소통하면서 성장・정지・해체되기도 하는 동적인 집, 정신적인 집이다. 정지용에게 사회적 시공간은 "鋪道로 나리는 밤안개에/ 어깨가 저윽이 무거웁다. //이마에 觸하는 쌍그란 季節의 입술/ 거리에 燈불이 함폭 ! 눈물 겹구나. //제비도 가고 薔薇도 숨고/ 마음은 안으로 喪章을 차다."(「歸路」일부)에서 알 수 있듯이, '喪章'을 차게 하는 죽음의 시공간으로 해석되고 있다. 이렇게 사회적 시공간과 길항하며 건축되는 집은 대립하기도 하고, '융합'16)하기도 하면서 그의 욕망을 실현시켜 나간다. 그가 욕망하는 일체화된 집, 행복한 몽상의 집을 지을 때까지 말이다.

---

15) '白金체펠린'에서 '체펠린'은 비행선을 설계한 독일인 이름이다. 여기서 '白金체펠린'은 백금으로 만든 비행선을 뜻한다. 이숭원(1999), 앞의 책, pp.123. 참조.

16) 정지용이 건축하는 집은 대립적 공간만 있는 것은 아니다. 자연과 조우할 때에는 융합의 공간으로 건축되기도 한다. 가령 "춥기는 하고 진정 일어나기 싫어라. //쥐나 한 마리 훔켜 잡을 듯이/미닫이를 살포—시 열고 보노니/사루마다 바람 으론 오호! 치워라./…중략…/산봉우리— 저쪽으로 몰린 푸로우ㅇ피일—/페랑이꽃 빛으로 볼그레 하다,"(―「이른봄 아침」일부)에서 그것을 알 수 있다. 이 텍스트에서는 '미닫이'가 긍정적인 의미작용을 한다. 미닫이를 열게 됨으로써 방안(겨울의 시간, 응축)과 페랭이가 피고 있는 산봉우리(봄의 시간, 확산)의 의미가 상호 융합하게 된다. 이 융합에 의해 방안은 겨울의 시간을 몰아내고 봄의 시간, 곧 확산의 시간을 맞이할 수 있게된다.

Ⅲ. '집'의 변환코드인 '기차'의 기호체계

집과 사회의 길항 속에서 주체의 욕망을 실현시켜 주는 집을 건축하지 못했을 때, 부동성의 기표인 '집' 공간을 탈출할 수밖에 없다. 집을 떠난다는 것은 곧 길 위에 선다는 의미이다. 정지용이 자신의 고향인 옥천의 '집'을 떠나 서울 생활을 거쳐 일본의 경도로 유학한 것도, 자연의 세계를 체험하기 위해 국토순례를 떠난 것도 이에 연유한다고 볼 수 있다.[17] 이에 따라 정지용은 부동성의 집 공간과 대립하는 동적인 길 공간을 시 텍스트로 건축한다. 동적인 길 공간의 기호체계를 대표적으로 보여주고 있는 것은 바로 '기차(차)', '배(항해)' 등의 이동수단이다. 그런데 주목할 점은 동적 기호체계인 '기차', '배' 등의 시적 건축원리가 '집' 건축의 코드원리와 동일하다는 사실이다. 곧 '집'의 코드가 변환되어 '기차'나 '배'의 코드로 되고 있다. 바다와 관계되는 '배'의 기호체계는 제4장에서 논의하기 때문에, 본 장에서는 '기차'와 관계되는 시 텍스트를 중심으로 그 공간건축의 원리와 의미작용을 탐색하기로 한다.

> 우리들의 汽車는 아지랑이 남실거리는 섬나라 봄날 원하로를
> 익살스런 마드로스 파이프로 피우며 간 단 다.
> 우리들의 汽車는 느으릿 느으릿 유월소 걸어가듯 걸어 간 단다.
>
> 우리들의 汽車는 노오란 배추꽃 비탈밭 새로
> 헐레벌덕어리며 지나 간 단 다.
> …중략…
> 입술에 적시면 炭酸水처럼 끓으렸다.
> 복스런 돛폭에 바람을 안고 뭇배가 팽이 처럼 밀려가 다 간,
> 나비가 되어 날러간다.

---

17) 정지용의 생애와 문학에 대한 내용은 김학동(1997), 「정지용의 생애와 문학 − 전기적 국면」, 『정지용 연구』, 민음사, pp.131~190.에 자세히 언급되어 있다.

나는 車窓에 기댄대로 옥토끼처럼 고마운 잠이나 들쟈.
춤만틀 깃자락에 마담 R의 고달픈 뺨이 붉으레 피였다, 고은
石炭불처럼 이글거린다.
당치도 않은 어린아이 잠재기 노래를 부르심은 무슨 뜻이뇨?
…중략…
대수풀 울타리마다 妖艶한 官能과 같은 紅椿이 피맺혀 있다.
마당마다 솜병아리 털이 폭신 폭신 하고,
지붕마다 연기도 아니뵈는 해ㅅ볕이 타고 있다.
오오, 개인 날세야, 사랑과 같은 어질머리야, 어질머리야.

춤만틀 깃자락에 마담 R의 가여운 입술이 여태껏 떨고 있다.
누나다운 입술을 오늘이야 싫컷 절하며 갑노라.
나는 언제든지 슬프기는 슬프나마,
오오, 나는 차보다 더 날러 가랴지는 아니하랸다.

—「슬픈 汽車」일부

이 텍스트에서 달리고 있는 기차의 이미지는 두 가지 층위로 나타난
다. '마도로스 파이프를 피우며 가는 기차'와 '느릿 느릿 걸어가듯 가는
기차 혹은 헐레벌떡 거리며 지나가는 기차'이다. 전자의 묘사에 의하면,
기차는 바다 위를 항해하는 '여객선(배)'의 이미지 코드로 변환되고 있
으며, 후자의 묘사에 의하면, 기차는 산책 내지 달리기를 하고 있는 '사
람'의 이미지 코드로 변환되고 있다. 이런 점에서 화자의 '기차 여행'은
곧 바다 위를 항해하는 '여객선 여행'이기도 하며, 동시에 지상의 세계
인 '유월소'나 '비탈길'을 산책하거나 달리는 '몸의 여행'이기도 하다.
그런데 '여객선 여행'과 '몸 여행'의 의미소를 지닌 '기차'는 외부공간
의 영향에 의해 내밀성을 부여받는다. 예컨대, 아지랑이 남실거리는 '섬
의 봄날'과 "노오란 배추꽃 비탈밭 새로"의 시공간이 그 영향을 주고 있
다. '봄날의 아지랑이'를 공간적인 기호체계로 보면, 밝음과 열기로 가

득한 내밀성의 상승공간이 되고, '배추꽃 사잇길'을 공간적인 기호체계
보면, 배추꽃으로 둘러싸인 꽃의 내밀한 터널이 된다. 물론 꽃의 터널
또한 검은색과 대립하는 노오란 색으로 상승하는 의미를 산출한다. 이
렇게 상승적이고 내밀한 공간을 지나가는 기차는 그 외부적 영향에 의
해 그 내부적 세계가 더욱 안온해진다. 그래서 "나는 車窓에 기댄 대로
회파람"을 불며 아늑한 내부공간에서 외부공간의 변화되는 풍경을 몽
상하고 향유할 수 있는 것이다.

기차의 '車窓'은 바다를 항해하는 배의 '船窓'과도 같다. 그 '선창'을 통
해 보는 바다는 수평공간과 수직공간으로 확산되고 있다. 유리판을 펼
쳐놓은 것처럼 편편하다는 바다의 묘사와 "뭇배"가 "나비가 되어 날러
간다"는 비상의 묘사가 이를 예증해준다. 그러므로 바다를 항해하는 배
처럼 기차는 바다의 수평공간으로 나가는 동시에 수직공간으로 비상하
는 의미를 지닌다. 또한 바다는 이성과 대립하는 감각을 자극하는 의미
작용을 한다. 손가락과 입술을 담그고 적시면 포도빛으로 물들거나 탄
산수처럼 끓어오르기 때문이다. 이런 점에서 기차여행은 지상과 대립
하는 바다로의 탈출이고 이성적 세계와 대립하는 감각적 세계로의 탈
출이기도 하다.

시적 화자는 변화되는 외부풍경을 더 오래 몽상하기 위해 차창에 기
댄 채로 "옥토끼처럼 고마운 잠"을 자고자 한다. 곧 외부풍경을 몸으로
육화화기 위한 욕망인 셈이다. 그런데 여기서 주목할 점은 '잠'의 기호
가 산출되면서 기차의 코드가 집(방)의 코드로 의미론적 변환을 이루고
있다는 사실이다. 달리 표현하면 집의 코드를 변환하여 그대로 기차 코
드로 원용하고 있다는 사실이다. 이에 따라 기차는 '움직이는 집'의 의
미를 내포한 공간적 코드가 된다. 이렇게 정지용은 부동성인 '집'을 탈
출하여 '움직이는 집'에 거주하고 있다. 그의 '움직이는 집'은 세속적인
인간세계를 떠나 '바다'로 나아가려는 욕망을 보여준다. 그렇다면 '움직
이는 집'의 내부는 바깥 풍경과 어떤 변별적 차이를 보여주고 있을까.
한마디로 요약하면 기차 내부는 '마담 R'의 행위에 의해 긍정에서 부정

으로 전환되고 있다.

"마담 R의 고달픈 뺨"에서 알 수 있듯이, '고달프다'는 '즐겁다'라는 감정과 변별되는 것으로써 부정적인 의미를 산출해 준다. 또한 그 뺨이 붉게 피다가 이글거리는 것으로 묘사되어 있는데, 이는 열기의 확산으로써 기차내부를 부정적인 공간으로 만들어버린다. 이런 가운데 '마담 R'의 "잠재기 노래"는 내부공간의 부정성의 밀도를 구체적으로 높여주는 역할을 한다. "잠재기 노래"는 '성인/아이'의 변별적 차이를 전제로 한 노래이다. 화자는 이 노래를 통해 '어린 아이'의 세계를 벗어나 성인이 되어가는 자아의 모습을 부정적으로 인식하게 된다.[18] 그래서 화자는 '갑갑함'과 '늬긋 늬긋함'을 느낀다. 화자가 '차창'에 입김을 불어서 '좋아하는 이름'을 쓰는 것은 그 부정적 가치를 감소시키기 위한 행동이다. 그 행동이 바로 어린 아이 세계로의 몽상인 것이다.

그런데 외부공간이 '바다'에서 '육지'의 세계로 전환되자 화자가 있던 내부공간의 가치도 차츰 변하게 된다. '물'의 세계인 바다(흐린 날씨)와 달리 육지세계(개인 날씨)는 '빛'의 세계로 충만하다. '(봄) 햇볕이 타오르는' 공간 속에 화사하게 존재하는 사물은 '紅椿, 솜병아리털, 지붕' 등이다. 이를 내부공간의 '갑갑함'과 대립해 보면 외부공간의 밝음과 열기는 지나치게 과잉된 상태이다. 따라서 상대적으로 내부공간의 '갑갑함'이 감소되고 있다. "사랑과 같은 어질머리"라는 언술도 이러한 안팎의 모순적인 가치에서 나온 것이다. 그 내부공간이 부정에서 다시 긍정으로 전환되자 '고달픈 마담 R'도 '가여운 마담 R'로 그 언술이 바뀌고 있다. 뿐만 아니라 남남 사이이던 화자와 '마담 R'과의 관계가 '누나'라는 언술에서 알 수 있듯이 '가족'코드로 변환하기도 한다. 이렇게 '움직이는 집'의 코드인 기차는 외부세계의 동적인 변화와 내부세계의 행위적 변화를 동시에 내포하고 있는 모순의 기호체계이다. 그런데도 불구하고

---

18) 제2장에서 논의한 바 있듯이, 정지용 시인이 성인의 세계를 부정하고 어린 아이의 세계를 동경하는 것은 근원적으로 자궁 이미지로 회귀하려는 시적 욕망에 기인한 것이다.

그 기차를 탈출하지 않고 "더 날러 가랴지는 아니하란다"라고 언술한다. 이는 모순의 구조가 곧 유한한 인간이 가질 수밖에 없는 한계라는 것을 의미해 준다.

이처럼 정지용은 집의 변환코드인 기차를 통해서 자연의 세계(탈속적 삶)와 인간의 세계(세속적 삶)를 동시에 향유·몽상하고 있다. 하지만 자연의 세계와 인간의 세계는 융합하지 못하고 대립적이다. 그의 시선이 유리창 밖을 향할 때는 상승적 의미를 산출하지만, 그 내부로 향할 때는 하강적 의미를 산출하는 이유도 바로 거기에 기인한다. 그것은 인간적 삶의 세계가 부정적이기 때문이다. 그래서 마담 R의 고달픈 삶은 화자인 '나'의 내면에 각인되어 시공간을 구조화하는데 부정적인 영향을 미치게 된다. 이 부정성에 의해 나의 몸과 기차는 완전하게 일체화되지 못하고 있다. 말하자면 모순의 시공간에 있는 셈이다. 정지용의 시적 욕망은 모순의 시공간을 극복하고 안정된 공간, 일체화된 공간을 확보하는 데에 있다. 그것을 확보하기 위해서는 사회적 공간을 일탈하거나 그 부정성을 제거할 수 있어야 한다. 하지만 그는 그것을 극복하지 못한 채 여전히 길 위에 집을 건축하고 있는 것으로 나타난다.

> 이따금 지나가는 늦인 電車가 끼이익 돌아나가는 소리에 내 조그만魂이 놀란듯이 파다거리나이다. 가고 싶어 따듯한 화로갛를 찾어가고 싶어. 좋아하는 코-란經을 읽으면서 南京콩이나 까먹고 싶어, 그러나 나는 찾어 돌아갈데가 있을나구요?
>
> …(중략)…
>
> 네거리 모퉁이 붉은 담벼락이 흠씩 젖었오. 슬픈 都會의 뺨이 젖었소.
>
> 마음은 열없이 사랑의 落書를 하고있소. 홀로 글성 글성 눈물 짓고 있는 것은 가엾은 소-니야의 신세를 비추는 빩안 電燈의 눈알이외다. 우리들의 그전날 밤은 이다지도 슬픈지요.
>
> …(중략)…

기다려도 못 오실 니 때문에 졸리운 마음은 幌馬車를 부르노니, 회파람처럼 불려오는 幌馬車를 부로노니, 銀으로 만들은 슬픔을 실은 鴛鴦새 털 깔은 幌馬車, 꼬옥 당신처럼 참한 幌馬車, 찰 찰찰 幌馬車를 기다리노니.

―「幌馬車」일부

'전차'는 기차와 동일한 기능을 하는 동적인 기호체계이다. 그럼에도 불구하고 이 텍스트에서의 '전차'는 집의 의미를 부여받지 못하고 있다. "끼이익 돌아나가는 소리"를 내는 '전차'는 동적인 이동만 가능하게 할 뿐, 시적 화자에게 내/외로 분절되는 내부공간을 제공해 주지 못하고 있기 때문이다. 그래서 오히려 "내 조그만魂"을 놀라게 하는 부정적인 의미작용을 한다. 또한 현재 화자가 있는 도시공간은 늦은 밤인 동시에 비까지 내려 추운 상태이다. 마찬가지로 이 공간 역시 부정적인 공간이다. 화자가 '따듯한 화롯가'를 욕망하는 이유도 여기에 있다. 말하자면 밤과 비와 추위의 공격을 방어해 줄 수 있는 '안온한 집'을 몽상하고 있는 셈이다. "찾어 돌아갈데가" 없는 것이기에 그 몽상은 더욱 절실해진다.

"도회의 뺨"이 젖어 슬프다는 것은 도회지 전체가 집으로부터 버림받고 있다는 의미이다.[19] 이렇게 상상한 이유는 화자가 존재할 수 있는 집을 상실했기 때문이다. 집은 세계의 중심이다.[20] 때문에 집의 상실은 세계의 상실이다. 화자가 욕망하는 것은 사랑하는 '소-니야'와 함께 할 수 있는 집 찾기이다. 이 텍스트에서 그 집은 바로 '幌馬車'이다. '황마차'

---

19) 이 텍스트에서 '都市空間'을 人體의 한 부분인 '뺨'으로 환유함으로써, 도시공간은 하나의 유기체로서 인간의 이미지로 표상되고 있다. 따라서 인간의 표상으로서의 '도시의 뺨'이 비에 젖어 '슬프다'는 것은 마치 집 없는 인간처럼 도시 전체가 집으로부터 버림받고 있다는 것을 의미한다. 부연하면, 집은 무수히 있으되 아늑한 내부공간을 모두 상실한 집이라는 것이다.

20) 참다운 세계는 언제나 중심이다. 왜냐하면 거기서 우주적 공간과의 상호교섭이 일어나기 때문이다. 집이 세계의 중심이 될 수 있는 것도 종교적 차원에서 보면, 초월적 세계(천상)와 교섭할 수 있는 공간이기 때문이다. 멀치아 엘리아데, 이동하 역(1994), 「거룩한 공간과 세계의 성화」, 『聖과 俗:종교의 본질』, 학민사, pp.39~42. 참조.

는 이동하는 기능에 있어서는 '전차'와 동일하지만, 집의 기능을 하고 있다는 점에서는 변별적이다. 그러므로 '황마차'는 집의 변환코드로서 '움직이는 집'이 되는 셈이다.

'황마차'의 휘장은 내부와 외부를 단절시키는 벽과 같은 매개항 기능을 한다. 닫혀져서 안정되는 공간, 여기에 '화로'를 들여놓으면 그대로 안락한 휴식의 집(방)이 되는 것이다. 이 텍스트에서 '황마차'는 세 가지 의미소를 지니고 있다. 그 세 가지는 휘장이 '銀'으로 되어 있다는 것, 슬픔을 싣고 있다는 것, 원앙새 털을 깔고 있다는 것이다. '銀'은 鐵이나 金·銅 등에 비해 가볍다는 것, 또 그 색깔로 보면 밤과 대립되어 빛난다는 의미를 산출한다. 그리고 '슬픔'이라는 것은 '집'처럼 한곳에 뿌리 내릴 수 없는 것에 대한 감정을 의미한다. 말하자면 임시적인 집이라는 사실이다. 마지막으로 '원앙새 털'은 내부공간을 따스하게 만들어 준다는 의미인 동시에, 원앙새가 환기하는 남녀 간의 변함없는 사랑을 의미한다. 이를 통합해 보면, '황마차'는 상승적 의미와 하강적 의미, 그리고 따스한 사랑이 내밀하게 확산되는 의미를 지닌 공간이다. 이는 모순의 공간 속에서 느끼는 내밀한 사랑이다. 화자는 이러한 '황마차'를 "꼬옥 당신처럼 참한 幌馬車"라고 언술하고 있는데, 이것은 황마차가 남성의 공간이 아니라 여성의 공간, 곧 자궁의 공간이라는 의미를 나타낸다. 비록 모순의 가치를 지닌 황마차이지만 자궁의 공간이기에 안락한 공간, 비호의 공간이 되고 있다.

하지만 시간구조로 볼 때, 이러한 '황마차'를 기다리고 있는 시간이 미래적이기에 현실적으로는 집도 없이 길 위에 있는 것과 같다. 뿐만 아니라 과거와 현재 시간 또한 부정적인 의미를 지니고 있으므로 '수평적 시간'21)을 모두 상실한 존재에 지나지 않는다. 시간의 상실은 곧 죽

---

21) 수평적 시간의 논리에 의하면, 현재에서 과거로 회귀하는 逆방향의 시간양상과, 과거에서 현재, 미래로 나가는 順방향의 시간양상이 있다. 전자는 현실이 회의적일 때, 후자는 현실을 극복하고자 할 때 주로 나타나는 시간양상이다. 심재휘(1998), 「자아와 시간의식의 관계양상」, 『한국 현대시와 시간』, 월인, pp.53~54.

음이다. 그런데 이러한 시간 상실이 역설적으로 '움직이는 집'으로서의 '황마차'를 창조해낸 것이다. 이런 점에서 그가 집을 건축하고자 하는 것은 상실되어 가는 시간을 복원하기 위한 것이라고 볼 수 있다. "알는 피에로의 설음과/ 첫길에 고달픈/ 靑제비의 푸념 겨운 지줄댐과,/ 꾀집어 아즉 붉어 오르는/ 피에 맺혀,/ 비날리는 異國거리를/ 歎息하며 헤매나노."(「조약돌」 일부)에서 알 수 있듯이, 비오는 이국(異國)거리를 탄식하며 헤매는 것은 시간성 상실이다. 이 시간성 상실은 사회적 시공간을 극복하지 못한 좌절에서 오는 것이다. 따라서 이 시간성을 극복하기 위해서는 지속적으로 집을 건축하기 위한 코드를 생산해야 한다.

IV. '기차'의 변환코드인 '배'의 기호체계

정지용은 '바다'를 특별하게 애호한 시인이다. 그의 「바다」 연작 뿐만 아니라, 「바다」 연작 이외의 시 텍스트에서도 '바다'라는 시어가 자주 등장하는 것만 보아도 이를 쉽게 짐작할 수 있다.[22] 그렇다면 그가 바다를 애호한 이유는 무엇일까. 그것은 아마도 지상의 세속적 공간(사회적 공간)과 대립하는 탈속적 공간(자연적 공간)에 대한 향유의식 때문일 것이다. 가령, "마음은 제고향 진히지 않고 머언 港口로 떠도는 구름"(「故鄕」 일부)에서 알 수 있듯이, 세속적 삶에 의해 고향(집의 환유)을 잃은 그는 바다로 나아갈 수 있는 '항구'를 떠올리고 있다. 이런 점에서 볼 때, '바다'는 '집→기차'로 이어지는 '길 기호체계'의 연장선상에 있는 것이 된다. 부연하면 '집→기차(지상)→바다'로 이어지는 길 공간의 개척과 확대인 셈이다. 말하자면 그는 기차의 '유리창'을 배의 '선창'으로 코드 변환을 하여 바다 위를 달리는 '움직이는 집(방)'을 건축하고 있는 것이다.

---

22) 「바다」 연작 이외에 「갑판우」, 「오월소식」, 「풍랑몽1」, 「선취」, 「갈메기」, 「피리」, 「지도」 등에서 '바다'와 관계된 시어들이 등장하고 있다. 그만큼 정지용은 '바다'라는 소재를 애호하며 시 텍스트로 건축해 온 것이다.

砲彈으로 뚫은듯 동그란 船窓으로/눈섶까지 부풀어 오른 水平
이 엿보고,

하늘이 함폭 나려 앉어/큰악한 암탉처럼 품고 있다.

透明한 魚族이 行列하는 位置에/훗하게 차지한 나의 자리여 !

망토 깃에 솟은 귀는 소라ㅅ속 같이/소란한 無人島의 角笛을
불고—

海峽午前二時의 孤獨은 오롯한 圓光을 쓰다./설어울리 없는 눈
물을 少女처럼 짓쟈.

나의 靑春은 나의 祖國 !/다음날 港口의 개인 날세여 !

航海는 정히 戀愛처럼 沸騰하고/이제 어드메쯤 한밤의 太陽이
피여오른다.

—「海峽」 전문

먼저 「해협」이라는 제목이 암시해 주고 있듯이, "해협은 바다의 골짜
기"[23]이다. 골짜기의 기호체계는 그 자체로 안과 밖을 경계 짓는 매개
적 기능을 내포하고 있다. 탁 트여진 바깥 공간과 달리 골짜기 안은 내
밀성, 협소성 등의 의미를 산출한다. 따라서 좁고 긴 바다의 골짜기인
해협도 그러한 의미를 부여받게 된다. 실질이 아니라 기호현상으로 보
면, 이러한 해협은 배 전체를 품속에 넣고 있는 듯한 이미지로 작용한

---

23) 바다는 넓고 개방된 공간이다. 그러나 해협은 바다면서도 좁고 밀폐된 내적
공간의 이미지를 갖는다. 그것은 곧 해협이 바다의 골짜기이기 때문이다.
이어령(1995), 「창의 공간 기호론 1」, 『詩 다시 읽기−한국 시의 기호론적
접근』, 문학사상사, pp.103~104.

다. 그만큼 해협이 지닌 내적 공간의 밀도가 높다는 것이다.

그러한 밀도성 때문에 시적 화자가 '둥그란 船窓'을 통해서 내다보는 수평선이 "눈섶까지 부풀어 오"를 수 있다. 바다가 부풀어 오른다는 것은 "팽창과 확산"[24]으로서 수직 상승의 의미를 나타내준다. 이렇게 해협이 상승하게 되면, 그 만큼 상대적으로 배는 수직 하강하게 된다. "하늘이 함폭 나려 앉아" 배를 덮는 이미지도 그래서 가능해진다. 이에 따라 '배'는 바다와 하늘에 의해 "함폭" 감싸인 내부공간을 갖게 된다. 더욱이 음성모음의 표현인 '함폭'과 달리 양성모음인 '함폭'으로 되어 있기에 그 내밀함의 이미지는 강해질 수밖에 없다. 또한 화자는 이러한 공간을 '큰 암탉'이 품고 있는 것으로 비유하여 '배'를 하나의 '알'로 압축시키고 있다.

그래서 배안에 있는 화자는 부화되고 있는 병아리처럼 아무 근심 걱정 없이 자아의 욕망을 마음껏 충족시킬 수 있다. 그 욕망의 표현이 바로 '훗한 자리'이다. '선창'에 의해 외부와 변별되는 이 '훗한 자리'는 화자와 일체화되는 공간, 화자가 소유할 수 있는 실존적 공간이다. 더욱이 그 선실의 내부가 좁고 내밀하기에, 화자는 안정된 집의 내부에 거주하고 있는 것처럼 온몸으로 그 내부공간을 완전하게 파악할 수 있다.[25] 뿐만 아니라 닫혀진 공간임에도 불구하고 '둥그란 선창'을 통해 "透明한 魚族이 行列하는" 외부적 풍경까지 볼 수 있으므로, 그 외부적 풍경도 충만하게 온몸으로 느낄 수 있다. 폐쇄된 내부공간에 존재하면서도 동시에 무한히 열려진 외부공간을 지각할 수 있다는 것은 '몸과 세계'의 융합을 의미한다. 정지용 시인이 '움직이는 집'으로서의 '배'를 건

---

24) 위의 책, p.103.
25) 메를로-퐁티에 의하면, 공간은 '신체-주체와 세계와의 맞물림'에 의해 구체적으로 지각된다. 사물이 가까이 있다는 것은 신체가 그것을 '충만하게' 혹은 '완전하게' 파악하고 있다는 것을 의미하고, 멀리 있다는 것은 '느슨하게 대략적으로' 파악하고 있다는 것을 의미한다. 모니카 M. 랭어, 서우석·임양혁 역(1992), 「지각된 세계」, 『메를로-퐁티의 지각의 현상학』, 청하, p.142.

축한 이유도 바로 여기에 있다. 배는 기차처럼 자연(바다)과 세속(육지)의 풍경을 동시에 지니며 달리지 않는다. 인간의 세속적인 풍경은 삭제되고 오직 자연의 바다 풍경만 달고 달린다. 정지용이 거주하기를 욕망하는 집은 세속적인 인간 사회의 의미가 배제된 탈속의 집이다. 이 세계와 융합될 수 있는 내밀한 몽상의 집으로서 말이다.

물론 그렇기 때문에 정지용의 '움직이는 집'으로서의 '배' 내부는 고독하다. 그 고독을 심화시켜주는 것이 예의 '角笛' 소리이다. 고독은 선실 내부의 인간적 가치가 결여될 때 생겨난다. 그럼에도 불구하고 화자는 그 고독을 부정하거나 멀리하려고 하지 않는다. 오히려 고독을 "오롯한 圓光"에 비유하여 선실 내부를 환하게 밝히는 태양의 이미지로 만들어 내고 있다. 그리고 그것은 곧 "설어울리 없는 눈물"을 흘리게 함으로써 카타르시스 작용까지 해준다. 즉 억압된 욕망까지 해소해 주고 있는 것이다.[26] 이로 미루어 보면, 시적 화자는 호젓한 즐거움(외부풍경)과 호젓한 고독(내부풍경)을 동시에 향유하고자 한다. 곧 모순된 세계의 향유이다.[27]

모순된 공간을 향유하고자 하는 화자의 욕망에 의해 그의 항해는 '항구'에 정박하지 않는다. 6, 7연의 언술에서 그것을 확인할 수 있다. '祖國'은 '他國'을 전제로 한 언술이다. 그러므로 '청춘의 항해'는 '조국'과 '타국'의 대립된 공간을 동시에 향유하는 것이다. 다시 말해서 타국으로

---

26) '눈물'이나 '고독' 등을 정지용 자신이 겪었던 사회적 경험, 곧 현해탄 경험과 관련하여 부정적인 의미로 해석할 수도 있으나, 그 부정적 의미조차 '호젓한 공간'에 흡수됨으로 인해서 억눌렸던 감정에서 벗어나고 있다.

27) 정지용은 「詩의 威儀」에서 "안으로 熱하고 겉으로 서늘옵기란 一種의 生理를 壓伏시키는 노릇이기에 심히 어렵다. 그러나 詩의 威儀는 겉으로 서늘옵기를 바라서 마지 않는다"라는 언술을 한다. 물론 이 언술은 시창작 방법에 대한 것인데, 그 방법론이 모순적이다. '안(熱)'과 대립하는 '겉(冷)'을 통합하고 있기 때문이다. 그런데 이 시론을 시 텍스트의 의미를 산출하는 구조로 변환해도 그대로 적용된다는 점이다. 시 텍스트에서 화자는 모순의 기호체계를 향유·몽상하는 존재이기에 그러하다. 이렇게 모순의 기호체계를 좋아할 수밖에 없는 이유는 닫혀져서 '호젓한 자리'가 되기 위해서는 이와 대립하는 개방의 열린 공간(어족의 행렬)이 있어야 하기 때문이다.

의 항해가 곧 조국으로의 항해이며, 조국으로의 항해가 곧 타국으로의 항해인 셈이다. 그래서 다음 날 '갠 날씨' 속에 '항구'로 입항하여도 정박하지 않고 다시 '항해'를 욕망한다. 항해를 "연애처럼 비등"하다고 긍정적으로 언술한 이유도 여기에 있다. 공간적인 기호작용으로 보면, 정박은 '정지'해 있기 때문에 하강적이며, 항해는 '비등'하기 때문에 상승적이다.

이러한 모순공간의 향유는 시간구조에도 그대로 투영된다. "개인 날" 아침에 "어드메쯤 한밤의 태양이 피여오른다"라는 시간에 대한 모순어법이 그것이다. "한밤의 태양"은 다름 아니라 지난밤에 호젓한 공간에서 맛보았던 '孤獨의 圓光'을 변환시킨 코드체계이다. 따라서 "한밤의 태양"을 욕망한다는 것은 곧 '孤獨의 圓光'을 다시 욕망한다는 의미이다. 그래서 아침이 되었음에도 불구하고 그 시간 속에서 역설적으로 밤의 시간을 욕망하고 있는 것이다. 이 텍스트에서 아침은 정박의 시간이고 밤은 항해의 시간이다. 이런 점에서 "한밤의 태양"은 출항의 시간을 의미하는 동시에 다가올 밤의 미래적 시간을 내포한 언술이다.

이처럼 정지용이 욕망하는 시적 건축의 세계는 닫혀져서 안정되는 공간, 몸과 일체화되는 시공간이다. 그리고 '움직이는 집'으로서의 '배'를 건축한 것은 세속적인 사회적 공간을 벗어나 자연(우주)의 시공간과 일체화되려는 욕망 때문이다.[28] 이러한 시적 건축을 위해 그는 공간의 분절, 공간의 대립, 공간의 융합(연결)이라는 '지속적 코드'를 사용해 왔다. 그럼에도 불구하고 그가 항해를 계속하는 이유는 '공간의 융합'이라는 '항해(배) 구조'를 건축하기 위해서다. 앞서 논의한 「해협」도 '공간의 융합'이기는 하지만, 그것이 시각적으로만 융합될 뿐 행위적으로는

---

28) 물론 자연의 시공간에 있을 때에도, 그의 의식 속에 가끔 사회적 공간이 떠오르기도 한다. 가령 "내사 어머니도 있다, 아버지도 있다, 그이들은 머리가 히시다./나는 허리가 가는 청년이라, 내홀로 사모한이도 있다, 대추나무 꽃피는 동네다 두고 왔단다."(「갈메기」 일부)의 내용이 그것이다. 하지만 그는 이러한 애착 때문에 사회적 공간으로 회귀하려고 하지는 않는다. 다만 이러한 애착이 나타나는 것은, 그가 자연의 시공간에서 자신이 거처할 '집'을 아직 건축하지 못한 데에 기인한다.

상호 소통될 수 없는 단절의 공간이다. 그래서 그는 몸과 공간의 완전한 융합을 위하여 「바다 6」과 같은 텍스트를 창조한다.

고래가 이제 橫斷 한뒤
海峽이 天幕처럼 퍼덕이오.

……힌물결 피여오르는 아래로 바독돌 자꼬 자꼬 나려가고,

銀방울 날리듯 떠오르는 바다종달새……

한나잘 노려보오 훔켜잡어 고 빩안살 빼스랴고.

미역닙새 향기한 바위틈에
진달레꽃빛 조개가 해ㅅ살 쪼이고,
청제비 제날개에 미끄러져 도―네
유리판 같은 하늘에.
바다는―속속 드리 보이오.
청대ㅅ닢`처럼 푸른
바다
봄

꽃봉오리 줄등 켜듯한
조그만 산으로―하고 있을까요.

솔나무 대나무
다옥한 수풀로―하고 있을까요.

노랑 검정 알롱 달롱한
블랑키트 두르고 쪼그린 호랑이로―하고 있을까요.

당신은 〈이러한風景〉을 데불고
힌 연기 같은
바다
멀리 멀리 航海합쇼.

— 「바다 6」 전문

　이 텍스트는 '봄바다'의 시각적 이미지를 공간적으로 구조화하고 있다. 그 공간의 층위는 '하늘, 바다, 바다 밑'으로 나타난다. 물론 이 세 층위는 통합되어 종국에는 수직적 공간을 구축하게 된다. 먼저 수평적인 바다 공간을 보면, 상승지향적인 확산의 의미작용을 하고 있다. "해협이 천막처럼 퍼덕이오", "힌물결 피여오르는", "은방울 날리듯 떠오르는 바다종달새" 등의 동적인 이미지가 상승지향적인 의미작용을 한다. 그 뿐만이 아니다. 봄을 맞은 "미역닢새의 향기"도 확산되고 있으며, '진달래꽃빛'으로 비유된 '조개'도 생의 확산을 즐기고 있다. 이러한 바다의 상승지향성은 화자로 하여금 그의 시선을 수직적인 '하늘'로 향하게 만든다. 그런데 '하늘' 또한 '유리판'처럼 맑고 투명한 이미지가 되어 바다로 하강하는 의미작용을 한다. 그래서 바다와 하나로 융합되고 있다.[29] 바다인 동시에 하늘인 셈이다.
　바다가 하늘과 융합하면서 바다는 '유리판'의 바다로 변환한다. 이 변환에 의해 '바다 밑'이라는 하방공간이 생성된다. 화자의 시선이 '바다 밑'으로 향하자 '시선'의 코드는 '상상'의 코드로 변환한다. 물론 바다 속에는 이미 화자가 던진 "바둑돌"이 '아래로 자꼬 자꼬 나려가고' 있는 상태이다. 이로 미루어 보면, 화자의 욕망이 하늘, 바다, 바다 밑까지 소유하고 몽상하려는 것임을 짐작할 수 있다. 상상적 시선에 의해 형상화된

---

29) 정지용은 바다와 하늘의 이미지를 '유리판'에 비유하여 자주 사용하기도 한다. 그는 이러한 비유를 통하여 바다와 하늘을 융합시키는 의미작용을 하게 한다. 가령, 바다를 "유리판을 펼친듯, 瀨戶內海"(「슬픈 汽車」)라고 한 언술이 그러하고, "하늘과 딱닿은 푸른 물결"(「五月消息」)이라는 언술이 그러하다.

바다 밑 공간은 바다 위의 존재들을 변환시킨 코드체계들이다. 구체적으로 보면, '향기로운 미역잎새, 진달래꽃빛 조개'는 바다 속의 '꽃봉우리 줄등을 켠 조그만 산, 다옥한 수풀'에 대응하고, '바다종달새, 청제비'는 '블랑키트 두른 호랑이'와 대응한다. 그런데 이렇게 대응된 바다 속의 존재들은 모두 육지에 속하는 기호체계들이다. 따라서 바다 밑은 지상적 세계로 전환된 공간이 되고 있다.

　하지만 각기 분할된 이 세 층위는 "〈이러한風景〉을 데불고" "바다/멀리 멀리 항해"라는 언술에 의해 하나의 수직구조로 통합된다. '데리고 가다, 항해하다'는 동적인 상태를 말한다. 그러므로 '하늘(상) − 바다(중) − 바다 밑(하)'은 하나의 수직구조로서 항해하는 배를 따라가는 이미지라고 할 수 있다. 부연하면 육·해·공(陸·海·空)의 공간적 가치를 통합한 수직구조를 달고 항해하는 배인 셈이다. 이 지점에서 '움직이는 집'으로서의 '배'를 건축한 정지용의 시적 욕망을 읽을 수가 있다. 그는 갑판 위에서(집으로 말하면 지붕 위) 자신의 몸을 중심으로 수직구조를 형성하고 있는 '하늘 − 바다 − 바다 밑(육지)'의 공간을 모두 융합하여 흡수하고자 한다. 그렇게 융합이 되면, 곧 그의 몸은 '하늘 − 바다 − 바다 밑'을 압축한 수직적으로 서 있는 몸이 된다. 바꾸어 말하면 그의 몸이 곧 우주공간이 되는 셈이다. 또한 그의 이러한 욕망을 시간성으로 보면, 그것은 세속적 시간을 일탈해 초시간성을 욕망하는 것으로 나타난다. 끝없는 무한의 수평세계로 '멀리 멀리 항해'하자는 언술이 바로 그것이다. 세속적인 지상으로부터 멀어질수록 '초시간성'이 강하게 산출되기 때문이다.[30]

---

30) 세속적 시간은 제약을 부과한다. 하지만 초시간성은 그러한 제약에서 벗어날 수 있다. 이러한 초시간성은 멀리 떨어진 장소들에 의해 생겨나기도 한다.(Yi-Fu Tuan, 정영철 역(1995), 「경험적 공간에서의 시간」, 『공간과 장소』, 태림문화사, pp.149~150.) 이 텍스트에서 '멀리 멀리'라는 지시적 공간이 바로 초시간성을 상징해 준다.

V. 결론

지금까지 정지용의 시 텍스트에서 '집'을 건축하는 코드체계가 어떻게 '기차'와 '배'를 건축하는 코드체계로 변환되는지를 탐색해 왔다. 먼저 그의 집을 보면, 이항대립적 원리로 건축되고 있는데, 그 양항(兩項)을 매개하는 기호체계는 벽, 문, 유리창 등이다. 이 매개항의 기능에 의해 집 내부는 다양한 의미를 부여받는다. 물론 정지용이 욕망하는 집은 인간적인 가치가 누적된 내밀한 내부공간이다. 그럼에도 불구하고 그가 건축한 집은 거의 대부분 자아를 감금하는 공간 혹은 탈주해야 하는 부정의 공간이 되고 있다.

그 탈주의 기호체계가 바로 '기차'와 '배'이다. 이에 따라 그는 부동성의 집 공간과 대립하는 동적인 길 공간을 시 텍스트로 건축한다. 그렇다고 해서 그 시적 건축원리가 '집' 건축의 코드 원리와 다른 것은 아니다. 동일한 건축원리를 지니고 있다. '집'의 코드처럼 '기차, 배' 등의 코드 또한 안과 밖으로 분절된다. 집의 기호체계가 '문, 유리' 등의 매개항을 지니고 있듯이, '기차나 배' 역시 '차창'과 '선창'의 매개항을 지니고 있기 때문이다. 다만 집의 부동성과 달리 동적인 점이 변별적이다. 그래서 '기차, 배'는 '움직이는 집'의 코드체계가 된다.

그가 건축한 '움직이는 집'으로서의 '기차나 황마차'는 탈속과 세속의 의미가 통합된 모순의 공간을 산출하기도 하고, 부조리한 사회적 현실에 의해 임시거처로 된 공간을 산출하기도 한다. 때문에 닫혀져서 안정된 집이라는 의미를 획득하지 못하고 있다. 그는 이러한 시공간을 극복하기 위해 사회적 공간을 일탈하여 바다로 탈주하게 된다. '기차'의 코드체계를 '배'의 코드체계로 변환한 이유도 여기에 있다. 그래서 기차의 '차창'은 배의 '선창'이 되고, 육지의 '풍경'은 바다의 '풍경'으로 전환된다. '움직이는 집(방)'으로서의 '배'의 코드체계는 부조리한 사회의 시공간적 가치가 배제된 '호젓한 고독'의 내부공간을 건축하기도 하고, '하늘 − 바다 − 바다 밑'이라는 수직적 공간을 온몸으로 융합 · 흡수하는 일체

화된 공간을 건축하기도 한다. 이렇게 해서는 그는 탈속적 공간에서 우
주와 몸이 일체화되는 배(집)를 창조하게 된다.

2. '집—나무—산'의 기호와 수직적 의미작용

Ⅰ. 서론

  통시적인 詩作의 과정으로 볼 때, 정지용의 시적 세계는 세 단계의 포괄적인 변모과정을 거치고 있다. 첫 단계는 감각적 이미지를 기저로 하는 모더니즘의 시세계이고, 그 다음 단계는 가톨릭의 이념을 기저로 하는 종교적 시세계이다. 그리고 마지막 단계는 전통적 동양정신(性情論)을 기저로 하는 형이상학적 시세계이다. 물론 이 세 단계를 더 세밀하게 분류할 수도 있겠지만,31) 그의 시를 분석하고 이해하는데 결정적인 장애가 되지 않는다면 이 세 단계를 보편적으로 승인할 수 있는 분류라 하겠다.

  이 세 단계에 해당하는 각각의 시적 중심 소재를 보면, 모더니즘의 시적 단계는 주로 '바다(배)'이고, 종교시 단계는 '나무'이며, 형이상의 시적 단계는 주로 '산'이다. 이러한 중심 소재를 공간기호체계로 변환해 보면, 모더니즘의 시적 단계는 '지상'에서 '바다'로 탈주해나가는 수평적 구조를 구축하고 있다. 이에 비해 종교시와 형이상의 시적 단계는 공통적으로 지상에서 천상을 지향하는 수직적 구조를 구축하고 있다. 주지

---

31) 김훈은 '① 동심과 민요풍의 시, ② 「바다」를 소재로 한 감각의 시, ③ 카톨릭을 소재로 한 신앙의 시, ④ 「산」과 동양정신의 시, ⑤ 현실의식과 자아성찰의 시'로 분류하고 있으며(김훈, 「「백록담」의 시·공간」, 김신정 엮음 (2001), 『정지용의 문학 세계 연구』, 깊은샘, p.271.), 오세영도 '① 습작에서부터 1925년까지의 민요풍의 시, ② 1926년에서 1932년까지의 모더니즘 계열의 시, ③ 1933년에서 1935년까지의 카톨릭 신앙시, ④ 1936년에서 1945년까지의 자연(산)시, ⑤ 1945년 이후부터 1950년까지의 문학적 혼란기'로 분류하고 있다. 전자와 변별되는 점은 시기를 분명하게 하고 있다는 점이다 (오세영(2003), 「자연시와 性·情의 탐구─정지용론」, 『한국현대시인연구』, 월인, p.195.).

하다시피, 수평구조는 인간의 구체적인 행동세계를 나타내는 것으로서 '안팎의 대립'에 의해 그 의미가 생성된다. 반면에 수직구조는 초현실적인 세계를 나타내는 것으로서 '상하의 대립'에 의해 그 의미가 생성된다. 그러므로 정지용 시인이 모더니즘의 시적 단계에서 집, 마을, 도시와 대립하는 '바다'로 나아간 것은 인간적 세계에서 자연적 세계로의 육체적 이동을 의미하는 것이 되고, 종교시와 형이상의 시적 단계에서 지상과 대립하는 나무, 산, 하늘로의 수직적 이동은 육체적 삶에서 정신적인 삶으로의 전환을 의미하는 것이 된다.

본고에서 탐색할 부분은 바로 수직적 공간구조에 해당하는 종교시와 형이상적(무위자연) 시세계이다. 이렇게 수직적 공간구조로 한정한 이유는 수평적 공간구조에 대한 연구를 이미 발표한 바가 있기 때문이다.[32] 따라서 본 연구가 완료되면 정지용의 시 텍스트 구조와 의미작용을 통합적으로 조망할 수 있는 근거를 마련할 수 있을 것이다. 미리 전제해 두지만, 정지용의 시 텍스트에서 수평적 공간기호체계와 수직적 공간기호체계는 별개의 공간으로 작용하지 않는다는 사실이다. 이 兩項의 공간기호체계는 밀접한 상관성을 맺고 있다.

그 이유는 간단하다. '집(수평지향)—기차—배'라는 수평적 공간기호체계를 수직으로 세우면 본고에서 논의할 '집(수직지향)—나무—산'이라는 수직적 공간기호체계와 상동적 구조를 이루기 때문이다. 물론 그 역으로 수직적 공간기호체계를 수평으로 눕히면 '집—기차—배'의 수평적 공간기호체계와 상동적 구조를 이룬다. 그래서 바다로 항해하는 '배'

---

32) 정유화(2008. 5), 「'집—기차—배'의 공간기호체계 연구:정지용론」, 『한민족문화연구』 제25집, 한민족문화학회, pp.55~88. 이 논문의 결론을 한마디로 요약하면 다음과 같다. '안과 밖'의 대립적 코드로 구축된 '집—기차'의 기호체계를 거쳐 바다에 이르면, 수평적 탈주 기호인 '배'의 기호체계는 내밀한 공간 및 탈속적 공간을 구축하게 된다. 정지용은 이러한 '배'의 기호체계를 건축하여 인간, 바다, 하늘이 일체화된 시공간을 향유한다. 참고로 더 부연하면, 「'집—기차—배'의 공간기호체계 연구:정지용론」에서 이미 기존 연구사를 소개했기 때문에 본고에서는 기존 연구사를 생략하고 논의에 필요한 부분만 인용 소개하고 있음.

는 곧 '산'으로 등정하는 의미와 등가를 이루고, '산'으로의 등정은 곧 바다로 항해하는 '배'와 등가를 이룬다. 이런 점에서 수평과 수직의 공간기호체계를 통합해 보면, 하나의 원형공간을 구축하게 된다. 통시적 관점에서는 '바다'와 '산'의 의미체계가 달라 보일 수 있지만,[33] 공시적 관점인 원형공간으로 볼 때에는 '바다'와 '산'은 등가적인 의미를 갖는다. 본고에서 '집—나무—산'의 수직공간기호체계를 기호론적 방법으로 분석하게 되면, 이와 같은 원형공간도 확인할 수 있을 것이다.

Ⅱ. 수직운동을 하는 '집'의 기호체계

인간의 실존을 가장 본질적으로 표현해 주는 공간은 집이다. 왜냐하면 집이란 공간은 주거의 본질적인 특성을 가진 것으로써 외부와 대조적으로 내부를 체험할 수 있는 비호성을 지니고 있기 때문이다.[34] 이 비호성에 의해 인간은 그 안락한 내부를 소유하면서 미지의 세계인 외부로 공간을 개척해 나갈 수 있다. 집이 이 세계의 중심이 되는 이유도 바로 여기에 있다. 만약에 집이 외부와 내부의 경계를 상실한 채 잘 알려지지 않은 미지의 세계로 무한하게 열려져 있다면, 인간은 여기에 거주할 수 없을 뿐만 아니라 자기 세계의 중심을 잃고 말 것이다.

그렇다고 해서 집은 내부로서만 체험되지는 않는다. 집은 외부를 체험하기 위해 開口部를 내재하고 있다.[35] 이 개구부에 의해서 집은 출발

---

33) 대부분의 기존 연구사에서 '바다'와 '산'의 의미체계를 대립적으로 보고 있다. 그 공간의 차이처럼 형식과 내용도 별개의 것으로 인식하고 있다. 이는 시를 창작한 통시적 과정(창작 연대)에 중점을 두고 분석한 것에 기인한 결과로 보인다.

34) C. Norberg-Schulz, 김광현 역(2002), 「실존적 공간」, 『實在·空間·建築』, 태림문화사, pp.36~39. 참조.

35) O. F 볼노우에 의하면, 주거가 감옥이 되지 않기 위해서는 안의 세계와 밖의 세계를 연결하는 개구부를 갖고 있어야 한다. O. F. Bollnow(1963), *Mensch und Raum*, Stuttgart, p.154. : C. Norberg-Schulz, 앞의 책, p.51. 재

과 회귀라는 수평운동을 하게 된다. 인간이 자신의 욕망을 펼친다는 것은 다름 아니라 이 수평운동을 한다는 것을 의미한다. 그러나 마찬가지로 집이 수평운동만 하는 것은 아니다. 수평운동에 비하면 그 기능이 현저히 떨어지지만 수직운동도 한다. 예컨대 바슐라르가 "집은 수직적인 존재로 상상된다. 집은 위로 솟는 것이다. 그것은 수직의 방향에서 여러 다른 모습으로 분화된다."[36]고 한 언술도 바로 그것을 증명해준다. 집은 '지하실(하)—방(중)—다락(상)' 등의 수직성을 지니고 있다. 이에 따라 수직운동을 하게 된다. 물론 집에 내재한 출구 등이 위로 향할 때에도 수직운동을 할 수 있다. 그래서 수평운동이 인간행위에 관련되는 것이라면 수직운동은 초월세계와 관련되는 것이다.

정지용 시인이 시 텍스트로 건축한 집도 예외는 아니다. 그가 건축한 집도 수평운동과 수직운동을 한다. 그 중에서도 압도적인 것은 수평운동을 하는 집이다. 대표적으로 「석류」, 「유리창2」, 「시계를 죽임」 등이 수평운동을 하는 집으로 나타난다. 하지만 이들의 집들은 내부와 외부가 갈등·대립하는 수평운동을 하게 된다. 이에 따라 집은 시적 화자를 억압하고 감금하는 의미작용을 할 수밖에 없다. 그래서 정지용은 부동성의 기표인 '집'을 탈출하여 동적 기표인 '기차'를 타고 수평적인 공간을 개척하기에 이른다.[37]

하지만 이와 달리 수직운동을 하는 정지용의 집은 인간과 인간, 인간과 사회 등의 세속적인 관계는 배제되고 지상(인간)과 천상(신), 유한과 무한, 육체와 정신, 세속과 신성 등의 대립적 관계만을 문제 삼는다. 이를 한마디로 요약하면 정신적이고 종교적인 코드에 의해 작동되는 수직성의 집인 셈이다. 물론 이러한 코드에 의해 산출된 시 텍스트가 많은 것은 아니다. 그럼에도 불구하고 종교적 차원의 집을 간과할 수 없는 것은 이를 매개로 하여 세속적 현실을 극복할 수 있는 초월성의 세

인용.

36) 가스통 바슐라르, 곽광수 옮김(1993), 「집」, 『공간의 시학』, 민음사, p.132.
37) '기차'의 기호체계에 대한 구체적인 내용은 정유화, 앞의 논문, pp.59~68. 참조.

계를 지속으로 탐색해 나갈 수 있기 때문이다. 부연하면 정지용은 수직성의 '집'을 건축한 코드체계를 변환하여 수직성의 '나무'기호체계를 산출해 나가고 있으며, 마찬가지로 '나무' 코드체계를 변환하여 '산'의 기호체계를 산출해 나가고 있다는 것이다. 이렇게 해서 그의 시 텍스트는 '집—나무—산'이라는 수직성의 공간기호체계를 구축할 수 있었다. 따라서 '집—나무—산'의 코드체계와 그 의미작용을 체계적으로 파악하기 위해서는 먼저 그의 집을 탐색하지 않을 수 없다.

> 누어서 보는 별 하나는
> 진정 멀— 고나.
>
> 아스름 다치랴는 눈초리와
> 숲실로 잇은듯 가깝기도 하고,
>
> 잠살포시 깨인 한밤엔
> 창유리에 붙어서 엿보노나.
>
> 불현 듯, 소사나 듯,
> 불리울 듯, 맞어드릴 듯,
>
> 문득, 령혼 안에 외로운 불이
> 바람 처럼 일는 悔恨에 피여오른다.
>
> 힌 자리옷 채로 일어나
> 가슴 우에 손을 넘이다.

—「별 1」 전문

주지하다시피 정지용의 시 텍스트에서 집은 두 가지 운동을 한다. 하나는 안팎의 대립과 융합에 의한 수평운동이며, 다른 하나는 上下의 대립과 융합에 의한 수직운동이다. 전자는 수평적 구조로서 주로 세속적인 삶과 관계되는 집이며,[38] 후자는 수직적 구조로서 주로 신성한 삶에 관계되는 집이다. 물론 이 텍스트의 집은 상하의 융합에 의해 수직운동을 하는 집이다.

먼저 이 집의 공간적 구조를 보면 내부와 외부로 분절되고 있다. 매개항인 '유리창'이 兩項을 분절하고 있기 때문이다. 이렇게 내부와 외부로 분절된 공간 구조이기에 표층적으로는 수평구조의 집처럼 보인다. 하지만 내부에 있는 화자의 행위에 의해 수평구조의 집은 수직구조의 집으로 전환된다. 그것은 다름 아니라 화자가 '서다'와 대립되는 '눕다'의 행위를 함으로써 가능해진 것이다. 화자가 눕게 됨으로써 상대적으로 유리창의 위치는 높아졌으며, 이를 통해 유리창은 안팎이 아니라 상하를 매개할 수 있게 된 것이다. 비유적으로 말하면 천장으로서의 유리창이라고 할 수 있다.

이렇게 매개항인 유리창에 의해 상하의 세계가 상호 소통되면서 방의 내부는 이전과 다른 새로운 세계로 전환된다.[39] 그 전환은 시차에 따라 변별적이다. 잠자기 전의 상호 소통과 잠에서 살포시 깼을 때의 상호 소통이 바로 그것이다. 구체적으로 보면, 제1,2연은 잠자기 전에

---

38) 세속적인 삶과 관계되는 집이라고 해서 부정적인 것은 아니다. 다만, 그 내부가 안정성을 상실하게 되면 부정적인 공간이 되는 것이다. 가령 "한밤에 壁時計는 不吉한 啄木鳥 ! / 나의 腦髓를 미신바늘처럼 쫏다. // 일어나 종알거리는 〈時間〉을 비틀어 죽이다. / 殘忍한 손아귀에 감기는 간열핀 모가지여 ! // 오늘은 열시간 일하였노라. / 疲勞한 理智는 그대로 齒車를 돌리다. // …중략… 소리없이 옮겨가는 나의 白金체펠린의 悠悠한 時間航路여 !"(「時計를 죽임」 일부)에서 알 수 있듯이, 이 집의 내부공간은 안온하고 내밀한 비호공간이 아니다. 획일적인 삶을 강요하는 사회의 세속적인 가치가 집의 내부로 침투하여 시적 주체의 잠을 방해하고 있기 때문이다. 그래서 이 집은 안과 밖의 가치가 대립하고 투쟁하는 하강의 집이 되고 있다. 따라서 집을 나와 탈주할 수밖에 없다. 그 탈주의 기호가 예의 '백금체펠린'이다.
39) 유리창은 일종의 출구이다. 그 출구는 하나의 존재양식에서 또다른 존재양식에로의, 하나의 실존적 상황에서 또다른 실존상황에로의 이행을 가능케 하는 매개체이다. 멀치아 엘리아데, 이동하 역(1994), 「인간의 실존과 성화된 삶」, 『성과 속:종교의 본질』, 학민사, p.159.

이루어진 별과의 소통이고, 제3~6연은 잠에서 깬 후에 이루어진 별과의 소통이다. 먼저 전자를 보면, 화자의 시선이 전적으로 수직상방공간으로 향하고 있다. 화자는 그 수직적 시선을 통해 별의 존재를 지각하게 된다. 하지만 그 별이 화자가 도달할 수 없는 무한성의 세계에 있기 때문에 화자와 별은 상호 소통 없이 대립된 상태를 유지할 뿐이다. 말하자면 '광물질(별)/육신(화자)'의 대립에 지나지 않는다. 다만 좀 진전된 것이 있다면, 화자가 "숲실"로 비유된 '별빛'을 통해서 별의 존재를 가까이 느끼고 있다는 점이다. 그래서 미미하지만 하강하는 그 '별빛'에 의해 천상적 의미를 지닌 집으로 서서히 전환해 가게 된다.

이러한 전환이 있었기에 후자에 오면, 대립 상태에 있던 화자와 별의 관계가 합일 내지 융합의 관계로 발전한다. 별빛이 집에 관여하자 잠자던 화자는 살포시 자을 깨고 만다. 잠을 깬 화자가 "창유리에 붙어서" 별을 더 가까이 보려고 한 이유도 여기에 있다. "불리울 듯, 맞어드릴 듯"에서 알 수 있듯이, 별은 단순한 '광물체'가 아니라 하나의 '영생자'로서 화자를 부르고 있으며, 이에 따라 화자는 영생자를 맞아드리고 있는 것이다. 화자와 영생자의 합일 내지 융합은 화자로 하여금 "령혼 안에 외로운 불"을 켜게 하는 종교적인 세계를 깨닫게 해준다. 요컨대 육체적인 삶이 아니라 정신적인 삶의 원리를 깨닫게 해주고 있는 것이다. 이와 같이 '별'은 '육신의 존재'(세속적인 삶)를 '영혼의 존재'(종교적 삶)로 전환시키는 의미작용을 하고 있다.[40] 따라서 실존공간인 집도 물질성에서 정신성으로, 세속성에서 종교성으로 전환되면서 수직상승하게 된다. 말하자면 "가슴 우에 손을" 얹고 기도하는 각성의 집으로서 말이다.

정지용의 집이 천상적 기표에 의해 종교성의 집이 되기도 하지만, 다른 한편으로는 유한자로서 죽음에 직면할 때에 종교성의 집이 되기도 한다.

---

40) 이 텍스트에서 별은 내 영혼의 투사체이자 타자로부터 주어진 선험적 실재라고 할 수 있다. 유성호, 「정지용의 이른바 '종교시편'의 의미」, 김신정 엮음(2001), 『정지용의 문학 세계 연구』, 깊은샘, p.164. 참조.

처마 끝에 서린 연기 따러
葡萄순이 기여 나가는 밤, 소리 없이,
가믈음 땅에 시며든 더운 김이
등에 서리나니, 훈훈히,
아아, 이 애 몸이 또 달어 오르노나.
가뿐 숨결을 드내 쉬노니, 박나비 처럼,
가녀린 머리, 주사 찍은 자리에, 입술을 붙이고
나는 중얼거리다, 나는 중얼거리다,
부끄러운줄도 모르는 多神敎徒와도 같이,
아아, 이 애가 애자지게 보채노나 !
불도 약도 달도 없는 밤,
아득한 하늘에는
별들이 참벌 날으듯 하여라.

―「發熱」 전문

정지용이 건축하고 있는 집은 천상과 지상의 소통과 융합을 욕망하는 집이다. 특히 유한자로서 겪을 수밖에 없는 죽음과 삶의 문제에 직면할 때 그것은 더욱 두드러진다. 이 텍스트에서 죽음과 삶을 넘나드는 어린아이의 고통스런 발열(病)은 집 공간 전체를 어둠 속으로 추락시키는 의미작용을 한다. 그래서 집의 내부를 보면 죽음의 열기로 가득하다. 가문 땅과 더운 김, 身熱의 몸, 몰아쉬는 가쁜 숨, 주사 맞은 자리, "불도 약도 달도 없는 밤" 등이 죽음의 열기를 환기시켜주고 있다. 더욱 이 '포도나무 순'이 쑥쑥 자라는 것과 어린아이의 발열을 대비하면 그 죽음의 열기는 더 한층 고조될 것이다.

아이의 발열을 식혀줄 수 있는 것은 집안에도 집 밖에도 없다. 불도 없는 어두운 밤이기 때문에 집 밖으로 나가 '약'을 구해올 수도 없기 때문이다. 그래서 '어둠'은 집의 내부와 외부에 부정적인 의미를 부여하고 있다. 이렇게 집을 둘러싼 지상적 세계가 모두 부정적일 때, 우리는 고개를 들고 하늘을 쳐다볼 수밖에 없다. 마찬가지로 화자 역시 고개를 들고 '아득한 하늘의 별들'을 쳐다볼 뿐이다. 그런데 그러한 행위는 그 자체로 끝나는 것이 아니다. 그 행위가 집에도 영향을 준다는 사실이다. 화자의 수직적인 시선에 의해 내부와 외부로 대립하던 집이 지상과 천상으로 대립하는 집으로 전환되기 때문이다.

화자가 하늘을 쳐다봄으로 인해서 집과 하늘은 대립한다. '집'과 '하늘'의 대립은 '아이'와 '별'의 대립으로 구체화되고, 또다시 '박나비(아이)'와 '참벌(별)'의 대립으로 구체화된다. 이러한 대립으로 보면, 지상은 죽음의 의미를 산출하고 천상은 삶의 의미를 산출한다. 가령, 가쁜 숨결을 내쉬는 '박나비'와 생기로 가득차 나는 '참벌'의 비유만을 보아서도 그것을 알 수 있다. 화자는 이러한 대립을 통하여 지상의 절망적 세계를 극복할 수 있는 것은 '별'로 상징되는 천상의 기표들임을 어렴풋하게 지각하게 된다. 그 지각은 곧 唯一神으로서의 종교적 세계이다. 화자가 어린아이를 위해 주문처럼 "중얼거린" 말은 그 종교적 세계에 들기 위한 예비과정이다. 사실 화자의 주문인 '중얼거림'은 多神敎徒로서의 태도였다. 그러나 유일신의 상징인 '별'을 인식하면서부터 그러한 태도를 부끄럽게 여기게 된다. 그래서 지상과 하늘의 대립은 곧 '다신교/유일신'의 대립이라고 할 수도 있다. 이 대립에서 화자가 유일신을 선택함으로써 비로소 그의 집은 '별'로 흡수되고 있다. 그리고 별을 향한 수직축의 집은 육신의 집과 대립하는 영적인 집, 종교적인 집이 되고 있는 것이다.

Ⅲ. '집'의 변환코드인 '나무'의 기호체계

주지하다시피 정지용은 수직축의 집을 건축함으로써 종교적 세계인 천상과 소통을 시도해 오고 있다. 그러나 집은 수평축으로 운동하기는 쉬워도 수직축으로 운동하기는 쉽지 않다. 집의 모든 출구가 거의 내부와 외부를 연결하거나 단절시키는 수평구조로 되어 있기 때문이다.

이로 인해 상하를 매개하는 출구는 매우 드물 수밖에 없다. 따라서 천상공간과의 접촉과 소통도 제한적일 수밖에 없다. 그래서 정지용은 이를 극복하고 넓혀가기 위해 '집'의 변환코드로서 '나무'의 기호체계를 창조하게 된다.

종교적 상징으로 볼 때 나무는 세계의 중심이며 우주의 버팀목이다. 나무가 종교적 대상이 되는 것은 나무의 힘 때문이기도 하지만 나무가 표명하는 것 때문이기도 하다. 나무가 표명하는 것은 수직성과 무한한 삶의 재생이다. 그래서 聖木과 宇宙木 등으로 상징되는 것이다.[41] 정지용이 시 텍스트로 창조한 '나무'의 기호체계 역시 지상과 천상을 융합해주는 성목의 표상으로 작용한다. 나무는 내부를 지닌 집과 달리 그 자체로 상승작용을 하기 때문에 종교성을 드러내는데 있어서도 집보다 훨씬 탁월하다. 말하자면 나무 자체가 종교적 이념의 표상인 셈이다. 종교적 이념인 천상세계로의 지향은 감각적이기보다는 관념적이다. 정지용의 초기시가 감각적인데 비해 종교시에 와서 관념시로 바뀔 수밖에 없는 이유도 여기에 있다.[42]

그렇다고 해서 '집'의 기호체계와 '나무'의 기호체계를 건축하는 코드체계가 별개로 존재하는 것은 아니다. 앞서 언급했듯이, 집의 건축원리

---

41) 미르치아 엘리아데, 이재실 역(1994), 「식물. 재생의 상징과 제의」, 『종교사개론』, 도서출판 까치, pp.255~260. 참조.

42) 정지용의 종교시편들은 그가 〈가톨닉靑年〉에 관계하면서 표면화된다. 그런데 그의 종교시편들은 초기에 끈질기게 추구한 언어의 감각화, 선명한 심상의 제시 등의 기법과는 상당히 다른 면모를 보여준다. 그것은 정지용이 가진 바 정신세계 변동설에 기인한다. 초기의 시들 중에는 너무 바닥이 얕은 감각시(物理詩)가 많았다. 이런 한계를 극복하기 위해서 그는 작품세계에 카톨리시즘을 수용하게 된다. 이는 초기시가 지닌 物理詩의 성격을 극복하기 위한 시도로 볼 수 있다. 다시 말해서 알맹이 있는 사상 내용을 가지고자 한 것이 정지용의 신앙시로 나타난 셈이다. 그러나 한차례의 실험 다음, 정지용은 이 시도에서 멀어진다. 그 이유는 단순하다. 어떤 경우에도 시는 사상·관념이 아니다. 오히려 기법을 수반시키지 못한 채 거창한 사상·관념을 제재로 삼으면 또한 관념시가 되어버리기 때문이다. 김용직·김은자 편(1996), 「정지용론─순수와 기법」, 『정지용』, 새미, pp.165~174. 참조.

는 안팎과 상하의 대립적 코드이다. 정지용은 이러한 대립적 코드를 변환하여 '나무'의 기호체계를 산출하고 있는 것이다. 구체적인 시 텍스트를 통해서 그 구조 및 의미를 탐색해 보기로 한다.

얼골이 바로 푸른 한울을 울어렀기에
발이 항시 검은 흙을 향하기 욕되지 않도다.

곡식알이 거꾸로 떨어져도 싹은 반듯이 우로 !
어느 모양으로 심기여졌더뇨? 이상스런 나무 나의 몸이여 !

오오 알맞은 位置 ! 좋은 우아래
아담의 슬픈 遺産도 그대로 받었노라.

나의 적은 年輪으로 이스라엘의 二千年을 헤였노라.
나의 存在는 宇宙의 한낱焦燥한 汚點이었도다.

목마른 사슴이 샘을 찾어 입을 잠그듯이
이제 그리스도의 못박히신 발의 聖血에 이마를 적시며 ㅡ

오오 ! 新約의太陽을 한아름 안다.

ㅡ「나무」전문

이 텍스트에서 화자는 '나무'를 '자기의 몸'로 치환시키고 있다. 그래서 나무의 존재 방식이 곧 나의 존재 방식이 되고 있다. 내가 나무를 규정하는 것이 아니라 나무가 나를 규정하는 셈이다. 그렇다면 몸으로서의 나무는 어떤 나무일까. '몸으로서의 나무'는 '얼굴'과 '발'로 분절된다. '얼굴'을 공간기호로 보면 상방 공간으로서 정신성을 상징하고, '발'은 하방 공간으로서 육체성을 상징한다. 그리고 이 육체성은 정신성에 종속되는 것으로 드러난다. 왜냐하면 나무의 얼굴이 천상의 세계인 "푸른 한울"을 우러러본 행위는 정신성을 나타내기 때문이다. 그러므로 상대적으로 나무의 발이 지상의 세계인 "검은 흙"에 뿌리를 내리는 것은 육체성을 나타내는 것이 된다. 그러함에도 징신성의 영향을 받은 발은 '부정한 세계'에 오염되지 않는다. 이는 곧 정신적인 행위가 육체적인 행위를 다스려나간다는 의미이다. 그렇다고 해서 정신과 육체 사이에 어떤 갈등이 있는 것도 아니다.[43] "거꾸로 떨어져도 싹은 반듯이 우로" 자라듯이 인체로서의 나무는 오로지 천상을 지향하는 정신성의 나무가 되고 있다.

이 텍스트에서 지상인 "검은 흙"의 세계는 부정적인 시공간으로 드러난다. 이것은 '몸으로서의 나무'가 "푸른 한울"을 보게 됨으로써 그렇게 드러나고 있는 것이다. 만약에 그런 시선이 없었다면 그 부정성이 드러날 수가 없다. "푸른 한울"을 통해서 하느님의 존재를 인식하는 순간에, 이 지상은 "검은 흙"의 세계로서 원죄의 부정적인 시공간임을 드러내게 되는 것이다. 그러나 화자인 '나'는 그 부정성을 배척하지 않고 순수하게 수납하게 된다. "아담의 슬픈 유산도 그대로 받았노라", "적은 연륜으로 이스라엘의 이천년을 헤였노라", "우주의 한낱 초조한 오점이었도다"라는 언술이 이를 밑받침한다. 말하자면 몰각했던 원죄를 다시 인식한 것이다.

그래서 '몸으로서의 나무'는 두 종류의 나무가 되어 변별적인 의미작용을 하게 된다. 하나는 과거적 삶에 대한 나무로서의 의미작용이고, 다른 하나는 현재와 미래에 대한 나무로서의 의미작용이다. 전자는 과거시제를 나타내는 서술어 "받았노라, 헤였노라, 이었도다"에서 알 수 있듯이, 과거의 '汚點的 삶을 회개하는 나무이다. 후자는 시간의 변별을

---

43) 이 텍스트에서 신앙적 자아와 세속적, 이성적 자아는 전혀 갈등을 일으키지 않고 공존하고 있다. 이것은 정신적인 것의 충일한 상태의 투사체임을 의미한다. 그의 신앙의식의 이러한 무갈등성이 결국 나중에 가톨릭의 시적 구현을 중단하게 하는 중요한 역설적 원인이 된다. 유성호, 앞의 책, pp.172~173. 참조.

나타내주는 부사어 "이제"라는 말에서 알 수 있듯이, 그러한 회개를 통해 "이제"부터 그리스도가 못 박힐 때 흘린 "聖血"을 "이마"로 적시며 삶을 살겠다는 信者로서의 나무, 세례로서의 나무이다. 신체의 상부인 얼굴 부분에서 '이마'는 정신성(이성)을 표상하는 기호공간이다. 그러므로 "이마"로서 "성혈"을 적시겠다는 것은 모든 정신적인 糧食을 그리스도로부터 받겠다는 의미가 된다.

따라서 '몸으로서의 나무'는 천상의 가치를 온몸으로 수육하여 그 뿌리로써 "검은 흙"의 세계인 지상을 정화시키는 일을 한다. 여기서 천상의 가치는 푸른 하늘, 新約의 태양, 성혈 등이 되는데, 이를 한마디로 표현하면 바로 '主님의 말씀'이라고 할 수 있다. 이 말씀을 수육한 '몸으로서의 나무'는 상방으로만 운동하는 것이 아니라 뿌리로써 하방으로도 운동하는 수직성의 나무이다. 이런 점에서 나무는 상하 공간 양쪽에 긍정적인 의미를 부여해주는 매개 기능을 한다.

이렇게 상하의 대립적 코드 원리로 건축된 정지용의 나무는 세례 받은 나무로서 신성을 표상한다. 이러한 나무에 의해 세속적인 삶의 원리가 神的인 삶의 원리로 전환되고 있다. 마찬가지로 나무의 변환코드에 해당하는 대상들에 의해서도 그것이 수행되기도 한다.

聖母就潔禮 미사때 쓰고남은 黃燭불 !

담머리에 숙인 해바라기꽃과 함께
다른 세상의 태양을 사모하며 돌으라.

永遠한 나그내ㅅ길 路資로 오시는
聖主 예수의 쓰신 圓光 !
나의 령혼에 七色의 무지개를 심으시라.

— 「臨終」 일부

정지용의 시 텍스트에서 '나무'는 여러 기호체계로 변환되면서 神과 人間 사이를 매개해주는 코드로 작동한다. 말할 것도 없이 변환된 기호체계 역시 수직성을 지니고 있다. 「임종」도 그러한 기호체계에 의해 건축된 시 텍스트이다. 이 텍스트에서 화자는 임종을 상상하면서 자아의 시적 욕망을 나타내고 있다. 화자에게 임종은 단순한 육체적 소멸을 의미하는 것이 아니다. 화자에게 임종은 세속적인 자아, 육체적인 자아에서 신성한 자아, 영혼의 자아로 전환되는 것을 내포한다. 이런 점에서 세속적 자아가 사는 곳은 "세상의 태양"이 있는 시공간이 되고, 신성한 자아가 살고자 하는 곳은 "다른 세상의 태양"이 있는 시공간이 된다. 물론 전자에는 신이 부재하고, 후자에만 신이 존재한다.

"세상의 태양"에서 "다른 세상의 태양"을 맞이하기 위해서는 "세상의 태양"에서 지은 죄를 속죄해야만 가능하다. 그래서 화자는 神父에게 "産婆처럼 나의 靈魂을 갈르시라"고 명령조의 언술을 하기도 한다. 뿐만 아니라 '성모'와 '예수'에게 이를 수 있는 간절한 마음을 가져야 한다. 이러한 것을 위해 화자가 동원한 것이 예의 '나무'의 변환코드인 "黃燭불", "해바라기꽃"이다. 이들 기호체계는 나무의 코드처럼 천상(성모, 예수)과 지상(나)을 매개해주는 수직성을 지니고 있다. 수직 상승의 의미를 지닌 이 매개항의 기능에 의해 나는 예수에게 이를 수 있고, 예수 또한 원광을 쓰고 내게로 와서 "령혼에 七色의 무지개를 심"을 수 있는 것이다. 이와 같이 "黃燭불", "해바라기꽃" 등의 코드체계는 육체적 자아를 영혼의 자아로 재생시켜주는 의미작용을 한다.

주지하다시피 수직구조인 '집―나무―산'의 공간기호체계에서 '나무'의 기호체계는 '집'과 '산'을 매개하는 중간항에 위치하고 있다. 물론 수평구조인 '집―기차―배'의 공간기호체계에서는 '기차'의 기호체계가 그 중간항의 기능을 한다.[44] 따라서 나무의 기호체계와 기차의 기호체계는 등가에 놓이게 된다.[45] 부연하면 상동적인 구조를 이루고 있는 것이다.

---

44) '집'의 변환코드인 '기차'의 기호체계'는 정유화의 앞의 논문 pp.68~75.을 참조할 것.

Ⅳ. '나무'의 변환코드인 '산'의 기호체계

정지용은 상하의 대립적 코드로서 '나무'의 기호체계를 건축해 왔다. 그러나 나무의 기호체계에 대한 그의 관심은 오래가지 못했을 뿐만 아니라 그러한 코드로써 산출한 시 텍스트도 다양한 것이 아니었다. 그래서 그는 '나무'의 기호체계 건축을 지양하고 그 변환코드로서 '산'의 기호체계를 창조하기에 이른다. 그가 '나무'의 기호체계를 지속적으로 다양하게 건축해가지 못한 것에는 여러 가지 이유가 있겠지만, 텍스트의 구조상으로 보면 좀 더 그 이유가 분명해진다. 그것은 다름 아니라 천상(神)과 지상(自我) 사이에 갈등이나 대립이 전혀 없는 데에 기인한다. 부연하면 일방적으로 천상의 원리를 따르겠다는 자기 다짐 내지 신념만 나타나는 구조에 기인한다. 이에 따라 '나무'의 기호체계를 더 이상 건축해야 할 시적 욕망을 느낄 수 없게 된 것이다. 다음으로는 '나무'의 기호체계가 정신성과 대립되는 육체성을 배제시키고 있다는 점이다. 육체성을 배제한 정신성만의 추구는 시적 자아를 내면적인 세계에 감금하는 결과를 낳게 만든다. 이것은 시적 세계를 확대하는데 여러 가지 걸림돌로 작용할 수밖에 없다.

물론 '산'의 기호체계도 '나무'의 기호체계처럼 동일하게 천상과 지상을 매개한다. 하지만, 나무처럼 천상지향의 종교적 이념이나 육체성을 배제한 정신성만을 추구하지는 않는다. '산'의 기호체계는 이러한 범주를 초월해 세속적인 인간사를 보여주기도 하고, 육체와 정신이 결합된

---

45) '나무'가 집(인간)과 산(자연)이라는 양항의 의미를 지니고 있듯이, '기차' 역시 집(不動性)과 배(動性)라는 양항의 의미를 지니고 있다. 이렇게 보면 그 구조적 원리는 동일하다. 다만 수직과 수평의 시 텍스트가 산출하는 의미내용이 변별될 뿐이다. 가령, 수직구조의 텍스트가 '정신성' 향유를 위해 '나무'를 거쳐 '산'으로 등정해가고 있다면, 수평구조의 텍스트는 '내밀함'의 향유를 위해 '기차'를 거쳐 바다(배)로 탈주해가고 있다. 따라서 수평구조를 세우면 '기차'가 '나무' 코드로 변환되고, 수직구조를 눕히면 '나무'가 '기차' 코드로 변환되는 것이다.

행동의 세계를 보여주기도 한다. 그렇다고 해서 '산'의 코드체계 원리가 '나무'의 코드체계 원리와 다른 것은 아니다. '산'의 기호체계 역시 상하 대립적 코드에 의해 건축되고 있다. 다만 그 코드체계에 의해 산출되는 의미작용이 변별될 뿐이다. 먼저 '山詩'의 대표작이라고 할 수 있는 「백록담」을 중심으로 그 코드체계와 의미작용을 탐색해 보기로 한다.

1

絶頂에 가까울수록 뻑국채 꽃키가 점점 消耗된다. 한마루 오르면 허리가 슬어지고 다시 한마루 우에서 모가지가 없고 나종에는 얼골만 갸웃 내다본다. 花紋처럼 版박힌다. 바람이 차기가 咸鏡道 끝과 맞서는 데서 뻑국채 키는 아조 없어지고도 八月 한 철엔 흩어진 星辰처럼 爛漫하다. 山그림자 어둑어둑하면 그러지 않아도 뻑국채 꽃밭에서 별들이 켜든다. 제자리에서 별이 옮긴다. 나는 여긔서 기진했다.

2

巖古蘭, 丸藥 같이 어여쁜 열매로 목을 축이고 살어 일어섰다.

3

白樺 옆에서 白樺가 髑髏가 되기까지 산다. 내가 죽어 白樺처럼 흴것이 숭없지 않다.

4

鬼神도 쓸쓸하여 살지 않는 한모롱이, 도체비꽃이 낮에도 혼자 무서워 파랗게 질린다.

5

바야흐로 海拔六千呎우에서 마소가 사람을 대수롭게 아니녀기고 산다. 말이 말끼리 소가 소끼리, 망아지가 어미소를 송아지가 어미말을 따르다가 이내 헤여진다.

6

첫새끼를 낳노라고 암소가 몹시 혼이 났다. 얼결에 山길 百里를 돌아 西歸浦로 달어났다. 물도 마르기 전에 어미를 여힌 송아지는 움매— 움매— 울었다. 말을 보고도 登山客을 보고도 마고 매여달렸다. 우리 새끼들도 毛色이 다른 어미한틔 맡길것을 나는 울었다.

7

風蘭이 풍기는 香氣, 꾀꼬리 서로 부르는 소리, 濟州회파람새 회파람 부는 소리, 돌에 물이 따로 굴으는 소리, 먼 데서 바다가 구길때 쏴— 쏴— 솔소리, 물푸레 동백 떡갈나무속에서 나는 길을 잘못 들었다가 다시 측넌출 긔여간 흰돌바기 고부랑길로 나섰다. 문득 마조친 아롱점말이 避하지 않는다.

8

고비 고사리 더덕순 도라지꽃 취 삭갓나물 대풀 石茸 별과 같은 방울을 달은 高山植物을 색이며 醉하며 자며 한다. 白鹿潭 조찰한 물을 그리여 山脈우에서 짓는 行列이 구름보다 壯嚴하다. 소나기 놋낫 맞으며 무지개에 말리우며 궁둥이에 꽃물 익여 붙인 채로 살이 붓는다.

9

가재도 긔지 않는 白鹿潭 푸른 물에 하눌이 돈다. 不具에 가깝도록 고단한 나의 다리를 돌아 소가 갔다. 좇겨온 실구름 一抹에도 白鹿潭은 흐리운다. 나의 얼골에 한나잘 포긴 白鹿潭은 쓸쓸하다. 나는 깨다 졸다 기도조차 잊었더니라.

—「백록담」 전문46)

---

46) 시를 인용할 때 붙인 아라비아 숫자는 분석의 편의를 위해 필자가 자의적으

나무의 기호체계는 이념적이고 관념적이기 때문에 정신의 상승은 있지만 몸의 상승은 없다. 정신과 육체가 분리되어 있기 때문이다. 하지만 산의 기호체계는 정신과 육체가 결합된 몸을 수직상승하게 해주는 공간으로 작용한다. 따라서 넓은 의미로 보면, 하방공간인 지상에서 천상공간인 산꼭대기를 향하여 오른다는 것은 인간적 공간에서 자연적 공간으로, 세속적 공간에서 탈속적 공간으로의 몸의 구체적인 이동을 의미한다. 그리고 그 등정 속에서 인간과 산이 어떤 관계를 맺느냐에 따라 상하의 구체적인 의미가 변별적으로 산출된다. 부연하면 나무의 기호체계처럼 천상적 의미가 고정되어 있지 않다는 것이다. 그렇다면 이 텍스트는 어떤 의미망으로 구축되어 있을까. '백록담'의 시적 구조를 따라 함께 등정해 보기로 한다.

이 텍스트에서 화자는 백록담의 절정을 향해 등정하는 과정을 시간적 순서에 따라 그 풍경을 구조화해 나가고 있다. 하방공간과 대립하는 상방공간으로의 등정은 단순히 높이로의 이동이 아니다. 그것은 하방공간의 질서와 의미를 떠나 상방공간의 질서와 의미에 대한 새로운 체험을 뜻한다. 1연에서 알 수 있듯이, "절정에 가까울수록" 사물의 존재방식이 달라지고 있다. 가령 八月인데도 불구하고 절정 가까이에는 寒風이 불고 있다는 사실이 바로 그것이다. 그래서 의인화된 "뻐국채"는 그 한풍을 견디느라 허리와 모가지도 모두 몸속으로 응축되어 얼굴만 남아 있을 뿐이다. 그 만큼 절정은 생명 있는 존재들의 거주를 쉽게 허락하지 않는 공간이다. 왜냐하면 절정은 그 높이에 의해 이미 인간의 공간이 아니라 하늘의 공간에 속하고 있기 때문이다. 실질이 아니라 기호현상으로 볼 때에도, 산은 지상과 천상을 접촉시키는 세계의 軸으로서 이미 천상에 닿아 있는 것으로 나타나기 때문이다.[47]

그래서 절정에 있는 지상적 기호체계인 생명체들은 그 존재 영역이

로 붙인 것이다.

47) 멀치아 엘리아데, 이동하 역(1994), 「거룩한 공간과 세계의 성화」, 『성과 속 −종교의 본질』, 학민사, p.35.

매우 응축될 수밖에 없다. 이에 비해 상대적으로 천상적 기호체계인 '별'들은 그 절정에 산만하게 흩어져 살 수가 있다. 이처럼 절정은 천상의 질서가 강하게 작용하는 신성한 시공간으로서 인간으로 상징되는 모든 생명체들의 근접을 쉽게 허용해 주지 않는다. 따라서 그러한 절정 공간으로의 이동과 근접은 육체적인 고통을 요구하기 마련이다. 화자가 "나는 기진했다"라고 한 언술도 그런 측면에서 이해할 수 있다. 육체적인 고통을 극복해야만 세속적 자아에서 신성한 자아로 전환할 수 있다.[48] 그래서 화자는 "열매로 목을 축이며" 기진한 육체를 소생시켜 다시 산을 오른다. 이는 곧 신성한 세계, 자연의 이법에 의해 운행되는 세계로 들기 위한 의지이다. 자연의 이법은 죽음과 삶을 분절하지 않는다. 세속적 공간에서는 죽음과 삶을 분절하여 살고자하는 욕망만 추구한다. 하지만 화자는 이미 자연의 이법을 따르고 있기 때문에 "내가 죽어 白樺처럼 휠것이 숭없지 않다"라고 언술하게 된다. 이렇게 수직상승의 코드체계는 세속적인 시간의 분절을 해체하고 우주순환의 시간을 생성시키고 있다.

뿐만 아니라 하방공간과 달리 상방공간에서는 인간과 동물, 동물과 동물 사이에도 분별이 없다. 즉 마소와 사람의 분별이 없고, 어미소와 망아지의 분별이 없는 것이다. 인간이 사는 하방공간에서는 인간과 동물을 분별하고 사물과 사물을 분별한다. 다시 말해서 분별을 통해 그 차이를 분명하게 현시하려는 세계이다. 그래서 主從의 관계, 강자와 약자의 관계, 정신과 육체의 관계 등이 생겨나고 있다. 그렇다고 해서 상방공간에 살고 있는 존재들이 자기들의 고유한 본성을 억압당하며 사는 것은 아니다. 말은 말끼리, 풍란은 풍란끼리, 꾀꼬리는 꾀꼬리끼리, 회파람새는 회파람새끼리 모여 자기들의 고유한 삶의 본성을 실현하며 조화롭게 살고 있다. 이는 곧 산이라는 공간이 상생의 타자성을 실현하

---

48) 김훈은 육체가 기진할 때 의식의 명료성은 극치에 달한다고 하면서, 그러한 육체적 기진이란 모든 세속적인 것과의 단절을 의미한다고 본다. 김훈, 앞의 책, p.275. 참조.

고 있다는 것을 보여준다.

이렇게 화자가 절정을 향해 오를수록 세속적 삶과 단절되면서[49], 인간의 기표는 서서히 해체되어 간다. 그 해체란 다른 것이 아니다. 곧 인간이 하나의 사물로서 동화되어 간다는 뜻이다. "별과 같은 방울을 달은 高山植物을 색이며 醉하며 자며 한다"는 것은 그러한 동화를 위한 시간적 흐름이고, "궁둥이에 꽃물 익여 붙인채로 살이 붓는다"는 것은 그러한 동화를 위한 행동적 실천이다.[50] 그 과정을 통해 하방공간과 대립하는 최고의 절정 공간, 곧 백록담 위에 설 수 있다.

백록담은 그 높이로 인해서 이미 신성한 공간에 속하기도 하지만, 그 백록담 푸른 물에 하늘까지 내려와 있으므로 그 자체로 천상의 공간이 된다. 천상의 공간에는 생명을 가진 유한자가 오래 거주할 수가 없다. "가재도 긔지 않는" 이유도 거기에 있으며, 불구에 가까운 몸이 된 것도 거기에 있다. 그래서 화자는 자신의 "얼굴에 한나잘 포긴 백록담"을 통해서 육신적 자아를 해체하기에 이른다.[51] 천상의 물에 의한 세례일 경우, 신성한 자아 내지 정신적 자아로 재생될 수도 있다. 하지만 여기서는 그것조차 아예 초월해 자아 자체를 해체하고 있는 셈이다. 육신적 자아가 해체되고 있는 시간적 흐름을 보여주는 것이 바로 "깨다 졸다 기도조차 잊었다"는 언술이다. '깨다'와 '졸다'의 대립은 '의식'과 '무의식'의 대립이다. 의식은 육신적 자아의 떠올림이고, 무의식은 해체된 자아로의 귀의이다. 그러나 '깨다'와 '졸다'의 반복으로 그 경계는 갈수록 흐려지고 있다. 따라서 육신적 자아에게만 구원이 될 수 있는 '기도'는 무용해

---

49) 지상과 멀어진다는 것은 삶의 사회적, 역사적 현실과 멀어진다는 뜻이 되고, 조직적인 종교 생활에서도 벗어난다는 뜻이 된다. 문덕수(1981), 「정지용론」, 『한국모더니즘시연구』, 시문학사, p.108.

50) 오세영은 "꽃물 익여 붙인 채로 살이 붓는다"에서 시인의 삶의 태도를 읽고 있다. 그것은 곧 시인이 자연, 즉 天道에 합일하려는 삶, 이기와 성정이 일치된 삶을 이루려는 경지라는 것이다. 오세영(2003), 「자연시와 性·情의 탐구─정지용론」, 『한국현대시인연구』, 월인, p.227.

51) 최동호(1996), 「정지용의 〈장수산〉과 〈백록담〉」, 김은자 편, 『정지용』, 새미, p.260. 참조.

질 수밖에 없다.

'백록담'에는 인간적 기표가 부재하고 천상적 기표만 존재하고 있다. 백록담이 '쓸쓸한' 것도 인간적 기표의 부재 때문이다. 마찬가지로 수직 상승의 절정인 이곳에는 인간적 삶의 원리는 작동되지 못하고 우주적 삶의 원리만 작동하게 된다. 정지용은 이렇게 '백록담'을 건축해 놓고 인간적 삶의 세계를 초월하여 우주적 삶의 원리를 온몸으로 체감하고 있다. 물론 수직상승인 '백록담'의 기호체계를 수평으로 눕히면 '배(바다)'의 기호체계와 대응하게 되고, 백록담의 절정에 있던 정지용은 먼 바다로 향해가는 '배'의 갑판 위에 서 있게 될 것이다.[52]

그리고 '산'의 기호체계는 '나무'의 기호체계처럼 그 의미작용이 단일하지 않다. '산'의 기호체계는 인간적인 삶의 욕망을 다양하게 구조화하여 그 의미작용의 진폭을 확대해 주고 있다.

> 시기지 않은 일이 서둘러 하고싶기에 煖爐에 싱싱한 물푸레 갈어 지피고 燈皮 호 호 닦어 끼우어 심지 튀기니 불꽃이 새록 돋다 미리 떼고 걸어보니 칼렌다 이튿날 날자가 미리 붉다 이제 차츰 밟고 넘을 다람쥐 등솔기 같이 구브레 벋어나갈 連峰 山脈 길 우에 아슬한 가을 하늘이여 秒針 소리 유달리 뚝닥 거리는 落 葉 벗은 밤 窓유리까지에 구름이 드뉘니 후 두 두 두 落水 짓는 소리 크기 손바닥만한 어인 나븨가 따악 붙어 드려다 본다 가엽 서라 열리지 않는 窓 주먹쥐어 징징 치니 날을 氣息도 없이 네 壁이 도로혀 날개와 떤다 海拔 五千呎 우에 떠도는 한조각 비맞 은 幻想 呼吸하노라 서툴리 붙어있는 이 自在畵 한 幅은 활 활 불 피여 담기여 있는 이상스런 季節이 몹시 부러웁다 날개가 찢여 진채 검은 눈을 잔나비처럼 뜨지나 않을가 무섭어라 구름이 다 시 유리에 바위처럼 부서지며 별도 휩쓸려 나려가 山아래 어닌

---

52) 끝없이 펼쳐진 바다로의 항해는 세속적 시공간을 초월하기 위한 정지용의 시적 욕망이다. 이런 점에서 갑판 위의 공간은 백록담의 절정공간과 동일한 것이다. 정유화, 앞의 논문, pp.81~83. 참조.

마을 우에 총총하뇨 白樺숲 희부옇게 어정거리는 絶頂 부유스름
하기 黃昏같은 밤.

— 「나븨」 전문

이 텍스트도 「백록담」의 기호체계처럼 수직상승의 의미작용을 하고
있다. 하지만 그 의미내용은 '백록담'과는 변별적이다. 수직상승하는 '백
록담'이 인간적 기표를 해체하지만, 오히려 이 텍스트에서의 수직상승
은 인간적 기표를 증폭시키는 의미작용을 한다. 이 텍스트에서의 산은
"해발 오천척"이나 되는 높이를 지니고 있다. 그 높이에 의해 "連峰 山脈
길 우에 아슬한 가을 하늘이" 맞닿아 있다. 부연하면 산꼭대기와 하늘
이 교섭하고 있는 셈이다. 그러므로 산꼭대기는 천상적 공간으로 상승
할 수 있는 신성한 출구라고 할 수 있다.

물론 화자가 현재 그 산정을 향하여 등정하고 있는 것은 아니다. 현
재 화자가 위치하고 있는 곳은 다름 아닌 "落葉 벗은 山莊" 안이다. 그런
데 어둠 속에 있는 산장은 두 층위의 매개적 기능을 한다. 산장이 등장
하지 않을 때에는 "해발 오천척"의 산이 '지상'과 '하늘'을 연결하는 매개
적 기능을 하지만, 산장이 등장할 때에는 "해발 오천척"의 산자체가 분
절이 되고 만다. 부연하면, 산장이 '산밑'과 '산정'을 분절하여 '산정(상)
－산장(중)－산밑(하)'이라는 삼원구조의 기호체계를 구축하게 된다.
곧 산장이 매개적 기능을 하고 있는 것이다. 밤 속에 있는 이 '산장'은
산정과 접촉하고 있는 천상적 기표들을 산밑의 마을로 하강하게 함으
로써 수직축을 연결하는 긍정적인 의미작용을 한다. 예컨대 "구름이 다
시 유리에 바위처럼 부서지며 별도 휩쓸려 나려가 山아래 어닌 마을 우
에 총총하뇨"의 언술이 그것을 뒷받침한다. 이러한 천상적 기표들의 하
강운동에 의해 상대적으로 산장은 수직상승하는 것으로 나타난다.

또한 산장은 수평공간을 분절하는 매개적 기능도 한다. 산장이 내부
와 외부로 단절된 방을 지니고 있기 때문에 그러하다. 외부와 단절된

방의 내부는 따스함과 안락함의 가치를 생성시키고 있다. 화자가 '난로'를 피우고 '燈皮'를 닦아 등불을 환하게 밝히고 있기 때문이다. 그래서 방의 내부는 내밀함의 밀도가 높아지면서 인간적 가치가 증대되고 있다. "칼렌다" 역시 인간적 가치를 더해주는 기호체계임은 물론이다. 화자는 이러한 내밀함 속에서 안락한 휴식을 취하고 있다. 그런데 이러한 내밀함을 강화해주고 있는 것은 다름 아닌 외부적 기호들이다. 외부적 기호들은 안팎을 연결해주는 매개항 '유리창'을 통해 방의 내부에 관여하고 있다. 외부적 기호들을 표상해주는 것은 '어둠, 낙엽, 구름, 찬비, 별, 나비' 등의 자연적 기호들이다. 그런데 이 중에서 유리창에 붙어 죽어가고 있는 '나비'는 방의 내부적 가치를 결정적으로 증폭시켜주는 의미작용을 한다. '나비'는 추워지는 계절을 극복하지 못하고 찬 가을비를 맞으며 죽고 있다.[53] 이러한 안팎의 차이에 의해 '삶(생)/죽음, 온기/한기, 밝음/어둠, 상승/하강, 인간/자연' 등의 변별적 의미가 산출된다. 말할 것도 없이 방은 '삶, 온기, 밝음, 상승, 인간' 등의 가치를 지닌다.

인간적 가치가 증폭되는 방일수록 그것은 지상적 세계를 강하게 환기시킨다. 그래서 수직공간에 있는 산장이지만 방의 의미구조(수평구조)에 의해 그 산장은 마치 지상적 공간으로 전환된 것과 같은 의미를 지닌다. 달리 표현하면 지상에 있는 인간의 방을 수직적 공간인 산장으로 끌어올린 것과 같은 셈이다. 「백록담」에서 보았듯이, 산정을 향해 등정한다는 것은 인간적 기표를 해체한다는 의미이다. 그런데도 불구하고 이 텍스트에서는 인간적 가치(기표)를 산장까지 끌어올리고 있다. 더욱이 수평구조와 수직구조를 통합해보면 인간적 가치를 지닌 이 산장의 방은 산정과 하늘을 향해 수직상승하는 방이 된다.

그렇다면 정지용이 산의 기호체계를 통해서 '백록담'과 변별되는 '산

---

53) '나비'를 공간기호체계로 보면 두 가지 의미작용을 한다. 먼저 시간적인 층위에서 보면 '봄'을 의미하고, 공간적인 층위에서 보면 높이 날아다닐 수 있는 '수직성'을 의미한다. 그래서 나비가 유리에 붙어 날지 못한다는 것은 봄의 상실과 공간 상실을 의미한다. 이어령(1995), 「창의 공간 기호론Ⅱ—수직으로 향한 유리창」, 『시 다시 읽기』, 문학사상사, p.128.

장의 방'을 건축한 시적 욕망은 무엇일까. 그것은 다름 아니라 이 세계와 단절된 호젓하고 내밀한 인간적인 공간을 만들어 그것을 향유, 몽상하려는 시적 욕망이다. 산정의 추위가 강할수록 산장의 '방'은 더욱 따스하고 내밀하다. 그래서 방안은 세계의 중심이 된다. 정지용은 이 세계의 중심에서 안팎의 세계인 인간적 가치와 자연적 가치를 모두 향유, 몽상하고 있는 것이다. 곧 모순의 통합을 향유하고 있는 셈이다. 더욱이 그 몽상의 공간을 하방공간이 아니라 천상과 접촉할 수 있는 수직상방공간에 건축하고 있기 때문에 그만큼 순수한 공간으로 현현한다. 그러므로 산의 기호체계인 이 텍스트는 인간적 가치를 상실하지 않는 가운데 산정과 천상의 세계를 자기화하려는 시적 욕망을 보여주게 된다.

이런 점에서 '산'의 기호체계인 산장(방)을 수평으로 눕히면 바다를 향해하는 '배'의 기호체계와 대응할 것이다. 산장의 방이 인간적 가치를 지닌 내밀한 공간인 것처럼 배의 내부 또한 안팎으로 분절되어 내밀한 공간을 산출하고 있기 때문이다. 예컨대 "투명한 어족이 행렬하는 위치에/ 홋하게 차지한 나의 자리"(「해협」)에서 볼 수 있듯이, 배의 내부공간은 마치 방안처럼 내밀한 가치를 산출하고 있다. 그래서 이 '배'의 기호체계는 "바다 위를 달리는 움직이는 집(방)"[54]이 되는 것이다. 산장의 방이 수직상승으로 운동하는 것처럼 말이다.

V. 결론

정지용은 수직성의 '집'을 건축한 코드체계를 변환하여 '나무'의 기호체계를 산출했으며, 마찬가지로 '나무'의 코드체계를 변환하여 '산'의 기호체계를 산출해 왔다. 물론 그 변환의 원리는 동일하게 상하의 대립적 코드이다. 그는 코드변환을 통해 '집→나무→산'으로의 수직적 이동을

---

54) 정유화, 앞의 논문, p.76.

해온 것이다. 이러한 시 텍스트의 건축에 의해 그는 수직상방공간에 거주하고 있는 탈속의 시인이 되고 있다. 그가 '집→나무→산'으로 이동하게 된 과정은 다음과 같다.

상하의 대립적 코드에 의해 건축된 '집'의 기호체계는 인간과 인간, 인간과 사회 등의 세속적인 관계는 모두 배제되고, 오로지 지상(나)과 천상(신)의 관계만을 중심으로 상하 운동을 하고 있다. 그 운동을 통해서 정지용의 '집'은 '육신의 존재'(세속적 삶)를 '영혼의 존재'(종교적 삶)로 전환시키려는 의미작용만 수행한다. 그래서 그의 집은 부정적인 지상을 떠나 오로지 神으로 상징되는 '별'을 향하여 운동하게 된다. 그렇게 해서 육신의 집과 대립하는 영적인 집, 종교적인 집을 건축해 가고 있다. 그러나 '집'은 수평축으로 운동하기는 쉬워도 수직축으로 운동하기는 쉽지가 않다. 이에 따라 천상공간과의 접촉과 소통도 제한적일 수밖에 없다. 그는 이를 극복하기 위해 '집'의 변환코드로서 '나무'의 기호체계를 창조하게 된 것이다.

'나무'는 그 자체로서 지상과 천상을 매개해주는 聖木의 표상이다. 정지용이 건축한 이러한 '나무'의 기호체계는 천상으로만 운동하는 것이 아니라 땅속(뿌리를 통해)으로도 동시에 운동하는 수직성을 보여준다. 천상으로의 운동은 신의 성령을 수육하려는 의미인 것이다. 그리고 이러한 수육을 통해 땅속으로 운동하는 것은 신의 성령으로써 원죄의 땅인 '검은 흙'을 정화하려는 의미이다. 그렇게 해서 이 '나무'의 기호체계는 상방공간과 하방공간 兩項에 긍정적인 의미를 부여하게 된다. 마찬가지로 나무의 변환코드라고 할 수 있는 "黃燭불", "해바라기꽃" 등의 기호체계도 천상(성모, 예수)과 지상(나)을 매개해주면서 육체적 자아를 영혼의 자아로 전환해주는 의미작용을 한다. 하지만 그가 건축한 '나무'의 기호체계에 천상과 지상의 갈등이나 대립이 전혀 없기 때문에 더 이상 '나무'의 기호체계를 산출할 이유가 없게 된다. 이에 따라 그는 '나무'의 변환코드로서 '산'의 기호체계를 창조하게 된 것이다.

'산'의 기호체계는 '나무'의 범주를 초월해 세속적인 인간사를 보여주기도 하고, 육체와 정신이 결합된 몸의 세계를 보여주기도 한다. 지상과 천상을 매개하는 '산'의 기호체계는 두 층위의 의미작용을 한다. 그중의 하나는, 「백록담」에서 보았듯이 하방공간을 떠나 상방공간으로 향한 산의 등정은 곧 인간적 기표를 해체하고 사물로서의 기표가 된다는 것을 의미한다. 이는 인간적 삶의 원리를 해체하고 우주적 삶의 원리를 수용하겠다는 정지용의 의지라고 할 수 있다. 다른 하나는 「나븨」에 구축된 '산장'의 기호체계에서 찾아볼 수 있다. '산장의 방'은 산정을 향하여 수직상승하는 의미작용을 한다. 그것에 의해 정지용은 인간적 가치를 지닌 '방의 내부'에서 산정과 천상의 세계를 향유, 몽상할 수 있게 된다. 백록담의 세계와 변별적인 이유도 바로 여기에 있다.

그리고 '집-나무-산'의 수직적 공간기호체계를 수평으로 눕히면 '집-기차-배'의 수평적 공간기호체계와 대응한다는 점이다. 때문에 '산'으로의 등정은 곧 바다로 항해하는 '배'와도 같은 것이다. 따라서 수직과 수평의 구조를 통합하면, 정지용의 시 텍스트는 원형공간의 구조를 이룬다. 그 원형의 중심에는 집의 기호가 있으며, 이를 중심으로 해서 '나무 : 기차', '산 : 배' 등의 기호가 放射해 나가고 있는 것이다.

▶ 제 3 장 ◀
이육사의 시 텍스트

▶제 3 장◀ 이육사의 시 텍스트

1. 우주적 원리를 기호화한 시적 공간

Ⅰ. 서론

　주지하다시피 李陸史는 독립투사로서 가혹한 일제 식민지 지배에 저항하다가 끝내 북경 감옥에서 옥사한 열사이다. 민족의 해방과 자유를 위해 목숨까지 기탄없이 내놓은 그의 생애는 그 자체로 하나의 신화적 존재가 되기에 충분하다. 예의 독립투사로서의 그런 신화적 모습은 시인으로서의 이육사를 평가하는 데에도 매우 큰 영향을 미치고 있는 게 사실이다. 그래서 독립투사로서의 이육사와 시인으로서의 이육사를 별개의 존재로 여기지 않고 자연스럽게 동일시하게 되었다. 이육사가 '저항시인'이라는 칭호를 부여받으면서 시적 신화의 존재로 떠오르게 된 것도 그러한 동일시에 의한 결과적 산물이다.

　그동안 진행되어 온 육사 시에 대한 연구도 대부분 '저항시인'이라는 틀 속에서 진행되어 왔다.[1] 육사의 생애를 참조할 때 당연한 귀결처럼 보인다. 이렇게 저항시인이라는 틀 안에서 그의 시를 분석할 경우, 그

---

[1] 대표적인 논문으로 박두진(1971), 「육사론」, 『한국현대시론』, 일조각. ; 김영무(1975), 「이육사론」, 『창작과비평』 여름호, 창작과비평사. ; 김흥규(1976), 「육사의 시와 세계인식」, 『창작과비평』 여름호, 창작과비평사. ; 김학동(1984), 「육사 이원록론」, 『한국현대시인연구』, 민음사. ; 김용직(2004), 「시와 역사의식-이육사론」, 김용직·손병희 편, 『이육사 전집』, 깊은샘 등이 있다.

것을 통해서 얻는 이점은 결코 만만한 것은 아니다. 우선 그의 시를 보다 더 명료하게 해명할 수 있다. 그의 시 텍스트에 내재한 언어적 의미를 당대의 정치적·역사적 텍스트가 합리적으로 풀이해 줄 수 있기 때문이다. 그 다음은 육사 시의 발전 과정을 단계별로 일목요연하게 정리할 수 있다. 육사의 정신적 삶의 변화는 곧 시적 삶의 변화를 의미하기 때문이다. 또 하나는 일제 식민지 지배체제에 대한 저항운동으로서 이룬 시적 성취를 詩史的 위치에 확고하게 자리매김할 수 있다는 점이다.

그렇다고 해서 '저항시인'을 전제로 한 연구 방법에 전적으로 동의할 수는 없다. 독립투사로서의 이육사와 시인으로서의 이육사는 상호 대화적 관계에 놓여 있을 뿐 완전하게 동일화된 인물은 아니다. 부연하면 독립투사로서 그가 산출한 전기적 텍스트와 시인으로서 그가 산출한 시적 텍스트는 등가물이 아닌 것이다. 이를 동일시하게 되면 전기적 텍스트 속에 시적 텍스트를 종속·감금시키는 결과를 초래하게 된다. 미적 구조를 지닌 시 텍스트는 그 자 체로서 의미를 산출하는 독자적인 기호체계이다. 따라서 육사의 시를 다양하고 새롭게 읽기 위해서는 텍스트 구조 자체에 대한 탐색이 요구된다고 할 수 있다.[2]

이 글에서는 전기적 코드를 배제한 채 텍스트에 내재한 미적 코드를 중심으로 육사 시의 건축 원리와 그 의미작용을 탐색하고자 한다. 부연하면 차이를 전제로 한 이항대립의 원리, 즉 기호론적 방법의 적용을 통해 그러한 작업을 수행하고자 한다.

---

2) 적어도 '저항시인'의 코드를 벗어나 새로운 시각에서 육사 시를 탐구한 논문으로는 김종길(1974), 「육사의 시」, 『나라사랑』 제16집, 외솔회. ; 이사라(1989), 「이육사 시의 기호론적 연구 : '한 개의 별'의 의미작용」, 『논문집』 제30집, 서울산업대학교. ; 김열규(1992), 「『광야』의 씨앗(Ⅰ.Ⅱ)」, 『한국문학사』, 탐구당. ; 오세영(1994), 「이육사의 「절정」 - 비극적 초월과 세계인식」, 김용직·박철희 편, 『한국현대시작품론』, 문장. ; 이어령(1995), 「자기확대의 상상력 - 이육사의 시적 구조」, 김용직 편, 『이육사』, 서강대학교출판부. ; 조창환(1998), 『이육사 - 투사의 길과 초극의 인간상』, 건국대학교출판부 등이 있다.

II. 북방의 언어와 결빙된 시 텍스트 공간

인간은 우주 운행의 시·공간적 질서를 벗어나 존재할 수는 없다. 인간은 의식적이든 무의식적이든 간에 우주공간과 상호 관계를 맺으면서 문화적 삶을 창조해 오고 있다. 그래서 인간이 창조한 문화적 공간이란 인간과 우주공간과의 상호작용에 의한 의식의 산물이라고 말할 수 있다. 이런 점에서 우주공간에 대한 이해는 곧 인간에 대한 이해가 되는 셈이다. 인간은 우주공간을 생성과 소멸의 주기적 반복 운동을 하는 순환 원리로 인식해 왔다. 그러한 우주 순환의 원리를 동양에서는 陰陽의 주기적 운동으로 보기도 한다. 좀더 부연하면, 도가에서는 음양의 주기적인 상호작용 속에서 道가 드러나는 것처럼 인간 행위도 그러한 道를 본뜰 때 그 본성에 이를 수 있는 것으로 본다.[3] 이러한 도가에 의하면 음양론이 인간의 양식을 결정하는 원리가 되는 것이다.

우주공간의 순환 원리를 통해서 인간의 삶과 문화를 파악하려는 인식은 원형적인 신화의 세계에서도 나타난다. 가령, 쉬펭글러(O. Spengler)가 인류의 역사를 상징적으로 봄, 여름, 가을, 겨울이라는 규칙적인 단계를 밟고 있는 것으로 본 시각[4]도 그러하고, 神의 죽음과 재생 과정을 우주의 순환적인 과정과 동일시한 프롭의 시각도 그러하다. 프롭의 경우, 시의 의미, 시의 구조를 우주 순환의 과정으로 설명하면서 우주론의 형식이 분명히 시의 형식에 가깝다는 결론을 내리기도 한다. 말하자면 우주론은 신화와 같이 시의 구조 원리가 되고 있다는 것이다.[5] 이처럼 인간의 사유 속에는 원형적으로 드러나는 우주 순환론적인 태도가 용해되어 있다

이로 미루어 보면, 우주의 원리를 삶의 원리로 기호화한 것이 바로

---

3) F 카프라, 「동양 신비주의의 길」, 이성범·김용정 옮김(2002), 『현대물리학과 동양사상』, 범양사출판부, pp.224~234. 참조.
4) 길현모·노명식 편(1977), 『서양사학사론』, 법문사, pp.391~396. 참조.
5) N 프라이, 「원형비평:신화의 이론」, 임철규 역(1986), 『비평의 해부』, 한길사, pp.220~225. 참조.

문화적 양식이다. 시 또한 예외는 아니다. 문화적 양식의 하나인 시도 우주적 원리를 시적 원리로 기호화하여 시 텍스트를 산출하고 있는 것이다. 육사가 예의 그러한 부류에 속하는 시인이다. 그는 우주적 원리를 시 텍스트의 건축 원리로 치환하여 자아의 욕망을 시적 언어로 구조화해 내고 있다. 육사는 우주 공간을 주기적인 순환 원리로 보면서, 인간이 이러한 원리를 따를 때에 진정한 욕망을 실현할 수 있는 것으로 보고 있다. 그리고 육사에게 있어서 우주 순환의 원리인 리듬을 탄다는 것은 곧 자기 구제 및 세계의 구제를 의미한다.

본고에서는 육사의 시 중에서 미학적 예술성을 담보하고 있을 뿐만 아니라 인구에 회자되고 있는 「절정」, 「청포도」, 「광야」를 중심으로 우주적 순환 원리가 어떻게 시의 텍스트로 기호화되고 있으며, 그 구조가 산출하는 의미가 무엇인지를 집중적으로 탐구해 보고자 한다.

> 매운 季節의 채쭉에 갈겨
> 마츰내 北方으로 휩쓸려오다.
>
> 하늘도 그만 지쳐 끝난 高原
> 서릿빨 칼날진 그 우에서다.
>
> 어데다 무릎을 꿇어야 하나
> 한발 재겨 디딜곳조차 없다.
>
> 이러매 눈 감아 생각해 볼밖에
> 겨울은 강철로 된 무지갠가 보다.
>
> ―「絶頂」 전문

이 텍스트는 언술 주체와 겨울이 대립하는 구조로 출발하고 있다. 여기서 겨울의 의미는 단순하지 않다. "매운 계절의 채쭉"에서 알 수 있듯이, 겨울은 의인화되어 인간처럼 "채쭉"이라는 도구를 사용하고 있다. 다시 말해서 인간처럼 의지를 지니고 있는 겨울인 것이다. 이런 점에서 의인화된 겨울은 자연 현상으로서의 겨울의 힘과 인간 현상으로서의 시대적인 힘을 상징적으로 내포한 다의적 기호이다. 언술 주체와 이러한 겨울의 대립적 의미를 구체화하고 있는 것은 서술 층위인 "갈겨"이다. "갈겨"의 행위로 볼 때, 겨울은 능동적인 행위의 주체가 되고 언술 주체는 수동적인 행위의 주체가 된다.

겨울의 능동적인 행위는 물리적 폭력을 행사하는 것으로써 부정적인 의미를 산출하고 있다. 그런데 그 부정적인 힘이 너무나 강력하기에 언술 주체는 南方과 대립되는 北方으로 쫓겨날 수밖에 없다. 이러한 겨울의 행위에 의해 남방공간은 중심 공간으로서 긍정적인 의미를 부여받게 되고, 북방공간은 주변 공간으로서 부정적인 의미를 부여받게 된다. 그래서 겨울의 힘이 확산되면 될수록 그만큼 언술 주체의 육신은 응축될 수밖에 없다. 결국 언술 주체와 겨울의 대립은 "약자/강자, 수동/능동, 응축/확산, 개인/세계, 고통/쾌락"이라는 대립적 의미를 생산하고 있다.

그러나 언술 주체의 행위적 층위가 아니라 언술 주체의 심리적 층위에서 보면, 겨울은 전적으로 부정적인 의미로만 작용하지는 않는다.[6] 제2행의 "마츰내 北方으로 휩쓸려오다."에서 "마츰내"라는 부사어의 사용이 그것을 뒷받침해 준다. '마침내'라는 부사어는 선행한 문장이 내포한 부정적인 내용(원인)을 극복하고 난 다음, 바로 이어지는 후행의 문장 내용(결과)을 긍정할 때 쓰이는 용어이다. 가령, "그렇게 춥던 겨울이 가고 마침내 따스한 봄이 왔구나."라는 문장에서 알 수 있듯이, 선행하는 문장의 부정적인 내용, 즉 "춥던 겨울"이 감으로 해서 후행 문장의

---

6) 역사·전기적 시각, 즉 항일 저항시의 시각으로 보면, "매서운 계절"은 일제 지배의 식민지 상황으로, "채찍"은 일본 관헌의 고문으로 볼 수 있다.(김영무 (1975), 앞의 책, pp.193~194. 참조.) 이렇게 보면 '겨울'은 부정적인 의미로 고착된 부정의 기호가 되고 만다. 그러나 시 텍스트의 구조적 측면에서는 '겨울'이 부정과 긍정의 의미를 지닌 兩義的 記號가 된다.

긍정적인 내용, 즉 "따스한 봄"이 올 수 있는 것이다. 따라서 이 텍스트에 사용된 "마츰내"는 '겨울'에 의해 "북방으로 휩쓸려" 온 주체의 행위를 어느 정도 긍정하는 의미를 내포하고 있다. 부연하면, 폭력적인 겨울에 의해 수동적으로 북방으로 휩쓸려오기는 했지만, 그래도 그 북방이라는 공간이 싫지만은 않다는 뜻이 담겨 있다. 이로 미루어 볼 때, 언술 주체는 과거 어느 때로부터 잠재적으로 남방과 대립되는 북방공간을 동경해 온 것으로 보인다.7) 물론 주체 스스로 북방공간에 온 것은 아니지만 동경해 왔던 공간에 대한 체험이라는 점에서 그것은 긍정적인 의미를 지닌다.8)

그렇다면 주체가 체험하고 싶었던 북방공간은 어떤 곳일까. 南方을 전제로 한 "北方"의 방위적 공간에 대한 의미를 음양오행에 기초한 동양의 우주론에 비춰보면, '北'은 陰으로서 물질로는 金의 속성을 나타내고 '南'은 陽으로서 물질로는 火의 속성을 나타낸다. 시간 분절로는 北이 겨울이 되고 南이 여름이 된다.9) 이를 공간 기호론적 의미로 보면, 北은 수직 하강인 응축의 의미를 산출하고 南은 수직 상승인 확산의 의미를 산출한다. 전자는 생명의 응축을, 후자는 생명의 확산을 의미하는 셈이다. 그런데 여기서 우리는 우주론과 기호론으로 본 북방의 의미와 시 텍스트 내의 북방의 의미가 완전하게 일치하고 있음을 볼 수 있다. 가

7) 육사의 시에서 북방 공간과 관련되는 이미지는 '대륙, 北쪽 툰드라, 북해, 북극, 광야' 등으로 나타나고 있는데, 이 이미지들은 거의 '동경의 공간'으로 그려지고 있다. 가령, "곰처럼 어린놈이 北極을 꿈꾸는데"(「초가」)라는 것을 통해서도 쉽게 이해할 수 있다. 이러한 '동경의 공간'으로서 북방은 육사의 시에서 현실인 동시에 이상이 되는 공간이기도 하다. 정우택(2005. 3), 「이육사 시에서 북방 의식의 의미」, 『어문연구』 125호, 한국어문교육연구회, pp.206~211. 참조.

8) 북방과 고원 공간을 육사 자신이 결코 선택한 공간이 아니라고 본 것은(강창민(2002), 『이육사 시의 연구』, 국학자료원, p.137.) 시 텍스트의 표층적 언술만을 보고 이해한 것에 기인한다. 심층적 구조로 보면 그 공간에 가 닿고자 하는 주체의 욕망이 잠재해 있다.

9) 이어령(1995), 「우주론적 언술로서의 〈처용가〉」, 『詩 다시 읽기』, 문학사상사, pp.78~84. 참조.

령, 육사가 "북방"이라는 공간을 시 텍스트로 건축할 때, 시간적으로 봄이나 여름의 이미지를 몽상하지 않고 '겨울'의 이미지를 몽상하고 있다는 점이 그러하고, 물질적으로는 식물적 이미지인 푸른 나무의 이미지를 몽상하지 않고 서릿발이 경화된 "강철"(金)의 이미지를 몽상하고 있다는 점이 그러하다. 마찬가지로 그의 다른 시 텍스트에서 북방과 관련된 시적 이미지도 거의 '겨울' 이미지로 나타나고 있다. 이로 미루어 볼 때, 육사는 우주론을 기초로 하여 시 텍스트를 건축하고 있음을 알 수 있다. 육사가 북방공간을 잠재적으로 선망해 온 것은 그 공간이 넓고 광활한 데 있기보다는 그 공간이 바로 '겨울'과 대응하는 데에 있다. 그러므로 그가 북방공간을 애호한 것은 극한의 겨울 체험을 하고자 하는 욕망의 의지적 소산에 따른 것이다.

육사의 시 텍스트에서 "북방"은 '겨울 이미지'와 뗄레야 뗄 수 없는 하나의 짝을 맺고 있다. 그래서 육사의 북방 체험은 곧 겨울체험에 지나지 않는다. 이 텍스트에서 북방의 겨울은 "高原"에 이르면 최고조에 달한다. 그런 만큼 고원은 북방과도 변별적이다. 고원이 수직공간으로서 높이를 지닌다면 북방은 수평공간으로서 넓이를 지닌다. 이런 차이는 언술 표현과 주체의 행동에도 영향을 미친다. 북방의 겨울이 "매운 계절"(겨울 바람)이라는 추상적인 이미지로 표현되고 있다면, 고원의 겨울은 "서릿빨 칼날"이라는 구체적인 이미지로 표현되고 있다. 마찬가지로 언술 주체가 "휩쓸려오다"라는 수동적 행동에서 "그 위에 서다"라는 능동적 행동으로 전환하게 된다.[10]

고원은 "하늘도 그만 지쳐 끝난" 공간의 절정이다. 이 구절에서 "하늘

---

10) 김용직은 "'매운 계절의 채쭉'이 원인이지만 이 시공간 속에는 "사적인 차원에 그치지 않는 시대의식이 내포되어 있"는 것으로 보고 있다. 그러면서 "그의 이력서 사항에 비추어 그것은 일제 암흑기의 극악한 상황을 가리키는 은유 형태"라고 한다.'(김용직(2004), 「시와 역사의식 – 이육사론」, 김용직 · 손병희 편, 『이육사 전집』, 깊은샘, pp.394~396.) 여기서 바로 그 '원인'이 수동적 행위를 낳았다고 본다면, "일제 암흑기의 극악한 상황"에 대한 인식의 '결과'는 능동적 행위를 낳은 것이라고 풀이할 수도 있다.

도"의 조사 '-도'와 "끝"은 고원의 의미를 결정해 주는 중요한 시어이다. 조사 '-도'는 하늘뿐만 아니라 대지(도), 인간(도) 모두 할 것 없이 그 고원에 다다를 수 없음을 의미한다. 그것을 구체화해 주는 것이 예의 "끝"이다. '끝'은 양의적인 공간성을 내포한 언어로서 이쪽과 저쪽의 공간을 구분하는 경계적 기호이다.11) 그런데 이 텍스트에서 "끝난"으로 되어 있기에 '하늘 안/하늘 밖'은 완전히 대립되어 고원은 '하늘 밖'의 공간에 위치하게 된다. 더욱이 주체의 시선이 상방인 하늘을 보고 있기에 그 "끝"은 수직의 끝이기도 하다. 그래서 실재가 아니라 기호현상으로 본다면 고원은 수직의 끝(하늘)보다 더 높은 곳에 위치하고 있는 셈이다. 이런 점에서 고원은 인간사의 시·공간을 초월한 카오스(chaos)의 공간이라고 할 수 있다.

고원이 인간의 접근을 허용하지 않는 "서릿빨 칼날"로 되어 있는 것도 그러한 이유에서다. 그런데도 불구하고 언술 주체는 그 칼날 위에 서고 있다. 이는 인간의 모습이라기보다는 일종의 초인의 모습에 가까운 것이라고 할 수 있다. 칼날은 사물을 파멸시키는 금속성의 기호이다. 따라서 언술 주체와 "서릿빨 칼날"은 '생명체/비생명체'로 대립되어 '삶/죽음'의 의미를 산출하게 된다. '삶과 죽음'의 시간적 경계는 곧 육신적 고통의 극한을 체험하는 시간이다. 그러나 주체는 이 시간을 통하여 육신의 한계를 절감하고 만다. 그래서 결국 "무릎을 꿇"게 되지만, 고원은 이러한 행위조차 허용하지 않는다. 고원을 '절망의 꼭대기, 포기의 절정'으로서 '박탈당한 공간, 박제된 공간12)으로 명명할 수 있는 것도 이런 연유에서다. 이는 곧 초인의 모습에서 다시 인간의 모습으로 전환된 순간과도 같은 셈이다. 그 전환은 '북방→고원'으로 상승하고 있는 겨울과 '서다→꿇다'로 하강하고 있는 주체와의 차이를 극명하게 보여준다. 이와 같이 주체는 겨울의 힘을 극복하지 못한 채 동결의 공간 속

---

11) C. Norberg Schulz, 「실존적 공간」, 김광현 역(1985), 『실존·공간·건축』, 태림문화사, p.48. 참조.
12) 김열규(1992), 「「광야」의 씨앗(1)」, 『한국문학사』, 탐구당, pp.439~440. 참조.

에 유폐되고 있다.

고원은 초월의 공간이 아니다. 언술 주체를 감금하는 유폐의 공간, 폐쇄의 공간이다. 그 폐쇄된 공간은 육신이 옴츠러들고 수축되는 죽음의 공간, 즉 모든 것이 금속성으로 경화되는 공간인 것이다. 이렇게 보면 고원의 정점에 위치한 주체는 하나의 점으로 존재하고 있는 것과도 같다. 이 점의 존재를 「황혼」의 시 텍스트로 옮겨 가면 '폐쇄'된 "골방"에 있는 존재가 될 것이고, 「광야」의 시 텍스트로 옮겨 가면 '겨울눈'에 덮여 있는 "씨(앗)"의 존재가 될 것이다. 그런데 「황혼」과 「광야」를 보면, 주체를 둘러싼 부정적인 공간이 있었기에, 역설적으로 "골방" 안에 있던 주체가 골방 밖에 존재하는 우주의 모든 외로운 사물들에게 '위안과 희망의 빛'을 전달해 주고 있으며, "씨(앗)"은 결빙된 대지를 일깨우며 생명의 세계를 여는 시적 몽상을 제공해 주고 있다. 요컨대 부정에 의한 긍정의 시적 상상을 보여주고 있다. 고원의 언술 주체도 마찬가지이다. 죽음으로 결빙되는 유폐의 부정 공간, 즉 고원을 통해서 자기 긍정, 자기 재생의 시·공간을 창조해 내고 있다. 주체는 존재의 파멸, 예컨대 죽음을 요구하는 부정적인 상황에서 "눈" 감고 "생각"하는 시적 몽상을 통해 부정 속에서 긍정의 세계를 산출해 내고 있다. 그것이 예의 "겨울은 강철로 된 무지개"라는 언술이다.

이 언술은 '겨울(A)=강철(B)+무지개(C)'라는 은유구조로 되어 있다. 여기서 '강철'과 '무지개'는 상호 대립되는 의미작용을 한다. 예컨대 강철은 축소된 삶을 표상하는 이미지로 작용하고, 무지개는 확대된 삶을 표상하는 이미지로 작용한다.[13] 그래서 모순의 이미지로 결합된 겨울(A)은 존재적 삶의 양면성을 보여주기에 충분하다.[14] 하지만 좀더 폭을

---

13) '강철'과 '무지개'의 대립적 이미지에 대한 자세한 내용은 오세영(1994), 앞의 책, p.271을 참조할 것.

14) 가령, 겨울(A)에 대한 연구자들의 해석을 보면 "자기 구제의 획득"(김흥규(1976), 앞의 책, p.648~649.)이나 "비극적 자기 초월"(오세영(1994), 위의 책, p.269.), 혹은 "황홀한 비극"(김종길(1974), 「한국시에 있어서의 비극적 황홀」, 『진실과 언어』, 일지사, p.202.)이나 "비극적 초극"(조창환(1998), 앞

넓혀 겨울(A)을 관계의 망, 즉 다른 부분들과 연관시켜 보면 그 의미는 더욱 다양화된다. 제4연의 겨울(A)은 제2연과 병렬적 관계를 맺고 있다. 제2연은 제4연처럼 직접적으로 '겨울'이라는 시어를 노출시키지 않고 있지만, 이 텍스트 내부공간에는 무표화된 '겨울'로 현존하고 있다. 이러한 '겨울'을 詩行에 노출시켜 의미론적으로 재구를 해보면 제2연은 겨울(A)처럼 은유구조를 보인다.

제2연: 겨울(a')은 칼날로 된 서릿빨   외부세계(물질적 층위)
제3연: (은유구조가 없음)
제4연: 겨울(A)은 강철로 된 무지개   내면세계(정신적 층위)

위에서 알 수 있듯이, 제3연은 제2연과 제4연을 매개하는 매개연으로서 외부세계를 내면세계로 전환시켜 주고 있다. 제4연의 1행에서 전환의 의미를 지닌 부사어 '이러매'의 사용도 그래서 가능해지고 있다. 그렇게 해서 제4연의 겨울(A)은 제2연의 겨울(a')를 재해석하고 의미화한 은유구조가 된다. '칼날→강철'로, '서릿빨→무지개'로 변환된 은유구조로 말이다. 여기서 전자는 인간적(인공적) 층위의 이미지이고 후자는 자연적 층위의 이미지이다. 먼저 전자를 보면, 직접적으로 육체적 고통과 파멸을 부여하던 '칼날'이 '강철'로 변환되면서 그 직접적인 가해성이 내재화되고 있다는 점이다. 칼날과 강철은 동일하게 금속의 성질을 지니고 있지만, 칼날과 달리 강철은 육체적인 파멸을 요구하지 않는다. 칼날과 강철의 이러한 차이는 곧 죽음과 삶이라는 의미의 차이를 낳는다. 언술 주체가 죽음을 산출하는 칼날을 녹여 강철 속에 넣은 것은 다름 아닌 삶으로의 지향성을 의미하기 때문이다. 그래서 강철 속에는 죽음과 삶, 부정과 긍정의 의미가 융합되어 견고하게 굳어져 있다.

그런데 이러한 강철이 무지개와 결합되면서 그 경화된 성질이 용해

의 책, p.97.) 등으로 나타난다. 이렇게 표현상의 미묘한 차이만 드러날 뿐 그 의미는 거의 동일한 것이라고 볼 수 있다.

될 수밖에 없다. ‘서릿빨→무지개’로의 은유적 변환은 이 텍스트의 시적 의미를 모두 수렴하고 확산하는 지배소 코드이다. 물론 이 코드 속에는 육사의 시 텍스트 건축에 대한 비의가 숨어 있다. 이미지 자체만으로 볼 때에는 ‘응축(하강)→확산(상승)’의 의미로 변환된 것에 불과하지만, 텍스트의 공간적 의미 구조로 보면 시·공간의 변환을 의미하는 기호 체계이다. 이 텍스트에서 ‘서릿빨→무지개’로의 변환을 가능케 한 것은 다름 아닌 햇빛(태양)이다. 물론 이 햇빛은 무표화되어 있다. 이 텍스트에서 ‘겨울 바람’(“계절의 채쭉”은 바람의 이미지를 산출함)이 무표화되어 있는 것처럼 직접적인 시어로 등장하지는 않는다. 하지만 언술 주체가 시각적으로 “서릿빨 칼날”을 볼 수 있다는 점을 감안할 때, 이 텍스트 내부공간에 햇빛이 존재하고 있다는 것을 알게 된다. 그 햇빛이 석양의 빛인지 어떤 빛인지는 알 수 없지만 말이다. 어쨌든 ‘햇빛’은 “서릿빨”을 변화시킬 수 있는 우주적 이미지이다. 결국 언술 주체는 ‘햇빛’과 “서릿빨”이 상호 작용하는 순간을 보고 “무지개(빛)”를 몽상해 내게 된다.

태양(햇빛)은 우주적 순환 원리로서의 이미지이다. 언술 주체는 태양(햇빛)으로 상징되는 우주적 순환 원리를 몽상하면서 시간의 변화를 꿈꾸고 있다. 다시 말해서 “서릿빨”이 무지개로 변화될 수 있는 시간의 변화, 즉 태양의 운행을 통해서 겨울이 가고 봄이 올 거라는 시·공간의 변화를 몽상하고 있는 것이다. 이때 무지개는 지상과 천상을 융합해 주는 희망의 기호로서 존재적 삶을 재생시키는 의미작용을 하게 된다. 그러므로 ‘겨울(A)’은 삶과 죽음이 경화된 공간(강철)을 시간의 변화(무지개)를 통해서 용해해야 한다는 의미를 담고 있다.[15] 이로 미루어 보면

---

15) ‘강철’과 ‘무지개’에 대한 해석은 다양하다. 그 중에서 권영민은 하나의 새로운 試考로서 ‘겨울은 독룡(강철)으로 변해 버린 큰 뱀’이라는 해석을 제시하고 있다. 그는 사전적 의미에서 ‘강철’을 ‘독룡(毒龍), 즉 용이 되어 승천하지 못한 큰뱀으로 보고 있으며, 이어서 ‘무지개’를 ‘무지기’의 誤植으로 전제하여 ‘무지기’를 ‘큰뱀’으로 보고 있다. 물론 새로운 시고로서 흥미를 주는 것은 사실이나 풀어야 할 문제점이 전혀 없는 것은 아니다. 가령, ‘오식’을 전제로 하고 있다는 점이 그러하고, 그 다음 ‘겨울=독룡(용)+이무기(큰뱀)’라는 해석

인간적(인공적) 층위, 가령 개인적인 층위이든 역사적인 층위이든 간에 삶의 부정성을 극복할 수 있는 원리는 투쟁하고 대결하는 것이 아니라, 우주적 순환 원리처럼 순차적인 시간의 변화를 통해서 그것을 극복해야 한다는 것이 된다. 말하자면 우주적 순환 원리를 따르는 것만이 삶의 부정성을 극복할 수 있다는 사실이다. 이와 같이 육사는 북방에서의 겨울 체험을 통해서 우주적 순환 원리로서의 시적 삶을 체득하고 있다. 부연하면 우주론과 우주적 순환 원리를 따라 시 텍스트를 건축하고 그 의미를 산출하고 있는 것이다. 그러므로 육사의 시 텍스트 건축은 逆理의 구조가 아니라 우주 순환의 원리를 따르는 順理의 구조를 지닌다고 하겠다.16) 하지만 문제는 언술 주체가 '겨울(A)'을 내면세계에서 그렇게 해석하고 있을 뿐, 여전히 주체는 결빙의 공간에 있다는 사실이다. 그래서 북방의 언어(겨울)로 구축된 시 텍스트도 마찬가지로 결빙된 상태로 있다. 이 상태로 두면 주체의 죽음, 텍스트의 죽음을 맞이할 수밖에 없다. 제4장의 「광야」에서 논의하겠지만, 육사는 무지개를 현실 속으로 불러내어 죽음의 세계를 극복하고 삶의 세계로 들어서게 된다.

이렇게 보면, 육사는 새디스트가 아니라 매조키스트의 성향을 지닌 시인이다. 매조키즘을 넓은 의미에서 자신의 극기 수련이나 종교적 고행, 즉 채찍질을 통해서 정신적 신념을 가다듬는 것이라고 볼 때,17) '겨울의 채찍'과 '서릿발 칼날'이라는 극한의 육신적 고행을 통하여 '무지개'

에 있어서 '용(큰뱀)'과 '(큰)뱀'의 의미론적 차이가 거의 없다는 점에서도 그러하다. 권영민(1999. 4), 「이육사의 「절정」과 〈강철로 된 무지개〉의 의미」, 『새국어생활』 제9권 제1호, 국립국어연구원, pp.141~143. 참조.

16) 이 텍스트가 전개되는 시간 구조도 우주 순행의 원리를 따르고 있다. 즉 1연에서 4연까지의 행위적 시간 구조를 보면 '오다 – 서다 – 꿇다 – 생각하다'의 선조적 구조로 되어 있다. 요컨대 不可易的인 시간의 구조인 것이다. 이는 곧 육사의 시 텍스트가 우주 순행의 순차적 원리(시간적 구조)를 그대로 따르고 있음을 단적으로 나타낸 것이라고 할 수 있다. 「광야」의 시간 구조도 이와 동일하다.

17) 마광수(2000), 「마조희즘적 쾌락에의 동경」, 『문학과 성』, 철학과현실사, pp.36~38. 참조.

라는 긍정적 세계(정신적 신념)를 확보한 것 역시 일종의 매조키즘에
해당하기 때문이다. 흔히 육사가 지닌 독립투사로서의 강건한 이미지,
남성적이고 대륙적인 행동반경을 볼 때에는 새디즘의 성향이 강할 것
같지만, 이렇게 시로 볼 때에는 역설적으로 매조키즘의 성향이 강하게
나타나고 있다.

Ⅲ. 南方의 언어와 확산의 시 텍스트 공간

그렇다면 북방의 언어(겨울)와 고원의 코드를 남방의 언어(여름)와
청포도의 코드로 변환시키면 어떤 구조를 보일까. 북방과 달리 남방의
우주론적 방위의 의미는 앞에서 살핀 바와 같이 陽으로서 물질로는 火
의 속성을 나타내는데, 이를 다시 공간 기호론적으로 보면 수직 상승인
확산의 의미를 산출한다. 남방 언어의 대표작인 「청포도」 역시 그러한
우주론을 바탕으로 하여 건축되고 있는 만큼, 그 의미구조 역시 북방의
결빙된 시 텍스트와 달리 확산의 시 텍스트가 되고 있다. 뿐만 아니라
북방의 시 텍스트가 주로 고통의 체험을 통한 자아의 견고한 정신주의
를 보여주고 있다면, 이와 달리 남방의 시 텍스트는 주로 자연과의 교
감을 통한 건강한 육체주의를 보여주고 있다. 동일하게 우주론을 기초
로 하고 있지만, 북방과 남방의 차이가 시 텍스트의 의미구조를 변별케
하는 요인으로 작용하고 있는 셈이다. 구체적으로 「청포도」의 작품 분
석을 통해서 그 변별구조와 의미를 탐색해 보기로 하자.

> 내 고장 칠월은
> 청포도가 익어가는 시절
>
> 이 마을 전설이 주절이주절이 열리고
> 먼데 하늘이 꿈 꾸며 알알이 들어와 박혀

하늘 밑 푸른 바다가 가슴을 열고
흰 돛 단 배가 곱게 밀려서 오면

내가 바라는 손님은 고달픈 몸으로
靑袍를 입고 찾아온다고 했으니

내 그를 맞아 이 포도를 따 먹으면
두 손은 함뿍 적셔도 좋으련

아이야 우리 식탁엔 은쟁반에
하이얀 모시 수건을 마련해두렴

—「靑葡萄」 전문

　　이 텍스트를 열고 있는 것은 "칠월"이라는 여름의 시·공간이다.「절
정」이나「교목」등에서 시 텍스트를 여는 "겨울"의 시·공간과는 정반
대로 되어 있다. 말하자면「절정」에서의 '고원'이 '고장(고향)'으로 전환
되면서 "청포도가 익어 가는" 생명의 확산과 상승 공간이 되고 있는 것
이다. 뿐만 아니라 언술 주체의 어조 또한 그 차이를 드러내고 있다.
「절정」에서는 단호한 남성적인 어조였지만,「청포도」에서는 여성적이
고 부드러운 어조를 보여주고 있다. 가령, "좋으련", "마련해두렴" 등의
어조가 바로 그것이다.「교목」도 예외는 아니다.「교목」의 제재가 청포
도처럼 '나무'이긴 하지만, 겨울과 연관되자 남성적인 어조를 보여주고
있으며, 동시에 "청포도가 익어가는" 생명의 공간과 달리 죽음을 견디
는 견고한 정신주의의 모습을 보여주고 있다. 이렇게 북방으로 상징되
는 겨울과 남방으로 상징되는 여름의 차이가 육사의 시 텍스트 건축에
대한 차이를 낳고 있는 것이다. 이는 바로 육사가 시 텍스트의 건축 원
리로 우주론과 우주 순환의 원리를 그대로 차용하고 있음을 단적으로
보여주는 것이 된다.

"내 고장"을 구축하고 있는 사물들은 모두 긍정적인 기호체계로 구축되어 있다. "청포도가 익어가는"에서 '익다'는 火의 기운, 즉 열기에 의한 생명의 확산을 의미한다. 여기서 火를 제공하는 기호체계는 태양이다. 물론 이 텍스트에서 무표화되어 있긴 하지만, 陽으로서의 태양은 청포도에 긍정적으로 참여하고 있다. 뿐만 아니라 지상적 삶의 표상인 "마을 전설"도 긍정적으로 참여하고 있으며, 육지와 분별되는 "푸른 바다"도 긍정적으로 참여하고 있다. 말하자면 육·해·공의 모든 기호체계가 동원되어 긍정적으로 참여하고 있는 셈이다. 이러한 시·공간의 참여는 '익다', '열리다'에서 알 수 있듯이 청포도의 생명을 외부로 확산시키는 의미작용을 한다. 천·지·인의 기호체계가 응축되고 결빙되던 북방의 고원공간과는 전혀 다른 모습을 보여주고 있다.

고원의 코드는 주체를 유폐시키고 감금하는 폐쇄의 공간이지만, '청포도알'의 코드는 주체의 상상력을 우주세계로 확대해 주는 열림의 공간이다. 가령, '마을의 전설'은 인간적 코드로서 과거의 시간, 즉 '고대의 영원한 시간'[18]을 의미하는데, 이 시간이 '청포도알'로 "주절이주절이" 열리게 됨으로써 무한한 인간의 시간을 확대시키는 역사적 '청포도알'이 되고 있다. 시간만이 아니다. '먼 하늘'의 천상적 코드가 '청포도알'에 박힘으로써 영원한 공간을 내포한 우주적 '청포도알'이 되고 있다. 여기에다 "푸른 바다가 가슴을 열고" '청포도알'에 들어옴으로 해서 '청포도알'은 바다처럼 넓은 수평적 공간을 지니게 된다. 그래서 '청포도알'은 시간적으로는 인간의 역사를, 공간적으로는 바다와 하늘을 응축시킨 '우주적 청포도알'로 창조되고 있는 것이다. 그러므로 '청포도'의 생명적 확산은 단순하게 '포도알'을 성숙시킨다는 의미체계가 아니라, 시·공간의 확산을 산출하는 의미체계이다. 우주 순환의 상징적인 원리에서 여름을 하루 주기로 보면 正午에 해당하고, 물의 주기로 보면 샘에 해당하고, 인생 주기로 보면 장년에 해당하는 것처럼[19], '여름의 청포도' 또

---

18) 이어령(1995), 앞의 책, p.142.
19) N 프라이, 임철규 역(1986), 앞의 책, pp.223~224. 참조.

한 그러한 우주원리를 따라 가장 충만된 생명의 확산을 꾀하고 있다. 이를 부연하면 「청포도」의 시 텍스트와 '우주 순환의 원리'로서의 우주적 텍스트는 상동적 구조를 이루고 있다는 말이 된다.

'청포도알'은 우주세계가 내밀하게 응축된 공간으로서 몽상의 시간을 제공해 주게 된다.[20] 그 몽상은 다름 아닌 꿈이다. '청포도알'에는 "하늘이 꿈 꾸며" "들어와 박혀" 있기에 곧 꿈꾸는 '청포도알'이 되고 있다. 주체가 그러한 '청포도알'을 통하여 몽상하는 꿈은 바로 "손님"이다. 마을 사람과 대별되는 "손님"은 외부에서 고장(고향)의 내부로 들어오는 사람이다. 그런데 그 외부 공간은 고장마을과 대립되는 바다 건너 미지의 장소이다. 이 텍스트에서 그 장소는 무표화되어 나타날 뿐이다. 외부와 내부를 구체적으로 매개해 주는 기호는 "흰 돛 단 배"이다. 시각적 이미지로 볼 때 '푸른 하늘', '푸른 바다', '푸른 청포도'는 등가를 이루고 있기 때문에 '흰색'의 "돛 단 배"는 그 차이에 의해 가장 전경화되는 이미지로 나타나고 있다. 뿐만 아니라 그 "돛 단 배"는 정태적 이미지인 하늘, 청포도와 달리 "곱게 밀려서 오"는 동태적 이미지로서 대립하기도 한다. 그리고 "돛 단 배"의 동력이 바람인데 "곱게 밀려서 오"는 것으로 보아 미풍의 긍정적인 바람임에 분명하다. 말하자면 손님을 편안하게 모셔올 수 있는 생명의 바람인 셈이다. 고원에서 '매서운 채찍'으로 작용하는 '바람'과 변별되는 바람인 것이다. 이런 점에서도 우리는 육사가 우주 순환의 원리를 따라서 시 텍스트를 건축해 나가고 있음을 알게 된다.

또한 심층적 구조로 보면, 미지의 장소와 고장을 매개하는 "흰 돛 단 배"는 "하늘"과 등가 관계에 놓인다. 의미구조로 볼 때, '하늘이 꿈꾸며 들어오다'와 '흰 돛 단 배가 곱게 밀려서 오다'는 문장의 구조가 동일할

---

20) 둥긂의 이미지는 우리 자신을 응집시킬 뿐만 아니라 존재의 내밀성을 체험하게 해준다. 그리고 둥글다는 말 속에는 평정의 몽상이 이미 제공되어 있다. 가스통 바슐라르, 「원의 현상학」, 곽광수 역(1993), 『공간의 시학』, 민음사, pp.404~409. 참조.

뿐만 아니라 양자 모두 긍정적인 의미로 작용하고 있다. 그래서 "흰 돛 단 배"와 "하늘"은 상호 교환이 가능해진다. 따라서 '청포도알'에는 "흰 돛 단 배"도 들어와 있는 셈이다. 이렇게 해서 '나-청포도(매개항)-손님'의 삼원 구조는 '나-돛 단 배(매개항)-손님'의 삼원 구조로 변환될 수 있다. 하지만 이러한 상동적 구조에도 불구하고 나와 손님이 현재 만난 것이 아니라, 만날 것을 전제로 하여 시 텍스트가 전개되고 있다는 점에서 "청포도"와 "돛 단 배"는 차이를 보인다. 예컨대 "청포도"가 현실이라면 "돛 단 배"는 꿈(몽상)이 되는 것이다. 이런 점에서 여름(칠월)의 의미는, 즉 '여름=청포도(현실)+흰 돛 단 배(꿈)'라고 할 수 있다. 「절정」에서 '겨울=강철(현실)+무지개(꿈)'라고 언술하고 있는 은유구조처럼 말이다. 이로 미루어 보면 우주론의 공간적(북방/남방) 의미는 분명히 차이가 나지만, 그 의미를 표현하는 언술 구조는 동일하다는 것을 알 수 있다.

이 텍스트에서 손님의 행위에 의해 고장은 긍정적인 의미를 부여받고 바다 너머의 미지는 부정적인 의미를 부여받는다. 외부공간에서 내부공간으로 들어오는 손님이 "고달픈 몸"으로 그려져 있기 때문이다. 손님이 거주하는 미지, 즉 외부공간은 적어도 정신적·육체적으로 편하게 지낼 수 있는 그런 공간은 아니라는 사실이다. 반면에 "청포도가 익어가는" 고장은 손님에게 정신적·육체적 휴식과 안락을 제공해 주는 긍정의 공간이 되고 있다. 식탁에 놓인 "은쟁반"과 "하이얀 모시 수건"의 밝은 이미지가 바로 그것을 나타내 주고 있다. 공간성으로 보면 상승하는 밝은 세계인 것이다. 그런데 언술 주체인 나와 손님의 관계를 살펴보면, 나는 주어진 현실에 순응하는 현실주의자(육체적 자아)이고, 손님은 현실을 극복하려는 이상주의자(정신적 자아)로 변별 된다.[21]

---

21) 김흥규에 의하면, '손님'은 '투쟁하는 지사들'을 포괄하는 의미를 지닌다. 그러면서 그는 고향과 조국을 잃고 표랑하면서 고투하는 육사 자신을 그 손님 속에 포함시키고 있다. 굳이 "내 그를 맞아"라는 문법적 구별 때문에 '나'와 '그'를 별개의 존재로 못박을 필요는 없다는 것이다.(김흥규(1976), 앞의 책, p.651.) 일리 있는 직관이라고 본다. 그러나 이것을 논리적으로 증명하기 위

"내가 바라는 손님"에서 알 수 있듯이, 손님은 나의 이상적인 생각을 실현해 줄 수 있는 대리자이다. 내가 손님을 기다리는 이유도 여기에 있다. 손님에 대한 언술 표현을 보면 그러한 의미가 내포되어 있다. 손님은 "고달픈 몸"으로서의 손님인 동시에 '청포를 입은 몸'으로서의 손님이다. 말할 것도 없이 "고달픈 몸"은 부정한 현실을 극복하려는 정신(이상)의 소산에 의한 결과적 현상이며, '청포를 입은 몸'은 그러한 현실임에도 불구하고 오히려 그 정신(이상)을 확대하려는 의지의 기표이다. '청포'는 푸른 도포라는 뜻을 지니고 있기도 하지만, '청포도'의 '청포'와 동음을 갖는 동시에 '푸른'이라는 시각적 이미지를 동일하게 지니고 있기도 하다. 이런 점에서 '청포'는 푸른 도포로 상징되는 선비정신과 청포도로 상징되는 우주 확산의 꿈을 동시에 내포한 다의적인 시어로 볼 수 있다. 그러므로 '청포를 입은 몸'은 자아의 선비정신을 우주세계로 확산하려는 의미를 내포한 기표가 되는 셈이다.

"고달픈 몸"이 되지 못하는 '나'는 이러한 "손님"과의 만남을 통해서 자기의 욕망을 간접적으로 실현할 수 있을 뿐이다. 따라서 나에게 손님의 부재는 다름 아닌 정신적 자아의 부재이기도 하다. 언술 주체인 내가 손님과 함께 '포도를 따먹으며' "두 손은 함뿍 적셔도 좋으련"이라고 한 것도 그러한 부재를 채우려는 욕망에 지나지 않는다. 이런 점에서 "청포도"는 '나'와 "손님"을 융합해 주는 통합의 기호가 된다. 식탁의 은쟁반 위에 놓인 청포도는 주체인 나의 몽상(꿈)이 배어 있는 그런 청포도이다. 그래서 그것을 손님과 함께 따먹는다는 것은 나의 몽상이 손님에게, 손님의 몽상이 나에게 젖어든다는 의미를 지닌다. '두 손이 함뿍 젖다'는 언술이 그래서 가능해지고 있다. 언술 주체가 마련한 "식탁"은 청도포를 따먹는 먹음의 세계이다. 이 먹음의 육체적인 행위 속에는 우주순환의 원리가 숨어 있다. 청포도를 먹는다는 것은 나와 손님, 그리

해서는 시 텍스트의 담화체계, 즉 '나-그(손님)'의 담화체계가 어떻게 의미론적으로 '나-나(손님)'의 담화체계와 등가를 이루게 되는지에 대한 탐색이 필요하다고 본다.

고 이 세계가 습—한다는 의미를 지닌다. 요컨대 인간과 자연이 대립되지 않고 하나의 우주적 원리로 통합되어 있다는 의미이다. 이렇게 해서 청도포가 우주적 원리에 의해 하나의 충만한 생명을 확산시키듯이, 그러한 청포도를 먹은 인간 역시 충만한 생명을 확산시키게 된다. 물론 그 충전된 삶의 에너지는 다시 우주세계를 향하여 방사하게 되는 것이다. 손님이 다시 몸을 회복하여 마을에서 바다 건너 미지의 공간으로 확대해 가듯이 말이다.

이와 같이 우주적 표현으로서의 청포도는 나와 손님의 욕망을 지배하는 원리로 작용하면서 몸의 세계를 우주화하고 있다. 몸이 응축되고 경화되는 고원의 세계와 달리 몸이 확산되고 열리는 삶의 공간이 되고 있는 것이다. 겨울인 고원의 세계가 정신주의를 표방한다면, 여름인 청포도의 세계는 육체주의를 표방하고 있는 셈이다. 물론 정신주의와 육체주의로 대별된다고 해서 육사가 욕망하는 근원적인 세계가 달라지는 것은 아니다. 정신주의인 '나'와 육체주의인 '나'가 욕망하는 것은 同一하게 닫힌 세계에서 열린 세계, 즉 응축된 세계에서 확대된 세계로 자아를 무한하게 확산시키는 시적 몽상[22]이기 때문이다. 가령, 청포도에서 생성된 "손님"을 고원공간으로 변환시키면 "강철로 된 무지개"를 욕망하는 '나'가 되며, 「광야」의 눈 덮인 공간으로 변환시키면 '초인'이 된다. 따라서 정신주의와 육체주의의 차이는 다름 아닌 겨울과 여름의 우주 순환적 차이에 지나지 않는다. 이런 점에서 육사는 우주론과 우주 순환의 원리를 시 텍스트의 구조로 내재화하여 자아의 욕망을 기호화하고 있는 것이 된다.

IV. 「광야」의 언어와 재생의 시 텍스트 공간

북방의 언어로 건축된 고원공간은 결빙된 텍스트로서 주체의 죽음을

---

22) 이어령(1995), 앞의 책, p.142. 참조.

요구하고 있다. "겨울은 강철로 된 무지개"로서 동결되어 있을 뿐, 그 강철을 녹이고 무지개를 띄울 봄이 도래하지 않고 있는 것이다. 육사가 결빙된 텍스트를 해빙시키지 않는 한, 그는 고원의 절정에 한 빙점으로 남아 있는 주체의 죽음을 재생시킬 수가 없다. 그의 시 텍스트가 지속적으로 산출될 수밖에 없는 것도 그러한 이유에서다. 육사는 북방공간으로 쫓겨나간 주체를 남방공간으로 불러들이지 않고는 그의 시적 욕망을 성취시키는 데 한계가 있다. 북방의 고원공간에서 이미 초인의 경지를 체험한 주체의 재생 없이는 남방의 고장마을도 삶이 확산될 수 있는 상승의 세계를 기대할 수는 없다. 「청포도」에서 "손님"은 고장마을로 온 것이 아니다. 다만, 청포도의 몽상을 통하여 손님이 올 것으로 전제되어 있을 뿐이다. 말하자면 손님을 기다리고 있을 뿐이다. 고원에서 신념의 극한을 체험한 주체가 남방으로 내려오면 "손님"의 코드로 변환된다. 따라서 초인의 경지를 체험한 주체가 재생되지 않고는 "손님"의 존재를 기대할 수 없는 일이다.

우주의 시·공간 텍스트가 순환하며 천·지·인의 우주세계를 재생시켜 나가듯이, 육사의 시 텍스트 또한 결빙의 텍스트를 해빙의 텍스트로 재생시켜 나가게 된다. 부연하면 시 텍스트가 우주 순환의 원리를 따라 움직여 나가고 있는 셈이다. 그러한 순환 원리를 가장 절묘하게 보여주고 있는 작품이 예의 「광야」이다. 역설적이지만 「절정」과 「청포도」의 시 텍스트는 「광야」를 산출하기 위한 하나의 과정이었던 셈이다.[23] 육사는 「광야」에서 사계절을 순환시키는 우주적 상상력을 체득

---

23) 김윤식도 육사 시의 발전을 「절정」에서 「교목」을 거쳐 「광야」에서 완성된 것으로 보고 있다. 그 근거로 북방적 응전력의 구체성을 이 세 작품이 가장 잘 보여주고 있다는 점을 들고 있다. 그러면서 그는 구체적으로 선비정신과 전통적인 漢詩 형식을 예로 들어 그러한 사실을 논리적으로 검증해 내고 있다. (김윤식(1973. 12), 「절명지의 꽃 : 이육사론」, 『시문학』, 시문학사, pp.73~77. 참조.) 수긍할 수 있는 논리이다. 하지만 이렇게 선비정신과 漢詩형식으로 육사 시의 발전 과정을 단정할 경우, 「청포도」, 「황혼」 등을 어떻게 육사의 정신사와 관련시킬 수 있는지에 대한 문제가 남는다.

하게 된다.

> 까마득한 날에
> 하늘이 처음 열리고
> 어데 닭 우는 소리 들렷스랴
>
> 모든 山脈들이
> 바다를 戀慕해 휘날릴때도
> 차마 이곳을 犯하던 못하였으리라
>
> 끊임없는 光陰을
> 부즈런한 季節이 피어선 지고
> 큰江물이 비로서 길을 열었다
>
> 지금 눈 나리고
> 梅花香氣 홀로 아득하니
> 내 여기 가난한 노래의 씨를 뿌려라
>
> 다시 千古의 뒤에
> 白馬 타고 오는 超人이 있어
> 이 曠野에서 목놓아 부르게 하리라

—「曠野」 전문

먼저 이 텍스트의 시제를 보면, 과거(1, 2, 3연)−현재(4연)−미래(5연)의 순차적인 구조로 되어 있다. 그리고 그 내용 역시 순서를 바꿀 수 없는 不可易的인 시간의 구조를 보여준다. 가령, 과거 시제에 해당하는 제1, 2, 3연의 구조를 보면, 우주 창조의 공간적 순서인 '天(1연)−地(2연)−人(3연)'의 내용을 차례대로 언술하고 있다. 이와 같이 육사는 시간의 선조성을 따르는 우주 순환의 원리를 그대로 치환하여 시 텍스트를 건축해 나가고 있다.

구체적으로 제1, 2연의 내용을 보면, 카오스 공간에서 코스모스 공간으로 전환되는 과정을 형상화하고 있다. 그 과정은 다름 아닌 천·지의 분절이다. 언술 주체는 그 분절의 시점을 추상적 시간의 표현인 "까마득한 날"을 사용하고 있다. 이는 인간의 시간이 끼어들기 전의 멀고 아득한 태초의 우주적 시공간이라는 사실을 말해주는 언술이다. 때문에 제3, 6행의 종결어미도 추측을 나타내는 '-스랴, '-으리라'를 사용하고 있는 것이다. 그래서 천·지가 창조될 시점에는 '닭 울음소리'24)조차 들리지 않는 신생의 적요한 공간으로 존재하게 된다. 그런데 천·지의 분절로 창조된 신생의 땅 '광야'는 천지에 의해 신성성의 의미를 부여받고 있다. "하늘"이 열리면서 빛을 쏟아주고 "모든 산맥들"이 공간을 일순간에 확장해 나가면서도 광야의 공간인 "이곳을 범하"지 않고 있기 때문이다.

제1, 2행에서 천지간의 공간이 창조되자 자연스럽게 제3연에서는 시간이 창조되는 것으로 나타난다. 물론 이 시간도 신성성의 의미를 부여받고 있다. 시간의 창조는 비로소 광야에 생명을 탄생시키는 의미작용을 한다. 그 시간의 창조는 바로 "光陰"에 의해 시작되고 있다. 해와 달을 의미하는 "광음"의 시작은 하루의 짝인 '밝음과 어둠'의 시간을 낳고, 이 하루가 쌓여 사계절의 시간을 낳고 있다. 이러한 "광음"의 순환적 원리는 '광야'의 공간을 전적으로 지배하는 탄생과 죽음의 반복적 코드로 작용하게 된다. "부즈런한 계절이 피어선 지고"에서 '피다'는 존재의 생

---

24) 김종길은 "어데 닭 우는 소리 들렸으랴"에서 "들렸으랴"를 '들렸으리라'의 축약된 형태로 보고 닭 울음소리가 들린 것으로 해석하고 있다. 이러한 분석에는 다분히 문제점이 있다. 한 행을 전체 시 텍스트의 구조로 놓고 그 문맥적 의미를 파악해야 하는데, 단지 그 행만을 놓고 문맥적 해석을 하고 있기 때문이다. 물론 그 축약형이 운율에 대한 배려로 그렇게 되었다고 논리를 펴고 있으나, 天·地·人이라는 순차적 시공간의 창조 과정을 고려한다면, 이것도 위치에 맞는 것은 아니라고 본다. 김종길(1974), 「이육사의 시」, 『진실과 언어』, 일지사, pp.105~106. 참조.

명을, '지다'는 존재의 죽음을 의미하듯이, 광야는 시간의 탄생과 더불어 생명체를 탄생시키고 있었던 것이다. 그래서 모든 생명체의 삶의 코드란 다름 아닌 "광음"의 순환적 코드를 따르는 것이다. "큰江물"이 인간을 탄생시키고,[25] 그렇게 탄생된 인간이 살아가면서 만든 문화와 역사의 길 또한 예외는 아니다. 마찬가지로 "광음"의 순환적 코드를 따르는 것이다. 이렇게 보면 '광야는 천 · 지 · 인의 창조, 천 · 지 · 인의 역사를 지닌 신성한 공간으로서 우주 순환의 삶의 원리가 지배하는 공간이 된다. 다시 말해서 주기적 반복의 순환적 삶의 원리가 지배하는 인간의 공간으로서 말이다.

그런데 이 '광야의 거시적인 주기적 순환은 '천고'의 시간을 마디로하여 반복되고 있다. 그래서 광음과 계절의 주기적 순환은 미시적인 마디로서의 시간 반복에 지나지 않는다. 제5연에서 '과거의 천고'를 전제로 하여 언술한 "다시 千古의 뒤"가 이를 말해주고 있다. 이런 점에서 '미래의 천고' 속에서도 광음과 계절은 미시적인 시간의 마디로서 순환 · 반복되는 것이라고 할 수 있다. 이렇게 광야의 인간 역사는 '천고'를 주기적 단위로 하여 반복되는 원리를 보여주고 있는데, 이 텍스트에서 '과거의 천고'와 '미래의 천고'가 제4연에 의해 통합되고 있다는 점이다. 제4연에서 언술 주체가 "지금 눈 나리고" 있는 현재의 광야에서 '과거의 천고/미래의 천고'를 동시에 불러내고 있기 때문이다. 그래서 '과거 천고의 광야-현재의 광야(매개항)-미래 천고의 광야로 삼원 구조를 구축하게 된다. 여기서 매개항인 현재의 광야가 어떤 의미를 산출하느냐에 따라 과거와 미래가 대립되기도 하고 통합되기도 한다.

언술 주체가 있는 현재의 광야는 '눈/매화'의 대립된 공간이다. 이 대립은 겨울과 봄의 차이를 명료하게 해준다. '눈'은 사물을 수축시키고 얼어붙게 하는 것이지만, 매화는 이와 달리 얼어붙고 수축된 것을 녹이

---

25) 신화적 세계에 의하면 물은 존재의 모든 가능성의 모태로서 생명의 근원이다. 그래서 인류 또한 물에서 발생했다고 보기도 한다. 미르치아 엘리아데, 이재실 옮김(1994), 「물과 물의 상징」, 『종교사 개론』, 까치, pp. 183~187. 참조.

고 풀어서 자기를 확대시키는 것이다. 그 확대가 바로 매화의 개화이다. 그래서 광야는 '죽음/삶, 응축/확산, 하강/상승, 부정/긍정'의 의미를 함께 지닌 양의적 공간이 되고 있다. 주체의 욕망은 전자를 후자로 전환시키는 데에 있다. 그 구체적인 행위는 "가난한 노래의 씨"를 뿌리는 것이다. 씨 뿌리는 행위는 예의 눈 덮인 겨울에서 봄으로 진행하는 우주 순환의 원리인 시간의 리듬을 탄다는 의미이다. 여기에 수식어 "가난한"이 붙은 것은 광야 전체를 덮고 있는 눈 속에 아직 미미한 봄 기운만 서려 있기 때문이다. 그러나 봄 기운을 탄 '씨앗'을 대지에 뿌림으로써 그 씨앗은 얼어붙은 대지를 일깨우며 응축된 존재에서 확대된 존재로 다시 태어나게 된다. 부연하면 대지를 更生, 更新하는 동시에 자기 존재를 무한하게 확대·확장한다는 의미를 나타낸다.

이 텍스트에서 '천고'는 헤아릴 수 없는 무한한 시간이 아니다. 역설적이지만, '천고'는 사계절로 응축된 상징으로서의 시간이다. 부연하면 광야의 역사적인 운행 원리를 우주 운행의 원리인 계절의 理法으로 원용하여 표현하고 있는 것이다.[26] 광야의 인간적인 역사, 즉 '과거의 천고'는 "지금 눈 나리"는 겨울 속에서 응축되어 얼어붙고 있는 동시에 미미하지만 개화를 꿈꾸는 매화처럼 확산의 시간을 몽상하고 있다. '미래의 천고' 역시 마찬가지이다. 지금 겨울에 덮여 봄을 몽상하고 있다. 그런데 이러한 과거와 미래의 천고는 분리되어 있는 것이 아니라 바로 "노래의 씨(앗)"에 내밀하게 응축·통합되어 있다. 넓고 푸른 무한한 하늘이 '청포도알'에 내밀하게 응축되어 있는 것처럼 말이다. 따라서 주체가 봄의 시간적 리듬을 타고 "노래의 씨"를 대지에 뿌린다는 것은 바로 '과거의 천고'와 '미래의 천고'를 재생시킨다는 의미를 지닌다. 하강의 역사(죽음)를 상승의 역사(삶)로 재생시키는 셈이다. 그래서 광야의 언어인 "노래의 씨"는 "강철로 된 무지개"(「절정」)의 겨울 시간을 해빙시키면서 죽음 속에 있던 고원공간의 주체를 삶의 세계로 재생시키게 된

---

26) 김열규(1992), 앞의 책, pp.442~443. 참조.

다. 이렇게 해서 결빙의 유폐된 육사의 시 텍스트가 우주 순환의 리듬을 타고 닫힘과 열림의 세계를 반복하게 된다. 그러므로 "노래의 씨"를 변환시키면 '청포도알'이 된다.

"白馬 타고 오는 超人"은 "강철로 된 무지개"의 겨울세계를 극복한 재생된 주체이다. 말하자면 초인은 모든 삶을 응축 · 응고시킨 겨울에서 탄생되고 있는 것이다. 이러한 초인이 「청포도」에 오면 '청포 입고 오는 손님'의 코드로 변환되기도 한다. 그래서 "白馬 타고 오는 초인"과 '청포 입고 오는 손님'은 문장 구조상으로도 동일한 형태를 취하고 있다. 뿐만 아니라 '청포'가 '청포도'의 이미지에서 산출되고 있듯이, '백마' 역시 순백의 '겨울눈'의 이미지에서 산출되고 있다. 이렇게 탄생된 '초인'과 '손님'은 현실의 부정성을 극복하고 긍정적인 미래 세계를 여는 기호로 작용한다. "노래의 씨"를 뿌리는 행위는 미래 시간을 여는 구체적인 행위이다. '노래'는 언어의 변이된 양식이다. 그러므로 "노래의 씨"는 곧 '언어의 씨'로서 시를 의미한다. 이로 미루어 볼 때, 육사에게 시 쓰는 행위는 곧 씨 뿌리는 행위이다. 그래서 미래를 여는 '초인＝손님' 또한 언어(詩)로서 시공간을 재생시킬 시인과 같은 존재라고 할 수 있다. 그리고 육사가 우주 순환의 원리를 시 텍스트 건축의 원리로 치환하여 시를 산출하고 있으므로, 그의 시는 죽음과 삶(재생), 하강과 상승, 어둠과 밝음, 부정과 긍정, 생성과 소멸 등의 의미를 반복 · 통합해 가는 텍스트가 되어 영원히 미래를 지향해 나가고 있다.

V. 결론

지금까지 살펴본 바와 같이 육사의 시 텍스트는 우주론과 우주적 순환원리를 치환하여 시적 욕망을 건축하는 원리를 보여주고 있다. 우주 순환의 원리는 생성과 소멸의 주기적 반복이다. 그래서 우주 순환의 원리 속에는 영원한 삶(긍정)도 없고 영원한 죽음(부정)도 없다. 단지 순환하고 있을 뿐이다. 육사를 둘러싸고 있는 부정적인 현실도 영원한 것은 아니다. 그것을 우주 순환의 코드 속으로 옮겨 가면, 그 부정은 언젠가는 긍정을 낳는 원리가 된다. 부정에서 긍정을, 긍정에서 부정을 생성해 내는 변증법적 원리가 우주 순환의 원리 속에 내재되어 있는 셈이다. 이렇게 보면 육사는 인간적인 삶의 원리와 우주 순환의 원리가 상동적인 구조를 이룰 때 인간이 자기 재생, 자기 확대를 도모할 수 있는 것으로 보고 있다. 부정적인 현실은 자아를 수축시키고 응축시키는 부조리한 세계이다. 그런데 이러한 세계가 있기 때문에 역설적으로 자기 재생, 자기 확대를 욕망할 수 있다. 죽음의 겨울에서 재생의 봄을 마련하고 있는 우주 순환의 원리처럼 말이다. 육사의 자기 재생, 자기 확대를 시간적인 코드로 보면 과거 '마을의 전설'인 인간의 시간에서부터 천지개벽의 "까마득한" 태초의 시간까지 거슬러 올라가고 있을 뿐만 아니라, 그 반대인 미래의 '千古' 시간까지 나아가고 있다. 공간적인 코드로 보면 청도포가 익는 '고장'에서 '북방'을 넘어 '바다'와 '하늘'까지 확대되고 있다. 요컨대 우주공간 전체까지 확대되고 있다. 이러한 자기 재생, 자기 확대를 역사적인 코드로 변환하게 되면 그것은 민족의 재생, 민족의 확대이다. 이렇게 육사의 시는 우주론적 시 텍스트가 되어 자아뿐만 아니라 민족까지 재생·확대시키고 있다.

2. 응축과 확산의 시적 원리와 코드 변환

I. 서론

이육사는 '저항시인'이라는 신화적 코드를 부여받아 오고 있다. 일제 식민지 지배체제에 온몸으로 저항해온 육사의 생애사적 전기를 감안하면, 그런 신화적 코드 부여는 매우 자연스러운 것이라고 할 수 있다. 저항시인이라는 신화적 코드에 의하면, 육사의 시 텍스트는 '지배(일본)/피지배(우리 민족)'라는 거시적 대립구조를 형성하게 된다.[27] 따라서 육사가 궁극적으로 욕망하는 것은 이러한 대립구조를 해체하여 조국 광복과 민족 해방을 성취하는 일이다. 이런 점에서 그의 시 텍스트를 구축하고 있는 시적 언어들은 '광복과 해방'을 위한 이데올로기적 의미로 수렴된다고 할 수 있다. 그리고 이렇게 신화적 코드로 시를 읽을 경우, 육사의 정신적 세계와 함께 그 시적 의미를 보다 명료하게 해명할 수도 있다.

기본적으로 '저항시인'이라는 신화적 코드는 육사 시를 이해하는데 적잖은 도움을 주고 있는 게 사실이다. 하지만 그럼에도 불구하고 그 신화적 코드에 의한 부작용 역시 만만하지는 않다. 가령, 육사의 시 텍스트를 그의 전기적 생애와 동시대의 사회 현실에 종속시키고 있다는 점, 의미 산출의 근거인 시 텍스트의 미적 구조를 배제하고 있다는 점, 시를 해명하기보다는 시인을 해명하고 있다는 점 등이 바로 그것이다. 육사의 시를 다양하게 읽기 위해서는 '저항시인'의 신화적 코드를 뛰어

---

27) '저항시인'의 코드로 육사 시를 분석한 대표적인 논문으로 김흥규(1976), 「육사의 시와 세계인식」, 『창작과 비평』 여름호. ; 조창환(1998), 『이육사 - 투사의 길과 초극의 인간상』, 건국대출판부. ; 김용직(2004), 「시와 역사의식 - 이육사론」, 김용직·손병희 편, 『이육사 전집』, 깊은샘 등이 있다.

넘어 열린 시각에서 접근할 필요가 있다.[28] 사실 그 신화적 코드가 육사의 장조카인 이동영 등에 의해 본격적으로 진행되었고, 이와 함께 70년대 유행한 참여문학 및 역사주의 비평과 맞물리면서 그 신화적 코드가 더욱 견고하게 되었던 것이다. 이로 미루어 보면, '저항시인'의 코드를 강화하는데 적잖게 私的이고 사회적인 이데올로기가 어느 정도 작용한 셈이다.[29] 그렇다고 해서 '저항시인'의 신화적 코드를 부정하고자 하는 것은 아니다. 다만, 시 텍스트의 분석과 그 의미를 저항시적 의미로 환원 재생산해서는 곤란하다는 얘기이다.

본고에서는 육사의 시를 자율적인 미적 구조를 지닌 텍스트로 보고, 육사의 시적 욕망이 어떻게 시적 원리로 구조화되고 있으며 그 의미작용이 또한 어떤 것인지를 함께 탐색하고자 한다. 육사의 가장 기본적인 시적 원리는 '응축과 확산'이다. 육사는 초기시에서 후기시에 이르기까지 '응축과 확산'이라는 시적 코드를 변환시켜가며 통일성 있게 시 텍스트를 구조화하고 있다. 이러한 변환 과정을 기호론의 기본원리라고 할 수 있는 이항대립의 원리로써 이를 구체적으로 살펴보고자 한다.

---

28) '저항시인'의 코드를 벗어나 육사 시를 분석한 대표적인 논문으로 이사라 (1989), 「이육사 시의 기호론적 연구: '한 개의 별'의 의미작용」, 『논문집』 제30집, 서울산업대. ; 김열규(1992), 「'광야'의 씨앗 Ⅰ-Ⅱ」, 『한국문학사』, 탐구당. ; 오세영(1994), 「이육사의 '절정' - 비극적 초월과 세계인식」, 김용직·박철희 편, 『한국현대시작품론』, 문장. ; 이어령(1995), 「자기 확대의 상상력 - 이육사의 시적 구조」, 김용직 편, 『이육사』, 서강대출판부.

29) 육사의 형제 중에서 셋째 源裕와 넷째 源祉는 월북한 인물이다. 그래서 50~60년대 극심하던 반공 이데올로기 속에서 장조카인 이동영은 집안을 구제하고 연좌제에서 벗어나기 위해 '민족운동사'에 이름을 얹힌 이육사를 '민족시인'으로 선양하기에 이른다. 그의 이러한 노력이 70년대 참여문학 등의 문학적 비평과 맞물리면서 어느 정도 성과를 얻게 된다. 정우택(2005), 「이육사 시에서 북방의식의 의미」, 『어문연구』 제33권 제1호, 한국어문교육연구회. pp.194~198. 참조.

Ⅱ. '응축/확산'의 대립적 코드와 의미작용

육사의 시적 욕망이 개인적 자아의 것이든 역사적 자아의 것이든지 간에 그 욕망을 시 텍스트로 구조화하는 시적 원리는 동일하다. 그 시적 원리는 다름 아니라 자아의 응축과 확산의 원리이다. 자아의 응축은 부조리한 세계에 의해 자아의 세계가 무한히 축소되는 것이고, 자아의 확산은 부조리한 세계를 극복하기 위해 자아의 세계를 우주공간으로 무한하게 확장하는 것이다. 우주의 원리가 반복과 순환의 원리이듯이, 육사는 '응축/확산'의 욕망을 반복 순환해 가며 주체적 삶의 존재방식을 탐색해 나가고 있다. 육사의 초기시 중에서 「황혼」은 낭만적 사색이 짙은 내용으로서 '응축/확산'의 대립적 코드에 의해 구조화된 대표적인 작품이다. 구체적으로 시 텍스트 분석을 통해 이를 탐색해 보도록 하자.

> 내 골ㅅ방의 커-텐을 걷고
> 정성된 마음으로 황혼을 맞아드리노니
> 바다의 흰 갈매기들 같이도
> 人間은 얼마나 외로운것이냐
>
> 黃昏아 네 부드러운 손을 힘껏 내밀라
> 내 뜨거운 입술을 맘대로 맞추어보련다
> 그리고 네 품안에 안긴 모든 것에
> 나의 입술을 보내게 해다오
>
> 저— 十二星座의 반짝이는 별들에게도
> 鐘ㅅ소리 저문 森林속 그윽한 修女들에게도
> 쎄멘트 장판우 그 많은 囚人들에게도
> 의지 가지없는 그들의 心臟이 얼마나 떨고 있는가
>
> 고비沙漠을 걸어가는 駱駝탄 行商隊에게나

아프리카 綠陰속 활 쏘는 土人들에게라도
黃昏아 네 부드러운 품안에 안기는 동안이라도
地球의 半쪽만을 나의 타는 입술에 맡겨다오

내 五月의 골ㅅ방이 아늑도 하니
黃昏아 來日도 또 저 푸른 커ー텐을 걷게 하겠지
暗暗히 사라지긴 시내ㅅ물 소리 같아서
한번 식어지면 다시는 돌아 올줄 모르나보다

―「黃昏」 전문

　이 텍스트를 여는 첫 연과 텍스트를 닫는 마지막 연에 제목처럼 '황혼'이 나오고 있다. 그래서 이 텍스트의 공간 전체를 감싸고 있는 것은 다름 아닌 '황혼'이다. 언술 주체가 거주하고 있는 '골방' 역시 황혼 속에 있음은 물론이다. 그런데 골방 안에는 '커ー텐'이 가려져 있으므로 인해서 '골방공간/황혼공간(우주)'은 대립하게 된다. 이 대립에 의해 골방 안은 부정적인 의미를 부여받는다. 주지하다시피 황혼은 빛의 감각을 산출해 주는 동시에 불의 이미지를 연상케 하는 따스함의 감각을 제공해 주기도 한다. 하지만 이러한 황혼이 커튼에 의해 골방 안으로 들어가지 못하고 있다. 그래서 상대적으로 골방 안은 '어둠과 서늘함(冷)'의 의미를 산출하는 부정적인 공간이 되고 있다. 골방 안과 골방 밖의 변별적 차이는 언술 주체인 '나'의 의식에 영향을 주게 된다. 그 영향이 바로 "골ㅅ방의 커ー텐을 걷"는 행위를 낳게 한다. 폐쇄되고 유폐된 골방의 부정적인 의미를 긍정적인 의미로 전환시키는 행위인 셈이다.
　폐쇄되고 유폐된 골방은 자아를 응축시키는 '외로운' 공간이다. 그 외로움이 존재론적인 것인지 아니면 부조리한 현실에서 생성된 것인지는 구체적으로 드러나 있지 않지만, 역설적으로 그 '외로움' 때문에 주체인 '나'는 시적 욕망을 갖게 된다. 부정에 의한 긍정의 산물인 셈이다. 언술 주체가 커튼을 걷는 순간 주체의 욕망은 구체적으로 드러난다. 그것은 다름 아닌 황혼과의 융합이다. 주체가 '맞아드린 황혼'을 의인화하여 자아와 대화할 수 있는 인간적 층위로 전환시킨 것도 그러한 융합을 위해서다. 그래서 이 텍스트는 '나-황혼(의인화)'의 담화 구조로 전환하게 된다. 그렇다면 의인화된 황혼이 산출하는 의미는 어떤 것일까. 먼저 황혼은 남성적인 거친 이미지와 달리 여성적인 부드러운 이미지를 산출하고 있다는 점이다. 황혼을 "네 부드러운 손"이라고 언술한 내용이 바로 그것이다. 더욱이 "네 품안에 안긴 모든 것"에서 알 수 있듯이, 황혼은 젊은 여성으로서 모성적인 이미지까지 구현하고 있다. 여기서 더 나아가 황혼이 지닌 공간성을 보면 상하좌우, 즉 우주공간 전체를 향하여 빛을 방사하는 의미작용을 하기도 한다. 이를 종합해 보면, 의인화된 황혼은 모성애를 지닌 젊은 여성으로서 우주공간 안에 존재하는 모든 사물들에게 생기와 안식을 주고 있다.

언술 주체인 '나'는 의인화된 그런 황혼과의 육체적 결합(융합), 즉 "내 뜨거운 입술을 맘대로 맞추어보"는 육체적 결합을 통하여 외로움으로 응축된 자아를 생기로 가득찬 자아, 우주 전체로 퍼져나가는 확산된 자아로 전환시키고자 욕망한다. 그리고 그렇게 우주 공간으로 확산된 자아는 자기만을 구제하고 있는 것이 아니라, 외로움으로 응축되어 있는 우주 공간 안의 모든 타자들까지 구제하고자 한다.[30] "모든 것에/나의 입술을 보내게 해다오"라는 언술에서 그러한 의미를 읽을 수 있기 때문이다. 주체가 결합하고 싶어 하는 타자들[31], 혹은 주체가 구제하고

---

30) 이 황혼과의 융합은 육사 자신으로 하여금 몽상의 시간을 갖게 해준다. 육사는 이 융합을 통하여 주어진 현실—그것이 정치적 상황이든 인간 존재의 한계의식이든, 개인적인 어떤 좌절이든—의 골방에서 황혼의 빛처럼 번져가는 커다란 나, 넓어진 나, 열려진 나를 몽상하고 있다. 그래서 그에게 시를 쓴다는 것은 골방을 넘어 지구 반대쪽으로 확대된 나를 찾아 나서는 의미가 되며, 이를 통해 자신과 인간을 구제할 수 있다는 의미가 된다. 이어령, 앞의 책, p.141.

31) 주체는 타자들을 구제하고자 하는 욕망을 지니고 있기도 하지만, 다른 한편으로는 구제와 상관없이 주체 자신이 초월적인 무구한 공간으로 가닿고자 하는 욕망을 보여주기도 한다. 가령 "저 +二星座의 반짝이는 별들에게" "나

싫어 하는 타자들은 "十二星座의 반짝이는 별", '종소리 저문 삼림 속'에 있는 "그윽한 修女들", "쎄멘트 장판우"에 있는 '많은 囚人들', "의지 가지 없는 그들", "고비沙漠을 걸어가는 駱駝탄 行商隊", "아프리카 綠陰속 활 쏘는 土人들" 등이다. 주체가 보기에 이 타자들은 모두 외로운 존재들인 것이다. 따라서 그 타자들이 현존하는 공간을 전환하면 다름 아닌 '커-텐이 가려져 있던 골방'이 되는 셈이다.

우주 공간 속의 타자들과 결합(융합)을 이루기 위한 주체의 자기확산의 시적 의지는 매우 강력하다. '~해다오', '~다오'라는 청유형 어미의 반복적 사용이 이를 대변해 주고 있다. 그럼에도 불구하고 황혼은 시간이 지나면 소멸하는 존재이기에 주체 역시 자기확산의 시적 욕망을 영원하게 지속시켜 나갈 수가 없다. 주체가 "내일"이라는 미래 시간을 미리 준비해 놓은 이유도 바로 그러한 것에 있다. 더욱이 "내일도"에서 조사 '-도'의 기능이 시사하고 있듯이, 내일 뿐만 아니라 모레(도), 글피(도) 그러할 것이라는 시적 욕망의 무한성을 보여주고 있다. 이런 점에서 자기확산의 시적 욕망이 얼마나 강력한지를 다시 한번 확인할 수 있다. 그래서 황혼의 소멸은 자기 응축이 된다. 즉 부정적인 공간으로의 회귀이다. 이 텍스트에서 황혼의 소멸을 "식어지면"으로 언술하고 있다. '식다'는 '따스하다'를 전제로 한 의미표현이다. 이를 기호론적 의미에서 보면 '冷/溫, 응축/확산, 하강/상승'이라는 대립적 공간성으로 나타난다. 따라서 황혼의 소멸은 곧 주체로 하여금 '冷, 응축, 하강'의 의미를 부여받게 한다.

이와 같이 육사는 황혼의 생성과 소멸[32]의 자연적 현상을 기호적 현상으로 코드화하여 응축과 확산의 시적 욕망을 드러내고 있다. 이로 보면, 자연적 현상의 텍스트와 기호적 현상의 시 텍스트가 상동적 구조를

의 입술을 보내게 해다오'라는 언술이 이를 말해주고 있다.

[32] 김현자는 황혼의 생성과 소멸을 영원히 순환되는 자연의 질서로 보고 있다. 그러면서 육사는 이러한 자연의 질서 속에서 우주적인 동시에 개인적이기를 욕망하고 있다고 한다. 김현자(1986. 2), 「〈황혼〉 속에 자신도 우주화」, 『문학사상』, 문학사상사, p.172.

이루고 있는 셈이다. 육사에게 '골방'은 황혼의 생성과 소멸이 순환 반복되고 있는 열림과 폐쇄의 공간이다. 골방의 커튼이 열리면 황혼이 품은 우주가 들어와 살고, 황혼이 사라지고 커튼이 쳐지게 되면 현실의 외로운 '나'가 응축되어 사는 공간이다. 그래서 육사의 시적 욕망은 응축된 '나'를 우주공간의 확대된 '나'로 끊임없이 창조해 내는데 있다. 그것은 곧 부정의 나와 부정의 현실을 긍정의 나와 긍정의 현실로 전환시킨다는 의미를 갖는다. 그래서 육사는 '골방' 안에 들어온 그 황혼의 우주를 변환하여 '청포도알' 속으로 옮겨 놓고 자기 확대의 시적 욕망을 지속적으로 유지하게 된다. 그 작품이 예의 「청포도」이다.

내 고장 칠월은
청포도가 익어가는 시절

이 마을 전설이 주절이주절이 열리고
먼데 하늘이 꿈 꾸며 알알이 들어와 박혀

하늘 밑 푸른 바다가 가슴을 열고
흰 돛 단 배가 곱게 밀려서 오면

내가 바라는 손님은 고달픈 몸으로
靑袍를 입고 찾아온다고 했으니

내 그를 맞아 이 포도를 따 먹으면
두 손은 함뿍 적셔도 좋으련

아이야 우리 식탁엔 은쟁반에
하이얀 모시 수건을 마련해두렴

— 「청포도」 전문

이 텍스트는 의미론적으로 언술 주체인 '내'가 있는 '고장 마을'과 '손님'이 있는 未知稱의 외부 공간이 대립하고 있다. '고장 마을'은 청포도가 열리고 익는 생명의 확산 공간이지만, 고장 밖의 외부 공간은 "고달픈 몸"이 되게 하는 생명의 수축(응축) 공간이다. 고장 마을이 긍정적인 의미를 부여받고 있다면, 손님이 있는 외부 공간은 부정적인 의미를 부여받고 있다. 그래서 주체인 '나'는 생명의 수축 상태에 있는 그 손님을 고장 마을로 맞아들여 그것을 생명의 확산으로 전환시키고자 욕망한다. 물론 그 욕망을 매개해 주고 있는 것은 '청포도'이다. 이렇게 해서 이 텍스트는 '나 - 청포도(매개항) - 손님'의 삼원 구조를 구축하게 된다.

매개항인 청포도는 나와 손님을 합일시켜주는 긍정적인 의미로 작용한다. 「황혼」에서 '골방' 안으로 들어온 황혼이 골방 속의 나를 몽상에 젖게 하듯이, 청포도 역시 현실 속의 나를 몽상에 젖게 한다. 그 몽상은 다름 아닌 시·공간의 융합인 동시에 자기확산이다. "마을 전설이 주절이주절이 열리"는 과거 시간의 재생은 과거와 현재를 융합해[33] 주는 동시에 주체로 하여금 고대의 시간까지 향유하게 한다. 그리고 청포도알 속으로 "하늘이 꿈 꾸며 알알이 들어와 박"히는 것은 천상공간과 융합을 의미한다. 더욱이 '꿈'은 상승적이고 확산적인 공간성의 의미를 지니고 있으므로, 청포도알은 그 자체가 곧 꿈꾸는 하늘이 되어 무한 공간으로의 확산을 꾀하게 된다. 뿐만 아니라 이와 동시에 수직의 하늘과 대응하는 수평의 바다 또한 닫힘의 공간에서 '가슴을 여는' 열림의 공간이 되고 있다. 이렇게 해서 '손님 - 배 - 바다'라는 대상이 주체의 몽상에 의해 '청포도알'의 공간 속으로 통합이 되고 있다.[34] 부연하면 '고달픈

---

33) 이 텍스트에서 '전설'과 '꿈'은 상호 조응된다. 전설은 과거지향의 표상이고 꿈은 미래지향의 표상이다. 이것이 함께 청포도에 스며든다는 것은 육사 시의 한 특징인 불연속적 세계관에 비춰보면 매우 특이한 일이다. 하지만 육사는 이 텍스트에서 과거와 현실의 단층 또는 자아와 세계와의 단절을 극복하여 미래지향의 세계로 나가고자 하는 현실극복의 기틀을 비로소 마련하고 있는 것으로 보인다. 김재홍(1987), 「육사 이원록」, 『한국현대시인연구』, 일지사, p.277.

손님'이 평안을 즐기는 '휴식의 손님'으로 전환되고 있는 것이다.

이와 같이 '청포도알'은 천·지·인의 세계를 모두 불러들인 축소된 우주공간이다. 이 우주공간은 부정적인 자기 응축의 공간이 아니라, 긍정적인 자기 확대의 공간으로 작용한다. 하늘처럼 꿈꿀 수 있는 자아, 바다처럼 가슴을 여는 자아, 손님과 합일할 수 있는 자아이기 때문이다. 손님과 함께 "포도를 따 먹으"며 "두 손은 함뿍 적셔도 좋으련"만이라고 한 것은 바로 그 합입을 구체화하는 육체적인 행위인 것이다. 생각하는 정신적인 행위와 달리 이 먹음의 육체적인 행위는 우주공간과의 합일을 가장 직접적으로 구체화해주는 의미를 지닌다. 이 먹음의 행위에 의해 '나와 손님'은 '고달픈 세계'인 부정성의 현실을 초월해 몽상의 연속적인 시공간 속에서 자아를 확산해 나갈 수 있다. 말하자면 결핍된 욕망을 충족시킬 수 있는 것이다.

하지만 자아의 확산은 '~오면', '~먹으면', '~좋으련', '~해두렴' 등에서 알 수 있듯이, 이미 성취된 것이 아니라 미래에 성취되어야 할 욕망으로 남아 있을 뿐이다. 「황혼」에서 "來日도 또 저 푸른 커 - 텐을 걷"어야 하는 것처럼, 자아의 확산은 미래로 계속 연기되어 나가고 있다. 달리 말하면 자아를 응축시키는 부정적인 세계의 힘이 자아를 확산시키려는 긍정적인 힘을 지속적으로 압도하고 있다는 것을 의미한다. 부정적인 힘은 주체로 하여금 세계와의 단절을 낳게 하지만, 자기확산의 힘은 세계와의 융합과 합일을 이루게 한다. 그리고 그 융합과 합일은 인위적인 것이 아니라 순환하는 우주원리를 그대로 따르고 있다. 요컨대 逆理의 상상력이 아니라 順理의 상상력을 보여주고 있는 셈이다. 이것은 육사 시편을 관류하는 시적 원리의 특성이기도 하다.

---

34) 하늘과 바다는 동일하게 푸른색 이미지를 지니고 있다. 뿐만 아니라 양자에 대한 의미론적 문장구조도 동일하게 나타나고 있다. 가령, '하늘이 꿈꾸며 들어오다'와 '배가 곱게 밀려서 오다'는 주술과 수식의 관계가 동일한 문장이다. 이런 점에서 하늘과 바다는 등가로서 상호 교환이 가능한 기호의미로 작용할 수 있는 것이다.

Ⅲ. '삶/죽음'의 대립적 코드와 의미작용

이육사의 자기 응축과 자기확산의 시적 원리는 '삶'과 '죽음'이라는 대립적 코드로 변환되면서 지속적으로 시 텍스트를 산출하고 있다. 그런데 육사의 시에서 '삶/죽음'의 극한적 대립이 거의 대부분 겨울이라는 계절적 시공간을 무대로 하여 건축되고 있다는 점이 특이하다. 겨울은 봄이나 여름과 달리 그 자체로 생명을 응축시키는 죽음의 이미지로 작용하기도 한다. 그럼에도 불구하고 육사는 죽음을 상기시키는 겨울이나 혹은 밤의 이미지를 즐겨 동원하고 있다.[35] 아마도 이것은 죽음을 통해서 삶의 문제를 해결하려는 시적 의지의 소산으로 보인다. 죽음과 삶의 차이는 생명체의 응축·응고(冷)와 확산(溫)의 차이이다. 그래서 죽음의 의미가 하강적이라면, 삶의 의미는 상승적이 된다. 구체적으로 겨울의 시공간을 무대로 하고 있는 「교목」과 「절정」을 통해서 '삶/죽음'의 대립적 코드와 그 의미작용을 살펴보기로 하자.

> 푸른 하늘에 닿을 듯이
> 세월에 불타고 우뚝 남아서서
> 차라리 봄도 꽃피진 말아라
>
> 낡은 거미집 휘두르고
> 끝없는 꿈길에 혼자 설내이는
> 마음은 아예 뉘우침 아니라
>
> 검은 그림자 쓸쓸하면

---

35) "육사의 시를 살펴보면, 특이한 계절이나 특정한 시간대가 자주 설정되고 있음을 알 수 있다. 주요 시에서 계절로는 겨울이, 시간대로는 밤이 자주 설정된다." 그리고 "몇 개의 주요 항목 육사의 시에서 시간 배경이 '겨울'인 경우는 전체 시 33편(한시 제외) 중 7편이고, '밤'인 경우는 11편이다." 강창민 (2002), 『이육사 시의 연구』, 국학자료원, p.149.

마침내 호수 속 깊이 거꾸러져
참아 바람도 흔들진 못해라

　　　　　　　　　　　　　　—「喬木」전문

　이 텍스트를 감싸고 있는 공간은 겨울이다. 겨울은 '꽃피는 봄'과 달리 존재하는 사물들의 생명을 위협하고 응축시키는 부정적인 의미로 작용한다. 그런데도 불구하고 교목은 오히려 그러한 겨울 공간 속에서 역설적으로 자기확산의 삶을 추구하고 있다. 그것은 다름 아니라 오직 천상공간을 향하여 발돋움하는 의지적 존재방식으로서의 삶이다. 그러한 자세를 말해주고 있는 것이 바로 "우뚝"이다. 물론 이러한 교목은 언술 주체의 삶을 표상하는 기호이기도 하다. 이 텍스트의 담화구조가 '나—교목'으로 되어 있을 뿐만 아니라, 언술 주체인 '내'가 교목의 "마음"을 자기의 마음처럼 읽고 있기 때문이다.

　그래서 이 텍스트의 교목은 다른 나무들과 변별되고 있다. 교목 이외의 나무들은 "우뚝 남아서" 있지 못한 채 자기 수축, 자기 응축의 자세를 취하고 있다. 그러면서 그 나무들은 '봄이 꽃피기를 바라고' 있을 뿐이다. 언술 주체가 보기에는 그런 나무들의 존재방식은 진정한 삶이 아니다. 다시 말해서 정신적 삶보다도 육체적 삶에 지배당하고 있는 나무들에 지나지 않는다는 것이다. 이 텍스트에서 육체적 삶의 원리가 부정적인 것은 그 나무들을 둘러싼 외부적 공간이 부정적인 데도 그것을 그대로 수용하고 있기 때문이다. "세월에 불타고"에서 알 수 있듯이, 세월로 상징되는 외부적 상황은 교목의 생존을 위협하는 부정의 시간으로 작용하고 있다. 외부적 상황이 '불(火)'로 상징된 이유도 여기에 기인한다. 불은 생명을 불어넣는 의미작용을 하기도 하지만, 그 열기가 도를 넘으면 오히려 생명을 위협하는 불이 되고 만다. 물론 이 텍스트에 나오는 불은 예의 교목과 나무들의 생명을 위협하는 불이다. 그래서 교목은 그 불에 타서 "검은 그림자"만 "쓸쓸하"게 지니고 있는 것이다. 이런 점에서 '겨울'은 그러한 '불'의 시간을 고착 응고시키는 부정적인 의미로 작용하게 된다.

그렇다고 해서 교목이 겨울의 부정성을 회피하거나 부인하지 않는다. 오히려 그 부정성을 온몸으로 껴안고 있다. 교목은 그러한 존재적 삶의 방식을 통해서 자기 구제를 몽상하게 된다. 그것은 극한의 육체적 고통 속에서 찾은 마음의 세계, 즉 정신적 세계이다. 교목은 정신적 세계를 통하여 자기확산의 욕망을 펼치게 된다. 이런 점에서 육사는 向內性을 지닌 시인이라고 할 수 있다.36) 좀 더 구체적으로 말하면 "검은 그림자"로 응축되는 죽음의 세계에서 이와 대립하는 밝고 환한 삶의 세계, 즉 "끝없는 꿈길"을 창조해 내고 있다. 죽음을 전제로 하는 꿈은 자기 확산적이고 상승 지향적인 의미작용을 한다. 그래서 그 꿈은 「황혼」에서 우주공간으로 퍼져 나가는 '황혼'의 코드와 등가를 이루기도 하며, 「청포도」에서 '하늘이 꿈꾸며 들어온' '청포도'와 등가를 이루기도 한다. 이처럼 교목은 부정적인 자기 응축의 세계에서 긍정적인 자기확산의 세계를 창조해 내고 있다. 요컨대 부정을 통한 자기 긍정인 셈이다. 부정의 세계가 없다면 이러한 긍정의 세계를 기대할 수 없는 법이다.

죽음의 세계에서 삶을 몽상하는 교목은 신성한 宇宙木으로 전환된다. "마침내 湖水속 깊이 거꾸러져"라는 언술이 이를 말해주고 있다. 신화적 공간에서 '거꾸로 선 나무'는 宇宙木의 의미를 부여받고 있기 때문이다.37) "세월이 불타고"에서 '불과 대립하는 물, 즉 '호수'는 교목의 부정성을 정화하는 의미로 작용하면서 교목의 신성성을 더해주고 있다. 뿐만 아니라 호수 밖 지상 공간에는 바람이 불어 교목(주체인 나)의 육체

---

36) 이육사의 시적 특성 중의 하나는 향내성이다. 그는 외부로부터 가해지는 자극들에 대해서 그의 생각이나 감정을 즉각적으로 표현하지 않고 그것을 안으로 갈무리하는 성향을 지니고 있다. 말하자면 행동보다는 그 반대편에 서 있는 태도를 취하고 있다. 김용직, 「시와 역사의식—이육사론」, 앞의 책, p.392.

37) 미르치아 엘리아데(1993), 「식물. 재생의 상징과 제의」, 이재실 역, 『종교사 개론』, 까치, pp.256~264.

적 자아와 정신적 자아를 교란시키고 있지만, 호수 속은 그러한 바람조차 허용하지 않고 있다. 그래서 정신적 자아의 완전한 승리로 끝나고 있다. 즉 어떠한 육체적 고통도 능히 극복할 수 있는 절대적 정신적 자아, 말하자면 초자아의 모습으로 현현하고 있는 셈이다. 그러한 절대성을 시사해주는 것이 '아예', '마침내', '차마' 등의 부사어 사용이다. 이러한 부사어들은 시 텍스트의 공간을 동적 이미지로 만드는데 기여하기도 하지만[38] 육체적 자아를 이기고 정신적 자아로 전환케 하는 의미작용을 하기도 한다.

이렇게 보면 이 텍스트는 '죽음(응축)/삶(확산)'의 대립적 코드를 기본축으로 하여 시적 의미를 건축하고 있는 것이 된다. 그리고 그 의미 산출은 부정적인 자기 응축의 세계에서 긍정적인 자기확산을 욕망하는 정신적인 세계가 된다. 「절정」의 시 텍스트도 예외는 아니다. 「절정」에서는 의인화된 교목 대신에 언술 주체 자신을 그러한 겨울의 시공간 속에 옮겨 놓고 시를 건축해 가고 있다. 그럼에도 불구하고 '죽음(응축)/삶(확산)'의 대립적 코드 사용에는 변함이 없다. 다만 시적 무대의 이야기 상황만 다를 뿐이다.

> 매운 季節의 채쭉에 갈겨
> 마츰내 北方으로 휩쓸려오다.
>
> 하늘도 그만 지쳐 끝난 高原
> 서릿빨 칼날진 그 우에서다.
>
> 어데다 무릎을 꿇어야 하나
> 한발 재겨 디딜곳조차 없다.

---

38) "극단적인 부사어의 애용은 육사의 시가 단도직입적이며 명쾌한 동태적 이미지를 형성하는데 결정적인 역할을 수행하고 있다." 조창환, 앞의 책, p.57.

이러매 눈 감아 생각해 볼밖에
겨울은 강철로 된 무지갠가 보다.

—「絶頂」 전문

　이 텍스트에서 '겨울'은 이중적인 의미로 작용하는 다의적 기호이다. 언술 주체가 겨울을 의인화하고 있다는 점에서 그러한 사실이 드러난다. "채쭉"을 들고 물리적 폭력을 행사하고 있는 겨울은 우주현상으로서의 겨울이기도 하지만, 다른 한편으로는 주체가 처한 개인적인 혹은 시대 사회적인 상황을 상징해 주는 겨울이기도 하다.[39] 이런 점에서 겨울은 주체에게 이중적인 부정의 의미로 작용하고 있는 셈이다. 그러나 그 이중적인 겨울의 힘이 지속적으로 언술 주체에게 작용하는 것은 아니다. 텍스트가 진행되면서 개인적인 혹은 시대 사회적인 상징으로서의 겨울은 약화되고, 반면에 우주현상으로서의 겨울은 강화되고 있다. 부연하면 전자의 겨울이 주체를 북방으로 쫓아내는데 그 원인을 제공했다면, 후자의 겨울은 그런 주체에게 극한의 결빙공간을 제공하고 있는 것이다.
　제1연 제2행의 "마침내 북방으로 휩쓸려오다"부터는 우주현상으로서의 겨울이 주체에게 부여한 결빙의 북방공간이 된다. 그런데 주체의 심리로 보면 북방공간에 대한 태도가 부정적이지 않다는 점을 발견할 수 있다. '마츰내'와 '휩쓸려오다'라는 詩語 사용이 그것을 밑받침해 주고 있다. '마츰내'는 잠재적으로 염원해 오던 것이 성취될 때 사용하는 부사어다. 이로 미루어보면, 주체는 "매운 季節의 채쭉에 갈"기기 전부터 북방을 동경해 왔다는 것을 알 수 있다. 다만, 현재 주체가 능동적인 의

---

39) "매서운 계절"을 일제지배의 식민지 상황으로 보고 "채찍"을 일본 관헌의 고문으로 보는 것은(김영무, 앞의 글, p.194.) 육사의 삶을 전적으로 시대 사회적 상황에 그대로 대입시켜 도출한 결과적 소산이다. 텍스트의 구조상으로 보면 "매운 계절"인 겨울은 그렇게 단순하지가 않다. 겨울은 이중성의 의미를 지니고 있기 때문이다.

지로 온 것은 아니지만, 그래도 평소 동경해 왔던 북방이기에 반갑지 아니할 수가 없는 것이다. '휩쓸려오다'도 마찬가지이다. 채찍에 갈겨 북방으로 쫓겨 가는 자신의 행위를 자신이 언술할 때에는 '북방으로 휩쓸려가다'라고 해야 정상적인 문장이다. 그런데 언술 주체는 그와 반대로 '휩쓸려오다'로 표현하고 있다. 이 표현을 정확하게 말하면, 이미 상상적으로 북방한 도착한 자아가 현재 쫓겨 오는 자아를 객관성 대상처럼 생각하며 표현한 것에 지나지 않는다. 이런 심리로 보면 언술 주체에게 북방은 동경의 대상이었음이 확실해지고 있다.

그러나 동경의 대상으로서 북방공간은 현재 모든 생명체의 삶을 응축 응고 시키는 결빙의 공간이다. 더욱이 북방의 수평공간에 뿌리를 두고 수직으로 솟아 있는 고원의 끝, 즉 절정은 인간만이 아니라 하늘도 다다를 수 없는 탈시공간(천지로 분절되기 이전의 카오스 공간과 같은 의미)의 새로운 영역이 되고 있다. 물론 그 영역에서의 시간과 공간은 움직이지 못하고 硬塞되어 있다.[40] 따라서 주체가 그 위에 서 있다는 것은 그 자체로 죽음을 의미한다. 그 죽음을 상징적으로 보여주는 것이 바로 "서리빨 칼날"이다. 고원의 절정에 응축된 겨울의 힘은 금속성의 칼날로 기호화되어 생명을 파멸시키는 부정적인 의미작용을 하게 된다. 이렇게 보면 겨울은 '채찍→서릿발→칼날'로 그 속성이 응축 경화되면서 고원을 죽음의 공간으로 만들어 가고 있다. 그런데도 불구하고 북방의 고원을 체험하고 있는 주체는 이와 반대로 '오다→(위에)서다'로 수직 상승적인 자세를 취하고 있다. 죽음(응고)에 대립하는 삶(확대)의 자세인 셈이다. 이러한 자세는 육사가 이미 언급한 바 있듯이, "내 기백을 키우고 길러서 金剛心에서 나오는 내 시를"[41] 쓰기 위한 정신적 의지에서 나온 것이라고 할 수 있다. 부연하면 육체적 고통을 통해서 정신적 세계를 획득하려는 방법이라고 할 수 있다.

물론 그 정신적 세계의 획득은 육체적 고통의 극한, 즉 죽음의 한계

---

40) 김열규, 앞의 책, p.441.
41) 김용직·손병희 편, 「계절의 오행」, 앞의 책, p.162.

에 이르러서야 가능하게 된다. "무릎을 꿇"는 것은 육체적 수축인 동시에 죽음을 의미한다. 육사는 바로 이러한 삶과 죽음이 교차하려는 고통의 순간에 비로소 내면의 정신세계를 획득하고 있다. "이러매"라는 전환 접속사가 바로 정신세계의 획득을 구체화해 준다. 그래서 '눈을 감고 생각하는 것'은 부정적인 자기 응축 자기 응고가 아니라, 오히려 긍정적인 자기 확대 자기 확산의 의지가 되는 것이다. 그 의지의 소산이 예의 생각에 의해 창조된 "겨울은 강철로 된 무지갠가 보다"이다. 그래서 이제 겨울은 육체적 세계와 관계를 맺는 겨울이 아니라, 내면(정신)의 세계와 관계를 맺는 겨울로 전환하고 있다. 육체적 세계와 관계를 맺을 때는 삶을 파멸시키는 '칼날로 된 서릿빨'이었지만, 내면적 세계와 관계를 맺을 때에는 "강철로 된 무지개"로 전환되고 있다. "강철로 된 무지개"라는 역설적 구조[42]는 죽음과 상반되는 의미를 산출한다. 강철로 된 무지개는 황혼처럼 사라지지는 않지만, 그 반면에 경화되어 황혼처럼 부드럽게 퍼져 나가지는 못한다. 하지만 그럼에도 불구하고 "강철로 된 무지개"는 황혼처럼 빛을 지니고 있는 동시에 천지의 대립된 세계를 융합시켜주는 공간 확대의 작용을 한다. 뿐만 아니라, 교목이 혼자 설레며 끝없는 꿈길을 가는 것처럼 자기 확산 자기 확대의 몽상적 이미지를 산출하기도 한다. 이런 점에서 겨울처럼 외부적 상황이 더 부정적일수록 육사의 자기 확산 자기 확대의 의지는 이와 비례하여 더욱 커지게 된다. 이것이 바로 육사의 정신세계이다.

이렇게 보면, 육사는 새디스트가 아니라 매조키스트의 성향을 지닌 시인인 셈이다. 매저키즘을 넓은 의미에서 자신의 극기 수련이나 종교적 고행, 즉 채찍질 등을 통해서 정신적 신념을 가다듬는 것이라고 볼때,[43] '겨울의 채찍', '서릿발 칼날', '거꾸로 쳐 박힌 교목' 등의 극한적 육신의 고행은 다름 아닌 정신적 신념을 가다듬는 행위라고 볼 수 있

---

42) 오세영, 앞의 책, p.271.
43) 마광수(2000), 「마조희즘적 쾌락에의 동경」, 『문학과 성』, 철학과현실사, pp.36~38.

다. 그 고행의 결과가 바로 긍정적 세계인 "강철로 된 무지개"(정신적 신념)를 창조해낸 것이다.

Ⅳ. '노래(이상)/지상(현실)'의 대립적 코드와 의미작용

이육사의 시 텍스트 건축 원리인 '응축과 확산'의 코드는 다양한 변환적 코드를 생성하면서 육사의 시적 욕망을 충족시켜 주고 있다. '응축과 확산'의 코드가 '죽음과 삶'의 코드를 거쳐 '노래와 지상'의 코드로 변환하게 되면, '나-나', '나-타자'의 존재론적 관계를 탐색하던 시적 욕망도 '나-사회', '나-민족'이라는 현실적 관계를 탐색하는 욕망으로 전환하게 된다. 육사의 시 텍스트에서 '노래'의 이미지는 자주 노출되고 있다.[44] 이로 미루어 보면 '노래'의 시어는 시적 의미를 지배하는 支配素라고 볼 수 있다. 그의 시 텍스트에서 '노래'의 의미작용은 부정의 지상적 현실세계를 정화하여 긍정의 세계로 확산시키는 것으로 나타난다. 대표적으로 「한 개의 별을 노래하자」, 「광야」 등의 작품이 '노래(이상)/지상(현실)'의 대립적 코드로 건축되고 있다.

꼭 한개의 별! 아츰날때보고 저녁들때도보는별
우리들과 아-주 親하고 그중빗나는별을노래하자
아름다운 未來를 꾸며볼 東方의 큰별을가지자

한개의 별을 가지는건 한개의 지구를 갓는 것
아롱진 서름밖에 잃을것도 없는 낡은이따에서
한개의새로운 地球를차지할 오는날의깃분노래를
목안에 피人때를 올녀가며 마음껏 불너보자

---

44) 노래의 시어를 담고 있는 작품으로는 「江건너 간 노래」("내가 부르던 노래"), 「春秋三題」("노래의 合奏"), 「광야」("노래의 씨"), 「나의 뮤-즈」("노래란 목청") 등이 있다.

처녀의 눈동자를 늣기며 도라가는 軍需夜業의 젊은동무들
푸른 샘을 그리는 고달픈 沙漠의 行商隊도마음을 축여라
火田에 돌을 줍는百姓들도沃野千里를 차지하자

다같이 제멋에 알맞은 豊穰한 지구의 主宰者로
임자없는 한개의 별을 가질 노래를 부르자

한개의별 한개의 지구 단단히다저진 그따우에
모든 生産의 씨를 우리의손으로 휘뿌려보자
嬰栗처럼 찬란한 열매를 거두는 餐宴엔
禮儀에 끄림없는 半醉의 노래라도 불너보자

렴리한 사람들을 다스리는神이란항상거룩합시니
새별을 찾저가는 移民들의그틈엔 안끼여갈테니
새로운 地球에단 罪없는노래를 眞珠처럼 흣치자

한개의별을 노래하자 다만한개의 별일망정
한개 또한개 十二星座 모든 별을 노래하자.

— 「한개의 별을 노래하자」 부분

이 텍스트는 기본적으로 이항대립의 코드에 의해 시적 의미가 건축
되고 있다. 언술 주체가 노래하자고 권유하는 '별'은 모두 동일한 의미
를 지닌 별이 아니다. 언술 주체가 '별'에 부여한 의미에 따라 별은 '친
근한 별/새별'로 대립하고 있다. 이 텍스트는 이러한 대립의 축을 발판
으로 하여 시적 의미를 전개시켜 나가고 있다. '친근한 별'은 긍정적인
의미를 산출하는 기호로서 '아침 저녁으로 보는 별, 빛나는 별, 동방의
큰별, 임자 없는 별' 등으로 그 내포적 의미를 확대해 나가고 있다. 반면
에 '새별'은 부정적인 의미를 산출하는 기호로서 "렴리한 사람들"만 노
래하며 찾는 별이다.

그래서 주체는 새별을 노래하기보다는, 친근한 별을 노래하자고 권유한다. 주체를 포함한 우리가 '한 개 의 별'을 노래하게 되면, 그 노래에 의해 천상공간의 기호이던 별이 하강하여 지상의 별이 된다. 물론 노래를 부르기 전에는 지상에 별이 관여할 수 없는 일이다. 따라서 노래를 부르기 전과 노래를 부르고 있을 때의 시차성은 지상에 대한 의미를 변별해 주는 의미작용을 한다. 말하자면 이항대립에 의한 변별적 차이가 생겨나고 있는 것이다. 노래를 부르기 전의 지상은 '서러움'밖에 없는 '낡은 땅'에 지나지 않는다. 그 낡은 땅은 '강자/약자, 부자/가난' 등으로 고착화된 사회이다. 가령, 강자에 의해 억압받고 있는 '군수야업의 젊은 노동자'들이 그러하고, '옥야천리'를 가진 부자에 의해 억압받는 '화전의 백성들'이 그러하다. 이들은 모두 현실적 삶에 있어서 소외된 궁핍한 사람들이다. '푸른 샘/사막'의 대립에서 알 수 있듯이, 결국 이들은 물도 없이 사막의 인생을 사는 사람들에 불과하다. 부연하면 수축된 삶을 사는 사람들이다.

　　그러나 '한 개의 별'을 노래하고 있을 때, 그것도 '목안의 핏대를 올려가며' 노래하고 있을 때,[45] 그 지상적 삶의 세계는 긍정적으로 전환하게 된다. 그것은 곧 '낡은 이 땅'과 대립하는 '단단히 다져진 그 땅'이다. 지시어 '이/그'의 차이처럼, '그 땅'은 '새로운 땅'이다. "한개의 별을 가지는 건 한개의 地球를 갓는 것"이라고 한 언술에서 알 수 있듯이, 그 새로운 땅은 바로 인류 전체가 살고 있는 현실의 지구이다. 이렇게 육사는 '東方의 별'이라는 민족주의적 상상력을 벗어나 지구 전체를 새로운 땅, "새로운 地球"로 창조하려는 욕망을 보여주고 있다. '한 개의 별'을 노래함으로써 새롭게 창조된 "지구"는 이제 별이 가꾸는 지구가 된다. 이렇게 별이 지구에 관여하자 '노래하자'라는 추상적 소리의 코드는 '뿌려보

---

45) 이 구절에서 알 수 있듯이, '한 개의 별'을 노래하는 일은 단순한 즐거운 일이 아니다. 곧 고통이 수반되고 있다. 그러므로 노래하는 일은 곧 노동하는 일과 같다. 그런 노동이 있었기에 휴식의 시간인 "半醉의 노래"를 부를 수 있는 것이다. 이사라, 앞의 논문, pp.274~275.

자'라는 구체적 행위의 코드로 변환하게 된다. 마찬가지로 천상공간의 기호였던 "별"도 지상공간의 기호인 "眞珠"로 변환하고 있다. 무수한 진주의 상징적인 씨앗으로 뿌려진 새로운 지구는 영원한 생명력을 발산할 수 있다. 말하자면 "풍양한 지구"로서 모든 생명을 영원히 확산시키는 공간으로 기능하고 있는 것이다. "다같이 제멋에 알맞"게 살 수 있는 자유롭고 평등한 사회로서 말이다.

이 텍스트는 노래에 의해 속박의 '낡은 땅'이 자유의 '새로운 땅'으로 정화 재생되고 있다. 물론 이것을 가능케 한 것은 별이다. 별은 진주 같은 씨앗이 되어 지구 전체를 발아시키고 있다. 자기 확산으로서의 지구 모습이다. 그런데 이러한 모습이 현재 실현되고 있는 것은 아니다. 다만 육사가 그러한 노래를 통하여 자기의 理想이 미래에 실현될 수 있기를 욕망하고 있을 뿐이다. '오는 날의 기쁜 노래'처럼 그 노래는 미래를 전제로 하여 불리고 있다. 그렇다고 해서 그 미래지향이 무의미한 것은 아니다. 그의 미래지향에는 현실에 뿌리를 둔 사회적 상상력이 숨어 있다. 이런 점에서 부정한 현실을 무조건 외면하고 탈피해 "새별을 차저가는 移民들"의 이상적인 노래와는 변별된다. 그 이민들의 노래에는 현실의 뿌리가 없기 때문이다. 이민들의 노래가 부정적인 것도 여기에 기인한다.

그리고 '별의 씨앗' 곧 '진주의 씨앗'을 「광야」의 공간으로 옮겨 놓으면, 그것은 다름 아닌 '노래의 씨'로 변환된다. 그 노래의 씨앗은 사회적 상상력과 달리 역사적 상상력을 토대로 하여 시적 공간을 확산시켜 나가고 있다.

　　까마득한 날에
　　하늘이 처음 열리고
　　어데 닭 우는 소리 들렷스랴

　　모든 山脈들이

바다를 戀慕해 휘날릴때도
참아 이곳을 犯하던 못하였으리라

끊임없는 光陰을
부즈런한 季節이 피어선 지고
큰江물이 비로서 길을 열었다

지금 눈 나리고
梅花香氣 홀로 아득하니
내 여기 가난한 노래의 씨를 뿌려라

다시 千古의 뒤에
白馬타고 오는 超人이 있어
이 曠野에서 목놓아 부르게 하리라

—「曠野」 전문

이 텍스트는 '과거 – 현재(매개항) – 미래'의 시간 구조로 구축되어 있다. 제1연에서 제3연까지는 과거시제이고, 제4연은 현재시제이다. 그리고 물론 제5연은 미래시제이다. 이렇게 보면, 현재시제인 제4연은 과거와 미래를 매개하는 매개항으로 기능한다. 따라서 제4연의 의미작용이 어떤 것인가에 따라 과거와 미래가 대립할 수도 있고 융합할 수도 있다. 그만큼 제4연은 이 텍스트의 의미산출을 지배하는 핵심적인 연으로 작용하고 있는 것이다.

과거시제에 해당하는 제1연에서 제3연까지는 신성한 공간으로서 광야가 지닌 역사적 형성 과정을 언술하고 있다. 다시 말하면 카오스 공간에서 천·지·인으로 분절 분화되는 코스모스공간으로의 창조 과정을 언술하고 있는 것이다. 제1연과 제2연에서 수직 공간의 하늘과 수평 공간의 산맥·바다가 창조되자 제3연에서는 '광음과 계절'이라는 시간이 창조되고 있다. 이렇게 시공간이 마련되면서 인간의 삶이 담긴 광야의 역사가 태동했던 것이다. 이런 점에서 보면, 광야의 역사는 우주의 역사이기도 하다. 그래서 우주의 역사가 시간의 변화를 따라 소멸과 생성을 반복하듯이 광야의 역사 또한 그렇게 될 수밖에 없었다. 말하자면 광야의 역사 기복이 근원적으로 우주의 기복에 담겨져 있는 셈이다.[46] 그런데 천고의 역사를 지녔던 광야가 "지금"은 그러한 우주적 원리를 따라 시공간의 운동을 하지 못한 채 멈추고 있는 것이다. 즉 「절정」에서 경화된 '고원'의 시공간처럼 "지금 눈 나리고" 있는 광야의 시공간도 그렇게 경화되어 있는 상태이다.

그러나 현재시제인 제4연에서의 지금의 광야는 우주적 원리를 따라 눈이 내리는 속에서도 봄기운을 타고 있다. "매화향기"가 이를 대변해 준다. 하지만 그럼에도 불구하고 과거 천고의 인간 역사는 그대로 경화되어 있는 것이다. 따라서 과거 천고의 인간 역사가 재생되지 않는 한 미래의 천고 역사를 기대할 수 없는 법이다. 과거 천고의 역사와 미래 천고의 역사를 융합시킬 수 있는 방법은 눈 속에 파묻힌 인간의 역사, 인간의 대지를 흔들어 깨우는 일이다. 그것을 위한 구체적인 행위가 바로 "노래의 씨"를 뿌리는 것이다. 낡은 땅을 새로운 땅으로 전환하기 위해 '별의 씨앗'을 대지에 뿌린 것처럼, 언술 주체는 광야의 인간 역사를 재생하기 위해 노래의 씨를 뿌리고 있는 것이다.

노래의 씨(앗) 속에는 과거의 천고 역사와 미래의 천고 역사가 함께 융합 수축되어 있다. 이 노래의 씨앗이 우주순환의 원리를 따라 봄기운을 타게 되면, 현실 속에 유폐된 광야의 인간 역사, 즉 민족의 역사가 다시 개화될 수 있다. 이처럼 노래의 씨앗은 광야 공간 전체를 확대시키는 동시에 시간적으로는 태초 과거의 시간으로부터 천고 미래의 시간까지 확장시키는 연속적 세계관을 부여해 주기도 한다. 육사에게 이러한 '노래의 씨(앗)'은 곧 시의 씨앗이다. "행동은 말이 아니고 나에게

---

46) 김열규, 앞의 책, p.443.

는 시를 생각는다는 것도 행동이 되는 까닭"[47]이라고 육사가 말한 것처럼, 그는 시 쓰는 행위를 통해서 부조리한 현실을 극복하고 자아와 이 세계를 구제하려고 했던 것이다.

V. 결론

육사는 시 텍스트를 건축하는 기본적인 시적 원리로 '응축과 확산'의 대립적 코드를 사용하고 있다. 육사가 욕망하는 시적 세계는 자아의 확대, 자아의 확산을 통하여 우주 공간 전체를 긍정적인 세계로 전환시키는 데 있다. 하지만 육사를 둘러싸고 있는 외부적 현실세계는 그러한 시적 욕망을 쉽게 허락해 주지 않는다. 그래서 그는 자아의 세계가 축소되고 응축되는 과정을 겪게 된다. 따라서 그의 시적 욕망은 '응축/확산'의 팽팽한 대립 속에서 항상 미래로 연기되어 나갈 수밖에 없다. 부연하면 그 대립의 힘이 육사로 하여금 지속적으로 시 텍스트를 산출하게 하는 원동력이 되고 있는 셈이다.

'응축/확산'의 대립적 코드에 의해 건축된 대표적인 작품은 「黃昏」, 「靑葡萄」이다. 「황혼」에서 '골방' 안에 갇혀 있던 언술 주체는 '황혼'과 융합되어 우주공간으로 확산하려는 자아를 욕망한다. 그러나 시간의 변화에 따라 황혼이 소멸하는 기호이기에 다시 주체의 욕망은 '골방'안으로 응축되고 만다. 그래서 육사는 자아의 확산을 지속시키기 위해 황혼의 기호체계를 「청포도」의 공간으로 전환시켜 그 욕망을 유지해 가려고 한다. 「청포도」에서는 천지인의 우주세계를 '청포도알'로 축소하여 세계와의 합일을 성취하고 있다.

그리고 '응축/확산'의 코드는 '삶/죽음'의 코드로 변환되면서 자기 존재방식을 추구하는 것으로 드러난다. 「喬木」과 「絶頂」이 이에 해당하는

---

47) 김용직·손병희 편, 앞의 책, p.162.

대표적인 작품이다. 「교목」의 언술 주체는 극심한 육체적 고통에 의해 자아가 응축(죽음)되고 있음에도 불구하고 정신적 자아를 내세워 자기 확산의 '끝없는 꿈길'(삶)을 욕망하는 존재방식을 찾고 있다. 「절정」 역시 예외는 아니다. 육체적 죽음을 강요하는 결빙의 고원에서 역설적으로 삶이 확대될 수 있는 정신적 세계를 획득해 내고 있다. 즉 주체가 창조해낸 '강철로 된 무지개'가 자기 확대의 몽상적 이미지로 작용하고 있기에 그러하다.

또한 '응축/확산'의 코드가 '노래/지상'의 코드로 변환되면서 사회적 층위, 역사적 층위의 상상력을 산출하게 된다. 「한개의 별을 노래하자」에서는 별의 씨앗으로 '낡은 땅'의 현실을 '새로운 땅'으로 전환시키려는 사회적 이상을 보여주고 있으며, 「광야」에서는 노래의 씨앗으로 광야 공간 전체를 재생 확대하려는 역사적 상상력을 보여주고 있다. 이와 같이 육사는 '응축/확산'의 코드를 변환시켜가면서 부조리한 현실을 극복하여 자기 및 이 세계를 구제하려고 한다.

3. 별과 황혼의 시적 원리와 그 구조화

Ⅰ. 서론

李陸史와 尹東柱는 일제 식민지 지배체제에 희생된 가장 비극적인 시
인이다. 이육사는 독립운동 혐의로 피검되어 1944년 1월 중국의 북경
감옥에서 옥사하였고, 윤동주는 일본 유학 중에 사상범으로 피검되어
1945년 2월 후쿠오카 형무소에서 옥사하였기 때문이다. 비극적인 시인
으로서 공통되는 요소는 여기에 그치지 않는다. 해방을 맞이하기 전에
모두 머나먼 이국땅에서 옥사하였다는 점, 살아생전 자신의 손으로 시
집을 출간하지 못하고 유고시집을 냈다는 점, 저항시인으로 명명된 점
이 그러하다.

물론 이러한 그들의 비극적인 생애사는 그 자체로도 큰 의미를 지니
고 있다. 하지만 문제는 비극적인 생애사를 전면에 내세울 경우, 필연
적으로 그들의 시적 세계가 욕망하는 것은 동일하게 일제의 식민지 지
배체재에 대한 고발과 저항의식으로 귀결된다는 점이다. 가장 단적인
예를 든다면, 이육사의 「광야」에 나오는 '노래의 씨'와 윤동주의 「서시」
에 나오는 '별'을 동일하게 모두 조국 광복을 상징하는 시어로 보는 경
우이다. 이렇게 되면, 그들의 시적 텍스트의 구조가 다름에도 불구하고
시적 언어의 의미를 동일한 이념(광복)으로 묶는 모순을 낳게 된다. 시
적 언어를 하나의 이념에 비추어 해석하는 것은 복합 기호 체계인 언어
를 단일 기호 체계인 언어로 환원시키는 태도에 지나지 않는다.

예의 단일 기호 체계는 시 텍스트의 의미를 획일화시킬 뿐만 아니라
시인과 시 텍스트를 등가의 관계로 만들어 놓는다. 마찬가지로 하나의
이념, 하나의 주제의식은 시인들의 변별적 차이도 무력화시킨다. 그러
므로 단일 기호 체계 속에서 이육사의 시와 윤동주의 시는 그것의 구조

와 관계없이 하나의 이념을 산출하는 상동적 시 텍스트로 존재할 수 있다. 말하자면 두 시인이 생산한 하나의 시 텍스트와 같은 셈이다. 그러므로 이러한 단점을 극복하기 위해서는 단일 기호 체계인 그들의 시적 언어를 복합 기호 체계로 전환해야 한다. 물론 이러한 전환이 그들의 비극적인 생애사를 폐기처분하자는 말은 아니다. 단지 그들의 비극적인 삶이 어떻게 시 텍스트의 구조로 의미화 되었는가를 탐색해 보자는 뜻이다. 다시 말해서 그들의 시 텍스트가 무엇을 지시하고 있는가 보다는 어떻게 구성되어 있는가를 탐색해 보자는 뜻이다. '차이와 대립'의 체계로 구조화된 텍스트는 이미 그 자체로서 다른 텍스트와 변별되기 때문이다. 그리고 이런 탐색의 결과는 생애사적 범주 속에서도 두 시인의 변별적 차이, 즉 기호 체계의 차이를 밝혀주는 유용한 기표가 되기도 한다.

따라서 본고에서는 이육사와 윤동주의 시적 언어가 어떻게 시 텍스트로 기호화되는가를 탐색하는데 그 목적을 두고 있다. 부연하자면 그들의 독자적인 시적 문법을 탐색해 보자는 뜻이다. 그 과정에서 비극적인 생애를 살다간 이육사와 윤동주의 시적 욕망의 동일성과 차이성을 가시화할 수 있을 것이다. 다만 본고에서는 그 전초작업의 일환으로서 '별과 황혼'의 자연적 이미지를 중심으로 분석하고자 한다. 이것을 선택한 이유는 이육사와 윤동주가 동일한 소재인 '별'과 '황혼'을 가지고서 시 텍스트를 건축하고 있기 때문이다. 따라서 동일한 소재로 건축된 시 텍스트의 구조 대비는 더욱 명료한 결과를 도출해 주게 된다.

이육사의 「한개의 별을 노래하자」, 윤동주의 「별 헤는 밤」에서는 '별' 이미지가, 이육사의 「황혼」과 윤동주의 「흰 그림자」에서는 '황혼' 이미지가 주된 의미작용을 한다. 이를 중심으로 시 텍스트의 의미구조 및 기호론적 의미작용을 탐색하고자 한다.

Ⅱ. '별'의 시적 구조화와 의미작용

1. 신생의 대지를 창조는 시적 언술

별은 지상적 기호와 대립하는 천체기호 중의 하나이다. 주지하다시피 천체기호들은 가변적이고 유한한 지상적 기호들의 삶과 달리 영원하고 무한한 삶(운행)을 영위해 나가고 있다. 하늘, 태양, 달, 구름 등의 운행이 바로 그것이다. 별의 운행 역시 예외는 아니다. 그래서 이러한 천체기호들은 유한한 삶을 살고 있는 지상의 인간들에게 궁극적인 관심의 대상이 되어 왔다. 그 이유는 간단하다고 볼 수 있다. 우주질서와 원리에 대한 이해를 통해서 인간적 삶의 한계를 상징적으로 극복하려고 했던 것이다.

우연의 일치이겠지만, 이육사와 윤동주는 천체기호 중에서 동일하게 '별'을 주된 테마로 하여 시 텍스트를 건축한 경우가 있다. 물론 두 시인의 여러 시 텍스트에 '별' 이외에도 천체기호들이 자주 등장하기도 한다. 하지만 그럴 경우, 단편적인 이미지로서 나타나기 때문에 시적 의미작용에 큰 영향을 주지는 못하고 있다. 그러나 '별'을 시 텍스트로 구조화한 경우에는, 시의 제목에서부터 내용까지 일관성 있게 '별'의 시어를 사용하게 된다. 그리고 그 '별'은 시적 의미를 수렴·확대하는 지배소로서 기능한다. 그렇다면 두 시인은 천체기호인 '별'을 어떠한 시 텍스트로 건축하고 있으며 어떠한 의미작용을 하게 만들었을까. 먼저 육사의 「한개의 별을 노래하자」라는 작품을 탐색해 보도록 한다.

한개의 별을 노래하자 꼭한개의 별을
十二星座 그숫한 별을 었지나 노래하겠늬

꼭 한개의별! 아츰날때보고 저녁들때도보는별
우리들과 아ー주 親하고 그중빗나는별을노래하자
아름다운 未來를 꾸며볼 東方의 큰별을가지자

한개의 별을 가지는건 한개의 지구를 갓는 것
아롱진 서름밖에 잃을것도 없는 낡은이따에서
한개의새로운 地球를차지할 오는날의깃분노래를
목안에 피ㅅ때를 올녀가며 마음껏 불너보자

처녀의 눈동자를 늦기며 도라가는 軍需夜業의 젊은동무들
푸른 샘을 그리는 고달픈 沙漠의 行商隊도마음을 축여라
火田에 돌을 줍는百姓들도沃野千里를 차지하자

다같이 제멋에 알맞은豊穰한 地球의 主宰者로
임자없는 한개의 별을 가질 노래를 부르자

한개의별 한개의 地球 단단히다저진 그따우에
모든 生産의 씨를 우리의손으로 휘뿌려보자
嬰栗처럼 찬란한 열매를 거두는 餐宴엔
禮儀에 끄림없는 半醉의 노래라도 불너보자

렴리한 사람들을 다스리는神이란항상거룩합시니
새별을 찾저가는 移民들의그틈엔 안끼여갈테니
새로운 地球에단 罪없는노래를 眞珠처럼 훗치자

한개의별을 노래하자 다만한개의 별일망정
한개 또한개 十二星座 모든 별을 노래하자.

— 「한개의 별을 노래하자」 全文[48]

이 텍스트는 "별을 노래하자"라는 언술로 둘러싸인 닫힌 구조를 구축
하고 있다. 제1연 제1행에서 "별을 노래하자"라고 문을 연 언술이 제8연

---

48) 이육사의 시는 김용직·손병희 편(2004), 『이육사 전집』(깊은샘)에서 인용하
기로 한다. 이하 인용시 각주는 생략함.

의 마지막 행에서 다시 "별을 노래하자"라는 언술로 문을 닫고 있기 때문이다. 이렇게 닫힌 구조는 일단 반복법의 구조를 기저로 하게 된다. 반복법의 구조는 다름 아닌 언술 주체가 욕망하는 시적 메시지를 강하게 전달할 수 있다. 더욱이 언술 주체가 '~ 노래하자'라는 청유형을 취하고 있기 때문에 그 시적 메시지가 지향하는 바는 더 명료해질 수밖에 없다. 따라서 언술 주체는 시의 모두에서 이미 시를 쓰고자 하는 목적을 분명히 해두고 있는 셈이다. 또한 "한개의 별을 노래하자" 다음에 절박한 심정을 나타내는 부사어 "꼭"을 사용하여 '한 개의 별을 노래하지' 않고는 모든 존재의 가치가 없음을 역설하고 있다. 이렇게 보면, 이 텍스트는 '별을 노래함'과 '별을 노래하지 않음'의 차이를 전제로 해서 시적 의미를 구축해가고 있다.

제1연 제1행에서 알 수 있듯이, 한 개의 별을 노래하기란 쉬운 것이 아니다. 그래서 언술 주체는 제2행에서 "십이성좌 그숫한 별을 었지나 노래하겠늬"라고 회의와 부정의 어조를 취하고 있다. 그럼에도 불구하고 시 텍스트의 문을 닫는 마지막 연에 와서는 역설적으로 "十二星座 모든 별을 노래하자"라며 확신과 긍정의 어조를 취한다. 이런 구조로 보면, 이 텍스트는 시간이 흐를수록 부정에서 긍정으로 전환되는 의미작용을 한다는 점이다. 이는 곧 '개별(한 개의 별)'에서 시작된 노래가 '전체(모든 별)'의 노래로 확산될 수 있음을 시사한다. 그렇다면 주체가 노래하고자 하는 '한 개의 별'은 어떤 의미를 지니고 있는 것일까. 바로 제2연에서 그 의미가 구체화되고 있다.

먼저 노래의 대상인 '한 개의 별'이 되기 위해서는 전제 조건을 충족시켜야 한다. 그것은 먼저 '아침 저녁으로' 볼 수 있는 별이어야 한다. 천상에 있는 자연적 별은 밤에만 볼 수 있다. 하지만 육사가 기호론적으로 새롭게 창조한 별은 시공간의 제약을 벗어난 천상계의 별이다. 그래서 어느 때나 볼 수 있는 '별'이다. 그리고 그 별은 우리와 '아주 친한 별'이어야 한다. '친한 별'은 '낯선 별'과 달리 상호 교감할 수 있는 그런 별이다. 또한 그 별은 '가장 빛나는 별'이어야 한다. 빛나지 않는 별은

'한 개의 별'로서 노래의 대상이 될 수 없다. 육사가 그러한 조건을 충족시킨 '한 개의 별'을 '노래'했을 때, 천상에 있던 그 별은 지상의 우리와 관계를 맺을 수 있다. "아름다운 未來를 꾸며볼 東方의 큰별"로서 말이다.[49] 그래서 언술 주체는 노래를 통해서 "東方의 큰별을가지자"라고 욕망하게 된다. 이를 언술 주체의 행위구조로 보면, 별을 '보다(天) - 친하다 - 노래하다 - 가지자(地)'로 나타난다. 이러한 행위구조를 공간 기호론으로 보면, 천상에서 지상으로 하강하는 의미구조를 보여준다. 그렇게 해서 눈으로만 보던 천상계 기호인 '한 개의 별'이 지상에 있는 우리 '소유'의 별로 전환되고 있다. 다시 말해서 우리 마음속에 내면화된 '별'로 전환되고 있는 것이다. 물론 그 전환을 가능케 해주는 것은 '노래'하는 행위이다. 노래의 매개 작용 없이는 '십이성좌의 별' 뿐만 아니라 단 '한 개의 별'조차 내면화된 '별'로 만들 수 없다. 그러므로 '노래'는 이 시 텍스트의 전개를 가능케 해주는 지배소라고 할 수 있다.[50]

노래에 의해 내면화된 '한 개의 별'은 "한개의 지구"로 치환된다. 물론 그 '지구'는 낡은 땅, 낡은 대지로서의 지구가 아니라 새로운 땅, 새로운 대지로서의 '지구'이다. 말하자면 신생의 지구인 셈이다. 그래서 이 텍스트는 노래에 의해 '낡은 대지(지구)/신생의 대지(지구)'로 이항대립이 된다. 여기서 '낡은 대지(지구)'는 '서러움밖에 없는 공간, 염려한 사람들만 사는 공간, 새별(낯선 별)만을 찾아가기 위해 떠나는 移民者의 공간,

---

49) 육사 시에서 '동방'은 주로 불모지의 땅으로 기호화되고 있다. 요컨대 생명의 존립을 억압하는 부정적인 공간이다. 가령, "동방은 하늘도 다 끝나고/비 한방울 나리잖는 그때에도/오히려 꽃은 빨갛게 피지 않는가"(「꽃」)에서 그러한 '동방'의 모습을 볼 수 있다. 그러나 '동방'은 "빨갛게 피는" '꽃'에 의해 역설적으로 생명의 땅으로 재생되고 있다. 김윤식에 의하면 이러한 역설은 곧 자기 '구제의 의미'를 지닌다.(김윤식(1973. 12), 「絶命地의 꽃:李陸史論」, 『시문학』, p.77. 참조.) 「한개의 별을 노래하자」에서의 '동방'도 마찬가지로 부정적인 공간이다. 이 텍스트에서는 '꽃'의 변환 코드인 '별'에 의해 긍정적인 공간으로 전환되고 있다.
50) 지배소인 '노래'에 대한 의미작용은 정유화(2006)의 「응축과 확산의 시적 원리와 의미작용:이육사론」, 『현대문학이론연구』 제27집, 현대문학이론학회, pp.372~374를 참조할 것.

죄가 많은 공간'으로서 부정적인 의미를 산출하고 있다.

이 텍스트에서 '새별(낯선 별)'은 '친근한 별, 동방의 별'과 대립적이다. 한 마디로 말하면 부정적인 별이다. 그 대립적 차이는 바로 노래에 의해 생겨나고 있다. 육사가 "목안의 피ㅅ대를 올녀가며" 혼신의 힘으로 부른 노래의 결과로서 내면화한 별은 '친근한 별, 동방의 별'이다. 이에 비해 '새별'은 그러한 혼신의 노래 과정을 거치지 않은 별이다. 다시 말해서 우리의 마음에 내면화되지 않은 외부의 별이다. 이렇게 보면 이 텍스트 안에는 노래를 부르는 '우리'와 노래를 부르지 않는 '너희'가 함께 존재하고 있는 셈이다. '한 개의 별'을 노래하는 우리는 낡은 대지(지구)에 몸담고 있으면서 그 내면에 '신생의 대지, 신생의 지구'를 창조해 내고 있다.[51] 그러나 별을 노래하지 않는 '너희'들은 아예 낡은 대지(지구)를 떠나 외부에서 '새별'을 찾고자 한다. 일종의 도피 행위이다. 염리한 사람들이 낡은 대지를 세속적인 공간이라 치부하고 그 명분을 통해 그 공간을 떠나는 것처럼 말이다.

그래서 '낡은 대지'와 달리 노래로서 창조된 '한 개의 별'은 "풍양한 지구", "임자없는 별", '단단히 다져진 땅', '죄 없는 땅' 등으로 긍정적인 의미를 부여하고 있다. 새롭게 창조된 신생의 지구를 주재하는 자는 다름 아닌 민중들이다. 그 민중들은 낡은 대지(지구)에서 많은 억압과 고통을 받아왔다. 즉 낡은 대지의 주재자에 의해 종속된 삶을 영위해 왔던 것이다. 예컨대, 4연에서 "군수야업의 젊은동무들"인 노동자들, "고달픈 사막의 행상대"인 상인들, "돌을 줍는 백성들"인 화전민들이 이에 해당한다. 이렇게 육사는 주변부의 존재로 전락한 민중들에게 새로운 땅, 신생의 지구, 풍양한 지구를 선사하기 위해 핏대의 노래로서 '한 개의 별'을 창조해내고 있다. 언술 주체도 私的인 성격의 '나'를 내세우기보다

---

51) 이 텍스트에서 공간적 이미지의 확산은 있어도 실제 공간의 이동은 거의 없다. 오히려 '이' 공간으로 다른 공간을 불러들여 '풍양한 공간'으로 만들고 있을 뿐이다. 이사라(1989), 「이육사 시의 기호론적 연구-'한 개의 별'의 의미 작용」, 『논문집』 제30집, 서울산업대학, p.276. 참조.

公的인 성격의 '우리'를 내세우고 있는 이유도 여기에 기인한다. 낡은 지구를 신생의 지구로 갱신하는 문제는 '나'의 일이 아니라 공동체인 '우리' 모두의 일이기 때문이다.

새로운 땅, 신생의 지구에서는 모든 민중들이 주체로서 "다같이 제멋에 알맞"게 살아갈 수 있다. '너희들의' 손이 아니라 주체인 '우리들의' 손으로 "모든 생산의 씨를" 뿌리고 거둘 수 있다. 따라서 고통스럽게 부른 '핏대의 노래' 코드도 즐거움으로 부를 수 있는 '반취의 노래, 죄 없는 노래' 코드로 변환하게 된다. 그리고 이 텍스트에서 "모든 생산의 씨"를 뿌리는 행위는 곧 신생의 지구인 역사의 첫출발을 의미한다. 계절의 순환으로 보면 대지에 씨를 뿌리는 봄은 새로운 탄생을 의미하기 때문이다.[52] 더욱이 새 역사를 여는 신생의 지구에 '별의 씨앗'을 "진주처럼" 뿌리고 있으니 불멸의 시공간이 될 수밖에 없다. 하지만 '별의 씨앗[53] 을 품고 있을 신생의 지구가 현실로 재현된 것은 아니다. 미래의 일로 남아 있을 뿐이다. 이런 점에서 육사의 시간의식은 '과거(부정)→현재(부정과 긍정)→미래(긍정)'로 가는 의미구조를 보여주고 있다.

2. 새로운 주체를 부활시키는 시적 언술

이육사가 '별'을 시 텍스트로 구조화면서 언술 주체인 '우리'를 내세워 인간이 사는 대지의 문제를 노래했다면, 이와 달리 윤동주는 '별'을 시

---

52) 씨앗은 대지의 힘을 일깨우면서 우주에 충만한 대기의 봄기운을 일깨우기도 한다. 또한 씨앗은 자신이 움트면서 대지와 우주의 거듭남을 확인시켜 주기도 한다.(김열규(1992), 「「曠野」의 씨앗(1) – 神話와 陸史」, 『한국문학사』, 탐구당, p.442. 참조.) 이는 곧 씨앗이 대지의 시공간을 새롭게 쇄신한다는 의미를 지니는 것이다.

53) 이 텍스트에 나타난 '별'의 의미를 흔히 "조국의 독립과 자유를 갈구하는 표상"(정한모(1974), 「육사 시의 특질과 시사적(詩史的) 의의」, 『나라 사랑』 제16집, 외솔회, p.68.)으로 보거나, "해방된 인간사회에 대한 시인의 믿음"(김영무(1975), 「이육사론」, 『창작과비평』, 여름호, p.202.)으로 보기도 하는데, 이는 '별'의 의미를 지나치게 확대 해석한 경우라고 할 수 있다. 이 텍스트에서 별은 낡은 대지의 역사를 해체하고 다시 새로운 대지의 시작을 열려는 불멸의 詩的 에너지이다.

텍스트로 구조화하면서 주체인 '나'를 내세워 내면적인 자아의 문제를 노래하고 있다. 그렇게 해서 이육사가 '별'로 된 신생의 대지(지구)를 창조하고자 했다면 윤동주는 '별'로 된 '새로운 자아(주체)'를 창조하고자 했다. 兩者가 '별'을 통해서 이전의 세계(나)를 새로운 세계(나)로 전환시키고 있다는 면에서는 동일하지만, 이육사가 역사적인 재생을 욕망한 반면에 윤동주는 개인적인 재생을 욕망했다는 점에서 차이를 보여주고 있다. 구체적으로 작품 분석을 통해 이를 탐색해 보도록 하자.

> 季節이 지나가는 하늘에는
> 가을로 가득 차있읍니다.
>
> 나는 아무 걱정도 없이
> 가을 속의 별들을 다 헤일듯합니다.
>
> 가슴 속에 하나 둘 새겨지는 별을
> 이제 다 못헤는 것은
> 쉬이 아침이 오는 까닭이오,
> 來日 밤이 남은 까닭이오,
> 아직 나의 靑春이 다하지 않은 까닭입니다.
>
> 별 하나에 追憶과
> 별 하나에 사랑과
> 별 하나에 쓸쓸함과
> 별 하나에 憧憬과
> 별 하나에 詩와
> 별 하나에 어머니, 어머니,
>
> 어머님, 나는 별 하나에 아름다운 말 한마디씩 불러봅니다.
> 小學校 때 冊床을 같이 했든 아이들의 이름과 佩, 鏡, 玉

이런 異國 少女들의 이름과 벌써 애기 어머니 된 계집애들
의 이름과, 가난한 이웃사람들의 이름과, 비둘기, 강아지,
토끼, 노새 노루, 「프랑시스·쨤」「라이넬·마리아·릴케」이런
詩人의 이름을 불러봅니다.

이네들은 너무나 멀리 있습니다.
별이 아슬이 멀듯이,

어머님,
그리고 당신은 멀리 北間島에 계십니다.

나는 무엇인지 그리워
이 많은 별빛이 나린 언덕우에
내 이름자를 써 보고
흙으로 덮어 버리었읍니다.

따는 밤을 새워 우는 버레는
부끄러운 이름을 슬퍼하는 까닭입니다.

그러나 겨울이 지나고 나의 별에도 봄이 오면
무덤우에 파란 잔디가 피어나듯이
내 이름자 묻힌 언덕우에도
자랑처럼 풀이 무성할게외다.

— 「별헤는 밤」全文[54]

　　이 텍스트를 열고 닫는 것은 "계절"이라는 시간적 배경이다. 제1연에
서 '가을'로 문을 연 계절이 마지막 10연에서는 '겨울'을 지나 '봄'으로 문

---

54) 윤동주의 시는 윤일주 엮음(1982), 『하늘과 바람과 별과 詩』(정음사)에서 인
　　용하기로 한다. 이하 인용시 각주는 생략함.

을 닫고 있다. 이렇게 보면, 윤동주는 시간의 변화 속에서 '별'과 '나'의 존재적 관계를 몽상하는 것이 된다. 먼저 제1연에서 그 시간의 변화를 나타내는 시어는 '계절'이다. 계절은 천체운행의 시간적 기호이다. 봄, 여름, 가을, 겨울의 분절을 총체적으로 함의한 기호인 것이다. 그런데 윤동주는 계절 중에서 '가을'을 선택하여 지상과 대립하는 '하늘'과 결합시키고 있다. 그렇게 해서 시간의 변화가 일어나는 곳은 천상공간인 '하늘'이 된다. 그리고 추상적이고 관념적이던 '가을'을 하늘에 "가득 차" 있다고 언술함으로써 시간을 공간적인 이미지로 전환시키고 있다. '가득차다'라는 서술어는 공간적인 의미를 내포한 시어로서 '가을'이라는 시간을 물질적이고 감각적인 이미지로 전환시키는 의미작용을 하기 때문이다. 뿐만 아니라 그 서술어는 '가을'이라는 '시간의 절정'을 '공간의 절정'으로 전환시켜주는 의미작용을 하기도 한다. 부연하면 그 의미작용에 의해 '가을'은 물질화된 이미지로서 천지공간을 꽉 채우고 있는 것이다.

윤동주는 이러한 시·공간의 변전이 이루어지는 '하늘'을 바라보며 천체운행의 시간에 관여하게 된다. 그 관여의 구체적인 행위는 "가을 속의 별들을" 헤아려 보는 것이다. 여기서 별들을 헤아리는 행위는 지상적 삶의 시간을 일탈하는 것으로써 천상공간에 긍정적인 의미를 부여해 주고 있다. 별들을 헤아리는 동안 '아무 걱정도 없다'는 언술이 이를 대변해 준다. 그런데 언술 주체가 헤아리는 '별'은 시차적 의미를 지니고 있다는 점이다. 여름 속의 별들도 겨울 속의 별들도 아닌 바로 가을 속의 별들이라는 사실이다. 가을은 '여름/겨울'을 분절하고 매개하는 시간적 기호이다. 동양의 음양이론에 의하면 여름은 물질로서 火이며 그 성질은 熱(확산작용)이다. 반면에 겨울은 물질로서 水이며 그 성질은 寒(응고작용)이다. 이에 비해 가을은 물질로서 金이며 그 성질은 冷(융합작용)이다. 이렇게 보면, 매개항인 가을은 여름과 겨울의 상반된 성질(확산/응고)을 융합한 兩義的 記號로서 차분하게 사물의 내적 충만함을 드러내주는 시간적 의미를 지닌다. 이런 점에서 이 텍스트의 문을 열고 있는 절정의 가을은 '별'의 내적 충만함을 가장 선명하게 드러내고 있는 시간적 기호가 된다. 별의 내적 충만함을 비유적으로 표현하면 가을 속에 익은 불멸의 '빛의 열매'라고 할 수 있다. 따라서 천상공간은 욕망이 충족된 풍요의 공간으로 현현하고 있다.

언술 주체인 '나'는 그 별들을 헤아리면서 욕망의 결핍(지상의 걱정)을 욕망의 충족으로 전환시키게 된다. "가슴 속에 하나 둘 새겨지는 별"이 바로 그것이다. 별을 헤아리는 행위는 곧 '가을 속의 별'을 '가슴 속의 별'로 전환시키는 의미작용을 한다. 따라서 '가을'과 '가슴'은 별들을 품속에 안고 있는 의미론적 공간으로서 등가 관계에 놓인다.55) 마찬가지로 '어둠 속의 별'이기에 '가을'과 '가슴'은 또한 '어둠'과 등가 관계에 놓이기도 한다. 물론 이들은 모두 시간의 변화를 겪는 기호들이다. '가을'과 '어둠'은 천체운행으로서의 시간 기호이고, '가슴'은 인간운행의 시간 기호이다. 이렇게 해서 언술 주체인 '나'는 '가을, 어둠, 하늘'로 무한히 확장된 몸으로서 천체공간이 되고 있다. 별을 가슴 속에 지닌 몸으로서 말이다.

하지만 천체공간으로 확장된 '나'의 몸이지만 여전히 시간의 지배를 벗어날 수는 없다. 모든 별을 '헤일듯하다'라고 추측성의 확신을 한 이유도 여기에 있다. 밤이 아침으로 변전되면서 가을밤 속의 별을 '다 헤지 못하기' 때문이다. 그러므로 '별을 헤다'와 '별을 헤지 못하다'라는 時差性은 이 텍스트의 의미를 산출해가는 디딤돌 역할을 하게 된다. 이윽

---

55) 마광수는 '가을'을 역설적인 의미로 보고 있다. 그에 의하면, 가을은 풍요의 상징도 되지만 조락의 상징도 된다. 이런 상반된 '가을' 심상은 어떤 "이룰 수 없는 희망"의 애조띤 의미를 암시하고 있다는 것이다. 그러면서 그 '가을'이 '가슴'과 동일해지면서(가을=가슴) '희망과 좌절의 엇갈림' 속에 있는 시인의 심경을 나타내는 것이 된다고 한다.(마광수(1984), 「작품에 나타난 상징적 표현의 분석」, 『윤동주 연구』, 정음사, p.31.) 하지만 필자가 언급하고 있는 '가을=가슴'의 등가는 마광수의 그것과는 차원을 달리한다. 필자는 가을과 별, 가슴과 별과의 관계를 통하여 '가을=가슴'이라는 등가를 論究하고 있다. 그러므로 그 해석에서도 차이가 난다. 그것은 '희망과 좌절의 엇갈림'이 아니라 오히려 '욕망의 충족'이라는 긍정적인 의미이다.

사가 한 개의 별을 '노래하다/노래하지 않다'의 시차성을 통해 의미 산출의 디딤돌을 놓은 것처럼 말이다. 하지만 별을 '헤다'와 '노래하다'가 변별되는 것처럼 양자의 디딤돌이 산출해 내는 의미 구조 또한 변별적이다. 요컨대 윤동주의 별을 '헤다'는 '나'의 몸을 우주적 공간으로 확대하려는 것이지만, 이육사의 별을 '노래하다'는 우주 공간을 언술 주체인 '우리'의 몸에 축소화하려는 것이다. 마찬가지로 윤동주가 언술 주체인 '나'의 내적 욕망만을 별과 관련시키고 있다면, 이와 달리 이육사는 언술 주체인 '우리'의 내적 욕망을 '별과 관련시키고 있다.

이 텍스트에서 별을 '헤다(밤 – 긍정)/헤지 못하다(아침 – 부정)'의 시차성은 궁극적으로 주체인 "나의 청춘"에 영향을 주게 된다. 즉 그 시차성에 의해 "나의 청춘"은 욕망이 충족된 청춘(별 헤는 나)과 욕망이 억압받는 청춘(별을 헤지 못하는 나)으로 분리되고 있다. 물론 욕망이 억압받는 청춘은 지상적 삶에 관여된 청춘이다. 부연하면 시간의 변전 앞에서 걱정하거나 괴로워하는 '나'이다. 그래서 윤동주는 분리된 청춘을 통합하기 위해 '헤다(새기다)→헤지 못하다'의 서술어 층위를 '불러보다'의 코드로 변환시키기에 이른다. 여기서 前者의 서술어 대상은 '별'이지만, 後者의 서술어 대상은 '지상에 소속된 존재들'로서 변별적 차이를 보인다. 윤동주는 이렇게 불러본 존재들을 별과 결합시킴으로서 다시 아무 걱정도 없는 '천상의 나'를 유지하고 있다. 그렇다면 지상적 삶의 공간은 어떤 곳일까. 이 텍스트로 보면 지상적 공간은 "아름다운 말 한마디"에 해당하는 '존재'들이 부재하는 곳이다. 따라서 "별 하나에 아름다운 말 한마디씩 불러"보는 것은 그 부재한 존재들을 소생시키는 것이 된다.

5연에 등장하는 그 많은 '이름'들은 "아름다운 말"에 해당하기 때문에 긍정적인 기호이다. 가령, 아이들의 이름, 소녀들의 이름, 계집애들과 이웃사람들의 이름, 비둘기 등의 동물과 시인들의 이름이 그러하다. 주지하다시피 '이름'은 시니피앙으로서의 상징이다. 그렇다면 시니피앙에 대응하는 시니피에는 어떤 것일까. 그것은 제4연에 고스란히 드러나고 있다. 곧 "별 하나"씩에 붙여지고 있는 '추억, 사랑, 쓸쓸함, 동경, 詩' 등이 그 시니피에이다. 이렇게 시니피앙과 시니피에가 결합된 '이름의 기호'가 별과 융합함으로써 그 존재들은 영원히 빛나는 별이 되고 있다. 물론 이런 상상력을 가능하게 해준 기호는 '어머니'이다.56) '별'이 언술 주체인 '나'와 '어머니'를 매개해 주었듯이, 어머니 또한 '나'와 그 '이름들'을 매개해 주고 있다. 언술 주체가 어머니를 호명하지 않았다면 그 지상의 이름들을 호명할 수 없었을 것이다. 한 번씩 불리어진 다른 존재들의 '이름'과 달리 제4연과 제5연을 이어주는 시행 사이에 '어머니'가 연속 세 번이나 불리어진 이유도 여기에 있다. 이런 점에서 '어머니'는 '별'과 등가에 놓이는 기호라고 할 수 있다. 말하자면 어머니는 지상의 '별'인 셈이다. 그래서 '어머니'를 부른다는 행위는 곧 별을 '헤는' 행위와 같은 것이며, 그 의미작용으로는 '나의 청춘'에서 걱정이나 괴로움을 제거해 주는 것이 된다.

이렇게 보면, 윤동주는 이육사와 달리 지상적 삶을 천상적 삶인 별의 기호로 전환시키고자 하는 욕망을 보여주고 있다. 이육사가 천상적인 별을 지상적인 세계의 기호로 전환시켜 지상 전체의 삶을 재생시키려고 했던 욕망과는 대조적이다. 마찬가지로 윤동주는 별 하나 하나의 의미를 구별하기보다는 이에 대응하는 지상적 존재들의 이름을 하나 하나 구별하고 있다. 이에 비해, 이육사는 지상적 존재들을 하나 하나 구별하기보다는 별 자체를 '친근한 별, 임자 없는 별' 등으로 구별한다. 뿐만 아니라 이육사가 '별'을 매개로 하여 자기 다짐의 긍정적인 세계로 나간 반면에, 윤동주는 긍정과 부정이 교차하는 자기 분열의 세계로 나가고 있다. 가령, 아름다운 이름들을 행복하게 불러보다가 6,7연에서 "별이 아슬히 멀듯이" 별 하나 하나에 붙여진 '모든 존재'들이 '너무 멀리 있다'는 언술이 바로 그것이다. 이런 부정성의 언술이 다시 나오고 있다는 것은 여전히 "나의 청춘"이 지상적 세계의 영향을 벗어나지 못

---

56) 이 텍스트에서 '어머니' 기호는 이육사 텍스트에서 '노래'의 기호와 동일한 의미작용을 한다. 매개항의 기능으로 말이다. '어머니'가 '나'와 '지상적 존재들'을 매개하고 있다면, '노래'는 '우리'와 '별'을 매개하고 있기 때문이다.

하고 있음을 뜻한다. 그래서 언술 주체인 '나'는 천지의 시·공간으로부터 추방당하는 상황에 놓이게 된다.[57] '별이 아슬히 멀어지면서' 별과 분리되고 있는 동시에 별 하나 하나에 붙여진 이름과도 분리되고 있는 것이다.[58] 이와 더불어 '지상의 별'인 어머니조차 언술 주체와 분리됨으로 해서 상상적으로 동일시해야 할 세계를 모두 상실하고 만다. 이육사가 별을 통하여 天·地·人이 통합되는 과정을 보여준 것과는 달리 윤동주는 이렇게 분리되는 과정을 보여주고 있다.

언술 주체는 모든 것이 분리된 상황에서 욕망의 결핍을 겪는다. 그 결핍이 예의 '그리움'이다. 그런데 언술 주체는 그 그리움을 극복하는 방법으로 '별빛이 내린 언덕 위에' 자기의 '이름자'를 써보고 그것을 '흙'으로 덮는 행위를 취하고 있다. 예컨대 이러한 행위는 이육사가 "모든 생산의 씨"를 대지(지구)에 뿌렸던 행위 구조와 동일하다. 말하자면 상동적 구조인 것이다. 하지만 상동적 구조에도 불구하고 그 의미작용은 다르다. 이육사의 행위가 풍성한 결실을 위한 파종의 의미를 산출하고 있다면, 윤동주의 행위는 자기 해체를 위한 祭儀的 죽음이라는 의미를 산출하고 있다. 이 텍스트에서 그 제의적 공간이 '언덕'인 것은 매우 중요하다. 그 언덕이 언술 주체에게 큰 영향을 주고 있기 때문이다. 높이를 지닌 언덕은 천상과 지상을 중재하는 매개항이다. 그런데 그 매개적 공간에 별빛이 가득 내려짐으로 인해서 천상과 지상이 융합한 공간이 되고 있다.[59] 따라서 언덕은 '흙의 빛'인 동시에 '빛의 흙'으로 전환된다. 그리고 이러한 흙으로 덮인 이름은 우주순환의 원리를 따라 겨울을 보

---

57) 윤동주가 세계상실의 갈등을 겪고 있는 것은 바로 이러한 그리운 것들로부터 분리된 '추방 구조'에 기인한다. 이기서(1984), 「윤동주 시에 나타난 세계 상실의 구조」, 『한국현대시의식연구』, 고려대 민족문화연구소, p.226. 참조.
58) 여기서 '별이 아슬이 멀리' 있다는 것은 실제 공간적 거리를 의미하는 동시에 '나의 마음' 속에 별이 부재하다는 것을 의미한다. 이사라(1987), 「윤동주 시의 기호론적 연구」, 『시의 기호론적 연구』, 도서출판 중앙, p.163. 참조.
59) 정유화(2005), 「텍스트의 담론체계와 지배소 분석:윤동주론」, 『한국 현대시의 구조미학』, 한국문화사, p.99. 참조.

내고 봄을 맞으면 "자랑처럼" 무성한 "풀"로 다시 부활하게 된다. 이렇게 보면, 이름을 묻고 있는 언덕은 다름 아닌 우주적 자궁 이미지라고 볼 수 있다. 신화적 세계에서 상징적으로 매장되는 것은 원초적인 미분화 상태, 즉 카오스에로의 회귀를 의미한다. 곧 인격의 해체를 의미하는 시간이다. 그리고 이러한 해체과정을 통해서 새로운 인격이 탄생한다. 통과제의로서의 새로운 우주 창조인 셈이다.[60] 이로 미루어 보면, 윤동주는 실존인 자아와 상징적인 이름과의 분리와 해체 과정을 통해서 새로운 존재로 태어나기를 욕망하는 것이 된다.

별빛에 정화되어 새롭게 부활한 존재의 이름은 "풀"이다. 따라서 이 "풀"은 우주 순환의 원리를 따르면서 반복 재생되는 영원한 상징으로서의 "풀"이다. 왜냐하면 "나의 별"에서 자라는 그 풀은 '별의 풀', '풀의 별'이라는 가치를 부여받고 있기 때문이다. "풀"로 쇄신된 존재는 지상의 가변적 시간에 영향을 받지 않는다. '나의 청춘'이 지상적 삶에 영향을 받고 괴로워했던 것과는 다르다. '아름다운 말의 이름/아름답지 못한 말의 이름', '부끄럽지 않은 이름/부끄러운 이름'의 이항대립적 세계에서 분열하고 있던 '나'는, 이렇게 새로운 존재가 됨으로 해서 '아름다운 말의 이름, 부끄럽지 않은 이름'으로 단일한 주체를 세워나가게 된다. 예의 '시인'이라는 이름으로 말이다.

결국 윤동주는 '별'을 시 텍스트로 건축하면서 지상적 존재인 분열의 '청춘'을 해체하고 자기 분열이 없는 새로운 존재, 새로운 주체를 창조하고 있다. 그래서 그의 '별'은 지상적 삶(지상적 자아)을 천상적 삶(천상적 자아)으로 전환시키는 시적 코드로 작용하게 된다. 이와 같이 윤동주는 자기를 둘러싼 부조리한 세계를 쇄신하려고 하기 보다는 주체인 자아의 재생을 통하여 자아 및 이 세계를 구제하려고 한다. 이육사와는 매우 대조적인 셈이다. 이육사는 '별'로 무장된 불멸의 정신 자아로서 부조리한 이 세계를 재생시키려고 한다. 그것이 자아 및 이 세계

---

60) 멀치아 엘리아데, 이동하 역(1994), 「인간의 실존과 성화된 삶」, 『聖과 俗:종교의 본질』, 학민사, pp.173~174. 참조.

를 구제하는 것으로 믿고 있다.

Ⅲ. '황혼'의 시적 구조화와 의미작용

1. 타자지향을 위한 '골방'의 시적 상상력

이육사와 윤동주의 시 텍스트 건축술의 차이는 곧 시인으로서의 존재론적 차이이기도 하다. 가령, 이육사가 유교적 가풍 속에서 성장한 반면에 윤동주가 기독교적 가풍에서 성장한 그 차이처럼 말이다. 우리는 그것을 「한개의 별을 노래하자」와 「별헤는 밤」을 통하여 확인할 수 있었다. 물론 그러한 차이는 이 두 작품에 한정되는 것은 아니다. 예를 들면 자연 현상인 '황혼'의 이미지를 시 텍스트로 건축한 작품에서도 그 차이를 쉽게 발견할 수 있다. '황혼'이 시적 지배소로서 등장하는 작품으로는 이육사의 「황혼」과 윤동주의 「흰 그림자」가 대표적이다. 우연이겠지만 이육사와 윤동주는 '황혼'의 이미지를 종종 사용해 왔다. 가령, 이육사 시에서는 "발아래 가득히 황혼이 나우리치오"(「아미」), "빡쥐 나래 밑에 黃昏이 무쳐오면"(「초가」) 등이 있고, 윤동주의 시에서는 "黃昏이 湖水우로 걸어 오듯이"(「이적」), "黃昏이 바다가 되어"(「黃昏이 바다가 되어」) 등이 있다.

본고에서는 '황혼'이 시적 의미를 수렴하고 확산하는 「황혼」과 「흰 그림자」를 중심으로 그 의미구조와 의미작용을 탐색하고자 한다. 먼저 이육사의 「황혼」을 분석해 보기로 한다.

　　　　내 골ㅅ방의 커-텐을 걷고
　　　　정성된 마음으로 황혼을 맞아드리노니
　　　　바다의 흰 갈매기들 같이도
　　　　人間은 얼마나 외로운것이냐

黃昏아 네 부드러운 손을 힘껏 내밀라
내 뜨거운 입술을 맘대로 맞추어보련다
그리고 네 품안에 안긴 모든것에
나의 입술을 보내게 해다오

저- 十二星座의 반짝이는 별들에게도
鐘ㅅ소리 저문 森林속 그윽한 修女들에게도
쎄멘트 장판우 그 많은 囚人들에게도
의지 가지없는 그들의 心臟이 얼마나 떨고 있는가

고비沙漠을 걸어가는 駱駝탄 行商隊에게나
아프리카 綠陰속 활 쏘는 土人들에게라도
黃昏아 네 부드러운 품안에 안기는 동안이라도
地球의 半쪽만을 나의 타는 입술에 맡겨다오

내 五月의 골ㅅ방이 아늑도 하니
黃昏아 來日도 또 저 푸른 커-텐을 걷게 하겠지
暗暗히 사라지긴 시내ㅅ물 소리 같아서
한번 식어지면 다시는 돌아 올줄 모르나보다

　　　　　　　　　　　　　　　　　　　　—「黃昏」全文

　이육사의 시 텍스트 건축 원리 중의 하나는 자아의 응축과 확산의 원리이다. 「황혼」은 바로 그러한 원리에 의해 건축된 대표적인 작품이다.[61] 이 텍스트에서 '황혼'은 공간적으로 확산되는 이미지로 나타난다. 「한개의 별을 노래하자」에서 '큰 별'이 '작은 씨'로서 대지에 뿌려져 응축된 것과는 다른 이미지이다. 이렇게 보면, 육사는 응축된 '별'의 코드

61) 정유화(2006), 「응축과 확산의 시적 원리와 의미 작용 – 이육사론」, 『현대문학이론연구』 제27집, 현대문학이론학회, pp.361~364. 참조.

를 확산의 '황혼' 코드로 변환하여 시 텍스트를 건축하고 있는 셈이다. 그렇다면 공간적으로 확산되는 황혼의 이미지[62]가 '골방 속의 나'에게 어떤 의미작용을 하게 해주는 것일까.

'황혼'과 골방 속의 '나'를 매개해 주는 기호는 '창문의 커-텐'이다. 언술 주체인 '내'가 '커-텐'을 열고 닫음에 의해 황혼과의 만남과 헤어짐이 이루어진다. 이런 점에서 '커-텐'은 詩의 문을 열고 닫는 장막이라고 할 수 있다. '커-텐'을 열기 전의 '골방'은 외부와 단절된 부정적인 공간이다. 다시 말해서 언술 주체의 욕망을 억압하는 공간인 것이다. 왜냐하면 '커-텐'을 열었을 때 언술 주체가 보여주고 있는 언술 내용이 모두 긍정적이기 때문이다. 가령, '황혼'을 "정성된 맘으로" 맞이하는 것이 그러하고, 의인화한 '황혼'에게 '네 부드러운 손을 내밀라', '입술을 맞추어 보고 싶다', '품안에 안기고 싶다' 등의 언술이 그러하다. 이렇게 보면, '황혼'은 언술 주체의 욕망을 충족시켜주는 긍정적인 의미작용을 하고 있다.

언술 주체가 '커-텐'을 열고 '황혼'을 맞이하는 순간에 발견한 것은 인간이 외로운 존재라는 사실이다. 그렇다고 해서 인간이 본질적으로 외로운 존재라는 것을 의미하지 않는다. 이 텍스트의 의미구조 보면, 폐쇄된 공간 안에 '갇혀 있는 존재'가 곧 외로운 존재라는 것이다. 무량한 바다공간에 갇혀 있는 '갈매기의 존재'가 그러하고 '골방'에 갇혀 있는 '나의 존재'가 그러하다. 그래서 갈매기와 인간이 외로운 존재로서 비유된 것도 여기에 기인한다. 그 뿐만 아니다. 외로운 존재를 확대 해석하면, 하늘에 갇힌 "十二星座", 삼림 속에 갇힌 "수녀들", 감옥에 갇힌 "囚人들", 가난에 갇힌 "의지가지없는 그들의 심장", 고비사막에 갇힌 "행상대", 아프리카 녹음에 갇힌 "土人들" 등이 모두 외로운 존재에 해당

---

62) 이 텍스트에서 '황혼'은 몰락과 붕괴를 향한 시간적 이미지가 아니다. 즉 무한히 파문을 그리며 번져가는 공간화된 이미지이다. 그래서 종말의 이미지와 달리 우리에게 궁극적인 확대의 몽상을 제공해 주고 있다. 이어령(1995), 「자기확대의 상상력 - 이육사의 시적 구조」, 김용직 편, 『이육사』, 서강대학교출판부, pp.136~137. 참조.

한다.[63]

이육사의 시적 욕망은 갇혀진 존재들을 열려진 존재들로 전환시키는 데에 있다. 그러한 시적 욕망을 성취해 주는 것이 예의 '황혼'이다. 앞서 논의한 것처럼 '황혼'은 공간적 이미지로서 부드럽게 번져 나가는 의미 작용을 한다. 부연하면 '황혼'은 우주공간을 자신의 "품안에" 넣는 거대한 공간적 이미지로 확산되고 있다. 언술 주체인 '나'는 그 '황혼'과의 몽상적 융합을 통하여 그 외로운 모든 존재들과 입맞춤하며 포용하고자 한다. 구체적으로 '황혼'과의 융합을 욕망하는 언술은 "황혼아 네 부드러운 손을 힘껏 내밀라/ 내 뜨거운 입술을 맘대로 맞추어보련다", "나의 입술을 보내게 해다오", "지구의 반쪽만을 나의 타는 입술에 맡겨다오" 등이다. 이런 융합을 통하여 이육사의 몸은 곧 황혼 그 자체가 되어 우주공간을 '품속'에 넣게 된다. 이런 점에서 육사의 시적 욕망은 자아의 구제보다는 타자의 구제를 문제 삼는 타자 지향적 세계이다. 「한개의 별을 노래하자」에서 보여준 대사회적인 시적 상상력의 코드가 이 텍스트에서는 대타자적인 코드로 변환되고 있는 셈이다. 이 텍스트에서 육사가 '입술'을 맞춰보고 싶어 하는 타자들은 생의 환희를 느끼지 못하고 사는 주변부의 존재들이다. 그래서 황혼의 몸이 된 육사는 이러한 모든 존재들을 중심부의 공간으로 불러내고 있는 것이다. 다시 말해서 분별과 억압이 없는 生의 중심공간으로 말이다.

그러나 육사의 몸은 지속해서 우주로 확대되지 못하고 다시 골방의 몸으로 응축되고 있다. "암암히 사라지"는 '황혼'을 따라 육사의 시선이 외부로부터 골방의 내부로 돌아오고 있기 때문이다. "골ㅅ방이 아늑도 하니"의 언술이 바로 그것이다. 그런데 '커-텐'을 열기 전의 부정적인 골방 공간과 달리 이제는 '아늑한' 긍정의 공간으로 전환이 되어 있다. 왜 그럴까. 그렇게 된 이유는 두 가지로 볼 수 있다. 하나는 육사의 몸

---

63) 조창환도 이 텍스트를 '고독 속에 갇힌 자들을 향한 연민과 동정의 노래'로 보고 있다. 조창환(1998), 『이육사 – 투사의 길과 초극의 인간상』, 건국대학교출판부, p.83. 참조.

이 그 이전과 달리 황혼의 몸으로 재생되었기 때문에 그런 것이다. 그의 재생된 몸은 이미 외로운 타자들을 포용하면서 욕망을 충족할 수 있었다. 다른 하나는 "내일도"[64]라는 언술에서 알 수 있듯이, 지금 "암암히"[65] 사라지는 황혼이지만 시간의 반복을 통하여 무한히 황혼을 영접할 수 있기 때문이다. 따라서 긍정적인 '골방 공간'은 시간구조에 있어서도 미래시간에 긍정성을 부여하고 있다. 즉 「한개의 별을 노래하자」에서 언술 주체가 미래 시간을 지향하며 긍정적인 의미를 부여하던 시간구조와 동일하다.

이처럼 이육사는 '황혼'을 공간적 이미지로 기호화하여 우주공간에 존재하는 모든 타자를 위무하려는 시적 욕망을 보여주고 있다. 따지고 보면 육사의 시 쓰기는 타자를 통한 자아의 완성인 셈이다. 그래서 육사의 시는 타자를 전제로 하여 자아의 내부에서 외부로 무한하게 확장해 나가고 있다. 그 확장 속에서 만나는 타자들, 육사는 그 타자가 어떤 타자이든지 간에 그 '타자'를 분별하거나 차별하지 않는다. 詩로서 존재하는 모든 타자를 구제해야 하니까 말이다.

2. 자아지향을 위한 '방'의 시적 상상력

이육사의 「황혼」에서 '황혼'이 시 텍스트 공간 전체를 감싸고 있는 것처럼, 윤동주의 「흰 그림자」에서도 '황혼'이 시 텍스트 공간 전체를 감싸고 있다. 가령, 윤동주의 「흰 그림자」를 보면, 제1연에 등장한 '황혼'

---

64) 내일이라는 시간은 중요하다. 그것은 골방에 있는 현재의 '나'를 황혼이 있는 미래의 '나'로 옮겨 놓을 수 있는 시간이기에 그러하다. 이형권(1994), 「이육사 시의 구조 분석적 연구-〈黃昏〉을 중심으로」, 『어문연구』 제25집, 어문연구회, p.434. 참조.

65) 이육사 작품에서 시 텍스트의 원본 문제로 종종 논의되는 것 중의 하나가 '情情'과 '暗暗'이다. 하지만 박현수는 이 두 단어의 詩語조차 모두 원본이 아닐 가능성이 높다는 점을 조심스럽게 제기하고 있다. 그에 의하면 '조용할 음, 화평할 음'에 해당하는 '愔愔'일 가능성이 있다는 것이다. 이 점에 대한 자세한 논의는 박현수(2004. 4), 「이육사 시 연구의 몇 가지 문제」, 『현대문학』, pp.245~248. 참조.

이 마지막 5연에서도 등장하고 있기 때문이다. 이처럼 '황혼'은 두 시인의 시적 몽상을 지배하는 동일한 기호로 작용하고 있다. 하지만 '황혼'에 휩싸인 두 시인이 '황혼'을 시 텍스트로 건축하는 구조적 원리는 변별적이다. 이육사가 '황혼'을 공간적 이미지로 구조화하고 있다면, 윤동주는 그것을 시간적 이미지로 구조화하고 있다. 또한 이육사가 '황혼'을 통하여 타자와의 결합과 융합을 욕망하고 있다면, 윤동주는 이와 달리 자아의 분리와 단절을 욕망하고 있다. 이러한 명제를 놓고 윤동주의 「흰 그림자」를 구체적으로 탐색해 보기로 한다.

> 黃昏이 짙어지는 길모금에서
> 하로종일 시들은 귀를 가만히 기울이면
> 땅검의 옮겨지는 발자취소리,
>
> 발자취소리를 들을수 있도록
> 나는 총명했든가요.
>
> 이제 어리석게도 모든 것을 깨달은 다음
> 오래 마음 깊은 속에
> 괴로워하든 수많은 나를
> 하나, 둘 제고장으로 돌려보내면
> 거리모퉁이 어둠속으로
> 소리없이 사라지는 흰 그림자,
>
> 흰 그림자를
> 연연히 사랑하든 흰 그림자들,
>
> 내 모든 것을 돌려보낸 뒤
> 허전히 뒷골목을 돌아
> 黃昏처럼 물드는 내방으로 돌아오면

信念이 깊은 으젓한 羊처럼
하로종일 시름없이 풀포기나 뜯자.

—「흰 그림자」全文

이 텍스트에서 언술 주체가 시의 문을 여는 곳은 "황혼이 짙어지는 길모금"이다. 그리고 시의 문을 닫는 곳은 "황혼처럼 물드는 내 방"이다. 그러므로 이 텍스트의 행위구조는 황혼과 함께 "길모금"에서 "방"으로 들어가는 것으로 나타난다. 요컨대 외부공간인 '길'에서 내부공간인 '방'으로 축소되는 의미구조를 보여주고 있다. 그래서 '길'과 '방'은 이항 대립적 의미를 산출하게 된다. 이육사가 '골방'의 내부에서 '바다, 고비 사막, 아프리카' 등의 외부공간으로 확대되어 나간 것과는 대조적이다. 마찬가지로 '황혼' 또한 이육사와 달리 소멸하고 몰락하는 시간적 이미지로 나타나고 있다. 즉, 언술 주체가 "길모금"에서 맞이하는 '황혼'은 '짙어지'거나 '물드는' 것으로 시간을 따라 하강하는 이미지를 보여주고 있다.

이 텍스트에서 시간적 이미지인 '황혼'은 '낮의 빛'을 '밤의 어둠'으로 변환시키는 매개적 기호이다. 이러한 매개적 기호는 언술 주체의 내면 세계를 들여다보는데 결정적인 영향을 주게 된다. "하루종일 시들은 귀"에서 알 수 있듯이 낮 동안의 외부세계는 '나의 귀'를 시들게 하는 부정의 공간이다. 곧 외부세계에서 발생하는 모든 삶의 소리가 '나'의 내면적 세계를 억압하는 부정의 의미로 작용하고 있다. 그래서 '나'와 이 '세계'는 대립관계를 형성할 수밖에 없다. 그러나 황혼에 귀를 기울여 "땅거미 옮겨지는 발자취 소리"를 듣는 순간, '나'는 그 대립관계를 벗어나 억압받는 내면적 세계를 해방시킬 수 있게 된다. 그러므로 '황혼'은 '나'에게 긍정적인 의미를 부여하게 된다. 뿐만 아니라, '귀'를 통한 '황혼'과의 청각적인 접촉은 '나'와 '황혼'을 상동적인 의미구조로 만들어 놓기도 한다. 예컨대 '낮의 빛(부정)'과 '어둠의 밤(긍정)'이라는 양의적 가치를 지닌 '황혼'이 '낮 생활(억압된 내면공간)'과 '밤 생활(억압받지 않는 내면공간)'이라는 양의적 가치를 지닌 '나'와 동일한 구조를 보여주고 있기 때문이다. 그래서 '황혼'이 시간을 따라 빛을 소멸시키고 어둠을 생성하듯이, '나'도 '황혼'을 따라 억압받는 '나'를 소멸시키고 억압받지 않는 '나'를 생성할 수 있다.

이처럼 '황혼'의 시간은 언술 주체인 '나'로 하여금 삶의 "모든 것을 깨달"게 해주는 긍정적인 기호이다. 그리고 그 깨달음의 대상은 자아의 세계이다. 이육사처럼 '나'의 세계를 떠나서 '타자'의 세계로 지향하는 것이 아니라, '타자'의 세계를 떠나서 '나'의 세계로 회귀하는 지향성을 보여주고 있다. 그 자아의 세계란 다름 아니라 "오래 마음 깊은 속에/괴로워하든 수많은 나를" 가진 '자아'이다. 다시 말해서 의식적 자아를 분열하게 하는 무수한 무의식 자아이다. 라캉에 의하면 의식적 자아는 상징계적 자아가 되고 무의식적 자아는 상상계적 자아가 된다.[66] 이렇게 보면, 언술 주체인 '나'는 상징계적 자아와 상상계적 자아 사이에 괴로워하고 있는 '나'이다. '나'는 그 괴로움에서 벗어나기 위해 상상계적 자아를 "제 고장"으로 추방하려고 한다. 황혼이 내부의 빛을 추방하여 어둠을 생성시키듯이 말이다. 예의 '어둠'은 무의식의 세계이다. 따라서 "어둠 속으로/ 소리 없이 사라지는 흰 그림자들"은 곧 무의식 세계로의 회귀가 되는 셈이다. 그렇게 해서 상징계적 자아와 상상계적 자아의 분리와 단절이 이루어지고 있다.

그런데 이 텍스트에서 "흰 그림자"와 "어둠 속"이 대립하고 있다는 것을 주의 깊게 볼 필요가 있다. 원래 "흰 그림자들"은 '나'의 "마음 깊은 속"에 있던 수많은 자아들이다. 다시 말해서 '나'를 형성하며 살고 있던 자아들인 것이다. 그런데 이 자아들이 추방당하여 "어둠 속"의 자아들로 변환되고 있다. 이 변환에 의해 "흰 그림자"는 곧 "검은 그림자"의

---

66) 라캉의 '상상계 · 상징계 · 실재계'의 원리를 적용하여 윤동주 시 텍스트를 분석한 글로는 김승희(2001), 「1/0의 존재론과 무의식의 의미작용 - 새로 쓰는 윤동주론」, 『현대시 텍스트 읽기』, 태학사, pp.141~162가 있다. 참조하기 바람.

세계로 융해되고 만다. 이러한 융해는 살아 있던 "흰 그림자"의 죽음을 의미한다. 그래서 언술 주체인 '나'는 사라지는 "사랑하는 흰 그림자들"을 보내면서 연연해하거나 허전해하고 있는 것이다. 이로 미루어 보면, 언술 주체는 상징계적 자아를 인격적 자아로 내세우고 있지만 그 이면에는 적어도 상상계적 자아를 그리워하고 있음을 알 수 있다. 하지만 주체인 '나'의 그러한 심리적 분열을 예의 '황혼'이 방지해 주고 있다. 황혼은 시간의 변화를 따라서 "길모금→뒷골목→방"으로 옮겨가면서 어둠으로 바뀌어 간다. '나' 또한 그러한 '황혼'과 함께 '길모금→뒷골목→방'으로 이동하고 있다. '황혼'의 시간적 이동은 '흰 그림자'의 공간적 이동을 가능케 한다. '황혼'이 '내' 마음속에 살던 '흰 그림자들'을 모두 '어둠의 공간'으로 사라지게 하기 때문이다.

하지만 문제는 언술 주체가 '길'과 대립되는 '방'으로 아직 들어가지 않았다는 데에 있다. "내 방으로 돌아온다면"이라고 전제하고 있듯이, 언술 주체는 아직 외부공간에 있다. 외부공간은 여전하게 자기 분열을 조장하는 공간이다. 그래서 언술 주체는 심리적 방어기제로 미리 방안에 들어가 있는 '자아'의 세계를 몽상하게 된다. 이 몽상 속에서 외부와 대립 단절되는 세계를 마련한다. 따라서 '황혼' 또한 더 이상 주체에게 관여할 수 없게 된다. '방안'은 세속적인 인간세계와 대립되는 자연세계이다. 상징계적 '자아'를 초식동물인 '양'의 코드로, '길거리'를 '풀밭'의 코드로 변환시키고 있기 때문이다. 이 자연적 세계에서는 자기 분열이 없다. "신념이 깊고 의젓한 양"이라고 한 이유도 여기에 있다. 곧 양은 "하루종일" 풀을 뜯으며 '풀밭'과 일체화되고 있는 것이다. 그래서 외부세계인 길거리에서 보낸 "하루종일"과 '방'안에서 풀포기를 뜯으며 보내는 "하루종일" 사이에는 변별적 시차성이 있다. 외부에서의 "하루종일"은 자기 분열의 시간을 의미하고, 방에서의 "하루종일"은 자기 분열을 방어하는 시간을 의미한다.[67] 이렇게 보면, 윤동주에게 '황혼'은 '자아의

---

67) 윤동주 시에서 '방'이란 시어는 매우 빈번하게 사용되고 있다. 그리고 그러한 '방'은 자아의 분열을 치유하기 위한 의미로 작용하게 된다. 그래서 김윤

분열'을 치유해 주는 긍정적인 몽상의 기표이다. 이 기표에 의해 그는 세계로부터 분리 단절된 '방'에서 단일한 주체를 꿈꿀 수 있는 것이다.

이와 같이 윤동주의 '황혼'은 언술 주체로 하여금 외부세계에서 내면세계로 자아를 밀폐 축소시키는 의미작용을 한다. 이육사가 '황혼'을 통하여 내면세계에서 외부세계로 자아를 확대시킨 것과는 매우 대조적이다. 또한 윤동주는 '황혼'을 통해 부조리한 인간세계를 바꾸려고 하기보다는 '자아의 의식'을 바꾸어 세계에 대응하고자 한다. 이육사가 '황혼'을 통해 우주공간에 존재하는 모든 '타자들의 삶'을 바꾸어주려고 했던 것과는 역시 대조적이다. 그럼에도 불구하고 '황혼'이 윤동주와 이육사의 욕망의 결핍을 욕망의 충족으로 전환시키고 있다는 점에서는 동일하다.

Ⅳ. 결론

지금까지 단일 기호 체계를 복합 기호 체계로 전환하여 이육사와 윤동주의 시 텍스트를 탐색해 보았다. 비극적인 생애를 공통분모로 하는 두 시인을 하나의 '理念素'인 저항시인으로 이해할 경우, 그들의 시 텍스트를 건축하고 있는 시적 언어는 단일 기호 체계로서 하나의 '이념소'로 동일하게 수렴되었다. 하지만 그들의 시 텍스트를 복합 기호 체계로 탐색해 보면, 그들의 시적 언어가 하나의 '이념소'로 수렴되지 않고 오히려 상호 대조적 방향으로 전개되어 나가는 것을 확인할 수 있었다.

도출된 내용을 간략하게 정리하면 다음과 같다. 이육사의 「한개의 별을 노래하자」에서의 언술 주체는 '우리'이다. '우리'는 노래로써 천상계의 기호인 '별'을 내면화하게 된다. 그리고 내면화된 '별'을 통하여 '우리'

___

식은 그의 '방'은 "안온한 공간을 의미하며, 무한궤도의 차단을 뜻한다."라고 언급하기도 한다. 김윤식(1995), 「어둠 속에 익은 사상 – 윤동주론」, 권영민 엮음, 『윤동주 연구』, 문학사상사, p.194.

가 고통 받고 사는 낡은 대지(지구)를 신생의 대지('별'로 갱신된 지구)로 창조하려고 한다. 이는 곧 동방 역사의 첫출발을 의미한다. 이에 비해 윤동주의 「별 헤는 밤」에서의 언술 주체는 '나'이다. '나'는 천상계의 기호인 '별'을 헤면서 내면적 분열의 자아를 발견한다. 그러나 '나'는 '별빛' 속의 상징적인 죽음을 통하여 새로운 주체(자아)를 창조하고자 한다. 따라서 두 텍스트는 '우리(공동의 문제)/나(자아의 문제)', '우주의 자아화(축소)/자아의 우주화(확대)', '신생의 역사 창조/새로운 주체 창조'로 상호 변별되고 있다. 물론 이런 변별적 차이에도 불구하고 '별'의 기호가 그들 시 텍스트에서 '새로움'을 창조해내는 긍정적인 의미로 작용한다는 점에서는 동일성을 갖는다.

　　마찬가지로 '황혼'을 동일하게 매개로 하는 이육사의 「황혼」과 윤동주의 「흰 그림자」역시 상호 대립적인 의미구조를 보여주고 있다. 이육사가 '황혼'을 공간적 이미지로 구조화하고 있다면, 윤동주는 그것을 시간적 이미지로 구조화하고 있다. 또한 이육사가 '황혼'을 통하여 우주공간 속의 타자들과의 융합을 욕망하고 있다면, 이와 달리 윤동주는 세계로부터 자아를 분리 단절시키려는 욕망을 보여주고 있다. 그래서 이육사의 '골방'이 자아를 우주공간으로 확대하는 방이라면, 윤동주의 '방'은 이 세계로부터 자아를 분리 단절하는 방이다. 물론 그런 변별적 차이에도 '황혼'의 기호가 두 주체의 결핍된 욕망을 충족된 욕망으로 전환시키고 있다는 점에서는 동일성을 갖는다. 이로 미루어 보면, 이육사가 자신을 둘러싼 부조리한 외부세계를 갱신하여 자아 및 이 세계를 구제하려고 한다면(타자지향), 윤동주는 그러한 세계를 고스란히 두고 새로운 주체(자아) 창조를 통해 자아 및 이 세계를 구제하려고 한다.(자아지향)

▶ 제 4 장 ◀
백석의 시 텍스트

▶ 제4장 ◀ 백석의 시 텍스트

음식기호의 매개적 기능과 그 의미작용

I. 서론

주지하다시피 白石은 다양한 음식물을 詩 텍스트의 기호체계로 즐겨 사용한 시인이다. 그의 음식물 애호가 어떠한지는 詩集에 사용된 음식기호의 종류만 보아도 쉽게 짐작할 수 있다. 그의 시집에는 음식 백화점을 연상시킬 정도로 무려 150여 종류[1]의 음식기호가 등장한다. 이런 점에서 보면, 음식기호가 그의 시 텍스트의 구조와 의미작용에 있어서 매우 중요한 시적 기능을 한다고 볼 수 있다. 그 시적 기능을 구체적으로 언급하면 '지배소 기능'이다. 예컨대 음식기호가 하나의 지배소가 되어 시 텍스트의 구조와 의미를 산출하는 중심적인 기능을 한다는 것이다. 따라서 그의 시 텍스트 구조와 의미작용을 제대로 탐색하기 위해서는 음식기호체계에 대한 분석이 필수적이라고 할 수 있다.

물론 백석에 대한 기존 연구에서도 음식물에 대한 논의는 그것이 단편적이든 부수적이든지 간에 꾸준하게 진행되어 왔다. 그러다보니 그 연구 성과물도 적지 않게 축적되고 있다. 하지만 그럼에도 불구하고 백

---

1) 김명인에 의하면, 백석이 1935년 8월부터 1948년 10월까지 여러 매체에 발표한 시는 총 91편인데, 그 시편들 속에 나온 음식의 종류는 대강 150여 종이 된다고 한다. 김명인(2000),「궁핍한 시대의 건강한 식욕:백석 시고」,『시어의 풍경:한국현대시사론』, 고려대학교출판부, pp.20~21., p.33. 참조.

석 시를 관통하고 있는 음식기호체계를 통합적으로 탐구하여 전체 시 텍스트의 구조와 의미를 해명한 경우는 거의 부재하다는 사실이다. 음식물에 대한 기존 연구를 보면, 논자에 따라 미시적인 부분에서 차이를 보일 뿐, 거시적인 차원에서는 거의 동어반복적인 주장을 하고 있다는 인상을 받는다. 가령, 유년의 시적 화자가 경험한 방언과 고향, 전통과 풍습이라는 세계와 음식물을 관련지어 감각적 이미지만의 특성을 주로 분석한 경우가 바로 그것이다.2) 그러므로 '음식물'에 대한 통합적 탐색을 위해서는 단편적인 접근이나 이미지만을 부분적으로 추출하여 논의하는 방법에서 벗어날 필요가 있다.

본고에서는 음식기호가 백석의 시 텍스트를 구축하는 지배소로 보고, 이를 기호론과 정신분석적 방법을 원용하여 음식기호체계의 매개적 기능과 의미작용을 탐색하고자 한다. 음식기호는 그 자체가 고유한 의미를 지니고 있는 것은 아니다. 음식기호 역시 시 텍스트로 구조화되는 순간, 그 체계와 관계 속에서 다양한 의미를 부여받게 된다. 그래서 기호론적 방법을 원용한다. 또한 음식기호는 인간의 감각적 세계와 밀접한 관계를 맺고 있지만, 다른 한편으로는 '음식기호가 특정한 문화와 이데올로기를 투사하는 메타언어'3)로서 정신적 작용을 한다. 그래서 라캉의 정신분석적 방법을 원용하는 것이다.

Ⅱ. 상상계적 코드로서의 음식기호

白石이 애호하는 음식기호는 거의 전적으로 농경문화에 그 토대를 두고 있다. 도시문화와 대립되는 농경문화는 우주와 자연의 원리에 의

---

2) 감각적 이미지 분석에 의한 결과들을 종합해 보면, 음식물에 동원되는 이미지로 시각, 촉각, 후각 등을 들고 있다. 그리고 그 이미지가 환기하는 것은 주로 원초적 세계의 복원, 화해와 평화, 친밀성, 합일성 등의 의미로 집약이 된다.
3) 박여성·김성도(2000. 6), 「아르스 쿨리나에－음식기호학 서설」, 『텍스트언어학』 8, 한국텍스트언어학회, p.339. 참조.

해 형성된 문화이다. 그래서 농경문화의 산물중의 하나인 음식재료도 자연스럽게 그러한 원리를 따라 음식물로 가공되어 왔다. 물론 이러한 가공의 음식문화는 인간의 몸을 통해 전승된다. 우주의 질서와 리듬에 따라 생산된 음식재료와 그 가공의 역학이 해당 집단 구성원의 몸에 文化素라는 질서로 기억되기 때문이다.4)

백석의 음식기호 역시 유년시절의 몸에 기억된 문화소로부터 나오고 있다. 그런데 몸 기억으로부터 그가 불러낸 음식기호가 사계절의 변화, 그리고 절기와 조응하고 있다는 것이 특징적이다. 또한 음식물 요리와 관계된 부엌과 여성들이 음식기호와 함께 시 텍스트 건축에 동시에 관여하고 있다는 것도 그러하다. 이렇게 보면 음식기호는 계절 및 절기, 부엌과 여성들의 기호를 연결하는 매개체가 된다. 다시 말해서 우주와 여성(인간)을 매개하는 기능을 하고 있다는 점이다. 그러므로 음식기호가 어떤 코드로 구축되느냐에 따라 우주와 여성의 의미 또한 달라지게 마련이다.

백석의 시 텍스트에서 음식기호를 호출하여 이를 코드화하는 인물은 유년의 화자이다. 성인과 달리 유년의 자아는 사회적 억압과 현실원칙의 지배를 거의 받지 않는 존재이다. 이는 곧 언어습득과 오이디푸스 현상 이전의 단계에 해당하는 상상계의 자아라고 할 수 있다.5) 상상계의 자아는 억압을 받지 않기 때문에 갈등을 느끼지 않는다. 그래서 자신과, 자신이 욕망하는 대상 사이에 대립과 갈등이 없다. 백석이 유년의 화자를 동원한 이유도 여기에 있다. 그는 유년의 화자를 통하여 상

---

4) 위의 논문, pp.334~335. 참조.
5) 라캉에 의하면, 언어 습득이나 오이디푸스 현상 이전의 단계를 상상계라고 하는데, 이때 자아는 '나르시스적 은유'(실제로는 오인)를 통해 완벽한 욕망을 실현한다. 이와 달리 아이가 언어의 구조 속으로 진입한 단계를 상징계라고 하는데, 이때 자아는 아버지의 법과 사회의 명령 체계로 인해 욕망의 억압을 받는다. 이때 의식과 무의식의 틈새가 드러난다. 그리고 이러한 상상계와 상징계가 서로 지배하고 경쟁하는 투쟁적 실존의 장이 바로 실재계가 된다. 엘리자베드 라이트, 권택영 옮김(1995), 「구조주의 정신분석학 - 텍스트로서의 심리」, 『정신분석비평』, 문예출판사, pp.146~150. 참조.

상계적 세계를 복원하고자 한다. 그 복원의 구체적인 기호가 바로 몸에 기억된 음식물이다. 이런 점에서 음식기호는 상상계적 코드로서 계절과 절기, 여성 등을 매개하는 시 텍스트의 원리로 작용한다. 구체적으로 그 매개적 기능과 의미작용을 살펴보도록 한다.

> 명절날 나는 엄매아배 따라 우리집 개는 나를 따라 진할머니 진할아버지가 있는 큰집으로 가면
>
> ···(중략)···
>
> 이 그득히들 할머니 할아버지가 있는 안간에들 모여서 방안에서는 새옷의 냄새가 나고
> 또 인절미 송구떡 콩가루차떡의 내음새도 나고 끼때의 두부와 콩나물과 뽂운 잔디와 고사리와 도야지비계는 모두 선득선득하니 찬 것들이다
>
> 저녁술을 놓은 아이들은 외양간섶 밭마당에 달린 배나무동산에서 쥐잡이를 하고 숨굴막질을 하고 가마 타고 시집가는 놀음 말 타고 장가가는 놀음을 하고 이렇게 밤이 어둡도록 북적하니 논다
> 밤이 깊어가는 집안엔 엄매는 엄매들끼리 아르간에서들 웃고 이야기하고 아이들은 아이들끼리 웃간 한 방을 잡고 조아질하고 쌈방이 굴리고 바리깨돌림하고 호박떼기하고 제비손이구손이하고 이렇게 화디의 사기방등에 심지를 멫번이나 돋구고 홍계닭이 멫번이나 울어서 졸음이 오면 아릇목싸움 자리싸움을 하며 히드득거리다 잠이 든다 그래서는 문창에 텅납새의 그림자가 치는 아침 시누이 동세들이 욱적하니 흥성거리는 부엌으론 샛문틈으로 장지문틈으로 무이징게국을 끓이는 맛있는 내음새가 올라오도록 잔다
>
> ― 「여우난골族」 全文[6]

이 텍스트의 언술 주체는 유년의 화자이다. 유년의 화자는 명절날 일가친척들이 큰집에 모여 명절 음식을 나눠 먹으며 즐겁게 하루를 보내는 풍경을 묘사하고 있다. 명절날은 세속적인 時·空間을 분절하는 기호체계이다. 그래서 명절날은 세속과 달리 특별하고 신성한 시공간이 된다. 세속적 시·공간에서는 일가친척들이 모두 분리되어 존재한다. 이에 비해 명절날은 일가친척들을 결합시키는 시·공간이다. 또한 세속적인 일상의 노동과 걱정을 잊고 풍성한 음식을 나눠 먹으며 웃고 이야기하는 유희와 담론의 코드로 작용하기도 한다.

유년의 화자가 명절날을 시 텍스트 건축의 모티프로 삼은 이유도 이러한 특성에 기인한다. 말하자면 명절날은 '세속, 분리, 노동'에서 '탈속, 결합, 유희'로 인간 존재의 의식을 전환시키는 작용을 한다. 이와 같은 정서적 의식을 기호작용으로 보면, 전자는 하강적 의미를, 후자는 상승적 의미를 산출한다. 시 텍스트에서 "그득히들", "북적하니", "욱적하니 흥성거리는" 등의 부사어와 "논다", "웃고 이야기하고" 등의 동사들이 예의 상승적 의미를 산출해내는 기호체계이다.

물론 '탈속, 결합, 유희'의 의식을 가능하게 해주는 구체적인 기호는 음식물이다. 이 텍스트에서 음식기호는 '新里 고모, 土山 고모, 큰골 고모, 삼촌'의 가족들, 곧 일가친척들의 개별적인 삶을 하나로 통합해 주는 매개 기능을 한다. 직업과 성격이 모두 제 각각인 인물들이 "인절미 송구떡 콩가루차떡"과 "끼때의 두부와 콩나물과 뽂은 잔디와 고사리와 도야지비계" 등의 음식을 나눠 먹으며 정서적으로 동화되고 있다. 그리고 음식물은 놀이를 연출하는 매개적 기능을 하기도 한다. 화자의 행위를 보면, '(큰집에) 가다'→'(음식을) 먹다'→'(아이들과) 놀다'로 된 시간 구조를 보여준다. 만약에 매개항인 음식이 없었으면 큰집에 가는 즐거움과 놀이의 즐거움도 대폭 감소했을 것이다. 이와 같이 명절날의 음식 기호는 신진대사를 위한 단순한 섭취행위를 넘어서 정서적 동화와 놀

---

6) 이 글에서 인용하는 시작품은 이동순 편(1987), 『白石詩全集』(창작과비평사) 에서 하기로 한다. 이하 인용 각주는 생략함.

이를 매개하는 시적 기능으로 작용한다. 여기서 음식이 매개한 다양한 놀이는 다름 아니라 자아와 타자, 자아와 세계가 일체화된 생명의식의 충만한 발산이다.

특히 언술 주체인 '나'에게 음식기호는 더욱 각별하다. 후각을 자극하는 각종 '떡 내음새'와 촉각을 자극하는 '끼때의 선득선득한 음식'은 상상계적 자아를 불러내는 거울 역할을 한다. 세계로부터의 분리와 억압이 없는 쾌락원칙의 상상계적 자아를 만나는 순간이다. "인절미 송구떡 콩가루차떡"은 '떡'의 기호체계로 통합되지만, 의미상으로는 상호 분절된다. 떡의 재료인 '쌀/소나무/콩'은 일반적으로 '논/산/밭'이라는 변별된 공간에서 생산된 것들이다. 따라서 '떡'의 기호체계는 몸 감각을 충족시켜주는 차원을 넘어 그 의식을 자연적 공간으로 확대해 나가는 기능을 할 수도 있다. 마찬가지로 여러 종류의 반찬도 동일한 의미작용을 한다. 이러한 떡 계열체와 반찬의 계열체가 통합된 저녁 식탁은 '미각7)'이라는 맛으로 통합되고, 그것을 통하여 우주와 자연의 세계를 몸 안으로 들여놓게 되는 것이다. 우주와 자연과의 상호교감이 음식과 몸을 통하여 이루어지고 있는 셈이다.

그리고 음식을 요리하는 인물은 '엄매, 시누이, 동세들'로서 모두 여성들이다. 언술 주체가 음식과 관련하여 여성들을 호명한 이유는 여성의 몸이 바로 감각의 총화를 이루고 있기 때문이다. 남성 중심의 문화에서는 감각적 사고에 열등한 기표를 부여하고 이성적 사고에 우등한 기표를 부여한다. 하지만 언술 주체는 남성 중심의 이러한 二元論을 해체하고 몸 감각을 복원하기 위해 여성들을 호명하고 있다. 여성과 음식

---

7) 백석 시에서 음식은 성인의 점잖은 공식문화가 억압하고 금기시하는 '미각 경험'을 재현하는 것이 되는데, 이는 근대적 이성과 시각 중심의 문화에서 벗어나 '미각의 환희'를 되살리려는 몸의 문화이기도하다. 유종호(2002), 「시원회귀와 회상의 미학−백석의 시세계・1」, 『다시 읽는 한국 시인:임화, 오장환, 이용악, 백석』, 문학동네, p.254.;이혜원(2005. 9), 「백석 시의 에코페미니즘적 고찰」, 『한국문학이론과비평』 9권 3호 제28집, 한국문학이론과비평학회, pp.147~148. 참조.

은 몸의 대화이다. 이 대화에 의해 우주적 리듬과 인간적 삶의 리듬이 합일하게 된다. 대지의 이미지와 동일시되는 감각적 존재인 여성들이 음식을 통하여 이를 가장 잘 체현할 수 있기 때문이다. 여성들은 요리를 하면서 몸에 내재된 우주적 세계를 구체적인 음식물로서 표상해 낸다. 그리고 이 음식물은 육체적 원리로서 인간의 몸 감각, 즉 후각, 미각, 촉각, 시각 등을 자유롭게 해방시켜주는 매개적 기능을 한다. 백석 시에서 여성들이 음식과 함께 등장하는 이유도 여기에 있다. '여성 - 음식 - 부엌'은 환유적 기호체계로서 남성중심의 상징계적 세계의 침투를 방어해 주는 의미작용을 하기 때문이다. "장지문틈으로 무이징게국을 끓이는 맛있는 내음새가 올라오도록 잔다"에서 알 수 있듯이, '여성 - 음식 - 부엌'은 하나의 유기체로서 "맛있는 내음새"를 창조하며 후각(몸)에 의한 세계와의 의사소통을 가능하게 해주고 있다. '나'는 그 상상계적 세계를 탐닉하기 위해 일부러 늦잠을 청하고 있는 것이다.[8]

이렇게 상상계적 코드에 의해 선택된 음식, 여성, 부엌, 놀이 등은 화자인 '나'의 정신과 육체를 하나로 합일시키는 동시에 그 몸을 상승시키는 긍정적인 의미로 작용한다. 몸에 대한 하강의식이 이 세계와의 단절이요 죽음이라면,[9] 상승의식은 이 세계와의 결합이요 삶의 표현이다. 이것은 곧 몸이 우주와 조화를 이룬다는 뜻이기도 하다. 백석이 유난히 절기의 음식을 애호하는 것도 몸과 우주와의 조화를 강조하기 위해서다. 절기의 음식이 주로 음양오행의 우주론을 바탕으로 만들어지기 때문이다.[10] 백석이 절기의 음식을 통해서 갈등과 억압이 없는 상상계적

---

8) 이 텍스트에서 부엌은 어머니의 자궁 이미지에 해당한다. 따라서 '맛있는 내음새'를 맡으며 따스한 방에서 잠을 자는 화자는 곧 어머니의 자궁 속에 있는 태아 이미지에 해당한다. 정유화(2005), 「집에 대한 공간체험과 텍스트 구축 방식:백석론」, 『한국 현대시의 구조미학』, 한국문화사, pp.10~11. 참조.
9) 가령, 「시기의 바다」에 "저녁상을 받은 가슴 앓는 사람은 참치회를 먹지 못하고"라는 구절이 있다. 이렇게 먹지 못하는 몸은 하강의식을 갖게 되고 종국에는 이 세계와 단절되어 죽음에 이르게 된다.
10) 한국의 요리체계는 음양오행의 우주론을 토대로 구축된다. 가령, 절식과 시식을 통해 음식을 조상께 천신할 때에 음양오행의 우주론에 따라 음식의 색

자아를 내세운 이유도 이러한 데에 있다.

> 내일같이 명절날인 밤은 부엌에 째듯하니 불이 밝고 솥뚜껑
> 이 놀으며 구수한 내음새 곰국이 무르끓고 방안에서는 일가집
> 할머니가 와서 마을의 소문을 펴며 조개송편에 달송편에 죈두
> 기송편에 떡을 빚는 곁에서 나는 밤소 팥소 설탕 든 콩가루소를
> 먹으며 설탕 든 콩가루소가 가장 맛있다고 생각한다
> 나는 얼마나 반죽을 주무르며 흰가루손이 되어 떡을 빚고 싶
> 은지 모른다

> ─ 「古夜」에서

이 텍스트는 명절날을 앞두고 음식을 장만하는 흥겨운 모습을 묘사
하고 있다. 불을 환하게 밝혀가며 곰국을 구수하게 끓이는 부엌은 후각
적 이미지를 압도적으로 산출하고 있으며, 송편을 빚는 방안은 주로 시
각적 촉각적 이미지를 산출하고 있다. 이렇게 음식을 만들고 있는 부엌
과 방안은 화자의 몸 전체 감각을 지배하는 육체성의 원리로 작용한다.
그런데 여기서 중요한 것은 육체성 원리로 작용하는 음식물이 명절날
의 음식을 대표한다는 점이다. 말하자면 절기의 특성을 가장 잘 드러내
는 음식물로 구성되고 있다. 때문에 명절날의 음식기호는 우주적 리듬
에 조응하는 몸의 절정적인 표현이라고 할 수 있다. 이런 점에서 명절
날의 음식은 이전과 달리 몸을 쇄신하게 해주는 신성한 기호인 셈이
다.[11]

과 수를 정하는 것이 그 예이다. 또한 味覺에서도 매운맛(辛), 단맛(甘), 신맛
(酸), 짠맛(鹽), 쓴맛(膽) 등의 五味 표현도 그러하다. 박여성(2003. 12), 「융
합기호학의 프로그램으로서의 음식기호학」, 『기호학연구』 제14집, 한국기호
학회, pp.147~148. 참조.
11) 절기 중의 하나인 명절의 음식은 우주적 리듬을 제의적 형식으로 표현한 내
용물이다. 그래서 이 음식을 섭취하며 휴식과 안락을 취하는 것은 이전과
다른 새로운 시간을 열기 위한 신성한 시간이 된다. 우주 리듬과 농경의례

인간은 이러한 음식을 만들고 그것을 섭취하는 매개적 기능을 통해서 우주적 리듬을 體化하게 된다. 이 체화의 기쁨 속에는 인간과 사물의 位階가 없다. 이 시 텍스트에서 "솥뚜껑이 놀으며"라는 의인화된 언술도 그래서 가능하다. 화자와 떡을 빚는 할머니도 主從의 관계를 떠나 평등한 유기체적 관계를 유지하고 있다. 할머니가 자연공간에 내재한 여러 가지 사물의 모양을 본떠서 송편을 빚고 있는데, 그 행위가 산출하는 의미는 다름 아니라 물질적 층위인 송편에 생명을 부여한다는 뜻이다. 이러한 할머니의 창조적 능력은 '나'에게도 영향을 미친다. '나'도 먹음의 세계에 만족하지 않고 "반죽을 주무르며 흰가루손이 되여 떡을 빚고 싶"다는 욕망을 갖게 된다. 여기서 '흰가루손'이 되고자 하는 촉각적 욕망은 몸의 사물화를 의미하고, '떡을 빚고'자 하는 창조적 욕망은 사물에 생명을 불어넣는 것을 의미한다. 이는 곧 구체적인 몸 감각을 통하여 사물과 우주와의 유기체적 관계를 강화하려는 욕망이라고 할 수 있다. 동시에 몸적 사유를 억압하는 남성적 세계보다 몸의 감각적 세계를 충족시켜주는 여성적 세계(할머니)에 '나'를 위치시키려는 욕망이라고도 할 수 있다. 이와 같이 명절날을 위한 음식의 조리 과정은 억압된 몸의 세계를 회복해 주는 상상계적 공간, 여성 친족성의 공간을 만들어 준다. 그렇게 해서 몸의 자연화, 自然의 肉化가 가능해지고 있다.

상상계적 코드로 구축된 시 텍스트에서 화자의 의식과 무의식을 교란시키는 상징계의 타자는 거의 들어설 틈이 없다. 절기와 관련된 음식 기호체계의 경우는 더욱 그러하다. 물론 이러한 것을 동시대적 삶과 연관시켜 현실 극복을 위한 시도로 이해할 수도 있으나,[12] 다른 한편으로 보면, 근대문명에 대한 비판적인 의식에 기인한다고도 볼 수 있다. 상

___

에 대한 것은 미르치아 엘리아데, 이재실 옮김(1994), 「농경과 풍요제」, 『종교사개론』, 까치, pp.313~316을 참조할 것.

12) 백석의 절기를 다룬 시들은 자연처럼 존재하는 문화적 토양을 파괴하고 자존적 주체를 훼손당한 현실의 극복을 위해 시도된 것으로 보인다. 손진은 (2004. 9), 「백석 시의 '옛것' 모티프와 상상력」, 『한국문학이론과비평』 8권 3호 제24집, 한국문학이론과비평학회, p.334. 참조.

호 텍스트성 차원에서 그의 수필을 보면, "나는 실상 해보다 달이 좋고 아침보다 저녁이 좋은 것같이 양력(陽曆)보다는 음력(陰曆)이 좋은데 생각하면 오고가는 절기며 들고나는 밀물이 우리 생활과 얼마나 신비롭게 얽히었는가."[13]라고 언술하고 있다. 이로 미루어 볼 때, 그가 절기와 절기의 음식을 애호하는 이유는 우주와 몸과의 신비관계 때문이다. 상상계와 달리 이성과 합리성을 강조하는 근대문명(상징계)에서는 음력의 신비성에 매력을 느끼지 않는다. 하지만 백석은 이와 반대로 그 신비관계 때문에 음력에 의한 절기를 애호하고 있다. 이러한 욕망을 충족시키기 위해, 그는 유년의 몸 기억에 내재된 절기의 음식을 시 텍스트로 기호화하고 있는 것이다.

> 낡은 질동이에는 갈 줄 모르는 늙은 집난이같이 송구떡이 오
> 래도록 남어 있었다
>
> 오지항아리에는 삼촌이 밥보다 좋아하는 찹쌀탁주가 있어서
> 삼촌의 임내를 내어가며 나와 사춘은 시금털털한 술을 잘도
> 채어 먹었다
> ···(중략)···
> 넷말이 사는 컴컴한 고방의 쌀독 뒤에서 나는 저녁 끼때에 부
> 르는 소리를 듣고도 못 들은 척하였다.

— 「고방」 일부

이 텍스트에서 알 수 있듯이 고방에 있는 '송구떡, 찹쌀탁주'는 時日이 지난 음식물이다. 그런데도 불구하고 유년의 화자는 맛이 떨어진 이 음식을 "채어 먹"으면서도 즐겁기만 하다. 그 이유는 간단하다. 시일이 지난 음식을 먹으면서 절기 때의 신비적 時·空間을 다시 상상할 수 있

---

13) 이동하 편(1987), 「立春」, 앞의 책, p.162.

기 때문이다. 그래서 고방의 음식은 상상계적 자아를 재생하는 공간이 된다. 고방 밖에서 "저녁 끼때에 부르는 소리를 듣고도 못 들은 척하"는 것은 몸과 자연이 합일된 상상계적 세계를 벗어나기 싫어서이다. 고방 밖은 상징계적 현실로서 일상적 시간이 지배하는 공간이다. 따라서 고방 밖은 정신과 육체, 나와 세계(타자)를 분리하는 이원론적 공간이 된다.

Ⅲ. 상징계적 코드로서의 음식기호

상상계적 코드로서의 음식기호체계는 '나-우주', '나-여성', '나-사물', '나-절기' 등을 매개하는 긍정적인 의미작용을 산출해 왔다. 이 코드로 구축된 시 텍스트 공간에서 상상계적 자아는 우주적 리듬과 육체적 리듬을 합일시켜가며 쾌락원칙에 기초한 시적 몽상을 해왔다. 말하자면 일원론적인 몸의 세계를 담보하고 있는 코드라고 할 수 있다. 이 몽상 속에서의 상상계적 자아의 정서는 상승적인 의미를 산출하고 있다. 하지만 모든 음식기호가 상상계적 코드를 불러오지는 않는다. 몸에 기억된 경험을 재생해 내는 음식이 아니라 현실적 경험에서 불러내는 음식일 경우, 그 음식은 현실원칙의 지배를 받는 상징계적 코드를 산출한다. 물론 상징계적 코드가 되면 시적 화자 역시 현실원칙의 지배를 받는 성인 화자로 전환된다. 마찬가지로 상징계적 코드로서의 음식기호체계는 '나-일상(현실)'을 매개하면서 하강적인 의미를 산출한다. 그래서 상상계적 자아가 물질로서의 음식을 사유한다면, 상징계적 자아는 관념으로서 음식을 사유를 한다. 이 관념이 예의 음식이 표방해 주는 사회 문화적 이데올로기이다. 전자가 '나-세계(타자)'의 결합을 산출하는 몸의 기표였다면, 후자는 '나-세계(타자)'의 대립을 산출하는 정신(관념)의 기표가 된다. 다음 시를 통해서 그러한 의미를 확인해 보도록 한다.

낡은 나조반에 흰밥도 가재미도 나도 나와 앉어서
쓸쓸한 저녁을 맞는다

흰밥과 가재미와 나는
우리들은 그 무슨 이야기라도 다 할 것 같다
우리들은 서로 미덥고 정답고 그리고 서로 좋구나

우리들은 맑은 물밑 해정한 모래톱에서 하구 긴 날을 모래알
만 헤이며 잔뼈가 굵은 탓이다
바람 좋은 한벌판에서 물닭이 소리를 들으며 단이슬 먹고 나
이 들은 탓이다
외따른 산골에서 소리개소리 배우며 다람쥐 동무하고 자라난
탓이다

우리들은 모두 욕심이 없어 희여졌다
착하디 착해서 세괏은 가시 하나 손아귀 하나 없다
너무나 정갈해서 이렇게 파리했다

우리들은 가난해도 서럽지 않다
우리들은 외로워할 까닭도 없다
그리고 누구 하나 부럽지도 않다

흰밥과 가재미와 나는
우리들이 같이 있으면
세상 같은 건 밖에 나도 좋을 것 같다

―「膳友辭」全文

　이 텍스트에서 '흰밥'과 '가재미'는 절기나 특별한 날의 음식이 아니라
일상적 생활의 음식이다. 백석의 시 텍스트에서 일상적 음식은 현실세

계를 매개하는 기호체계를 보여준다. '흰밥'과 '가재미'가 매개하는 현실은 바로 '가난'이다. 현실적인 '가난'이 나오자 먹음에 대한 몸의 감각적 즐거움은 사라지고, 대신에 몸의 결핍된 욕망이 자리 잡게 된다. 이는 곧 언술 주체인 '나'의 몸과 '세계'와의 단절·대립을 의미한다. 음식을 마주한 저녁 식탁이 "쓸쓸한" 이유도 여기에 있다. 서러움, 외로움 등의 정서적 표현도 모두 '쓸쓸함'에서 기인한다. 이러한 정서를 공간기호로 보면 하강적 구조이다.

뿐만 아니라 '흰밥과 가재미' 또한 의인화되어 현실원칙의 지배를 받는 상징계적 코드로서 이 세계와 대립한다. 그래서 먹음의 대상으로서의 음식물이 사유의 주체로서 전환되고 있다. 부연하면 몸(나)과 물질(음식)의 결합관계가 정신적 결합관계로 전환되고 있는 것이다. '우리'라는 인칭대명사 사용에서 알 수 있듯이, 의인화된 '흰밥과 가재미' 그리고 '나'는 결국 정신적으로만 동일한 욕망을 지닌 원초적 유대감과 통일성을 갖게 된다.[14] 물론 이러한 정신적 유대 관계는 상징계적 현실이 강화될수록 더욱 내밀해질 수밖에 없다. 이성과 합리성을 표방하는 상징계적 현실은 몸의 원시적 감각, 예컨대 후각, 미각 등의 '전신적 기쁨'[15]을 억압하고 배제하기 때문이다. 이렇게 해서 '흰밥과 가재미'와 '나'는 몸의 '전신적 기쁨'에서 벗어나 '세상 같은 법'이 지배하는 현실에 의해 각자의 삶의 존재방식을 강요받기에 이른다. 이 텍스트에서 '세상 같은 법'은 언어 습득 이전의 상상계적 세계가 아니라 언어를 습득한 이후의 상징계적 세계, 곧 아버지의 법이 통제하는 사회이다. 예컨대 富의 상징인 자본이 통제하는 사회이다. 결국 자본주의는 상상계적 자아를 폐기하고 상징계적 자아를 호명하는 억압적인 기호체계가 된다. 물론 白石이 살던 일제 강점기 시대로 보면, 이는 파행적인 식민지적 자본주

---

14) 대상을 '너'로 인식하는 의인관적 태도는 자아와 세계, 사상과 감정을 융합하는 순수한 미적 형식으로서 유기체의 원초적 통일성을 경험하게 해준다. 김준오(1988), 『詩論』, 이우출판사, pp.34~36. 참조.
15) 이혜원(2005. 9), 앞의 논문, p.148. 참조.

의를 의미한다.

이 텍스트에서 언술 주체인 '나(우리)'는 두 차원의 목소리를 내고 있다. 하나는 상상계적 자아의 목소리이고, 다른 하나는 상징계적 자아의 목소리이다. 상상계의 목소리에 해당하는 것은 제2,3,4연이고, 상징계의 목소리에 해당하는 것은 제1,5,6연이다. 이렇게 보면 상징계의 목소리 속에 상상계의 목소리가 숨어 있는 텍스트가 된다. 전자를 보면, '흰밥과 가재미' 그리고 '나'는 하나의 인격체로서 '유기체의 우주적 연대'[16]를 구축하고 있다. 이들의 몸은 우주적 세계인 자연과 하나로 일체화된 삶을 유지해 온 것이다. 그래서 나와 타자, 주체와 객체, 인간과 자연이 분리되지 않은 一元論的 삶을 향유할 수 있었다. "그 무슨 이야기라도 다 할 것 같다"에서 그 '이야기 코드'도 실은 일원론적 삶을 강화해 주는 상상계적 기호체계이다. 그 '이야기 코드'는 다름 아닌 상상계적 세계에 있었던 '놀이 코드'[17]의 변환에 해당한다. 놀이 코드가 몸적 의사소통으로 타자와 결합한다면, 이야기 코드는 언어적 의사소통으로서 타자와 결합하기 때문이다.

상상계적 세계에서 세 인격체는 "해정한 모래톱", "바람 좋은 한벌판", "외따른 산골" 등에서 살아왔기 때문에 '무욕, 착함, 정갈함'의 의미를 부여받고 있다. 곧 반문명적인 의미를 부여받고 있는 것이다. 하지만 자본을 중시하는 상징계적 현실 앞에는 '자연성'의 삶이 억압받지 않을 수 없다. '가난/부'의 二項對立體系를 생산하는 식민주의적 자본주의는 현실원칙을 따라야만 하는 상징계적 자아의 출현을 요구하기 때문이다. 後者인 제5,6연에 나오는 자아가 바로 그것이다. 5,6연의 상징계적 자아는 위악한 현실세계와 대립하고 있다. '富'와 대립되는 '가난' 때문에 상

---

16) 김용희(2004. 12), 「'몸말'의 민족시학과 민족 젠더화의 문제 - 백석의 경우」, 『여성문학연구』 통권12호, 한국여성문학학회, p.203. 참조.
17) 음식물을 먹고 마시는 일은 일종의 놀이 코드에 해당한다. 「여우난골族」에서 알 수 있듯이, 음식을 먹은 후의 행위 또한 놀이 코드의 연장이다. 아이들에게 놀이 코드의 변환은 '쥐잡이' 등의 행위로 나타나고, 어른인 엄마들에게는 '웃고 이야기하'는 언어적 행위로 나타난다.

징계적 자아는 욕망의 결핍과 소외를 겪고 있다. 그럼에도 불구하고 상징계적 자아는 "가난해도 서럽지 않다", "외로워할 까닭도 없다", "누구 하나 부럽지 않다"라고 역설적인 언술을 한다. 더 나아가 "세상 같은 건 밖에 나도 좋을 것 같다"라는 태도를 보인다. 이러한 언술은 상징계적 세계를 떠나 상상계적 세계로 회귀하겠다는 내면적 의지를 함의한 것이다. 가령, "흰밥과 가재미와 나는/ 우리들이 같이 있으면"이라는 언술이 그러한 욕망을 구체적으로 보여주고 있다. 이로 미루어 보면, 백석의 시에서 상징계적 자아와 상상계적 자아 사이에는 거의 갈등이 존재하지 않는다. 달리 말해서 상징계적 자아는 상상계적 자아의 변형된 목소리에 불과하다. 이러한 상상계적 자아로의 회귀 및 승리는 곧 반문명 반제국주의에 대한 의식인 동시에 우주와 자연 속에 '나'를 위치시키려는 욕망을 의미한다.

이처럼 백석의 시 텍스트에서 일상적 음식물은 현실세계와 갈등·대립하고 있는 '나'에게 정신적 세계를 매개해 주는 관념적 기호로 작용한다. 음식물이 먹음의 대상인 물질적 층위를 넘어서 '나'의 존재방식을 결정해 주는 정신적 층위로까지 확대되고 있다. 따라서 음식물은 마치 하나의 종교나 철학, 이념처럼 나의 삶의 존재방식을 결정해 주는 상징계적 큰 타자의 역할을 하고 있다. 가령 윤동주 시인에게 기독교적 세계(예수)가 상징계적 큰 타자였듯이 말이다. 그러나 윤동주와 달리 백석의 상징계적인 큰 타자는 추상적인 종교적 이념이 아니라 '음식'이라는 구체적 물질이다. 그는 이 물질을 통하여 자아의 正體性을 정립해 가고 있다. 전자가 형이상적, 정신적, 이성적 태도를 보인다면, 후자는 형이하적, 육체적, 감성적 태도를 보이고 있는 셈이다. 말하자면 정신주의와 대립되는 육체주의를 시적 사유로 삼고 있는 것이다. 백석이 음식물을 상징계적 큰 타자로 삼은 것은 그 음식물에 靈性이 내재되어 있다고 보기 때문이다. 음식이라는 물질에 영성이 있다는 것은 음식과 인간을 하나의 유기체로 보는 일원론적 세계를 표명한 것이 된다.

그래서 백석의 시 텍스트에서 상징계적 코드로서의 음식기호체계는 언술 주체인 '나'의 정체성을 확인시켜주는 의미작용을 하기도 한다. 「국수」에서 우리는 그것을 확인할 수 있다.

가난한 엄매는 밤중에 김치가재미로 가고
마을을 구수한 즐거움에 사서 은근하니 흥성흥성 들뜨게 하며
이것은 오는 것이다
이것은 어늬 양지귀 혹은 능달쪽 외따른 산옆 은댕이 예데가
리밭에서
하로밤 뽀오햔 흰김 속에 접시귀 소기름불이 뿌우현 부엌에
산멍에 같은 분틀을 타고 오는 것이다
이것은 아득한 녯날 한가하고 즐겁던 세월로부터
실 같은 봄비 속을 타는 듯한 녀름볕 속을 지나서 들쿠레한
구시월 갈바람 속을 지나서
대대로 나며 죽으며 죽으며 나며 하는 이 마을 사람들의 으젓
한 마음을 지나서 텁텁한 꿈을 지나서
지붕에 마당에 우물둔덩에 함박눈이 푹푹 쌓이는 여늬 하로밤
아배 앞에 그 어린 아들 앞에 아배 앞에는 왕사발에 아들 앞
에는 새끼사발에 그득히 사리워 오는 것이다
이것은 그 곰의 잔등에 업혀서 길여났다는 먼 녯적 큰마니가
또 그 집등색이에 서서 자채기를 하면 산넘엣 마을까지 들렸다는
먼 녯적 큰 아바지가 오는 것같이 오는 것이다.

아, 이 반가운 것은 무엇인가
이 히수무레하고 부드럽고 수수하고 슴슴한 것은 무엇인가
겨울밤 찡하니 닉은 동티미국을 좋아하고 얼얼한 댕추가루를
좋아하고 싱싱한 산꿩의 고기를 좋아하고
그리고 담배 내음새 탄수 내음새 또 수육을 삶는 육수국 내음
새 자욱한 더북한 샷방 쩔쩔 끓는 아르궅을 좋아하는 이것은 무
엇인가
— 「국수」에서

이 텍스트에서 일상적 음식인 '국수'에 대한 언술 주체의 목소리는 현재적 시점을 취하고 있다. 그래서 형식적으로는 '국수'가 상징계적 코드로서 언술 주체의 현재적 삶을 드러내주는 기호체계로 되어 있다. 하지만 내용적으로 보면 주체의 현재적 삶은 거의 배제되어 있다. 오히려 현실과 대립된 과거 시간대의 상상계적 세계를 前景化하고 있을 뿐이다. 이 텍스트에서 언술 주체의 목소리가 단일하지 않은 이유도 여기에 있다. 부연하면 현실원칙의 지배를 받는 상징계적 자아의 목소리 이면에 상상계적 자아의 목소리가 내재되어 있다. 가령, '이것(국수)은 오는 것이다', '이것(국수)은 ~ 무엇인가'라고 반복적으로 언술하는 목소리는 상징계적 자아이고, "가난한 엄마", "먼 넷적 큰마니", "먼 넷적 큰 아바지"라고 언술하는 목소리는 상상계적 자아의 목소리이다. 그렇다면 왜 이러한 구조의 텍스트가 되었을까. 그것은 다름 아니라 언술 주체가 현실원칙 속에서 자아의 정체성을 세우지 못한 채 욕망의 결핍에 걸려 있기 때문이다.

이 텍스트에서 현실원칙에 의한 억압의 기표는 직접적으로 언급되지는 않았지만, 여러 시 텍스트에서 자주 언급되고 있듯이 '가난(식민지적 자본주의)'에 의한 상징계적 현실 때문이다.[18) 상징계적 현실에서 자기 정체성을 세우지 못할 때, 언술 주체가 기댈 곳은 예의 상상계적 현실이다. 이런 점에서 '국수'라는 음식기호체계는 양의성을 지닌다. 한편으로는 상징계적 현실과 관련을 맺고, 다른 한편으로는 상상계적 세계와 관련을 맺는다. 결국 양의성 속에서 상징계적 자아는 상상계적 세계로 들어가 자기 정체성의 뿌리를 확인하게 된다.

상상계적 세계에서의 '국수'는 문명(도시)과 대립되는 자연(농촌)의 세계를 표방한다. '메밀'이 '국수'라는 음식이 되기까지의 과정을 보면 그것을 쉽게 알 수 있다. 메밀은 단순한 물질이 아니다. '양지귀'나 '능

---

18) 이런 점에서 백석의 시에 풍요롭게 나타나는 음식물들은 풍족하지 아니한 현실적 삶의 역설적 상징이라고 할 수 있다. 김명인(2000), 앞의 글, p.37. 참조.

달쪽'에서 우주적인 순환원리, 즉 음양오행의 원리를 따라 생을 살아온 유기체물이다. 다시 말해서 우주 속의 유기체로서 봄, 여름, 가을이라는 계절의 순환원리를 따라 성장해온 생명체이다. 그리고 이것을 음식으로 가공하게 되면 국수라는 음식문화로 인간의 세계에 들어오게 된다. 마찬가지로 이 음식문화 역시 우주적 순환원리, 즉 우주적 리듬에 따라 코드화된 것이다. 왜냐하면 함박눈이 내리는 겨울밤의 따뜻한 방과 국수의 관계, 국수와 함께 하는 '동티미국, 댕추가루, 산꿩 고기, 육수국' 등의 관계는 시·공간의 특성에 의해 자연스럽게 형성된 융합적 기호체계이기 때문이다.[19] 이는 곧 음식요리에 참여하는 인간도 하나의 유기체로서 우주적 리듬에 참여한다는 의미를 지닌다.

뿐만 아니라 그러한 음식물은 인간의 몸으로 하여금 그 삶의 형식과 내용을 영속적으로 전해주기도 한다.[20] 음식문화는 이성과 정신, 제도나 규범에 의해 전달되기보다는 감성적인 몸에 의해 전승되는 특성을 지닌다. 음식물인 국수가 아득한 옛날부터 "대대로 나며 죽으며 죽으며 나며 하는 이 마을 사람들의 으젓한 마음을 지나서 텁텁한 꿈을 지나" 순환적으로 반복되어 왔다. 이런 점에서 그 음식물의 섭취행위는 곧 과거의 삶과 현재의 삶을 단절되지 않게 연속적으로 이어주는 몸 기억에 의한 전승이라고 할 수 있다. 언술 주체가 "사발에 그득히 사리워 오는" 국수를 통해서 "먼 녯적 큰마니"와 "먼 녯적 큰 아바지가 오는 것"처럼

---

19) 각각의 음식물이 서로 융합해서 맛을 변형시키는 한국 음식의 미각은 생성과 변신의 시학이라고 할 수 있다. 그래서 이러한 융합적 기호체계의 실현은 미각체계들의 폴리포니를 이룬다.(박여성·김성도(2000. 6), 앞의 논문, pp.347~348. 참조.) 백석 시에서 미각체계들의 폴리포니polyphony는 다름 아닌 억압받는 몸의 세계를 전적으로 해방시키는 의미작용을 한다.

20) 김춘식에 의하면, 음식은 가장 전통적인 문화로서 몸에서 몸으로 전해지는 긴 핏줄의 역사이다. 이런 점에서 백석의 전통에 대한 의식은 외부의 근대적 의식에서 온 것이기보다는 자기 내부의 근원적인 것에서 나온 것이다. 그는 '국수'에서 이런 거부할 수 없는 숙명적인 뿌리를 발견하고 있다. 김춘식(2005. 6. 30), 「사소한 것의 발견과 전통의 자각 - 백석의 시를 중심으로」, 『청람어문교육』 제31집, 청람어문교육학회, pp.252~253. 참조.

언술한 이유도 여기에 있다. 음식물인 국수에는 먼 과거적 조상들의 삶의 형식과 내용이 온전하게 들어 있기 때문이다. 따라서 음식물인 '국수'는 불연속적인 삶의 시간을 연속적인 삶의 시간으로 복원해 주는 의미작용을 하게 된다.

상징계적 자아가 상상계적 세계를 통하여 자기 정체성을 확인한 것은 몸의 뿌리이다. '국수'에는 우주순환과 합일하는 인간적 삶의 형식과 내용이 고스란히 내재되어 있다. 그러한 몸의 회복이야말로 상징계적 자아가 처한 자기 분열과 자기 소외를 극복할 수 있는 기제로 보인다. 그렇다면 白石이 현실세계에서 상징계적 자아의 정체성을 세우지 못하고 과거로 회귀한 상상계적 세계에서 그것을 찾는 이유는 무엇일까. 단적으로 말하면 백석의 시 텍스트 구축방식이 '문명적 삶의 원리'와 대립되는 '농경적 삶의 원리'를 채용한 것에 기인한다. 백석이 상징계적 현실에서 자아의 정체성을 세우지 못한 것은 이러한 '농경적 원리'를 회상으로만 떠올리고 있기 때문이다.

IV. 실재계적 코드로서의 음식기호

백석의 시 텍스트에서 상상계적 코드와 상징계적 코드로서의 음식기호는 주로 자아의 경험세계와 직접적으로 관련되는 것이었다. 백석은 이러한 음식코드를 통해 자아의 정체성을 세우고자 하는 내면적 욕망을 보여주었다. 물론 상상계적 자아와 상징계적 자아가 상호 갈등·투쟁하는 가운데 자아의 정체성을 세운 것은 아니다. 상징계적 자아는 전적으로 상상계적 자아로 흡수되고 있다. 따라서 상상계와 상징계가 서로 지배하고 경쟁하는 투쟁적 실존의 場인 실재계는 거의 부재하다. 때문에 그의 시 텍스트에서 실재계는 예의 상상계적 자아와 상징계적 자아의 합일로 나타난다.

실재계적 코드로서의 음식기호는 주로 풍물기행을 대상으로 한 시 텍스트에서 잘 나타난다. 풍물기행시에서 담고 있는 음식물은 객관적인 대상이다. 이런 점에서 실재적 코드로서의 음식기호체계는 '나'의 주관적인 개인의 정서를 '사회'의 객관적인 공동체의 정서로 전환시키는 기능을 한다. 그러므로 풍물기행을 코드화한 음식기호체계는 일종의 음식 文化素를 생산하게 되는 것이다.

거리에는 모밀내가 났다
부처를 위하는 정갈한 노친네의 내음새 같은 모밀내가 났다

어쩐지 香山 부처님이 가까웁다는 거린데
국수집에서는 농짝 같은 도야지를 잡어 걸고 국수에 치는 도
야지 고기는 돗바늘 같은 털이 드믄드믄 백였다
나는 이 털도 안 뽑은 고기를 시꺼먼 맨모밀국수에 얹어서 한
입에 꿀꺽 삼키는 사람들을 바라보며

나는 문득 가슴에 뜨끈한 것을 느끼며
小獸林王을 생각한다 廣開土大王을 생각한다

―「北新―西行詩抄 2」全文

이 텍스트는 北新을 기행하면서 본 음식의 풍물을 구조화하고 있다. 그래서 언술 주체에게 음식을 만들어 먹는 북신 사람들의 모습은 객관적인 대상이 된다. 언술 주체는 북신의 공간(거리)과 사람들의 특성을 음식물의 기호를 통해서 파악한다. 그 지방 사람들의 삶을 이해할 수 있는 가장 직접적인 방식이 예의 일상화된 음식물을 접하는 일이기 때문이다. 북신의 거리는 '모밀내가 나는' 공간으로서 후각적 감각을 강하게 자극한다. 공간적 층위인 거리가 물질적 층위인 음식기호로 전환되어 '나'의 몸과 후각적 소통을 하고 있는 셈이다. 후각은 인간의 오감 가운데 가장 농도가 짙은 감각으로서 삶의 정서가 짙게 묻어 있는 감각

이다.[21] 그러므로 '나'는 '모밀내(=거리 공간)'에 배어 있는 삶의 정서를
온몸으로 직접 체감할 수 있다. '모밀내'는 "부처를 위하는 정갈한 노친
네의 내음새"로 비유되면서 그 삶의 정서는 더 구체화된다. 그 비유적
정서에 의하면 자연적인 '모밀내'가 탈속적인 인간의 냄새로 전환되고
있다.

  그런데 이 텍스트에서 향산 부처님이 있는 공간과 국수집의 공간이
대립하면서 '모밀국수'는 '탈속성(신성성)/세속성'이라는 兩義的 의미를
지니게 된다. 국수집에서의 사람들은 사찰의 음식과 대립되는 돼지를
잡아서 "털도 안 뽑은 고기를 시꺼먼 맨모밀국수에 얹어서" 먹고 있다.
언술 주체는 이렇게 음식을 먹는 사람들의 세속적인 식성을 보고 일종
의 거리감을 갖는다. "물구러미 바라보며", "사람들을 바라보며"라는 언
술이 그러한 거리감을 나타내주고 있다. 음식에 대한 요리의 양상은 공
동체의 생태적 조건에 따라 상이하다.[22] 언술주체가 '맨모밀국수'와 '털
도 안 뽑은 고기'를 융합한 요리에 대하여 거리감을 둔 것은 바로 공동
체의 생태적 조건을 이해하지 못한 탓에 있다. 그래서 이러한 음식은
'정갈한/투박한', '상류계층/하류계층' '식물성/동물성', '문화성/원시성',
'정신성/육체성', '여성성/남성성' 등의 이항대립을 구축하면서 후자의
의미를 부여받게 된다. 물론 이 후자가 바로 음식 문화소이다.

  그러나 후자의 의미가 그대로 고착되지는 않는다. 정신적 교감이 아
니라 몸의 후각적 감각으로[23] '모밀국수'와 이미 소통한 언술 주체였기
에, 이성적 시선으로 바라보던 주체의 판단을 중단시켜버리고 만다. '문

---

21) 고형진(2002. 12),「지용 시와 백석 시의 이미지 비교 연구」,『현대문학이론
    연구』제18집, 현대문학이론학회, p.52. 참조.
22) 박여성(2003. 12), 앞의 논문, p.140. 참조.
23) 몸에서 후각은 촉각과 마찬가지로 인간의 인지능력의 외설스러운 목록에 속
    해 있기 때문에 정신과 이성에 의해 억압 받아 왔다.(베르나르 투쎙(1991),
    「비언어학적 기호들」,『기호학이란 무엇인가』, 청하, p.41.) 이런 점에서, 백
    석이 후각적 감각을 사용하여 '모밀냄새'와 소통한다는 것은 정신과 이성에
    의해 억압 받아온 몸 감각의 복원을 의미한다.

득'이라는 언술이 바로 그것을 예증해 준다. 그 결과 언술 주체는 그 투박한 음식을 먹는 사람들과 일체화되면서 '후자'의 의미를 긍정적으로 수용하게 된다. 뿐만 아니라, 그 음식을 매개로 하여 고대 민족국가를 부흥시킨 소수림왕과 광개토대왕을 생각하게 된다. 이는 곧 음식을 매개로 한 몸의 역사적 전수를 의미한다. 이와 같이 물질적 층위인 음식은 과거와 현재, 개인과 역사를 매개하고 규정해 주는 기호체계이다.

주지하다시피 백석의 음식에 대한 풍물기행은 지역마다 변별적이다. 「北新」이 북쪽 지방에 대한 음식기호체계로서 원시적이고 민족적인 식욕문화를 보여주었다면, 남쪽 지방에 해당하는 「고성가도」의 음식기호체계는 한 마을의 조화로운 풍경을 여성적인 이미지로 보여주고 있다.

固城장 가는 길
해는 둥둥 높고

개 하나 얼린하지 않은 마을은
해밝은 마당귀에 맷방석 하나
빨갛고 노랗고
눈이 시울은 곱기도 한 건반밥
아 진달래 개나리 한참 퓌였구나

가까이 잔치가 있어서
곱디고흔 건반밥을 말리우는 마을은
얼마나 즐거운 마을인가

어쩐지 당홍치마 노란저고리 입은 새악시들이
웃고 살을 것만 같은 마을이다

―「固城街道―南行詩抄 3」全文

언술 주체가 "고성장 가는" 길에 만난 '마을'은 天·地가 융합된 밝고 환한 마을이다. 하늘에 '둥둥 높이 뜨는 해와 지상에 한참 피어난 '진달래와 개나리'가 마을 안을 밝고 환하게 만들고 있는 탓이다. 그래서 마을은 상승적인 의미를 부여받고 있다. 여기에다 사람뿐만 아니라 "개하나 얼린하지 않는 마을"로서 정태적인 공간을 산출해 내고 있다. 이렇게 화창한 봄날 속의 마을은 정태적인 가운데 상승하는 의미를 지닌 공간이 되고 있다.

또한 天·地가 조화롭게 융합된 마을공간에 인간의 삶을 표상하는 '맷방석 위의 건반밥'이 참여함으로써 天·地·人이 융합된 삶의 공간으로 거듭나고 있다. 언술 주체가 주목한 것은 바로 자연적 리듬과 조화를 이루고 있는 '맷방석 위의 건반밥'이다. 물론 이들이 처해 있는 곳은 중심공간과 대립되는 주변공간, 즉 마당 귀퉁이이다. 하지만 언술 주체에게 이 공간은 세계의 중심이 된다. 인간의 생명과 관련된 '건반밥'이 자연과 융합하며 말려지고 있는 신성한 공간이기에 그러하다. '해'와 '진달래와 개나리'의 시각적 풍경이 後景化되면서 '빨갛고 노란' 맷방석의 시각적 이미지가 강하게 前景化되는 이유도 여기에 있다. 때문에 곱디고운 건반밥이 있는 그 신성한 공간은 눈이 부실 정도로 환하게 된다.

이 텍스트에서 '건반밥'은 우주와 인간의 참여에 의해서 만들어지는 신성한 음식이다. 이러한 신성한 음식은 세속적 시간이 아니라 축제의 시간인 '잔치'에 쓰이게 된다. 잔치는 마을 공동체 사람들이 모여 음식을 나눠먹는 몸의 축제이다. 따라서 건반밥은 몸과 몸을 유기적으로 합일해 주는 매개체로서 인간적인 삶의 방식을 부여해 주게 된다. "건반밥을 말리우는 마을은/ 얼마나 즐거운 마을인가"라는 언술이 가능한 것도 곧 다가올 몸의 축제가 있기 때문이다. 그리고 '건반밥'의 기호체계는 "곱디고흔"에서 알 수 있듯이, 남성적 이미지와 대립하는 여성적 이미지이다. 이는 '건반밥'이 모성과 관련되어 있다는 의미이다. 언술 주체가 '건반밥'을 통하여 '새악시들'을 상상적으로 떠올린 이유도 여기에 기인한다. 이렇게 보면 '건반밥'은 공동체 구성원들에게 時·空間과의 유기적 합일의식, 몸과 몸의 유기적 합일의식을 매개해 주는 모성적 이미지라고 할 수 있다. 이와 같이 백석은 실재계로서의 음식코드를 통하여 음식물이 통시적이고 공시적인 공통체적 삶의 문화를 매개하고 있음을 확인하게 된다.

V. 결론

지금까지 백석의 시 텍스트를 구축하고 있는 음식기호체계가 어떤 매개적 기능과 의미작용을 하는지에 대하여 구체적으로 탐색해 보았다. 그 내용을 요약하면 다음과 같다.

먼저 백석은 유년시절의 몸에 기억된 음식물들을 상상계적 코드로 구조화하여 시적 의미를 산출하고 있다. 물론 몸에 기억된 음식기호들은 절기나 명절날의 특별한 음식으로서 우주적 리듬과 몸의 리듬을 매개해 주는 기능을 한다. 그래서 이 코드에서의 상상계적 자아는 쾌락원칙을 만끽하는 존재로서 음식물을 통하여 정신과 육체, 자아와 우주(他者)가 합일된 일원론적 세계를 구축하고 있다. 예의 몸과 우주가 유기체적 관계를 맺고 있는 것이다. 이 기능에 의해 상상계적 자아는 육체성의 원리를 실현할 수는 행복한 자아로 존재한다.

이와 달리 현실적 세계를 환기시키는 일상적 음식물들은 상징계적 코드로 구조화되는데, 이 코드에서의 상징계적 자아는 사회적 존재로서 현실원칙에 의해 억압받고 있는 자아이다. 예컨대 정신과 육체, 자아와 세계가 대립하는 그런 이원론적 세계에 존재하는 자아인 것이다. 이 코드에 의하면, 음식기호는 하나의 사회 문화적 이데올로기로서 '나'의 정체성을 확인시켜주는 매개적 기능을 한다. 그런데 상징계적 자아는 분리된 세계를 극복하기 위해 현실 속에서 자기 정체성을 세우기보다는 상상계적 세계로 회귀하여 자기 정체성을 찾고 있다. 이는 곧 자기 몸의 뿌리가 농경적 삶의 원리에 있다는 것으로서 반문명, 반제국주의를 표명한 것이 된다.

그리고 상상계와 상징계가 합일된 실재계 코드로서의 음식기호는 풍물 기행시에서 주로 나타난다. 이 코드는 음식에 대한 '나'의 주관적인 개인의 정서를 '사회'의 보편적인 공동체의 정서로 전환해 주는 기능을 한다. 이 코드에 의하면, 음식기호는 하나의 물질적 층위로서 과거와 현재, 개인과 역사를 이어주고 규정해 주는 매개 기능을 한다. 물론 이 것은 음식물을 통한 몸의 전승에 의해 가능해지고 있다. 또한 이 코드에 의하면, 음식기호는 공동체 구성원의 동일한 시·공간 의식 및 몸과 몸의 유기적 합일을 가능케 해준다.

▶ 제 5 장 ◀
김광균의 시 텍스트

▶제 5 장◀ 김광균의 시 텍스트

시 텍스트 건축원리와 공간적 의미구조 분석

I. 서론

　김광균은 30년대의 대표적인 모더니스트 시인 중의 한 사람이다. "소리조차를 모양으로 번역"[1]할 정도로 감각적이고 회화적인 이미지를 개성적으로 구사한 시인이기에 그러하다. 그뿐만이 아니라 본인 스스로 시의 조형성, 곧 '형태의 사상성'이라는 모더니즘의 시론을 직접 펼쳐가며 시를 창작해 왔다는 점에서 더욱 그러하다고 할 수 있다. 그래서 그의 시를 논의할 때에 거의 빠짐없이 언급되는 것이 예의 모더니즘 시론과 이미지즘의 기법이다. 연구자들이 이러한 범주 안에서 그의 시를 평가하게 되면, 그 초점은 자연스럽게 세 가지로 모아지게 된다. 먼저 그 하나는 그의 모더니즘 시론인 "형태의 사상성"[2]이 내포하는 그 의미와 시적 정신을 구체적으로 탐색하는 일이다.[3] 다른 하나는 그의 시론과

---

1) 김기림(1988), 「30년대 掉尾의 시단 동태」, 『김기림 전집2』, 심설당, p.69. 참조.
2) "오늘에 와서 현대시의 형태가 조형으로 나타나고 발달된다는 사실은 석유나 지등(紙燈)을 켜든 사람에게 전등의 발명이 '등불'에 대한 개념에 중요한 변화를 주듯이, '형태의 사상성'을 통하여 조형(造型) 그 자체가 하나의 사상을 대변하고 나아가 그 문학에도 어느 정도의 변화를 일으키는 데까지 갈 것도 생각할 수 있다." 김학동・이민호 편(2002), 「나의 시론 – 서정시의 문제」, 『김광균 전집』, 국학자료원, p.314.
3) 이에 대한 연구로는 조용훈(2003. 2), 「김광균 시론 연구」, 『논문집』제40집, 제주교육대학교; 엄홍화(2008. 12), 「김광균과 하기방의 시관 비교」, 『비평문

별개로 시 텍스트 자체에 나타난 근대 도시적 풍경과 그 이미지의 특성을 탐색하는 일이다.[4] 마지막으로는 그의 시론인 "형태의 사상성"이 실제로 시 텍스트에 어떻게 이미지로 조형되었는지를 탐색해내는 일이다.[5]

근자에 이르기까지 김광균에 대한 연구는 앞에서 언급한 것처럼 주로 이 세 가지 범주 속에서 진행되어 왔다. 그리고 이러한 연구 성과에 힘입어 김광균의 시론과 시 텍스트에 대한 분석과 해명은 어느 정도 초석을 다지게 되었다. 그런 만큼 이제부터는 기존 성과를 기저로 한 가운데 연구방법론을 확장하여 다양한 시각에서 그에 대한 탐구를 시도해야 한다고 본다. 하지만 실상은 그렇지가 않은 듯하다. 대부분의 연구가 기존 범주 속에서 재생산되는 양상을 보여주고 있기 때문이다. 예컨대 그의 모더니즘 시론인 "형태의 사상성"에서 주장한 내용과 달리 실제 시 텍스트에서는 비애, 고독, 우울 등의 감상적인 정서가 그대로 노출된 것에 대해 논구하려는 태도가 그 하나이며, 시론과 시 텍스트를 통하여 도시적 근대성과 도시적 정서를 논구하려는 태도가 그 하나이다. 부연하면 형태의 사상성, 시적 감상성, 근대성의 문제를 논의의 대상으로 재생산하고 있다는 것이다.

본고에서는 이러한 점을 감안하여 새로운 시각에서 김광균의 시 텍스트를 분석하고자 한다. 그것은 다름 아니라 시적 정서가 어떻게 시 텍스트의 공간구조로 코드화되고 있는가를 기호론적으로 탐색하려는 연구이다. 시적 정서가 도시적, 전원적(전통적)일 수도 있고, 사상적(이

학』제30호, 한국비평문학회 등이 있다.
4) 이에 대한 연구로는 윤지영(2001. 12), 「김광균 초기작의 근대적 면모」, 『어문연구』제112호, 한국어문교육연구회; 박성필(2009. 10), 「김광균 시의 소리 표상에 관한 연구」, 『국어교육』130호, 한국어교육학회 등이 있다.
5) 이에 대한 연구로는 박현수(2003. 3), 「김광균의 '형태의 사상성'과 이미지즘의 수사학」, 『어문학』제79집, 한국어문학회; 나희덕(2006. 4), 「김광균 시의 조형성과 모더니티」, 『한국시학연구』제15호, 한국시학회; 김석준(2008. 4), 「김광균의 시론과 지평융합적 시의식」, 『한국시학연구』제21호, 한국시학회 등이 있다.

성), 감상적(감성)일 수도 있지만, 그것은 대개 이미지로 구조화되어 나타난다. 그리고 그 이미지는 하나의 기호로서 시 텍스트를 공간화하는 동시에 텍스트 내에서 다른 이미지들과의 상호관계를 맺으면서 변별적인 의미작용을 하게 된다. 따라서 동일한 이미지라고 하더라도 그 이미지가 어떻게 시적 코드로 구조화되는가에 따라 그 의미작용은 다른 것이다. 따라서 공간구조의 코드를 분석한다는 것은 김광균의 불가시적인 시의 구축 원리를 가시화한다는 의미를 지닌다. 말하자면 그의 시적 문법을 밝혀내는 셈이 된다.

흔히 그의 시적 이미지를 단지 도시적인 것이냐 전원적인 것이냐에 따라 시 텍스트를 분석하는 경우가 있는데, 이것은 일면적이고 편의적인 방법에 지나지 않는다. 가령, 동일한 정서적 이미지를 지닌 '슬픔'이 도시적 공간을 표방하는 「와사등」에도 나오고 전원적(전통적) 공간을 표방하는 「설야」에도 나온다. '슬픔'의 변별적 의미를 어떻게 해명할 수 있을까. 이미지 자체로서는 그 변별력을 따지기 어렵다. 그것을 해명하기 위해서는 '슬픔'이라는 정서가 어떻게 시적 코드로 구조화되고 있는가를 탐색해야만 한다. 그래서 본고에서는 그의 초기의 시집 『와사등』에 실린 「설야」와 「와사등」을 중심으로 정서가 어떻게 시적 구조로 코드화되고 있는지를 집중적으로 분석하고자 한다. 그의 대표적인 작품을 분석하게 되면, 그의 통합적인 시적 코드 원리를 찾아낼 수 있을 뿐만 아니라 기존 연구의 방법론적 한계도 극복할 수 있게 될 것이다.

Ⅱ. '그리움(상)/슬픔(하)'의 대립적 공간코드인 「설야」

모더니스트로서의 김광균에 대한 면모를 강조하다보니 그에 대한 시적 연구도 주로 도시적 풍경을 대상으로 한 시 텍스트에 집중되고 있다. 말하자면 도시적 정서를 이미지로 구축한 시 텍스트를 대상으로 하여 시적 조형성, 근대성, 회화성 등의 문제를 논의해온 것이다. 그러다

보니 상대적으로 전원적(전통적)인 풍경을 대상으로 한 시 텍스트에 대한 논의는 배제되거나 소홀하게 되었다. 그의 대표작 중의 하나인 「설야」가 이에 해당한다. 시적 미학에 있어서 「설야」는 「와사등」보다도 오히려 더 뛰어날 수 있는데도 불구하고 거의 조명을 받지 못하고 있는 상태이다.[6] 가령 「설야」를 언급하더라도 매우 단편적인 논의에 머물고 있을 뿐이다. 「설야」의 전체 텍스트를 세밀하게 분석하여 그것으로써 김광균의 시적 원리를 설득력 있게 제시한 연구는 거의 부재하다.

사실 시 텍스트에 나타난 대상 풍경만 다를 뿐 「설야」와 「와사등」의 시적 구축 원리는 거의 동일하다. 그래서 두 작품을 동일선상에 놓고 충분히 논의할 수 있는 것이다. 부연하면 시적 대상에 대한 김광균의 시적 정서만 다를 뿐, 그것을 이미지로 구축하는 원리는 동일하기 때문이다. 여기서 먼저 「설야」의 공간구조 코드를 분석해 보기로 한다. 「설야」에 구현된 '눈'의 이미지를 단순하게 감각적인 이미지나 회화적인 이미지로 분석한다면, 그것은 "상실의 정서가 침투된 자연물"[7]의 의미로 간략하게 요약되고 만다. 그러나 이항대립을 전제로 하는 기호론적 입장에서 그것을 분석해보면, 다의적인 의미로 작용하는 것으로 드러난다. 그러한 의미를 산출하게 만드는 코드가 바로 이항대립 코드이다. 「설야」의 기본적인 공간구조는 '그리움(상)/슬픔(하)'의 이항대립적 코드이다. 이것을 중심으로 해서 미시적인 대립코드가 생성되고 있다. 텍스트를 통해서 그 과정을 탐색하도록 한다.

> 어느 머언 곳의 그리운 소식이기에
> 이 한밤 소리없이 흩날리느뇨.

---

6) 박호영에 의하면 김광균의 대표작으로 일컬어지는 작품 중에 제대로 된 작품은 「설야」뿐이고 「와사등」, 「추일서정」, 「외인촌」 등은 실제 그의 수작으로 꼽을 수 없다는 것이다. 그것은 그럴듯한 분위기만을 제시하고 공감을 주지 못하는 표현의 粗野性 때문이라는 것이다. 박호영, 「김광균의 「와사등」」, 김용직·박철희 편(1994), 『한국현대시 작품론』, 문장, p.247.

7) 진순애(2003), 「김광균 시의 자연과 모더니티」, 『현대시의 자연과 모더니티』, 새미, p.111. 참조.

처마 끝에 호롱불 여위어 가며
서글픈 옛 자췬 양 흰 눈이 내려

하이얀 입김 절로 가슴이 매어
마음 허공에 등불을 켜고
내홀로 밤깊어 뜰에 내리면

머언 곳에 女人의 옷벗는 소리

희미한 눈발
이는 어느 잃어진 追憶의 조각이기에
싸늘한 追悔 이리 가쁘게 설레이느뇨.

한줄기 빛도 향기도 없이
호올로 찬란한 衣裳을 하고
흰눈은 내려 내려서 쌓여
내 슬픔 그 위에 고이 서리다.

— 「雪夜」 전문[8]

이 텍스트에서의 시적 정서는 화자의 시선과 행위에 의해 이미지로
구조화되고 있다. 그러므로 화자의 시선과 행위는 시적 공간을 구축해
나가는 중요한 요소가 된다. 먼저 화자의 시선으로 보면 이 텍스트는
상방공간에서 하방공간으로 내려오는 구조로 되어 있다. 그런데 화자
의 시선 이동에 따라 '눈'에 대한 이미지의 정서가 변별되므로 그 의미
작용도 달라질 수밖에 없다. 예컨대 제1연을 보면 화자의 시선은 상방
공간을 지향하고 있다. 화자는 처마 안쪽에 위치하여 "처마 끝"을 통해

---

8) 「설야」와 「와사등」의 시 텍스트는 김학동·이민호 편(2002), 『김광균 전집』
   (국학자료원)에서 인용하기로 한다.

서 '한밤에 흩날리는 눈'을 보고 있기 때문이다. '처마'는 그 자체가 상방
성의 의미를 지닌 공간기호이다. 더욱이 이러한 '처마'에 '끝'이라는 단
어가 결합함으로써 그 상방성은 더욱 강화되고 있다. '끝'이라는 단어를
공간적 기호로 보면 이쪽과 저쪽, 안과 밖, 위와 아래 등의 의미를 융합
한 양의적 기호이다. 그런데 화자가 '처마 끝'을 통하여 안에서 밖으로,
아래에서 위로 쳐다보고 있기 때문에 화자의 시선은 허공, 즉 상방성의
공간을 지향하게 된다. 물론 화자가 위치한 곳은 '방'과 '뜰' 사이에 있는
경계공간이다. 이 텍스트에서 그 경계공간이 '마루'인지 그냥 '봉당'인지
는 알 수가 없다. 그 공간에 대한 언급이 무표화(無標化)되어 있기 때문
이다.

이에 비해 마지막인 제6연에서는 화자의 시선이 하방공간인 '뜰'로
내려와 있다. '눈이 내려 쌓이는 뜰의 공간'이 이를 대변해 준다. 화자의
시선으로 보면 수직 하강 구조를 보여주고 있는 것이다. 상방에서 하방
으로 향하는 시선의 구조는 단순한 것이 아니다. 그 시선의 구조에 따
라 정서를 나타내는 이미지의 구축과 의미작용이 변별되기 때문이다.
상방성을 나타내는 제1연에서 '눈'은 "그리운 소식"으로 은유되어 공중
에 '흩날리고' 있는 것으로 나타난다. "그리운 소식"은 슬픈 소식과 달리
반갑고 기쁜 정서를 표출하게 해준다. 이러한 정서를 공간기호로 전환
하면 상승지향적인 의미작용을 한다. 그리고 '흩날리다'는 눈의 동태적
인 이미지로써 눈의 확산성을 드러내 주고 있다. 이와 달리 마지막 聯
에서는 '슬픔이 눈 위에 고이 서리다'로 되어 있다. '슬픔'의 정서를 공간
기호로 전환해 보면 하향 지향적이다. 곧 슬픔의 무게에 의해 아래로
내려앉는 것, 아래로 주저앉는 것이 된다. 그리고 '서리다'는 '흩날리다'
와 대립되는 것으로써 정태적이며 응축적인 이미지를 보여준다. 따라
서 거시적으로 이 텍스트는 화자의 시선에 의해 '상/하'의 공간으로 분
절되고 있다. 부연하면 화자가 고개를 들어 상방을 향하면 기쁨이 되고,
하방을 향하면 슬픔이 되는 것이다.

그러므로 제1연과 제6연이 감싸고 있는 제2연~제5연은 '상/하' 공간

을 매개하는 매개연의 기능을 한다. 이 매개연은 상방과 하방의 의미소를 동시에 지니고 있기 때문에 기쁨과 슬픔, 동태성과 정태성, 확산과 응축의 의미가 융합되어 있다. 다시 말해서 모순의 융합인 셈이다. 이러한 거시적인 구조를 바탕으로 하여 미시적인 이항대립의 코드가 삽입되면서 시 텍스트가 다의적으로 구축되어 간다. 제1연부터 미시적인 코드를 탐색해 보도록 한다.

먼저 제1연의 통사구문을 보면 "~소식이기에 ~흩날리느뇨"로 되어 있다. 이 통사구문에서 "~기에"는 원인을 나타내는 연결어미이므로 눈이 '흩날리는' 것은 이에 따른 현상이 된다. 그러므로 제1연은 '원인/현상'이라는 구문 형태를 보여주고 있다. 그런데 원인에 해당하는 "그리운 소식"은 추상적이고 관념적이지만 현상에 해당하는 '눈의 흩날림'은 구체적이고 구상적이다. 전자가 불가시적인 형태라면 후자는 가시적인 형태인 셈이다. 또한 '원인과 현상'에 대한 언술을 공간기호로 전환해 보면, 그것은 수평공간과 수직공간의 대립으로 나타난다. 원인에 해당하는 "어느 머언 곳"은 불특정한 未知의 공간으로써 화자가 현재 위치하고 있는 '집 안'의 공간과 대립한다. '어느 먼 곳'과 '지금 이 곳'의 수평적인 대립인 것이다. 이에 비해 현상에 해당하는 '흩날리는 눈'은 상방공간에서 하방공간으로 내려오기 때문에 수직공간을 구축한다.

하지만 이러한 대립 구조는 독립적으로 작용하지 않는다. 원인과 현상이 통합되면서 수평공간의 의미소가 수직공간으로 흡수되고 만다. 그래서 메시지의 발신 공간인 '어느 먼 곳'도 실제로는 수평공간에 속하지만 기호현상으로 보면 수직공간에 위치하는 것이 된다. 다시 말해서 화자의 내면적 상상공간에서는 그 '먼 곳'이 천상공간에 위치하고 있는 셈이다. 이에 따라 '그리운 소식'은 외부에서 내부로 오는 것이 아니라 수직상방에서 하방으로 내려오는 것과도 같다. 그런데 그 통합을 이루는 '눈'은 "이 한밤 소리없이 흩날리"며 내리고 있다. '이'가 '한밤'을 강조하고 있듯이, 텍스트에서 "이 한밤"은 다의적인 의미작용을 한다. 다시 말해서 한밤이 정적인 상태로서 깊은 밤만을 의미하는 것[9]은 아니라는 점이다.

먼저 '한밤'은 대낮과 달리 사물들의 존재적 차이를 무화시키는 어둠으로 작용한다. 이에 비해 흩날리는 눈은 자기 존재성을 드러내려는 흰색으로 작용한다. 따라서 '한밤'과 '눈'은 대립된 기호로 작용하면서 "그리운 소식"의 구체적인 내용을 드러나게 해준다. 다음에는 '한밤'의 시간성이다. 한밤은 '여인이 옷 벗는' 것처럼 활동성을 접고 잠을 이루는 비활동적인 시간이다. 그러므로 비활동적인 한밤에 내리는 눈은 그만큼 사람들의 시선을 끌 수가 없는 것이다. 부연하면 수신자의 수신 여부와 상관없이 일방적인 소식만을 발신하고 있는 셈이다. 여기에다 눈이 "소리없이" 내리고 있기에 더욱 그러하다. 반면에 '한밤'을 공간적인 차원에서 보면 '밝음'과 대립하는 것으로써 '어둠'이 무겁게 내려앉는 하방성의 공간기호로 작용한다. 이에 비해 눈은 하방공간에 쌓여 있더라도 그 흰색에 의해 상승적인 의미를 내포하게 된다. 예의 '하강/상승'의 대립적 의미를 산출하고 있다. 이렇게 상방공간인 제1연은 대립의 쌍을 구축하며 의미의 기틀을 만들고 있다.

화자의 시선이 어둠속의 상방공간에서 "처마 끝에 호롱불"로 옮겨가자 제1연의 공간코드가 제2연의 공간코드로 변환한다. 현재 화자가 위치한 곳은 내부공간인 방과 외부공간인 뜰 사이에 있다. 예의 그 경계공간은 마루나 봉당일 것이다. 그 곳에 화자가 위치함으로써 그 시선이 상방 외부(흩날리는 눈)에서 하방 내부(호롱불)로 내려오고 있음을 알 수 있다. 공간적 거리로 말하자면 원경에서 근경으로의 전환인 셈이다. 이에 따라 '한밤'은 '호롱불'과 대립하고 '소리없이 흩날리는 눈'은 '여위어 가는 호롱불'과 대응한다. 전자의 경우 한밤의 어둠은 하강적인 동시에 생성적이지만 호롱불의 불빛은 상승적인 동시에 소멸적인 상태이다. 뿐만 아니라 온도차에 의해 생겨나는 "하이얀 입김"에서 알 수 있듯이, 한밤은 한기(寒氣)를 발산하고 있지만 호롱불은 온기(溫氣)를 소실하고

---

9) 박영환(1993. 12), 「'설야'의 시문법적 분석」, 『한남어문학』제19집, 한남대 국어국문학회, p.243.

있다. 그래서 한밤으로 둘러싸인 채 여위어 가는 호롱불은 외롭게 깨어 집을 지키는 고독과 외로움의 이미지를 주기에 충분하다.[10] 부연하면 호롱불은 깨어 있는 영혼으로서 화자에게 시적 몽상을 주기에 충분하다고 할 수 있다. 그 시적 몽상에 구체성을 부여하는 것이 곧 그리운 소식인 눈발이다.

'소리없이 흩날리는 것'이 하강하여 호롱불의 공간을 통과하자 "흰 눈"이라는 구체적인 존재로 나타난다. 그러므로 그 "흰 눈"은 어둠속의 눈이면서 불빛속의 눈이기도 하다. 다시 말해서 양의성(兩義性)을 지닌 눈이라고 할 수 있다. 그 "흰 눈"을 "서글픈 옛 자췬 양"이라고 한 것도 이에 연유한다. 어둠속의 눈이 현재와 그리운 소식을 환기시키는 눈이라면 여위어가는 불빛 속에 드러난 눈은 과거와 외로움을 환기시키기는 몽상의 눈이기 때문이다. 그 과거의 환기가 예의 "옛 자췬 양"이다. 의존명사 '양'이라는 언술에서 알 수 있듯이 그 '서글픔'은 현재에도 연관되고 과거에도 연관된다. 고독과 외로움을 주는 현재적 정황(雪夜)이 과거 어느 때의 정황과 닮아 있기에 그러하다. 그러므로 '서글픔'은 현재와 과거가 융합하여 생겨난 정서적 산물이다. 눈을 단순하게 '과거 기억의 파편'[11]으로 볼 때에는 서글픔이 과거에서 생겨난 것이 될 것이며, 더불어 여위어가는 호롱불을 '죽음의 의미'[12]로 볼 때에는 그 서글픔이 현실 상황의 비극에서 생겨난 것이 될 것이다. 하지만 텍스트의 구조로 보면 그 '서글픔'은 어둠속의 눈(그리움)과 불빛속의 눈(외로움), 현재적 눈의 정황과 과거적 눈의 정황이 결합되면서 생겨나고 있다. 이렇게 제1연의 그리운 소식이 제2연에 와서 서글픔이 되자 화자의 정서도 수직 하강하는 코드를 보여주게 된다. 말하자면 그리움이 서글픔으로 전환되어 하강하고 있는 것이다.

---

10) 가스통 바슐라르, 곽광수 옮김(1993), 「집」, 『공간의 시학』, 민음사, p.156.
11) 정형근, 「죽음에로 흘러드는 삶, 삶에로 흘러나오는 죽음」, 김학동 외(2002), 『김광균 연구』, 국학자료원, p.297.
12) 박영환, 앞의 논문, p.245.

그런데 화자의 시선이 '처마 밖(허공)→처마 끝→처마 안'으로 하향하자 그 동안 숨겨져 있던 화자의 몸이 비로소 드러난다. 그것은 다름 아닌 자기의 "하이얀 입김"을 보고 있는 화자이다. '입김'은 화자 몸의 내부에서 외부로 나가는 것인데, 그 입김이 하얗다는 것은 외부적 공간이 매우 춥다는 것을 의미한다. 입김을 눈의 흰색보다 더 강조한 "하이얀"으로 언술한 것도 이를 나타내기 위해서다. 추위가 출현함으로서 '한밤·눈'과 대립하고 있는 '호롱불'의 존재는 더욱 수축될 수밖에 없다. 마찬가지로 그것을 바라보고 있는 화자의 마음도 그러하다. 따라서 여위어 가는 호롱불과 하얀 입김을 내고 있는 화자의 몸은 등가 관계에 놓인다. 화자의 가슴이 저절로 미어지는 것도 이에 기인한다. 그러므로 호롱불이 여위어가다 소멸하게 된다면 이 텍스트는 추운 어둠 속의 눈 내림, 곧 시의 제목인 설야의 정적인 풍경만 존재할 뿐, 화자의 몸도 드러나지 않을 것이다. 대상들과의 대립적 차이가 거의 상실된 균질화된 공간으로 존재하기 때문이다. 그래서 화자는 '여위어가는 호롱불'을 '마음 허공에 켜는 등불'의 코드로 변환하여 열기와 빛을 지속적으로 산출하게 된다. 이에 따라 텍스트는 현실인 외부공간과 마음속의 현실인 내면공간으로 대립한다.

그러나 내면공간의 등불은 호롱불과 달리 꺼지지 않는 불이다. 등불과 호롱불이 다같이 현실의 어둠 또는 추위를 이겨 내게 하는 힘의 상징이지만[13] 의미작용에서 그 만큼 변별적인 것이다. 내면공간의 등불은 한밤과 눈 내림이 지속되는 한 그에 대응하여 불을 밝히기 때문이다. 내면공간의 구축은 화자의 행동에도 영향을 미친다. 시선의 이동으로 텍스트를 산출해 오던 화자는 이제 그 행위로써 텍스트를 산출해 간다. 그것은 다름 아니라 "내홀로 밤깊어 뜰에 내리"는 행동이다. 마음의 등불을 켠 화자는 내부공간인 방으로 향하지 않고 외부공간인 눈 내리는 어둠 속으로 들어서고 있다. 외부공간으로의 지향은 눈과의 직접적

---

13) 김재홍(1989), 「김광균 - 방법적 모더니즘과 서정적 진실」, 『한국현대시인연구』, 일지사, p.264.

인 만남을 의미한다. 이러한 화자의 행동에 의해 텍스트는 '상방(기쁨) - 몸(매개항) - 하방(슬픔)'의 수직적인 삼원구조를 구축하게 되고, 동시에 화자는 눈 속에 싸인 몸이 된다.

그런데 "내홀로"에서 '내'가 강조되고 있다. '나'는 '너'를 전제로 하는 언술이다. 그러므로 '내'는 홀로 있음을 강조하기 위한 언술이 아니라 지금 부재한 '너'의 존재를 떠올리고 있음을 나타내는 무의식적인 언술이다. 화자가 뜰로 내리자마자 눈을 맞을 때에 '너'에 해당하는 "머언 곳에 여인의 옷벗는 소리(제4연)"를 듣게 된 것도 바로 이에 연유한다. 제4연은 다른 모든 聯들과 달리 1행으로 짧게 구성되어 있다. 텍스트가 짧으면 짧을수록 각 단어가 더 중요해지는 것처럼[14] 제4연의 단어는 전체 시 텍스트의 의미를 수렴하는 동시에 확산하는 지배적 기능을 한다. 제4연에 대한 기본적인 해석은 눈 내림에 대한 정서적 이미지를 옷 벗는 소리로 전이한 것[15], 눈이 내리는 소리를 묘사한 것[16]으로 볼 수 있다. 대부분의 연구자들의 해석도 표현에는 다소 차이가 있을지 몰라도 이 범주를 넘어서지 않고 있다. 하지만 제4연을 구조적으로 보면 그것 이외에 또 하나의 의미가 내포되어 있다. 제2연에서 '눈'을 "서글픈 옛 자췬 양"으로 비유하고 있는데, 이 비유에 의하면 눈 내리는 풍경은 두 가지로 겹쳐 나타난다. 곧 현재 내리는 눈의 풍경과 과거 어느 때에 내리던 눈의 풍경이다. 화자는 이 두 풍경을 동시에 맞으며 보고 있다. 하나는 화자가 현재 몸으로 맞으며 보는 눈이고 다른 하나는 화자의 내면공간에서 과거에 내리던 눈을 맞으며 보는 것이다.

그러므로 내면공간 속의 "여인의 옷벗는 소리"는 단순하게 청각적 이미지만을 산출하는 것이 아니라 그 여인이 존재하는 공간에 곧 눈이 내리고 있다는 것을 시사해 준다. 물론 그 눈은 과거 어느 때에 내리던

14) 유리 로트만, 유재천 역(1987), 『시 텍스트의 분석;시의 구조』, 가나, p.28.
15) 김훈(1995. 12), 「한국 모더니즘시의 분석적 연구 - 김광균 시의 구조」, 『어문연구』 88호, 한국어문교육연구회, p.232.
16) 이사라(1987), 「김광균 시의 현상학적 연구」, 『시의 기호론적 연구』, 중앙경제사, p.229.

눈이다. 그래서 '마음 허공에 켠 등불' 또한 현재 화자가 있는 외부공간과 관계되기도 하지만 내면공간 속에 있는 여인과 관계되기도 한다. 그 등불이 외부의 현실 세계로 향할 때에는 화자인 '나'의 정황을 드러내고, 내면공간인 내부 현실로 향할 때에는 '여인'의 정황을 드러낸다. 종합해 보면 내면공간에는 지금처럼 눈이 내리고 있는 설야의 공간이며, 그 공간속의 여인은 밤이 깊어 홀로 잠들기 위해 옷을 벗고 있는 것이다. 내면공간의 현실에서 방안이나 방 밖은 고요한 정적으로 균질화되어 있다. 이것을 깨뜨려주는 것은 바로 "옷벗는 소리"이다. 더욱이 소리 없이 내리는 눈은 침묵을 강화하는 눈으로써[17] "옷 벗는 소리"를 더욱 강화해주는 의미작용을 한다. 그 '소리'의 표상은 홀로 잠들 수밖에 없는 여인의 외로움과 고독이다. 이런 점에서 "여인의 옷벗는 소리"는 화자의 "하이얀 입김"과 같은 의미작용을 한다. 말하자면 등가를 이루고 있는 것이다. 이렇게 제4연에 오면 수직하강 하던 시선의 구조가 몸을 중심으로 해서 외부공간과 내면공간의 대립으로 전환되고 있다. 그 대립은 '현재와 과거, 침묵(정적)과 소리'로 나타난다. 그리고 화자는 이 두 세계를 동시에 소유하는 모순의 몸이 되고 만다.

제5연의 중심적인 통사구문은 제1연처럼 '원인'과 '현상'의 의미구조로 되어 있다. 예컨대 "~조각이기에 ~설레이느뇨"로 되어 있기 때문이다. 이렇게 언술 구조를 반복한 것은 '원인/현상'을 제공한 그 시적 대상이 달라졌음을 의미한다. 제1연에서는 그 대상이 '지금 여기와 대립하는 먼 곳의 그리운 소식'이었지만, 제5연에서는 그 대상이 '내면공간에 존재하는 여인의 옷벗는 소리'이다. 따라서 제5연은 제4연의 내면공간에 반응하는 화자의 언술이 되는 것이다. 그러므로 제5연의 "희미한 눈발"은 현재의 눈발과 내면의 눈발이 통합되어 나타난 눈의 이미지이다.

---

17) 눈(雪)은 침묵이다. 눈(目)으로 볼 수 있는 침묵이다. 눈송이들은 허공에서 서로 만나 이미 침묵 속에 하얗게 변해버린 땅 위로 함께 떨어져 내린다. 침묵이 침묵을 만나는 순간이다. 막스 피카르트, 최승자 옮김(1999), 「시간과 침묵」, 『침묵의 세계』, 까치, p.114. 참조.

이에 따라 "희미한 눈발"은 현재와 내면을 분별할 수 없는 "어느 잃어진 추억의 조각"으로 나타난다. 막연한 사물을 지칭하는 관형사 '어느'가 그것을 대변해 준다. '어느'에 의해 "잃어진 추억의 조각"은 화자의 것만도 여인의 것만도 아닌 객관적인 대상으로 나타난다. 그런데 그 대상에 대한 화자의 감정은 모순적 태도를 보인다. "싸늘한 追悔"에서 '追悔'는 추억과 회한으로써 추억에 대한 뉘우침의 한탄을 나타낸다. 이 한탄은 부정적이며 하강적인 정서이다. 더욱이 그 '追悔'는 온기 또는 생기에 대립하는 '싸늘한 조각'으로써 생명력을 상실하고 있다. 이것은 과거 시간과의 단절 곧 내면공간 속의 연인과의 단절을 의미한다. 이와 동시에 화자는 "잃어진 추억의 조각"을 '가쁘게 설레이는 것'으로 보고 있다. 가쁜 것은 온기와 생명이 있는 것을 의미하며, 설레는 것은 긍정적인 마음과 상승적인 정서를 의미한다. 이는 화자와 여인과의 추억이 따스하게 살아나고 있음을 뜻한다. 따라서 화자의 몸은 '싸늘하다(하강)'와 '설레다(상승)'의 정서를 동시에 소유한 모순의 몸이 된다. 달리 말하면 외부공간과 내면공간의 대립이 '싸늘하다(하강)/설레다(상승)'의 대립적 코드로 더욱 구체화되고 있는 것이다. 그러므로 "잃어진 추억의 조각"이라는 원인에 의해 생성된 "싸늘한 추회"를 '상투적인 감상의 영역'[18]으로 보고 가볍게 넘겨서는 곤란하다. 공간의 대립적 코드에 의해 의미작용이 산출되고 있으니 말이다.

이와 같이 제3,4,5연은 눈발을 직접 맞고 있는 화자의 몸을 중심으로 외부공간과 내면공간이 대립하고 있다. 물론 화자의 시선에 의해서가 아니라 화자의 행위와 감정에 의해 구축된 공간이다. 화자는 상방공간인 허공에 시선을 둔 것도 아니며 하방공간인 지면에 시선을 둔 것도

---

18) 제5연은 상투적인 비애의 정조로 떨어짐으로써 앞 연에서 성취한 이미지의 형성과 지적 초극을 와해시키고 있다. 눈이 '잃어진 추억의 조각'으로 비유됨으로써 "싸늘한 추회"라는 감상의 영역으로 전락하고 있기 때문이다. 그래서 김광균의 빛나는 요소인 공간의 조형 능력과 공감각적 이미지의 신선한 창출이 긴장을 잃고 심정적인 감상의 차원으로 떨어지고 있다. 김재홍, 앞의 책, p.246. 참조.

아니다. 뜰에 내려온 화자는 온몸으로 눈을 직접 맞으면서 그 내면공간의 정서를 표출하고 있을 뿐이다. 이에 따라 제3,4,5연은 제1연에서 수직상방을 향하던 시선, 곧 "그리운 소식(설렘)"의 상승적인 정서와 마지막 제6연에서 하방공간에 머무는 시선, 곧 '슬픔'의 하강적인 정서로 둘러싸인 공간이 된다. 이렇게 해서 이 텍스트는 '상방(설렘) - 중앙(몸=설렘과 슬픔) - 하방(슬픔)'의 수직 공간(감정가치상)을 형성하며 눈이 내리고 있는 공간이 된다.

마지막 제6연은 다시 화자의 시선에 의해 구축되고 있다. 그래서 현재와 과거, 외부와 내면의 이미지를 동시에 지닌 "희미한 눈발(5연)"은 다시 현재의 정황을 나타내는 "흰 눈"의 코드로 전환한다. 그만큼 "희미한 눈발"과 "흰 눈"은 변별적인 것이다. 뿐만 아니라 제2연의 "흰 눈"과 제6연의 "흰 눈"도 동일한 것이 아니다. 전자가 '옛 자취'를 상기시키는 눈으로써 추상적인 의미를 산출한다면, 후자는 '옛 자취'를 '현재화'한 눈으로써 구상적인 의미를 산출한다. 제6연의 "흰 눈"은 "빛도 향기"도 없다. 빛과 향기는 시각과 후각을 자극하는 감각적 이미지로써 대상의 내부에서 외부로 발산되는 확산성의 공간기호이다. 하지만 "흰 눈"은 이를 결여하고 있다. 이것은 "흰 눈"이 응축·응고되어가는 싸늘한 조각, 곧 내적 생기를 상실한 존재라는 것을 의미한다. 다시 말하면 삶의 의미를 상실한 허무적 존재에 지나지 않는다. 예의 한밤의 추위 속에 있기 때문에 더욱 그러한 의미가 강화될 수밖에 없다. 이로 미루어 보면 "싸늘한 추회(5연)"가 '빛과 향기도 없는(6연)' 코드로 변환되고 있음을 알 수 있다. 문제는 그러한 동시에 "흰 눈"이 "찬란한 의상"의 이미지를 보여주고 있다는 점이다. 이것은 몸의 외형적인 이미지로써 상승적이고 확산적인 공간기호로 작용한다. 마찬가지로 밤의 어둠과 맞물려 그것이 더욱 강화되고 있다. "찬란한 의상"은 생기로 넘치는 몸과 마음의 외적 표현이다. 이로 미루어 보면 '가쁘게 설레이는 마음(5연)'이 "찬란한 의상(6연)"의 코드로 변환한 것이 된다. 결국 제6연의 "흰 눈"은 제5연의 추상적인 내면의 정서를 현실적으로 구상화하여 드러내고 있는 것이 된다.

그렇다면 "흰 눈"의 모순성, 곧 내적 생기가 없는 데도 불구하고 외적 생기를 발산하고 있다는 그 모순성을 어떻게 해명할 수 있을까. 또한 화자와 분리되어 "호올로" 그러한 모습을 보여주고 있다는 것을 어떻게 해명할 수 있을까. "호올로"에 해당하는 인물은 '여인'이다. 여인이 고적하게 '옷 벗던 소리'가 "찬란한 의상"의 코드로 전환된 것이기에 그러하다. 이에 따라 '호올로 찬란한 의상을 한' 주체는 여인이 된다. "호올로"에서 알 수 있듯이 여전히 현실에서도 화자와 여인은 분리되어 있는 것이다. 이런 점에서 빛과 향기가 없다는 것, 곧 내적 생기가 없다는 것은 여인의 무정한 마음을 의미하고, 생기로 넘치는 찬란한 의상, 곧 외적 생기가 넘치는 것은 여인의 유정한 마음을 의미한다. 전자는 화자를 잊고자 하는 의미이고, 후자는 화자를 생각하는 의미이다. 이러한 모순의 의미를 지닌 "흰 눈"이 지면에 내려 쌓이자 화자의 시선도 하방공간에 국한된다. 그러자 하방은 "내 슬픔이 그 위에 서리"는 공간이 되고 만다. 물론 이 '슬픔'은 본래 화자에게 주어진 것이 아니다. 그것은 '싸늘한 추회/설레는 가슴', '무정한 마음/유정한 마음'의 모순에 의해 생성된 것이다. 다시 말해서 화자가 그 모순을 통합하여 자기 마음으로 받아들일 때 생겨난 슬픔 정서이다. 그러므로 "내 슬픔이 그 위에 서리"는 것은 그 여인의 상반된 감정을 모두 포용한다는 의미를 지닌다. 부연하면 홀로 된 화자와 홀로 된 여인을 결합해주는 의미인 것이다.

예의 슬픔의 정서는 기쁨의 정서와 대립하는 것이기에 하강의 의미 작용을 한다. 그것이 모순을 통합하는 작용을 한다고 하더라도 공간적으로는 하방공간을 차지하게 된다. 때문에 상방공간에는 그리움으로 가볍게 흩날리는 눈이 되고 있지만, 하방공간에는 슬픔이 고이 서리며 고체화되는 응고 응축의 눈이 되고 있다. 상방공간이 가벼운 정서를 산출한다면 상대적으로 하방공간은 무거운 정서를 산출하고 있는 것이다. 그리고 상방공간이 메시지(소식)를 발신하고 있다면 하방공간은 그 메시지를 수신하며 응답하고 있는 것이 된다. 이렇게 「설야」는 상방에서 하방으로 내리는 눈의 과정에 따라 화자의 정서를 공간적 코드로 구축하고 있다. 물론 상방과 하방을 매개하는 것은 직접적으로 눈을 맞고 있는 화자의 몸이다.

따라서 「설야」의 시 텍스트는 '슬픔'이라는 단어 하나 때문에 무거운 비애의 정서를 산출하고 있는 것이 아니라 화자의 정서가 상방공간에서 하방공간으로 내려오면서 무거워져 비애의 정서 곧 '슬픔'이 산출되고 있는 것이다. 요컨대 차갑고 무거운 텍스트가 되고 있는 것이다. 덧붙여 언급하자면 김광균의 '슬픔'의 정서는 근대적 도시 공간에서만 고유하게 생성되는 것이 아니라 이와 같이 전원적(전통적) 공간에서도 생성된다는 사실이다. 다만, 그 '슬픔'이 내포하고 있는 의미가 도시적 내용과 다를 뿐이다. 그 '슬픔'의 정서가 「설야」에서는 '여인'에 대한 모순의 감정으로 인하여 생긴 것이고, 제3장에서 논의하겠지만 「와사등」에서는 '도시(지상)와 하늘(천상)'의 대립으로 인하여 생긴 것이기 때문이다.

Ⅲ. '비다(하늘)/차다(도시)'의 대립적 공간코드인 「와사등」

주지하다시피 김광균의 시적 정서는 비애, 우울, 고독 등이 지배적이다. 물론 이것이 도시적 풍경을 대상으로 한 모더니즘 시에만 국한되는 현상은 아니다. 제2장에서 논의한 것처럼 전통적인 풍경을 대상으로 한 「설야」에서도 나타나고 있다. 그러므로 전통적인 정서와 도시적 정서를 기준으로 하여 김광균의 모더니즘 시를 대별하여 논의하는 것은 편의적이고 도식적인 발상이라고 할 수 있다. 가령 '슬픔'을 도시적 정서의 산물로 본다면[19] 전통적 정서를 대변하는 「설야」의 '슬픔'을 해명하

---

19) '김광균의 슬픔과 고독은 근대적 산물이 만들어 놓은 필연적인 국면이라고 할 수 있다. 김광균이 도시의 풍경을 묘사할 때, 도시의 풍경은 하나의 소재에 불과하다. 그것이 공감각적 혹은 회화적으로 표현되었건 상관없이, 그의 회화적 이미지즘은

기에는 난관이 있을 수밖에 없다. 시적 정서나 혹은 직접 표출된 시어가 도시적인 것을 표방하느냐 전통적인 것을 표방하느냐가 중요한 것은 아니다. 시적 정서를 해명하기 위해서는 그것이 어떻게 공간구조로 코드화되고 있는지를 탐색하는 것이 더 중요하다. 예컨대 '슬픔'의 정서는 도시적인 것이든 전통적인 것이든지 간에 시 텍스트를 수직하강의 구조로 코드화한다. 이미 「설야」에서 그것을 확인할 수 있었다. 「설야」에서는 '호롱불, 처마' 등의 전통적인 이미지가 나온다. 이에 비해 「와사등」에서는 '와사등, 고층' 등의 도시적 이미지가 나온다. 이렇게 이미지가 대별됨에도 불구하고 두 텍스트가 공유하는 정서는 '슬픔'이다. 그렇다면 이 두 텍스트를 어떻게 해명할 수 있을까.

결론부터 미리 언급하면 '슬픔'이라는 시적 정서를 텍스트로 구축하는 공간코드의 원리가 동일하다는 것이다. 그래서 「설야」처럼 「와사등」도 수직하강의 구조를 구축하게 된다. 다시 말하면 「설야」의 공간적 코드를 변환하여 「와사등」의 시 텍스트를 산출하고 있다는 사실이다. 예컨대 「설야」의 '상/하' 대립적 코드가 「와사등」에서는 구체적으로 '하늘/도시'로 변환되어 나타난다. 그리고 그 대립을 기축으로 하여 '내부/외부' 등으로 미시적 대립의 쌍을 구축하는 구조를 보여준다. 이것이 바로 김광균의 시적 정서가 시 텍스트로 구축되는 코드원리라고 할 수 있다.

이 지점에서 「瓦斯燈」의 공간구조 코드를 분석하여 그것을 구체적으로 탐색해보기로 한다.

차단-한 등불이 하나 비인 하늘에 걸려 있다.
내 호올로 어딜 가라는 슬픈 信號냐.

긴-여름해 황망히 나래를 접고

슬픔과 고독 속으로 에둘러가기 위한 소재적인 시적 장치일 뿐이다.' (김석준(2008. 4), 「김광균의 시론과 지평융합적 시의식」, 『한국시학연구』제21호, 한국시학회, p.38. 참조.) 이처럼 김석준은 김광균의 '슬픔'의 정서가 전적으로 근대적 도시에 의해 파생된 산물로 보고 그 이미지와의 상관성을 논의하고 있다.

늘어선 高層 창백한 墓石같이 황혼에 젖어
찬란한 夜景 무성한 雜草인양 헝클어진채
思念 벙어리되어 입을 다물다.

皮膚의 바깥에 스미는 어둠
낯설은 거리의 아우성 소리
까닭도 없이 눈물겹고나

空虛한 群衆의 행렬에 섞이어
내 어디서 그리 무거운 悲哀를 지니고 왔기에
길-게 늘인 그림자 이다지 어두워

내 어디로 어떻게 가라는 슬픈 信號기
차단-한 등불이 하나 비인 하늘에 걸리어 있다.

— 「瓦斯燈」 전문

　이 텍스트는 첫 연과 마지막 연이 "차단-한 등불이 하나 비인 하늘
에 걸리어 있다"로 되어 있다. 곧 첫 연과 마지막 연이 제2연~제4연을
감싸고 있는 닫힌 형식의 구조로 되어 있는 것이다. 그만큼 이 구절이
전체 텍스트를 산출해내는 데에 중심적인 기둥을 하고 있는 셈이다. 그
리고 첫 연과 마지막 연을 여는 것은 화자의 행위가 아니라 화자의 시
선이다. 첫 연과 마지막 연에서 화자의 시선이 지상과 대립하는 상방공
간, 즉 '비인 하늘에 걸려 있는 등불'로 향하고 있기 때문이다. 이때 '등
불'은 하방공간인 지상과 상방공간인 하늘을 분절하고 중재하는 매개항
의 기능을 한다. 말하자면 '지상(하) - 등불(중) - 하늘(상)'의 삼원구조
를 구축한다.
　그런 만큼 "차단-한 등불이 하나 비인 하늘에 걸리어 있다"는 언술
은 의미산출의 중요한 정보를 내포하고 있다. 먼저 화자가 빈 하늘에

걸린 등불을 바라본다는 것은 상방공간인 '하늘'과 대립하는 하방공간인 '도시'를 전제로 하고 있음을 시사해준다. 예의 그 하늘과 도시를 매개하는 것은 다름 아닌 '등불'이다. 그런데 상방공간인 하늘은 "비인 하늘"로 나타나고 있다는 점이다. 천상공간이 텅 빈 하늘이 됨으로써 하방공간인 지상 세계와 대립하게 된다. 요컨대 그 변별성이 드러나고 있는 것이다. "비인 하늘"과 달리 지상의 도시적 거리는 '가득찬' 이미지로 나타난다. 그 의미소들을 모아보면 "늘어선 고층", "찬란한 야경", "아우성 소리", "군중의 행렬" 등이다. 도시공간과 대립하는 하늘공간이 텅 비게 됨으로써 도시 거리의 의미소는 상대적으로 증폭될 수밖에 없다. 이에 따라 '하늘/도시(지상)'의 대립은 자연스럽게 '텅비다/가득차다'라는 거시적 의미의 대립적 코드를 구축한다. 이에 따라 제1연과 마지막 제6연의 '비다'라는 의미소가 제2~4연의 '차다'라는 의미소를 감싸는 구조를 구축한다.

제1연에서 제2연으로 오면 화자의 시선은 등불이 걸린 빈 하늘로부터 아래로 차츰 하강한다. 그 하강에 의해 '비다/차다'의 대립적 코드는 '비다/접다 · 젖다'의 대립적 코드로 변환되어 나타난다. "긴―여름해 황망히 나래를 접고"(2연)에서 '접다'는 '펴다'와 대립하는 것으로써 하강성의 공간기호 작용을 한다. '뜨거운 여름해'를 새의 이미지인 '날개'로 표현했는데 이것을 '접는다'는 것은 하방공간으로의 하강을 의미한다. 그 "여름해"가 남긴 "황혼" 또한 물의 이미지를 나타내는 '젖다'로 형상화되어 있기 때문에 위에서 아래로 흘러내리는 의미작용을 한다. 상방적인 기호들이 모두 위에서 아래로 하강함으로써 하늘은 상대적으로 더욱 "비인 하늘"이 될 수밖에 없다.

"여름해"와 "황혼"이 하강작용을 하자 비로소 하방공간의 세계, 곧 도시적 공간이 구체적으로 드러난다. 우선 도시는 빈 하늘과 달리 사물들이 가득찬 '밀집성'의 공간으로 나타난다. "늘어선 고층"에서 고층은 수직상승하는 사물로 작용하지 않고 서술어 '늘어서다'에 의해 수평적 공간을 강화하는 밀집성의 사물로 작용하고 있다. 그리고 그 밀집성의 고층들은 "墓石"으로 축소 비유되어 그 수직성의 높이를 상실한 채 하방공간의 수평적인 세계를 환기하는 이미지로 전환되고 있다. 그 이미지가 환기하는 것은 다름 아니라 공동묘지의 적막한 공간이다. 그러한 동시에 도시는 역설적으로 "찬란한 夜景"(2연)을 산출하며 생기 넘치는 삶의 이미지를 보여주기도 한다. 주지하다시피 "황혼"은 밝음(낮)과 어둠(밤)의 양의적 의미를 지닌 기호이다. 그러므로 황혼에 젖고 있는 것은 "고층" 뿐만 아니라 "찬란한 야경"도 포함된다. 따라서 화자가 밝음 속의 고층들을 보게 되면 공동묘지의 이미지를, 어둠 속의 야경을 보게 되면 생동적인 이미지를 느끼게 된다. 화자는 황혼 속에서 도시공간의 이중성을 동시에 보고 있는 셈이다. 하지만 문제는 "찬란한 夜景"의 풍경이 확산적이고 상승적인 의미작용을 하지 못하고 하강적인 의미작용을 한다는 점이다. "찬란한 야경"은 '헝클어진 무성한 잡초'로 비유되고 있다. 잡초는 곡식과 변별되는 것으로써 인간에게는 무익·무용한 존재에 지나지 않는다. 그것이 "헝클어진 채" 어둠의 도시적 거리를 점령하고 있다는 것은 인간적인 삶의 세계를 추방한다는 것을 의미한다. 어둔 거리가 잡초 밭으로 덮였을 때에 인간은 길을 상실할 수밖에 없다. 그러므로 황혼속의 도시는 '잡초 밭의 공동묘지' 이미지로 존재할 뿐이다. 다시 말하면 비일상적 비인간적인 무용한 공간에 지나지 않는 곳이다.

이러한 도시공간에 대한 화자의 정서적 반응은 어떨까. 그것은 다름 아니라 '思念의 벙어리되어 입을 다무는' 것으로써 부정적인 태도를 나타내고 있다. '입'은 외부환경으로부터 화자 자신을 분리시키는 신체적인 경계이다.[20] '입'을 신체공간기호로 보면 내면공간과 외부공간을 단절하거나 연결시키는 매개공간인 것이다. 화자가 입을 다무는 것은 외부공간과의 단절 및 거부를 나타내는 행위가 된다. 하방공간인 도시공간의 의미가 부정적이기 때문이다. 그 부정적 영향이 내면공간에 '思念의 벙어리'를 산출하게 해주고 있다. 요컨대 화자의 몸을 비정상적인 몸

---

20) 에드워드 홀, 최효선 옮김(2000), 「공간의 언어」, 『침묵의 언어』, 한길사, p.223.

으로 만들고 있는 것이다. 그러므로 '사념의 벙어리'인 화자의 몸은 '묘석, 잡초'와 대립하면서 인간적인 삶의 가치를 상실한 상태가 되고 있다. 이렇게 '차다/비다'라는 하늘과 지상의 수직적 대립이 '외부공간/내면공간'이라는 수평적 대립의 코드로 변환되면서 화자는 도시적 세계에 의해 억압받는 몸이 되고 있다.

'외부공간/내면공간'의 수평적 대립이 제3연에서는 '피부의 안과 밖'의 대립으로 더욱 확장되어 나타난다. "皮膚의 바깥에 스미는 어둠"에서 알 수 있듯이 어둠에 의해 화자의 몸은 '피부 안'과 '피부 바깥'으로 대립한다. 어둠은 위에서 아래로 하강하는 것으로써 황혼과 동일하며 또한 액체나 기체처럼 '스미는' 것으로써 황혼의 '젖는' 것과 동일하다. 그래서 어둠은 황혼과 상동적인 관계에 놓인다. 그리고 황혼이 하강하여 하방공간인 도시적 공간의 의미를 드러나게 했듯이 마찬가지로 어둠도 하강하여 도시적 공간의 의미를 드러나게 해주고 있다. 제2연에서 언급한 "찬란한 야경" 풍경이 바로 그것이다. 이렇게 보면 황혼의 코드를 어둠의 코드로 변환한 것이다. 이러한 어둠이 화자의 "피부 바깥에 스미는" 작용을 함으로써 몸을 외부세계와 내면세계로 분절해주는 기능을 한다. 곧 '피부 안'과 '피부 밖'의 분절이다. 신체공간의 경계기호로서의 '피부'가 '입'처럼 능동적으로 외부공간의 영향을 차단하지는 못하지만 그래도 어둠을 피부 안으로 스며들지 않게 했다는 점에서는 '입'과 같은 의미작용을 하고 있는 셈이다. 이때 바깥의 '어둠'은 도시의 "찬란한 야경"을 산출한 기호로서 부정적인 의미를 지니게 된다. 그리고 '피부'는 신체공간의 경계기호일 뿐만 아니라 '서정적 자아, 즉 시적 화자를 표상'[21]하기도 한다. 따라서 '피부'는 화자의 의식을 대변하는 것으로써 어둠의 공격을 방어하고 있는 것이 된다.

이 텍스트에서 황혼과 어둠은 시각적인 이미지로써 정적이 흐르는 공간을 산출하고 있다. 그 공간 속에서 화자의 시선은 '빈 하늘 → 등불

---

21) 박성필, 앞의 논문, p.255.

→황혼→ 어둠'을 따라 상방에서 하방으로 내려오는 모습을 보여준다. 그 시각적 이미지와 하강의 시선 속에 아직 도시 거리에 있는 인간의 세계는 드러나지 않고 있다. 그러나 피부 바깥에 스미던 어둠이 하방공간인 도시적 거리에 내리자 비로소 구체적으로 "낯설은 거리의 아우성 소리"가 산출된다. "비인 하늘"과 대립되는 인간의 "거리"와 인간의 "아우성 소리"가 드러나고 있는 것이다. 이런 점에서 황혼과 어둠은 하늘과 거리를 중재하는 매개항의 기능을 한다. 따라서 '하늘(상방) – 황혼·어둠(매개항) – 거리(하방)'의 삼원구조를 구축하게 된다. 화자에게 하늘과 대립하는 어둠속의 도시는 "낯설은 거리"이다. 도시가 낯선 것은 김광균 시의 특징기도 하다.[22] 그렇다면 도시가 '낯설은 거리'로 되고 있는 이유는 무엇일까. 그것은 다름 아니라 텅 빈 하늘과 달리 도시가 밀집성, 산만성의 공간적 의미를 산출하고 있기 때문이다. '길게 늘어서다(밀집성)', '무성하게 헝클어지다(산만성)' 등의 의미소가 이를 대변해준다. 친숙한 거리는 화자의 몸과 쉽게 융합되지만 낯선 거리는 화자의 몸과 심리적인 경계를 형성하기 마련이다. 그러므로 낯선 거리는 피부 안의 세계와 대립하는 외부공간인 것이다.

"낯설은 거리"의 하방성을 강화하는 것은 구체적인 인간들의 "아우성 소리"이다. 이것은 황혼, 어둠의 시각적 이미지와 변별되는 청각적 이미지이다. 시각적 이미지가 화자의 '입'과 '피부'를 자극했다면 청각적 이미지는 화자의 '귀'를 자극하고 있는 것이다. 화자가 귀를 막고 있는 것이 아니기에 그 아우성 소리는 내면공간으로 침투할 수밖에 없다. "아우성 소리"는 얽히고설킨 소리로써 그 해독이 불가능한 '소란성'의 의미를 지닌다. 상방공간인 텅 빈 하늘과 대립하면 하방공간인 도시의 소란성은 상대적으로 강하게 증폭하게 된다. 화자에게 도시적 공간은

---

22) 류순태에 의하면, 김광균의 시에 나타나는 시적 주체에게 '도시'는 낯선 세계로 나타나고 '옛날'은 친숙한 세계로 나타난다고 한다. 류순태(2008), 「김광균 시에서의 이미지와 서정의 상관성」, 『한국 현대시의 방법과 이론』, 푸른사상, p.56. 참조.

내면공간을 어지럽고 산만하게 하는 '소란성' 그 자체이다. 이런 점에서 보면 "찬란한 야경"은 "낯선 거리"로 코드변환을 한 것이 되고, '무성하게 헝클어진 잡초'는 "아우성 소리"로 코드변환을 한 것이 된다. 그래서 인간의 "아우성 소리(소란성)"는 잡초처럼 헝클어져 있으며 '헝클어진 잡초(밀집성)'는 인간처럼 아우성을 치고 있는 셈이다. 이것이 하방공간인 도시적 거리의 의미소이다. 소란성이 없는 텅 빈 하늘과 대립하는 부정적인 의미소인 것이다. 요컨대 하늘의 탈속성과 대립되는 도시의 세속성을 의미한다. 그런데 그 아우성치는 소리가 청각 작용을 통하여 화자 몸의 내면공간을 침투하게 됨에 따라 화자의 몸도 그 대립을 상실하고 만다. 그럼에도 불구하고 화자는 그러한 풍경을 객관적인 대상으로 보고 "눈물겹고나"라고 언술하여 여전히 자신의 몸을 그 풍경과 분절시키는 모습을 보여주고 있다. 일종의 무의식적인 언술이라고 할 수 있다. "까닭도 없이 눈물겹고나"에서 "까닭도 없이"라는 언술을 한 것도 그것에 기인한다. 의식적으로는 화자가 도시적 공간과 대립하고 있지만 무의식적으로는 도시의 세속적 공간에 젖어들고 있는 셈이다.

이 지점에서 제1연의 "내 호올로 어딜 가라는 슬픈 信號냐"를 살펴볼 필요가 있다. '사념의 벙어리인 나'와 '눈물겨운 나'가 "슬픈 신호"와 상관성을 맺고 있기 때문이다. 주지하다시피 "비인 하늘에 걸려 있"는 "등불"은 양의성을 지닌 "天體 이미지"[23]이다. 지상의 것이면서도 천상적 영역에 속하고 있기에 그러하다. 등불이 하방공간에 소속되어 있으면 불을 밝히는 존재로서 "찬란한 야경"의 일부에 지나지 않는다. 그리고 그 이미지 역시 무성하게 헝클어진 잡초에 해당한다. 하지만 등불이 상방공간, 즉 천상공간인 하늘에 소속하게 되면 '신호(기)'로 전환되어 존재한다. 물론 실제 현상이 아니라 기호현상으로써 그러한 것이다. 하늘에 걸린 신호(기)는 '텅 빈 하늘'의 세계를 지시해주는 의미작용을 한다. 그 텅 빈 하늘은 인위적이고 인간적인 삶의 원리가 모두 배제된 무욕의

---

23) 이사라, 앞의 책, p.216.

탈속 공간, 존재론적 공간이다. 그런데 이와 대립하는 하방공간인 도시적 거리는 어떤가. 무성한 잡초로 헝클어진 공간에 공동묘지가 밀집해 있는 이미지를 산출하고 있으며, 아우성치는 세속적인 소리로 가득찬 이미지를 산출하고 있다. 곧 인간의 물신적 본능적인 욕망으로 가득차 있다. 때문에 화자는 그러한 도시적 공간과 융합하지 못하고 그의 몸을 그 세계와 분리·대립시키고 있는 것이다.

화자가 눈을 들어 상방공간을 볼 수밖에 없는 것은 하방공간인 도시적 삶의 부정성에 기인한다. 그 부정성을 화자의 정서로 본다면 무거워서 아래로 가라앉는 하강의 정서이다. 만약에 그것이 긍정성을 지니고 있다면 상방공간을 응시하지 않았을 것이다. 화자가 눈을 들어 천상공간에 속하는 신호(기)를 보았을 때, 그 신호가 지시하는 것은 텅 빈 하늘이 지닌 천상적 삶의 원리이다. 이것은 긍정적인 정서이기에 가벼워서 위로 솟아오르는 상승의 정서이다. 문제는 화자가 하방공간인 도시적 세계를 거부하면서도 텅 빈 하늘의 세계를 그 삶의 원리로 수용하지 못한 상태에 있다는 점이다. 가령 윤동주 같은 경우는 지상적 삶의 원리를 부정하고 "죽는 날까지 하늘을 우러러/한점 부끄럼이 없기를"(「서시」) 다짐하며 천상적 삶의 원리를 수용하고 있다. 물론 윤동주와 비교하자는 차원은 아니고 단지 김광균의 경우에는, '텅 빈 하늘'에 대한 시적 정서가 그만큼 표면적으로 명료하게 드러나고 있지 않다는 점을 언급하기 위해서다. 결국 "슬픈 신호"가 될 수밖에 없는 것은 도시적 삶의 길을 택한 것도 아니고 그렇다고 해서 천상적 삶의 길을 택한 상태도 아니기 때문이다. 화자가 "내 호올로 어딜 가라는 슬픈 信號냐"라고 반문하는 이유도 바로 여기에 있다. 이런 점에서 보면 제2,3연의 '사념의 벙어리인 나'와 '눈물겨운 나'도 도시 공간 자체에 의해 산출된 것이 아니라 '도시공간/천상공간'이라는 대립에 의해 산출된 것이다. 다시 말해서 천상공간을 인식하고 도시공간을 볼 때에 생겨난 '나'의 의식인 것이다.

화자의 시선이 상방에서 하방으로 내려오면서 산출된 '사념의 벙어리인 나', '눈물겨운 나'는 이제 화자의 행동에 의해서 '군중의 행렬에 섞인 나'(제4연)로 전환된다. 정서적으로 보면 '사념의 벙어리인 나', '눈물겨운 나'는 황혼과 어둠처럼 무겁게 하강하는 것으로 드러난다. 텅 빈 하늘과 대립되는 도시공간에 구속되면 될수록 그 하강의 정서는 더욱 강해지고 있는 것이다. 마찬가지로 낯선 도시의 거리는 "군중의 행렬"로 가득차 넘치지만 그 정서는 공허한 것으로 드러나고 있다. 그 공허는 공간적으로 하강의 의미작용을 한다. 하늘은 텅 빈 상태이지만 거리는 여전히 밀집을 이루며 넘쳐나고 있으므로 그 변별적 차이는 더욱 증폭되고 있다. 정지된 사물이 아니고 움직이는 인간들의 구체적인 행동이기에 그러한 것이다. 군중들의 행렬은 수직적인 공간과 대립하는 수평적인 공간을 이동한다. 그것은 곧 수평적인 도시적 삶에 구속된 인간의 삶의 원리를 나타내주는 것이 된다.

'헝클어진 잡초'의 변환 코드인 "군중의 행렬"은 '나'와 '너(군중)'의 변별적 차이를 무화하고 획일화한다. '내 호올로 어디를 갈 수 있나'(1연)와 '나는 군중의 행렬에 섞이어 가다'의 병치구조가 이를 명료하게 보여주고 있다. '군중의 길'은 '나의 길'을 허용하지 않는다. 이것이 수평적인 도시적 삶의 세속적인 원리이다. 눈을 들고 텅 빈 하늘을 보는 군중이 아니기 때문이다. 화자가 도시공간의 사물들과 대립하며 '사념의 벙어리인 나', '눈물겨운 나'로 전환되어 왔지만, 종국에는 사람(군중)들과 섞이면서 '무거운 비애를 지닌 나'로 전환되고 만다. 말할 것도 없이 '비애'는 본래 주어진 것이 아니라 '나의 길'과 '군중의 길'의 대립에서 생성되어진 것이다. 그러므로 이 대립이 소멸되면 비애도 사라지게 된다.

시적 정서인 '무거운 비애'를 공간기호로 보면 위에서 아래로 하강하는 것으로써 화자의 몸을 지상에 구속시키는 의미작용을 한다. 그 비애의 구체적 이미지가 예의 "길-게 늘인 그림자"이다. 텅 빈 하늘에 걸린 등불(신호)에 의해 만들어진 '나의 긴 그림자'는 지면에 흡착된 것으로써 지상적 삶에 전적으로 포획된 것을 의미한다. 다시 말해서 텅 빈 하늘과 대척점에 있는 존재가 됨을 의미한다. 더욱이 그 "그림자"를 두고

"이다지 어두워"라고 언술하고 있듯이, '어둠'은 그림자를 더욱 무겁게 지면에 흡착시키는 무게로 작용하고 있다. 그림자를 생성시킨 상방공간의 '등불'이 하방공간에 부정성을 부여하자 화자는 다시 눈을 들어 신호(기)를 보게 된다. 요컨대 그 부정성이 상방공간을 응시하게 한 것이다. 하지만 여전히 신호는 도시적 지상과 대립하는 텅 빈 하늘의 세계만을 보여줄 뿐이다. 군중 행렬의 길(도시의 길)을 택한 것도 아니고 수직적 높이를 지닌 텅 빈 하늘의 길을 택한 것도 아닌 화자이기에 결국 '내 어디로 어떻게 가라는 것인가?"라고 신호(등불)에게 다시 반문하게 된다. 이것은 '고독과 불안의식'[24]을 보여주는 언술이기는 하나 궁극적으로는 '도시의 길'(유형적, 물질적, 세속적, 수평적)과 '하늘의 길'(무형적, 정신적, 탈속적, 수직적)을 통합하고자 하는 화자의 내적인 욕망이라고 할 수 있을 것이다. 곧 모순의 통합인 셈이다.

Ⅳ. 결론

지금까지 살펴본 것처럼 김광균은 전통적인 정서와 도시적인 정서를 분별하여 시 텍스트를 변별적으로 구축한 것은 아니다. 뿐만 아니라 개별적인 시어나 이미지로써 슬픔, 비애, 고독, 우울 등의 정서를 산출하고 있는 것도 아니다. 김광균은 시적 정서나 이미지를 전적으로 시 텍스트의 코드로 구조화하여 텍스트 자체로 하여금 시적 의미를 산출해내고 있다. 「설야」와 「와사등」의 정서와 이미지, 그 풍경이 다름에도 불구하고 그것이 시 텍스트의 코드로 구조화되는 시적 원리는 동일하다. 이러한 점이 바로 그것을 증명해 주고 있다.

김광균의 시적 코드 원리는 '상/하' 대립과 '외부/내부'의 대립을 전제

---

24) 신뢰할 바 없는 어두운 현실 속에서, 군중과 함께 어디론가 떠나가야만 하는 현대인의 고독감과 불안의식을 와사등, 즉 '등불'의 이미지로 나타내고 있다. 김재홍, 앞의 책, p.250.

로 해서 시적 정서를 공간적으로 구조화하는 것으로 드러난다. 가령 「설야」의 '눈'에 대한 시적 정서는 '그리움(상방)/슬픔(하방)'의 대립적 코드와 몸의 '내면공간/외부공간'의 대립적 코드에 의해 구조화되고 있다. 이러한 구조에 의하면 가볍게 설레는 정서는 상방공간을 구축하고, 이것이 전환되어 무겁게 될 때에는 수직 하강하여 하방공간을 구축하는 정서가 된다. 물론 이때의 '슬픔의 정서'는 모순되는 의미를 통합하고자 할 때 생긴 구조적 산물이다.

이러한 「설야」의 시적 코드 원리를 변환하면 「와사등」의 시적 코드 원리가 된다. 그래서 「와사등」 역시 동일한 구조를 보여준다. 예의 '등불'에 대한 시적 정서는 '텅비다(하늘)/가득차다(도시)'의 대립적 코드와 몸의 '내면공간/외부공간'의 대립적 코드로 구조화되고 있다. 이러한 구조에 의하면 천상은 무형적, 정신적, 수직적, 탈속적인 의미를 산출하는 무욕의 긍정적인 공간이며, 도시는 유형적, 물질적, 수평적, 세속적인 의미를 산출하는 욕망의 부정적인 공간이다. 물론 이러한 대립에서 그의 시적 정서는 상승하지 못하고 하강하는 구조를 보여준다. 이에 따라 그는 도시적 거리에 구속된 슬픈 인간으로 존재하고 있다. 종합해 보면, 김광균의 시적 정서는 상승하지 못하고 대부분 지상세계로 하강하는 무거운 정서를 보여주고 있다. 그로 인하여 그의 시 텍스트는 하방공간에 구속되는 상태에 놓이고 있다. 김광균은 그 구속 상태를 탈출하기 위해 '황혼을 좇아 광장'(「廣場」)에 서 있지만, 시집 『와사등』에서는 여전히 하방공간에 구속된 정서를 극복하지 못한 것으로 드러나고 있다. 예의 「광장」도 「와사등」의 공간구조처럼 되어 있기 때문이다. 가령 "슬픈 都市에 日沒이 오고"에서 하방공간(도시)과 상방공간(하늘)이 산출되고 있다. 마찬가지로 김광균은 이 두 축을 중심으로 시 텍스트의 공간을 전개해 나가게 된다. 이런 점에서 '슬픔'의 시적 정서 구축은 동일한 원리를 보여주고 있는 셈이다.

▶ 제 6 장 ◀
김현승의 시 텍스트

▶제 6 장◀ 김현승의 시 텍스트

1. '육체/영혼'의 이항대립과 시적 코드의 변환

Ⅰ. 서론

金顯承은 기독교 가정에서 태어나 평생 동안 엄격한 신앙생활을 한 詩人으로 정평이 나 있다. 그러한 신앙생활은 시창작에도 많은 영향을 준 것으로 보인다. 대부분의 시작품에서 종교적 소재들을 동원한 그런 시적 상상력을 보여주고 있기 때문이다. 그러다 보니 마치 하나의 관례처럼 그의 시세계를 논의할 때마다 으레 기독교 사상이 그 중심에 놓인다. 김현승에 대한 기존 연구들을 살펴보아도 거의 대부분이 이러한 범주 속에서 진행되고 있다. 부연하자면 그의 시작품을 기독교적 신앙과 대비하여 그 시적 의미를 추론하고 있는 것이다.

그러한 기존 연구를 구체적으로 분류해보면 크게 세 가지로 나타난다. 첫째, 그의 전기적인 기독교 신앙을 그대로 시 텍스트에 적용하여 그 시적 주제를 해명하고 있는 연구이다.[1] 둘째, 그의 시적 주제를 '고독'으로 보고, 그 '고독'의 발생과 의미를 神과의 연관성 속에서 탐색한 연구이다.[2] 셋째, 시 텍스트의 내적 특질이나 시적 이미지 등을 神과

---

1) 손진은(2007), 「김현승 시의 생명시학적 연구」, 이승하 편, 『김현승』, 새미; 이승하(2007), 「인간과 인간의 죽음에 대한 기독교 시인의 성찰 – 김현승론」, 『김현승』, 새미.
2) 김윤식(1975), 「신앙과 고독의 분리문제 – 김현승론」, 『한국현대시론비판』, 일

연계하여 그 상상력의 체계 및 그 의미를 분석한 연구이다.[3] 주지하다 시피 이러한 세 범주의 연구들은 김현승 시의 특성과 기독교적 의미를 모두 밝혀내는 데 큰 기여를 해왔다. 그런데 문제는 이후에 진행되는 연구들이 기존 연구의 방법을 극복하지 못하고 그것을 재생산해내고 있다는 데에 있다. 따라서 김현승 시작품에 대한 연구를 할 때에는 이 제 좀 더 새로운 시각에서 논의되어야 한다고 본다.

본고에서는 기존 연구의 틀을 벗어나 이항대립을 전제로 하는 기호 론적 연구방법론을 적용하여 김현승 시를 분석하고자 한다. 예의 기호 론적 연구방법론은 언어기호들이 구조화되는 내적인 관계를 통하여 그 언어기호들의 다양한 의미를 산출해낸다. 그러므로 기호론적 연구방법 론은 텍스트의 외적 여건에 크게 영향을 받지 않는다. 그런 만큼 그 의 미도 텍스트의 내적 구조에 의해 자율적으로 결정된다. 따라서 이 방법 론에 의하면, 김현승의 실제적인 신앙생활과 기독교적인 이념은 시 텍 스트의 의미를 결정하는 요소로 작동하지 못한다. 그것을 결정하는 요 소는 '구조화의 틀' 내에서의 '관계'일 뿐이다.

본고에서는 이 방법론을 적용하여 김현승의 초기시에 해당하는『옹 호자의 노래』를 중심으로 그 시적 구조와 그 의미작용을 탐색하고자 한 다.『옹호자의 노래』로 한정한 이유는, 이 시집의 기호체계가『견고한 고독』,『절대 고독』의 시집을 산출하는 데 중요한 산파역할을 했기 때 문이다. 그러므로 이 시집이 제대로 해명되지 않으면 이후의 시집도 해 명하기 어렵게 된다. 본고에서는 '육체/영혼'의 이항대립적인 코드를 사 용하여 시 텍스트의 구조와 그 의미작용을 탐색하고자 한다.

지사; 김옥성(2001. 6), 「김현승 시에 나타난 전이적 상상력 연구」, 『한국현대 문학연구』 제9집, 한국현대문학회.
3) 곽광수(1990), 「김현승론」, 박철희・김시태 편, 『작가・작품론 - 시』, 문학과 비평사; 유성호(2011), 「김현승 시의 분석적 연구」, 『다형 김현승 연구 박사 학위 논문선집』, 다형김현승시인기념사업회; 김경복, 「석화중의 꿈과 우주적 자아 - 김현승 시의 현상학」, 이승하 편, 『김현승』, 새미; 박종철(2008. 2), 「김 현승의 시와 3원적 구조」, 『우리문학연구』 23, 우리문학회.

Ⅱ. '육체/영혼'의 대립적 코드 산출과 그 의미작용

김현승 시인이 시 텍스트를 산출하기 위해 사용한 기본적인 시적 코드는 다름 아닌 '육체/영혼'의 이항대립적 코드이다. 그는 이러한 코드를 변환시켜가며 중·후기에 이르기까지 시 텍스트를 산출하는 기제로 사용해 왔다. 그러므로 초기에서부터 후기에 이르기까지 시집들의 형식과 내용은 달라도 그것을 구조화하는 원리는 동일한 것이 된다. 이처럼 김현승은 한국시문학사에서 보기 드물 정도로 줄기차게 이항대립적 코드로써 시 텍스트를 산출해온 시인이다.4) 예의 그가 즐겨 사용한 '육체'와 '영혼'의 대립 코드는 그의 시 텍스트를 발화시키는 출발점이자 그의 수많은 텍스트를 지속적으로 산출하게 만드는 원동력으로 작용한다. 그런 만큼 '육체/영혼'의 대립적 코드는 그의 시적 존재방식 자체라고 할 수 있다. 그렇다면 이러한 대립적 코드는 어떻게 해서 산출하게 되었을까. 그 의미작용은 어떤 것일까. 김현승은 「육체」라는 텍스트를 통해서 이를 구체적으로 보여주고 있다.

> 나의 肉體와 찔레나무의 그늘을 만드신
> 당신은,
> 보이지 않으나 나에게는 아름다운 詩人……
>
> 내 눈물의 밤이슬과
> 내 이웃들의 머금은 微笑와
> 저 슬픈 未亡人들의 눈동자를 만드신

---

4) 유성호도 이미 이러한 사실을 분명하게 밝힌 바 있다. 그에 의하면 "김현승은 한결같이 이러한 두 대립항의 긴장과 이완 또는 겨룸과 화해의 역학이 사물들의 의미와 가치를 이루고 있다고 사유한 시인이다. 따라서 그의 시 안에 부조되어 있는 그 두 가지 대립항의 긴장과 길항이 가지는 패러다임의 일관성을 자세하게 추적하면, 그의 '인식 구조'는 물론 시 안에 구현되고 있는 미학적 본령을 온당하게 검토할 수 있을 것으로 판단된다."고 한다. 유성호 (2011), 앞의 논문집, p.384.

당신은,
우리보다 먼저 오시어 詩로서 地上을 潤澤케 하신 이.

당신의 그 사랑과
당신의 그 슬픔과
그 보이지 않는 당신의 아름다운 얼굴에
나도 이제는 어렴풋이나마 肉體를 입혀
어루만지듯 나의 노래를 부릅니다.

—「肉體」 전문

이 텍스트에서 창조주인 "당신"이 만든 "나의 肉體와 찔레나무의 그늘"에는 대립적인 의미들이 내포되어 있다. 먼저 "나의 육체"를 보자. 주지하다시피 육체는 영혼을 전제로 한 개념이다. 그러므로 당신(神)이 육체를 만들었다는 것은 이와 대립의 짝을 이루는 영혼도 당신(神)이 만들었다는 것을 뜻한다. 예의 '육체/영혼'은 '물질/정신, 가시적/불가시적, 감각적/관념적, 구체적/추상적' 등의 대립적 의미를 산출한다. 그런데 중요한 것은 그러한 육체와 영혼을 주관하는 주체가 바로 "당신"이라는 사실이다. 당신(神)이 "나"를 만들었기 때문이다. 그래서 당신(神)이 육체와 영혼을 결합시키면 삶(생명)이 되고, 반대로 육체와 영혼을 분리시키면 죽음이 되고 만다. 이런 점에서 "나"는 삶과 죽음을 동시에 지닌 모순의 존재가 된다. 달리 표현하면 당신(神)은 '모순의 나'를 창조한 셈이다. 문제는 그럼에도 불구하고 이 텍스트의 화자는 "나의 육체"를 만든 당신을 "아름다운 詩人"으로 명명하고 있다는 점이다. 예의 생명 현상만을 보고 그렇게 단정한 언술이다. 이 지점에서 우리는 화자에게 질문 하나를 던질 수 있다. 죽음 현상에 직면할 경우에도 당신(神)을 "아름다운 시인"으로 명명할 수 있는가라고 말이다. 왜냐하면 당신(神)이 영혼을 만든 것에 대해서는 일단 침묵하고 있기 때문이다. 만약에 이 침묵에 부정적인 의미가 내재되어 있다면, 아마도 당신과 나는 대립하게 될 것이다. '모순의 나'를 거부하는 뜻이기에 그러하다. 이처럼 김현승에게 '육체/영혼'의 대립은 '나-당신'의 관계를 결정짓는 중요한 요소로 작동하게 된다.

당신(神)이 만든 "찔레나무의 그늘"도 예외는 아니다. 예의 대립적인 빛을 전제로 하여 그늘을 만들었다. 이 텍스트 공간에서는 직접 나타나지 않고 있지만 분명히 텍스트 안에는 빛을 생성하는 태양이 존재한다. 태양의 빛이 있어야 찔레나무의 그늘을 만들 수 있기 때문이다. 이로 미루어 보면 천상적 존재인 태양도 당신이 만든 것이다. 그런 태양은 지상의 육체들(사물들)에게 죽음과 대립되는 생명의 에너지를 제공해 준다. 이런 점 또한 화자가 당신을 "아름다운 詩人"으로 명명하는 데 큰 기여를 하게 한다. 결국 당신이 만든 것들을 통합해 보면, '육체/영혼', '빛(낮)/그늘(어둠·밤)' 등의 대립적 의미를 산출하게 된다. 예의 이 중에서 화자는 전자만을 향유·선호하는 것으로 드러난다. 부연하면 영혼에 관련된 기호체계는 배제하고 생명에 관련된 기호체계만 텍스트화한 셈이다.

그런 만큼 "아름다운 시인"이 詩로써 창조한 지상의 육체들도 모두 생명과 관련된 것으로 나타난다. 다시 말해서 육체적 삶을 표현할 수 있는 감정의 층위로 나타난다. 제2연에서 볼 수 있듯이, "눈물의 밤이슬", "머금은 미소", "슬픈 미망인의 눈동자" 등은 모두 감정적 층위에 속한다. 그런데 면밀히 파악해보면, 그런 감정적 층위들이 공통적으로 육체적 기호인 '눈'에서 산출된다는 사실이다. '눈'을 신체공간기호로 보면 이성적 의미와 감정적 의미로 작용한다.[5] 그런데 이미 알고 있듯이

---

5) 신체공간 중에서 얼굴만을 볼 경우, 이마와 눈은 상부, 코는 중앙, 입은 하부로 분절된다. 이에 따른 기호작용을 보면, 이마와 눈은 이성적 의미를, 코는 감정적 의미를, 입술은 물질적(육체적) 의미를 산출한다. 물론 이와 달리 얼굴을 상부인 이마, 중앙인 눈, 코, 하부인 입으로 분절할 수도 있다. 이 경우에는 눈이 감정적인 의미를 산출하는 기호로 작용한다. 이런 점에서 볼 때, 눈은 한편으로는 이성적 의미를, 다른 한편으로는 감정적 의미를 산출한다고 하겠다. 이어령(2000), 「공간의 차원과 그 계층론」, 『공간의 기호학』, 민음사,

이 텍스트에서는 눈물, 기쁨, 슬픔 등의 희로애락을 표현하는 감정적 의미로 작용하고 있다. 예의 김현승은 이성적인 눈보다 감성적인 눈을 중요시 한다. 눈이야말로 이성적인 힘으로 제어할 수 없는 인간의 오묘한 감정까지도 보여주는 신체공간이기 때문이다. "슬픈 눈에는/그 영혼이 비추인다."(「슬픔」)라고 한 그의 언술에서도 그것을 확인할 수 있다. 기실 "詩로서 地上을 윤택케"했다는 언술도 따져보면 다름 아니라 육체적인 '눈의 창조'를 두고 한 언술이다. 눈의 창조 없이는 지상의 모든 사물과 풍경을 볼 수 없기 때문이다. 따라서 화자는 눈을 창조한 "아름다운 시인"과 융합되려는 모습을 보여주게 된다.

그래서 화자는 시로써 이 지상을 시 텍스트 공간처럼 그렇게 건축해온 "아름다운 시인"의 시적 감정을 읽고자 한다. 예의 '아름다운 시인(당신·神)'의 온전한 감정은 시 텍스트 공간(地上)에 모두 용해되어 있다. 그런데 그 감정은 다름 아니라 지상의 육체들, 곧 생명체에 대한 '사랑과 슬픔'의 감정이다. 곧 모순적인 감정이 시 텍스트(지상) 공간에 용해되어 있는 셈이다. 말할 것도 없이 그 모순은 '지상/천상, 육체/영혼, 감정/이성, 밝음(삶)/어둠(죽음)' 등의 대립에서 생겨난 산물이다. 이에 따라 가시적인 삶(前者 지향)에 중심을 두면 사랑의 시가 나오고, 불가시적인 죽음(後者 지향)에 중심을 두면 슬픔의 시가 나온다. 그러므로 "아름다운 시인"도 모순의 존재로 현현한다.

그럼에도 불구하고 화자는 그러한 '아름다운 시인(당신·神)'의 육체적 감정을 동일하게 공유하고자 한다. 문제는 "아름다운 시인"이 추상적 불가시적인 실체로 존재한다는 점이다. 말하자면 지각할 수 없는 존재라는 점이다. 그래서 화자는 보이지 않는 '아름다운 시인(당신·神)'의 추상적 얼굴에 육체를 입혀 지각할 수 있는 구상적 가시적인 얼굴로 전환시키려고 한다. 예의 그 전환은 창조적인 작업에 해당한다. 당신이 나의 육체를 만들었듯이 나 또한 당신의 육체를 만들어내고 있기 때문

---

pp.228~239. 참조.

이다. 마찬가지로 당신이 그 작업을 통하여 아름다운 시인이 되었듯이 나도 이제 아름다운 시인이 되는 것이다.[6] 이런 점에서 "肉體를 입혀"가며 부르는 "나의 노래"는 다름 아닌 시를 의미한다. 이렇게 해서 당신은 지각될 수 있는 육체적 존재로서 나의 시 텍스트 속에 다시 태어나게 된다. 이런 점에서 당신은 나의 詩를 가능케 한 존재인 동시에 나의 시를 지속적으로 산출케 하는 존재이다.

그러므로 당신(神)은 종교적 차원(신앙)의 대상이 아니고 문학적 차원(시)의 대상이다. 다시 말하면 당신(神)은 나의 신앙을 결정해나가는 대상이 아니라 나의 시적인 세계, 곧 시의 형식과 내용을 결정해나가는 대상인 것이다.[7] 따라서 당신(神)에게 육체를 입히는 나의 노래가 어떻게 되느냐에 따라 신앙이 달라지는 것이 아니라 시적인 세계, 시적인 삶이 달라지는 것이다. 예의 김현승은 자신의 노래(詩)를 통하여 '시인(당신) - 시인(나)'으로의 행복한 육체적 융합을 욕망한다. 이것이 그의 시적 존재 근거이다. 물론 그 융합은 영혼을 전제로 한 당신(神)의 육체를 어떻게 형상화하느냐에 따라 다양한 형태가 될 것이다.

Ⅲ. 생명을 지향하는 육체적 코드와 의미작용

주지하다시피 김현승에게 당신(神)은 시 텍스트 산출의 근원이다. 당신(神)이 김현승에게 어떤 육체적 얼굴로 현현하느냐에 따라 나의 시

---

6) '당신(신)=시인'의 등가적 인식은 창조자로서의 동렬(同列)도 참작이 된다. 뿐만 아니라 기독교 사상에서 '말씀'으로 세상을 창조했다는 신의 역할과 언어로써 사물에게 생명과 육체(형상)를 부여할 수 있는 시인의 역할이 서로 相似하다는 점에서 그렇게 볼 수도 있다. 유성호(2011), 앞의 논문집, p.432.

7) 김현승은 신앙을 떠나서 신·구약성경을 훌륭한 문학작품으로 본다. 그 중에서 그는 예수를 그 예로 들면서, 예수의 말과 행동은 매우 시적이며, 예수의 생활 자체는 시라고 극찬한다. 말하자면 예수는 시인이고 그의 언행은 시라는 점이다. 그러면서 그 영향을 김현승은 자신의 시에서 받고 있다고 고백한다. 김현승(1985), 「詩였던 예수의 언행」, 『김현승 전집2·산문』, 시인사, pp.297~298.

텍스트의 양식이 결정된다. 앞에서 살펴보았듯이 아름다운 시인으로 전환된 당신(神)은 모순된 존재, 곧 사랑과 슬픔을 지닌 존재이다. 동시에 神이면서도 인간적인 감정을 그대로 보여주는 존재이기도 하다. 그래서 김현승은 당신(神)의 그러한 모습을 사랑과 슬픔으로 나누어 가시적으로 형상화하기 시작한다. 먼저 그가 詩的으로 탐구한 것은 당신(神)의 사랑이다. 예의 당신(神)의 사랑에 육체를 입히면 어떻게 될까. 그것은 다름 아니라 생명을 주는 육체적 코드로 나타난다. 그 '육체적 코드'8)는 당신(神)과 김현승 사이에 대립과 갈등이 없는 행복한 융합상태를 만들어 준다. 따라서 그 시 텍스트의 의미작용도 기쁨으로 가볍게 상승하는 의미작용을 한다.

> 우리의 모든 아름다움은
> 너의 지붕 아래에서 산다.
>
> 이름을 부르고
> 얼굴을 주고
> 창조된 것들은 모두 네가 와서 문을 열어준다.
>
> 어둠이 와서 이미 낡은 우리의 그림자를 거두어들이면
> 너는 아침마다 明日에서 빼어내어
> 새 것으로 바꾸어준다.
>
> 나의 가슴에 언제나 빛나는 희망은

---

8) 기호학에서는 기호의 몸인 시니피앙과 기호의 마음인 시니피에를 통틀어 코드(법칙)라고 부른다. 그래서 어떤 경우든 우리는 코드를 만들어 그 생각을 발신하고 또 그 코드를 풀어 수신한다. 부연하면 서로의 의사소통을 하기 위한 기호체계가 코드인 것이다. 따라서 발신자와 수신자 사이에는 무수한 코드가 만들어진다. 가령 음식 코드, 문화 코드, 종교 코드… 등등의 무수한 명칭으로서 말이다. 예의 '육체적 코드'라는 명칭도 그러한 종류 중의 하나이다. 이어령(2009), 『문화코드』(문학사상사)에서 「코드란 무엇인가」, 「코드」 항목을 참조할 것.

너의 불꽃을 태워 만든 단단한 寶石,
그것은 그러나 한 빛깔 아래 응결되거나
상자 안에서 눈부실 것은 아니다.

너는 충만하다, 너는 그리고 어디서나 원만하다,
너의 힘이 미치는 데까지……
나의 눈과 같이 작은 하늘에서는
너의 영광은 언제나 넘치어 흐르는구나!

나의 품안에서는 다정하고 뜨겁게
거리 저편에서는 찬란하고 아름답게
더욱 멀리에서는 더욱 견고하고 총명하게,

그러나 아직은 냉각되지 않은,
아직은 주검으로 굳어져버리지 않은,

너는 누구의 연소하는 생명인가!
너는 아직도 살고 있는 신에 가장 가깝다.

— 「빛」 전문

이 텍스트에서는 '빛'을 의인화하여 "너"로 부르고 있다. 여기서 "너"
는 사실 "당신(神)"의 코드를 변환한 "너"인 셈이다. 이 텍스트에서의 빛
을 공간기호론으로 보면 지상과 대립하는 천상적 존재이다. 빛은 天上
에서 地上으로 언제나 하강하는 존재이기 때문이다. 하강하는 빛은 "창
조된 것들", 곧 지상에 사는 모든 피조물들에게 빛의 지붕이 된다. 지붕
을 공간적으로 보면 하늘의 뇌우와 삶의 뇌우로부터 인간을 덮어주는
보호의 기능을 한다.9) 이런 점에서 보면 빛은 그 자체로써 지상의 모든

---

9) 가스통 바슐라르(1993), 곽광수 옮김, 「집」, 『공간의 시학』, 민음사, pp.118~119,

존재들을 덮어주고 보호하는 거대한 우주 지붕이 되는 셈이다. 그러므로 빛을 받지 못하는 존재가 있다면, 그 존재에게는 보호해줄 지붕이 없는 것과도 같다. 그래서 빛은 어둠과 대립한다. 육체와 영혼이 대립하듯이 말이다.

이 텍스트에서도 마찬가지이다. 매개항 기능을 하는 門을 중심으로 문 안쪽은 어둠의 세계요 문 밖은 빛의 밝음의 세계로 대립하고 있다. 이때 어둠은 죽음의 의미를 산출하는 부정적인 의미작용을 하고, 이와 대립되는 빛은 생명의 의미를 산출하는 긍정적인 의미작용을 한다. 빛의 세계에는 "아름다움"이 살고 있고, 또한 모든 존재들을 분별해주는 "이름"과 "얼굴"을 부르고 볼 수 있기 때문이다. 따라서 상대적으로 어둠은 그 모든 것을 무화시켜 죽음과 같은 공간으로 만들어버리게 된다. 그래서 빛(너)은 모든 피조물들의 문을 열어주는 것으로 나타난다. 죽음에서 생명으로의 전환인 셈이다. 이를 공간적인 의미작용으로 보면 하강에서 상승으로의 전환을 의미한다. 그리고 주체 행위로 보면 빛(너)은 능동적 주체, 피조물의 존재들은 피동적인 주체가 된다.

빛(너)은 "어둠이 와서" "우리의 그림자를 거두어" 가면, "아침마다" "새 것"으로 그 빛을 바꾸어 준다. 일회적인 행위가 아니라 영속적인 행위를 한다. 강조하자면 천상의 빛으로서 이와 대립되는 지상의 육체들을 영속적으로 살리고 있는 셈이다. 빛(너)의 행위는 여기서 끝나지 않는다. 제4연에서 언술하고 있듯이, 빛은 생명을 넘어서 나의 가슴에 '희망의 보석'을 만들어주기도 한다. 미래 지향의 기호인 그 단단한 '희망의 보석'은 예의 "너의 불꽃을 태워 만든" 것이다. 요컨대 네(빛)가 나에게 준 선물이다. 보석은 일종의 영적인 깨달음이나 神과의 합일이라는 상징적인 의미를 보여주는데[10], 문제는 그러한 보석을 만들기 위해서

---

pp.132~133 참조.

10) 보석은 영적인 깨달음, 순수성, 탁월한 능력, 그리고 치유와 보호의 신비한 힘을 상징한다. 뿐만 아니라 신과의 합일을 상징하는 것으로 사용되기도 한다. 잭 트레시더(2007), 김병화 옮김, 「금속과 보석」, 『상징이야기』, 도솔출판사, p.169.

는 너(빛)의 생명을 필히 불꽃으로 태워야 한다는 사실이다. 요컨대 네(빛)가 불꽃으로 죽어야만 나의 가슴에 '희망의 보석'이 생성된다는 점이다.

나를 위한 너(빛)의 죽음은 헌신적인 사랑에 해당한다. 그 사랑은 너와 나의 생명을 영원히 합일해주는 의미작용을 한다. 너의 생명의 결정체인 보석이 나의 가슴에 소멸되지 않고 영원히 있기 때문이다. 단단한 '희망의 보석'은 새롭게 생명의 빛을 발한다. 그것은 "한 빛깔 아래 응결되지" 않고 살아 움직인다. 하나의 생명체로서 어두운 "상자 안"에서만 눈부시는 것이 아니라 어떠한 공간에서도 눈이 부시다. 강조하자면 한 점으로 응축 경화된 태양이라고 할 수 있다. 빛의 근원은 태양이니 말이다. 이 지점에서 우리는 '희망의 보석'이 바로 너(빛)의 불가시적인 靈의 실체임을 지각하게 된다. 사실 화자는 너(빛)의 육체적 기호체계만을 기쁨으로 노래하고 있지만 무의식적으로는 너의 영의 기호체계도 노래하고 있는 셈이다. 따라서 나의 육체와 영혼, 너의 육체와 영은 하나로 융합된다. 이렇게 해서 "나"는 절망(죽음)과 대립하는 희망(생명)의 삶, 어둠과 대립하는 밝음의 삶, 하강과 대립하는 상승의 삶을 영위할 수 있다. 이처럼 기본적으로 너라는 육체(빛)는 나의 육체적 삶의 에너지, 곧 생명의 근원이 되고 있다.

너(빛)는 나의 가슴에 응축 경화된 보석이 되기도 하지만, 이와 반대로 우주공간으로 퍼져나가는 확산적 이미지로 작용하기도 한다. 상호 대응되는 이미지인 셈이다. 그렇게 확산적 이미지로 작용하게 된 것은 너(빛)가 '충만·원만'한 성격을 지녔을 뿐만 아니라 너의 움직임이 "흐르는" 것과 같은 유동적인 특성을 지니고 있기 때문이다. 이러한 확산 운동은 너의 육체, 곧 너의 생명적 에너지를 차별 없이 지상의 모든 공간에 주는 기능을 한다. 그래서 텍스트의 공간도 죽음과 대립되는 생명의 공간, 하강과 대립되는 상승지향의 공간으로 나타난다. 또한 그 확산 운동은 인간적 이미지로 형상화된다. 감정과 이성을 지닌 인간으로서 말이다. 가령 너(빛)는 '다정하고 뜨겁기'도 하며, '찬란하고 아름답기'도 한 감정을 지녔다. 그리고 너(빛)는 '견고하면서도 총명한' 이성도 지니고 있다. 이로 미루어 보면, 우주공간에 충만한 빛 그 자체는 너의 육체, 곧 너의 몸 자체가 된다. 물론 인간처럼 사유하는 존재로서 말이다.

하지만 그 빛(너)도 영원하지 않는 것으로 드러난다. 빛(너)도 육체를 입은 생명체, 곧 몸으로 존재하기에 그 대립항인 "냉각·주검"이 짝을 이룬다. 예의 천상적 존재인 빛의 몸도 소멸할 수 있는 것이다. 물론 지상의 피조물과는 변별적이다. 빛의 몸은 적어도 "神에 가장 가"까운 생명의 기호이기에 그러하다. 그렇다하더라도 생명이 연소·소멸된다는 것은 죽음에 이른다는 의미이다. 그럼에도 불구하고 너(빛)는 자기 몸의 생명을 연소시키고 있다. 지상에 있는 피조물의 생명(육체)을 위해서 말이다. 이처럼 김현승은 불가시적인 당신(神)의 얼굴에 '빛'이라는 육체를 입혀 당신을 살아 있는 감각적인 존재로 창조해내고 있다. 이렇게 해서 당신(神)과 나(인간)는 하나의 몸, 하나의 감정으로 융합되어 살아갈 수 있다. 그래서 김현승은 역설적인 방법을 동원하여 감정적인 육체를 입고 있는 당신(神)을 이타적인 얼굴로 형상화하기도 한다.

> 흩으심으로
> 꽃잎처럼 우릴 흩으심으로
> 열매 맺게 하실 줄이야……
> …(중략)…
>
> 어둠 속에
> 어둠 속에
> 寶石들의 光彩를 길이 담아 두시는
> 밤과 같은 당신은, 오오, 누구이오니까!

> ―「離別에게」 일부

이 텍스트에서 당신(神)은 생명체를 다스리는 주재자이다.[11] 꽃잎과 열매의 비유를 통해서 우리의 육체적 생명을 어떻게 완성해가고 있는지를 보여주고 있기 때문이다. 당신이 육체적 생명을 완성해가는 방법은 역설적인 방법, 모순적인 방법이다. 가령 꽃나무가 열매를 맺기 위해서는 아름다운 꽃잎을 운명적으로 버려야 한다. 그런 것처럼 당신은 우리의 육체적 삶을 꽃잎처럼 흩어지게 만든다. 이것은 일종의 통과제의적인 고통과 죽음을 의미한다. 이때, 우리는 당신으로부터 분리되는 의식을 갖게 된다. 이것이 당신과 우리에게는 슬픔이 된다. 예의 이 '슬픔'이 바로 육체와 대립되는 불가시적인 영혼과 靈의 실체를 보게 해준다. 하지만 당신은 영혼과 靈만을 요구하지 않는다. 당신은 그 슬픔을 견디고 우리에게 열매에 해당하는 육체적 생명을 꽃피우게 해준다. 그래서 우리는 당신과 하나의 육체로 융합할 수가 있다. 이것이 당신에게는 사랑이 된다. 이처럼 당신은 역설적 모순적인 방법으로 우리의 생명을 일궈나간다.

또한 당신(神)은 우리들에게 늘 이타적인 얼굴로 현현한다. 주지하다시피 어둠과 빛은 모순의 관계에 있다. 그러므로 합일될 수가 없다. 더욱 그 차이가 심화될 뿐이다. "어둠 속에/ 보석들의 光彩"가 바로 그것이다. 어둠은 광채에 의해 더욱 더 어두워지고 짙어져 보인다. 요컨대 추락하는 하강의 이미지이다. 이에 비해 광채는 어둠에 의해 더욱 빛나고 아름다워 보인다. 요컨대 가볍게 상승하는 이미지이다. 이런 점에서 어둠의 존재가 없다면 보석의 광채는 도저히 그 빛을 발산할 수가 없다. 이 텍스트에서 어둠은 바로 당신의 육체이고, 보석은 우리들의 육체이다. 광채는 다름 아닌 생명의 빛과 그 기운을 상징한다. 말하자면 영혼인 셈이다. 따라서 당신의 존재가 없다면 우리 육체는 죽은 것과도

---

11) 이 텍스트에서 당신은 표면적 실체로 많이 드러나 있지는 않다. 그럼에도 불구하고 당신이 충일한 생명 의지로 가득차 있음을 알게 된다. 왜냐하면 생명을 만드는 주인으로서의 타자(하나님)가 바로 "밤과 같은 당신"으로 나타나고 있기 때문이다. 손진은(2007), 「김현승 시의 생명시학적 연구」, 이승하 편, 『김현승』, 새미, pp.160~161. 참조.

같다. 이 텍스트를 역설의 시학이라고도 명명하는 것도 이에 연유한다.[12] 이 역설에 의해 당신은 이타적인 존재로 전환하게 된다.

사실 어둠인 당신과 보석인 우리들의 관계는 '육체(당신) - 육체(우리)'로 융합된 관계이다. 예의 우주공간의 어둠 자체가 당신의 몸 자체이다. 그러므로 어둠 속에 있는 우리들은 한 점에 불과한 존재이다. 말하자면 우주화된 당신의 몸이 한 점에 불과한 우리의 몸을 감싸고 있는 형상과 같다. 비유하자면, 어머니의 자궁 안에 있는 태아와 같은 형상이다. 이렇게 당신과 우리는 육체로 융합이 되어 있고, 그런 가운데 당신은 우리에게 생명의 에너지를 공급해주고 있는 것이다. 따라서 화자와 당신(神) 사이에는 어떠한 대립과 갈등도 없는 행복한 융합상태를 보여준다. 이처럼 이 텍스트가 앞서 살핀 「빛」의 텍스트와 다름에도 불구하고 그 공간구조는 상동적인 것으로 나타난다. 「빛」에서는 나의 가슴 속에 당신이 보석이 되어 들어 왔지만 「이별에게」서는 우리가 당신의 가슴 속으로 들어가 보석이 되고 있기 때문이다. 이 지점에서 강조하자면, 당신(神)의 육체는 감각적으로 지각할 수 있는 우주공간 자체로서 우리들의 육체를 살리는 생명적 에너지로 작동한다는 사실이다. 예의 생명성을 지향하는 '육체(당신) - 육체(우리)'로 융합한다는 것이다. 물론 육체 이면에 있는 영혼과 영의 기호체계에 대해서는 거의 언술하지 않은 상태에서 말이다.

Ⅳ. 소멸을 지향하는 영혼의 코드와 의미작용

주지하다시피 김현승은 육체적 코드를 사용하여 불가시적인 당신(神)의 얼굴을 가시적인 얼굴로 창조해냈다. 하지만 그러한 코드는 그

---

12) 이 시는 역설을 핵심 방법으로 취하고 있다. 이 시에서 역설은 여러 겹의 중층 구조를 형성하면서 존재의 실상을 깨닫게 해준다. 그 역설은 다름 아닌 '소멸 - 생성'의 원리이다. 김재홍(1989), 「다형 김현승」, 『한국현대시인연구』, 일지사, pp.292~293. 참조.

리 오래가지 못하는 상태가 되고 만다. 그 원인은 두 가지 정도로 나타
난다. 하나는 '당신(神)‐나(人間)'의 육체적 결합이 너무나 행복한 상태
이기에 더 이상 육체성 탐구에 집착할 필요가 없었다는 점이다. 다른
하나는 그와 반대로 육체 이면에 있는 영혼이 김현승의 무의식을 자극
하며 그 육체적 코드를 흔들었다는 점이다. 이런 이유로 해서 김현승은
육체와 대립되는 영혼과 靈의 기호체계로 시선을 돌리고 만다. 그러면
서 자연스럽게 영혼의 코드가 그의 시 텍스트를 지배하는 경향을 보여
주게 된다. 예의 앞 장에서 조금 언급한 것처럼, 불가시적인 영혼의 코
드는 '슬픔'의 감정을 촉발하는 기호체계를 지닌다. 삶보다는 죽음의 의
미체계와 가까워지기 때문에 그러하다.

김현승은 가시적 기호인 육체와 불가시적 기호인 영혼의 대립을 통
해서 生과 死의 시적 의미를 탐색한다. 그에게 영혼은 육체적 타자이다.
"우리는 어차피/먼 나라에 영혼을 두고 온/에트랑제"(「가로수」)라는 언
술에서 알 수 있듯이, 영혼은 육체 안팎에서 자유롭게 존재하는 기호로
나타난다. 영혼은 타자로서 육체와 결합되기도 하고 분리되기도 한다.
따라서 육체가 영혼을 주재할 수가 없다. 김현승에 의하면 그것을 주재
할 수 있는 존재는 바로 당신(神) 뿐이다. "아름다운 시인"인 당신(神)이
'육체‐영혼'이라는 시작품을 만들었기 때문이다. 그러므로 결국 육체
와 대립되는 영혼의 코드 또한 불가시적인 당신(神)의 얼굴에 육체를
입혀 당신의 얼굴을 가시화하는 일과 동격에 놓인다. 영혼에 대한 김현
승의 시적 코드는 두 가지로 나타난다. 하나는 영혼의 유무에 따른 피
조물의 존재방식이고, 다른 하나는 육체적 소멸에 따른 영혼의 생성적
방식이다. 이 지점에서 먼저 전자를 살펴보도록 한다.

> 꿈을 아느냐 네게 물으면,
> 푸라타나스,
> 너의 머리는 어느덧 파아란 하늘에 젖어 있다.

너는 사모할 줄을 모르나,
푸라타나스,
너는 네게 있는 것으로 그늘을 늘인다.

먼 길에 올 제,
홀로 되어 외로울 제,
푸라타나스,
너는 그 길을 나와 같이 걸었다.

이제 너의 뿌리 깊이
나의 영혼을 불어넣고 가도 좋으련만,
푸라타나스,
나는 너와 함께 신이 아니다!

수고론 우리의 길이 다하는 어느 날,
푸라타나스,
너를 맞아줄 검은 흙이 먼 곳에 따로이 있느냐?
나는 오직 너를 지켜 네 이웃이 되고 싶을 뿐,
그곳은 아름다운 별과 나의 사랑하는 창의 열린 길이다.

—「푸라타나스」 전문

김현승의 시 텍스트에서 나무를 소재로 한 경우가 많은데 이는 주로 '영혼'의 문제를 형상화하기 위한 방편으로 보인다. 그는 "하나님이 지으신 자연 가운데/ 우리 사람에게 가장 가까운 것은/ 나무"(「나무」)라고 하면서도 "나무, 어찌하여 신께선 너에게 영혼을 주시지 않았는지/ 나는 미루어 알 수도 없"(「나무와 먼 길」)다고 반문한다. 예의 영혼 부재에 대한 아쉬운 감정을 드러내고 있는 것이다. 그래서 그는 플라터너스라는 나무에게 직접 영혼을 주고자 하는 시적 감행을 하기에 이른다. 그 시도는 다름 아니라 인격화된 플라터너스 나무에게 인간과 동일한

'인간적 코드'를 부여하는 일이다.

이 텍스트에서 인간적 코드는 "꿈"을 알고 "사모"할 줄 아는 것이다. 예의 플라타너스가 이 코드만 가질 수만 있다면 인간의 층위에 속하게 된다. 그런데 플라타너스는 화자를 놀라게 할 만큼 '꿈·사모'의 코드를 생성하고 있다. 이에 따라 플라타너스는 자연스럽게 한 인격체로서 화자인 나와 함께 삶의 길을 동행하게 된다. 그렇다면 인간의 코드인 "꿈"과 "사모"는 어떤 의미를 산출하는 것일까. 그것은 다름 아니라 지상과 대립되는 천상의 세계를 정신적으로 지향하는 것을 의미한다. 표층적으로 드러나 있듯이, 플라타너스가 신체공간의 하나인 그의 머리를 천상공간인 하늘에 두면서 또한 태양을 우러러보고 있기에 그러하다. 물론 이 텍스트에서 태양이 有標化된 것은 아니다. 말하자면 無標化된 존재, 감춰져 있는 존재이다. 플라타너스가 그늘을 늘인다는 언술은 곧 그의 몸 위에 태양이 떠 있음을 의미하기 때문이다.

그렇다면 플라타너스의 머리와 대립되는 다리, 곧 뿌리는 어디에 있을까. 그것은 바로 지하 땅속이다. 그런 만큼 플라타너스 신체는 공간적으로 분절된다. '머리(천상) – 허리(지상) – 다리[뿌리](지하)'의 삼원구조로 말이다. 이에 따라 플라타너스의 몸은 천상과 지하를 연결하는 매개항으로 기능한다.[13] 가령, 인간의 신체를 공간기호론으로 보면, 머리는 그 수직적 높이에 의해 정신성의 의미를 부여받고 다리는 수평적 낮음에 의해 육체성의 의미를 부여받는다.[14] 말할 것도 없이 그 중간항인 허리는 정신성과 육체성의 모순된 의미를 동시에 부여받는다. 그렇다면 플라타너스 신체의 각 층위는 어떤 변별적인 의미를 산출하고 있을까. 텍스트의 계열체로 보면, 천상과 지하는 '파랗다(하늘)'와 '검다(흙)'

---

13) 유성호도 이런 맥락 속에서 김현승의 나무 이미지를 파악하고 있다. 그에 의하면 김현승의 나무로 비롯되는 자연은 탐닉이나 관조의 대상이 아니다. 그것은 지상과 천상을 연결하여 신의 세계에 닿으려고 하는 표상이다. 유성호(2011), 앞의 논문집, p.407.

14) '머리'에 대한 기호작용은 이어령(1995), 『시 다시 읽기 – 한국 시의 기호론적 접근』, 문학사상사, p.97, p.332를 참조할 것.

의 색채이미지로 대립한다. 이를 공간적 의미로 보면, '밝음/어둠, 생명/
죽음, 상승/하강' 등의 대립적 의미를 산출한다. 말할 것도 없이 지상은
兩項이 혼재된, 즉 '파랗다'와 '검다'가 혼재된 '그늘'의 색채이미지로 나
타난다. 물론 그 의미도 삶과 죽음이 통합된 모순의 의미로 나타난다.

마찬가지로 천상과 지상을 대립해보아도 그 의미는 변별적으로 드러
난다. 천상에는 '태양과 별'이 존재하고 이와 대립되는 지상에는 '나무와
인간'이 존재한다. 그러므로 천상과 지상은 '영원성/순간성, 신성성/세
속성, 정신성/육체성' 등의 의미로 대립한다. 이러한 의미구조 가운데서
플라타너스는 지하에서 지상, 그리고 천상으로 지향하는 정신적인 삶의
자세를 보여주고 있다. 부연하면 일종의 생명의 나무로서 지상적 기호
체계인 육체성을 욕망하기보다는 천상적(神的) 기호체계인 영성을 더욱
욕망하고자 한다.15) 이런 점에서 플라타너스를 宇宙木, 聖木이라고 명
명할 수도 있다.16)

이처럼 플라타너스는 꿈과 사모로써 천상(신)을 지향하며 인간 코드
에 부합하는 모습을 보여주고 있다. 그런데 텍스트를 진행시키는 화자
의 시선을 따라가 보면 플라타너스에 문제성이 발견된다. 화자의 시선
이 '하늘(제1연)→ 그늘(제2연) → 뿌리(제4연)'로 하강해가자 플라타너
스는 인간 코드에서 벗어나는 경향을 보여준다. 바로 "뿌리"라는 기호
가 그것을 보여준다. 예의 플라타너스는 이미 인격화되어 모든 것이 신
체공간으로 표현되고 있다. 그러므로 플라타너스의 상체를 "머리"로 표
현했으면 하체에 해당하는 "뿌리"도 신체어인 '다리(발부리[발뿌리])'로

---

15) 생명의 나무는 우주의 나무로서 지하 세계의 물에 뿌리를 내리고, 지상을
통과하여 하늘에 닿는다. 인간은 생명의 나무를 통해 저열한 본성에서 몸을
일으켜 영적인 계시, 구원의 세계로 나갈 수 있다. 잭 트레시더(2007), 앞의
책, p.106.
16) 나무를 상징적인 의미로 보면, '생명, 풍요, 재생, 버팀목, 살아 있는 우주'
등이 된다. 뿐만 아니라 종교적 차원에서 보면, 나무는 우주의 심장부에서
수직으로 자라면서 수직성과 신성성을 강화시켜주는 의미작용도 한다. 이
러한 나무를 바로 우주목, 성목이라 부른다. 미르치아 엘리아데(1994), 이재
실 옮김, 「식물, 재생의 상징과 제의」, 『종교사 개론』, 까치, pp.255~262. 참조.

표현해야 한다. 그런데 인격화되기 전의 나무, 곧 식물적 층위인 "뿌리"로 언술하고 있다. 이에 따라 머리는 인간 코드인데 다리는 식물 코드(뿌리)가 되는 모순 현상을 보여주게 된다. 인간 나무, 나무 인간이 되는 셈이다.

주지하다시피 "뿌리"는 천상과 대립되는 지하의 세계, 곧 죽음을 상징하는 "검은 흙"과 연관된다. 生을 다하면 죽기에 그러하다. 하지만 문제는 "뿌리"가 식물적 층위로서 죽느냐 아니면 인간적 층위로서 죽느냐에 따라 그 죽음의 의미작용이 다르다는 데에 있다. 이 텍스트에서의 "뿌리"는 인간적 층위에 속하지 못한 것으로 드러난다. "뿌리"가 인간적 층위에 속하려면 "다리(발부리[발뿌리])"라는 신체어로 표현되어야 하는데 실상은 그렇지 못하기 때문이다. 신체어를 사용하여 "너의 머리"라고 표현한 상부와 달리 그의 몸 하부는 그냥 식물적 층위인 "뿌리"로 표현되고 있을 뿐이다. 예의 식물적 층위인 "뿌리"에는 영혼이 없다. 따라서 죽으면 物의 소멸 현상만 나타난다. 그러나 인간적 층위가 되면 그 사정이 다르다. 적어도 인간의 육체적인 '다리'에는 영혼이 있기 때문이다. "너의 머리는/ 내 영혼이 못 박힌 발부리보다 아름답구나"(「나무와 먼길」)에서 알 수 있듯이, 신체어인 "발부리[발뿌리])"에도 영혼이 못 박혀 있다. 화자는 이런 변별적 차이를 알고 뿌리를 인간적 층위로 전환시키기 위해 영혼을 불어넣고자 한다. 하지만 실패하고 만다. 그 층위를 전환시킬 수 있는 것은 전적으로 당신(神)의 몫이기 때문이다.

이 텍스트에서 영혼의 유무는 나와 플라타너스의 수평적인 삶의 길을 천상과 지하로 각각 분리시키는 의미작용을 한다. 플라타너스가 죽어서 가는 지하는 "검은 흙"의 세계이고, 내가 죽어서 가는 천상은 "아름다운 별"과 거기를 향하여 열린 환한 "창"이 있는 세계이다. 그러므로 이 텍스트를 표면적으로 보면 '자연과의 합일 여부'를[17] 구조화한 것처럼 보이지만 심층적으로 보면 그 영혼의 유무를 시적 공간으로 구조화

---

17) 금동철(2007), 「김현승 시에서 자연의 의미」, 『우리말글』 40, 우리말글학회, p.208.

한 것이 된다. 그러나 이 지점에서 다시 한번 확인할 것이 있다. 바로 영혼의 유무를 결정하는 당신(神)의 전권에 대한 김현승의 태도이다. 물론 표층적으로는 동의하는 입장을 보인다. 나와 당신(神) 사이에 갈 등·대립의 기호체계가 표면적으로 드러난 것이 없기에 그러하다. 다만 화자의 어조로 보면 당신(神)의 전권에 저항하려는 아주 미약한 무의식을 엿볼 수 있다. 예의 "영혼을 불어넣고 가도 좋으련만"에서, 욕망이 충족되기를 바라는 연결어미 ' - 으련만'의 사용이 이를 대변해준다. 하지만 그러한 무의식은 크게 확대되지 못하고 이성적 언술에 의해 금방 침잠하게 된다. 그렇다고 해서 이 무의식이 완전 소멸된 것은 아니다. 따라서 앞으로 어떤 형태로든지 다른 시 텍스트에서 나타날 가능성이 있다.

영혼의 유무와 동시에 김현승이 탐색한 것은 육체 소멸과 영혼 생성에 대한 기호체계이다. 지상의 모든 육체들은 소멸의 과정을 겪는다. 그 소멸은 죽음을 지향한다. 그때에 육체 이면에 있던 영혼의 기호체계가 산출된다. 문제는 영혼이 아름다운 것이든 영원한 것이든, 그렇지 않든 간에 영혼을 전제로 한 육체의 소멸은 슬프다는 사실이다. 그리고 누구나 그러한 슬픔의 통과제의 과정을 겪어야 한다는 사실이다. 김현승 시인이 "슬픈 눈에는/ 그 영혼이 비추인다."(「슬픔」)라고 언술한 이유도 여기에 기인한다. 뿐만 아니라 그가 '가을의 시편'을 누구보다 많이 창작한 이유도 바로 여기에 있다. 가을이라는 계절이 생명과 죽음이 분리되는 추락의 이미지, 혹은 그 경계적 의미를 담고 있기 때문이다.[18] 실제로 '가을 시편'은 모두 소멸되는 대상들을 형상화하고 있다.

---

18) 사계절을 프라이의 상징론으로 보면, '봄, 여름, 가을, 겨울'은 '청년, 장년, 노년, 죽음'이라는 삶의 주기에 대응되고, '아침, 오후, 저녁, 밤'이라는 하루의 주기에 대응된다(N. 프라이(1986), 임철규 역, 「원형비평」, 『비평의 해부』, 한길사, pp.222~226. 참조). 이를 근거로 해서 하루의 주기와 삶의 주기를 통합해 보면 '여름'은 '오후·장년', '겨울'은 '밤·죽음'이라는 상징성을 부여받는다. 이에 따라 가을은 '오후·장년(상승적 의미)'과 '밤·죽음(하강적 의미)'의 의미를 동시에 지닌 모순의 계절, 경계의 계절이 된다.

그래서 이러한 시편을 두고 지상적인 것들의 사라짐을 노래한 것으로 파악하기도 한다.[19)]

그렇다면 김현승은 육체의 소멸과 영혼의 생성을 통해서 당신(神)과의 관계를 어떻게 만들어가고 있을까. 「내 마음은 마른 나뭇가지」에서 그것을 탐색해 보기로 한다.

> 내 마음은 마른 나뭇가지,
> 主여,
> 나의 육체는 이미 저물었나이다!
> 사라지는 먼뎃 종소리를 듣게 하소서,
> 마지막 남은 빛을 공중에 흩으시고
> 어둠 속에 나의 귀를 눈뜨게 하소서.
>
> 내 마음은 마른 나뭇가지,
> 主여,
> 빛은 죽고 밤이 되었나이다!
> 당신께서 내게 남기신 이 모진 두 팔의 형상을 벌려,
> 바람 속에 그러나 바람 속에 나의 간곡한 포옹을
> 두루 찾게 하소서.
>
> ― 「내 마음은 마른 나뭇가지」 일부

이 텍스트에서 "빛"은 主(神)의 육체가 발산하는 생명의 빛이다. 예의 主의 육체와 나의 육체는 이 생명의 빛을 통하여 하나로 융합된 삶을 살고 있다. 그런데 이제 主가 그 생명의 빛을 소멸함으로 해서 나와 主는 다시 분리되고 만다. 예의 "나의 육체는 이미 저물었나이다"라는 언술에서, 서술동사 '저물다'가 바로 그 분리를 구체적으로 나타내주고 있

---

19) 곽광수(1990), 「김현승론」, 박철희·김시태 편, 『작가·작품론』, 문학과비평사, p.263~267. 참조.

다. 서술동사 '저물다'는 나의 육체를 어둠속으로 사라지게 만드는 소멸의 의미작용을 한다. 이를 공간기호론으로 보면 상승과 대립하는 하강의 의미로 나타난다. 물론 이러한 육체의 분리는 主의 의지로 된 것이지 나의 의지로 된 것은 아니다. 화자가 主를 향하여 "主여"라고 부르며 자기 처지를 호소하고 있는 것도 이에 따른 결과이다. 그만큼 主는 창조주로서의 전권을 지니고 있는 것이다.

예의 육체의 소멸은 구상(구체)에서 추상(관념)으로 가게 만든다. 즉 육체라는 구상에서 마음이라는 추상의 세계로 옮겨가게 한다. "내 마음은 마른 나뭇가지"라는 언술이 바로 이를 밑받침한다. 이에 따라 '육체 소멸→마음 생성'이 되고 있는 것이다. 그런데 문제는 추상으로 갈수록 부정적이라는 점이다.[20] 마음이 이미 죽음의 상태에 이르고 있기에 그러하다. 만약에 마음도 모두 말라 죽으면 어떻게 될까. 아마도 소멸하지 않는 영혼만 남게 될 것이다. 이를 시간적 구성으로 보면 '육체→마음→영혼'의 순서가 될 것이다. 물론 이러한 순서는 일반적인 것이 아니고 김현승의 시 텍스트가 생산한 특수한 기호현상이다. 그러므로 이러한 기호현상에 의하면, 이 텍스트는 '육체-마음(매개항)-영혼'이라는 삼원구조를 구축한다고 볼 수도 있다. 이때 마음은 육체와 영혼을 매개하는 경계공간이 되는 셈이다.

이러함에도 불구하고 화자는 역설적인 언술을 한다. 빛을 달라고 요청하지 않고 어두운 밤 속에서 "종소리를 듣게" 해달라고, "나의 귀를 눈뜨게" 해달라고, "간곡한 포옹"을 하게 해달라고 요청한다. 예의 화자가 요청한 것은 다름 아닌 主의 靈이다. 가령, "네 금속의 육체보다도 더 강한/ 너의 여운은 또한 나의 영혼"(「종소리」)이라는 언술에서 그 시사점을 찾을 수가 있다. 이 언술에서 보면, 鐘은 鐘의 육체를 상징하고

---

20) 김현승 시 텍스트가 육체적 코드에서 영혼의 코드로 전환되면, 그 의미작용도 구상에서 추상으로, 긍정에서 부정으로, 상승에서 하강으로, 결합에서 분리로 전환된다. 이와 반대로 영혼의 코드에서 육체적 코드로 전환되면, 그 의미작용도 추상에서 구상으로, 부정에서 긍정으로, 하강에서 상승으로, 분리에서 결합으로 전환된다.

종소리의 여운은 鐘의 영혼을 상징한다. 이를 근거로 하여 추적해 보면, 나의 육체적인 귀, 나의 포용할 육체를 감싸고 있는 "어둠"은 다름 아닌 主의 영임을 알게 된다. 빛이 主의 육체였던 만큼 어둠은 主의 영이 되는 것이다. 이런 점에서 主는 빛과 어둠으로 이루어진 몸이라고 할 수 있다.

그러므로 "당신께서 내게 남기신 이 모진 두 팔의 형상"은 다름 아닌 主의 靈을 껴안기 위한 도구로만 사용될 수 있다. 현재, 주의 영인 어둠은 소멸하는 나의 육체를 감싸고 있다. 이를 비유하자면, 어둠은 자궁이라고 할 수 있고, 나의 육체는 그 자궁 안에 있는 태아라고 할 수 있다. 여기서 '영혼의 시적 이미지'[21]를 지닌 "바람"은 어둠을 살아 움직이게 하는 동적인 의미작용을 한다. 이런 가운데서 화자는 '빛(神)의 육체'와 융합했던 것처럼 '어둠(神)의 영'과 융합하려는 간절한 시적 욕망을 추구하고 있다. 이렇듯 '빛(신)의 육체'와 '어둠(神)의 영'은 나의 육체와 나의 영혼을 지배하는 기호체계이다. 그래서 이것은 시 텍스트의 공간적 구조와 그 의미작용을 결정하는 시적 코드가 된다.

주지하다시피 당신(神)은 모순적 존재로 언제나 현현한다. '빛(神)의 육체'와 '어둠(神)의 靈'으로서 말이다. 이에 따라 시 텍스트를 건축하는 시적 코드도 모순의 대립적인 코드로 나타난다. 그럼에도 불구하고 화자는 '시인(당신)−시인(나)'으로서 끝까지 합일되려는 모습을 보여주고 있다. 그래서 '나−당신(神)'은 하나로 융합된 행복한 시 텍스트를 건축해 왔다. 부연하면, 당신(神)의 시 텍스트와 나의 시 텍스트가 갈등·대립없는 융합의 상태로서 말이다. 그러나 이와 같은 행복한 시 텍스트는 끝까지 유지되지는 못한다. 바로 "만들어진 것들은 고독할 뿐이다!/ 인간은 만들어졌다!/ 무엇하나 이 우리들의 의지 아닌"(「인간은 고독하다」)이라는 비판적 언술에 의해서다. 이 언술은 지금까지 건축해왔던 행복한 시 텍스트의 형식과 내용을 모두 해체시키는 의미작용을 한다.

---

21) 잭 트레시더(2007), 앞의 책, p.152.

김현승의 이러한 비판적 언술은 당신(神)의 시 텍스트에서 나의 시 텍스트를 분리하겠다는 선언이다. 이럴 경우, 두 개의 시 텍스트는 대립·갈등하게 되고,[22] 그 과정에서 고독한 시 텍스트가 산출된다. 그러므로 고독한 시 텍스트는 신앙적 차원에서 나온 것이 아니라 시적 차원에서 나온 산물인 것이다. 예의 두 개의 시가 분리되면 나와 당신이 육체와 영혼으로 결합되어 있던 시공간도 분리되고 만다. 문제는 김현승의 이러한 비판적 언술이 계기성에 의해 이루어진 것이 아니라는 점이다. 다시 말해서 당신(神)의 시에 대한 저항적 언술을 의식적으로 간간이 해오다가 한 것이 아니라는 점이다. 돌발적으로 하고 있다는 것이다. 익히 알고 있듯이, 그 저항성은 "나의 영혼을 불어넣고 가도 좋으련만"(「푸라타나스」)에 아주 미미하게 나타나고 있을 뿐이다. 이런 점에서 보면, 시집 『옹호자의 노래』에 들어 있는 「인간은 고독하다」라는 작품은 김현승의 무의식에 감춰져 있던 억압된 시적 욕망이 어느 한 순간에 폭발하여 나타난 산물이라고 할 수 있다. 이렇게 해서 나온 고독의 시 텍스트는 그의 시적 삶을 크게 변환시키는 동인이 된다.

V. 결론

주지하다시피 김현승에게 당신(神)은 자신의 詩를 가능케 하는 근원이다. 그래서 김현승은 '시인(당신·神) - 시인(나)'으로서의 행복한 육체적 영적 결합을 욕망한다. 이를 위해서 김현승은 시인인 당신(神)이 건축하는 모든 시적 세계를 수용하고자 한다. 구체적으로 당신과 나를 융합해주는 것은 다름 아닌 '육체/영혼'의 대립적 코드이다.

---

22) 중·후기에 이를 때에, 김현승은 "나의 詩는 둘이며 둘이 아닌/ 오직 하나를 위하여"(「고백의 시」)라고 언술한다. 여기서 '둘의 시'는 바로 당신의 시와 나의 시를 의미하고, 이것이 '하나의 시'가 된다는 것은 '당신(신) - 나(인간)'의 시적 욕망이 하나로 통합되는 것을 의미한다.

이 코드 중에서 육체적 코드는 생명을 지향하는 것으로 드러난다. 이 코드에 의하면 당신(神)은 빛으로 된 육체, 어둠으로 된 육체로 현현한다. 兩者 모두 피조물인 인간의 육체와 융합되어 생명의 에너지를 주고 영혼의 빛을 발하게 작동한다. 또한 양자 모두 역설적인 모순의 기호 존재한다. 이로 인하여 당신의 육체 역시 '빛과 어둠'으로 구성된 모순의 기호로 나타난다. 그럼에도 불구하고 이러한 육체적 코드는 당신과 김현승 사이에 대립과 갈등이 없는 행복한 융합상태를 만들어 준다. 예의 가볍게 상승하는 텍스트로서 말이다.

이에 비해 영혼에 대한 시적 코드는 두 가지로 나타난다. 하나는 영혼의 유무에 따른 피조물의 존재방식이고, 다른 하나는 육체적 소멸에 따른 영혼의 생성적 방식이다. 영혼의 유무는 존재들의 사후 세계를 결정짓는 준거로 작용한다. 가령 영혼이 없는 존재는 지하로 가고, 영혼이 있는 존재는 천상으로 간다. 이에 비해 영혼의 생성은 빛의 육체였던 당신(神)과 김현승의 육체가 분리될 때에 나타난다. 물론 이것을 그대로 두면 죽음이 된다. 이에 따라 김현승은 어둠의 靈인 당신과 자신의 영혼을 다시 융합시키려는 시적 욕망을 갖는다. 그래서 '육체(당신) – 육체(나)', '영혼(당신) – 영혼(나)', '시인(당신) – 시인(나)'으로의 행복한 융합을 이룬다. 강조하면 대립·갈등이 전혀 없는 행복한 시 텍스트, 상승의 시 텍스트를 유지하고자 한다.

하지만 행복한 시 텍스트는 끝까지 지속되지 못한다. "만들어진 것들은 고독"하다는 무의식적인 언술에 의해 고독한 시 텍스트로 전환되고 만다. 이것은 당신(神)의 시 텍스트에서 나의 시 텍스트를 분리하겠다는 선언을 의미한다. 예의 詩의 분리는 당신(神)과 김현승 사이를 융합시켜준 육체와 영혼, 그리고 시공간의 분리를 의미한다. 그러므로 김현승의 고독은 신앙과 종교에 대한 부정에서 나온 산물이 아니다. 시적 차원에서 나온 산물이다.

2. 시적 코드의 우주화와 그 의미작용

Ⅰ. 서론

김현승 시에 대한 기존의 연구는 양적인 면에서도 풍부하고 질적인 면에서도 한층 더 진전된 모습을 보여주고 있다. 편의상 그것을 테마별로 분류해보면 기독교 이념과 관련된 종교적 탐구, 이미지와 상징에 관련된 현상학적인 탐구, 시인의 신앙적 생활과 관련된 전기적 삶의 탐구 등으로 나타난다. 그리고 이러한 연구 성과는 김현승의 시적 세계 및 그의 시적 정신을 밝혀내는데 지대한 영향을 미치고 있다.[23] 부연하면 김현승의 시문학적 특성을 총체적으로 해명할 수 있는 하나의 초석이 되고 있다는 것이다. 그만큼 기존 연구가 깊이 있게 진척되어 온 셈이다.

물론 그렇다고 해서 기존 연구에 문제점이 전혀 없다는 뜻은 아니다. 예의 그 문제점의 하나는 기존 연구들의 테마별 범주가 너무 협소하고 획일화되어 있다는 점이다. 뿐만 아니라 그 테마별 범주에서 나온 분석적 결론이 거의 기독교적 이념이나 신앙의 세계로 환원되고 있다는 점이다. 그래서 김현승 시에 대한 연구가 지속되어도 이에 상응하는 새로운 연구 결과가 거의 산출되지 않고 있다. 부연하면 기존 연구의 성과를 뛰어넘지 못하고 그것을 재생산해내는 과정을 되풀이하고 있는 셈이다. 그러므로 이제는 김현승에 대한 연구범주의 폭과 연구방법의 다양성을 제고해야 할 것이다.

---

23) 이에 해당하는 대표적인 연구 논문들로는 김윤식(1975), 「신앙과 고독의 분리문제 - 김현승론」, 『한국현대시론비판』, 일지사. ; 곽광수(1990), 「김현승론」, 박철희·김시태 편, 『작가·작품론 - 시』, 문학과비평사. ; 조태일(1998), 『김현승 시정신 연구』, 태학사. ; 김옥성(2001), 「김현승 시에 나타난 전이적 상상력 연구」, 『한국현대문학연구』 제9집, 한국현대문학회. ; 금동철(2007), 「김현승 시에서 자연의 의미」, 『우리말글』 40, 우리말글학회 등을 들 수 있다.

본고에서는 이러한 문제점을 극복하기 위해 기존의 테마에서 벗어나 기호론적 연구방법론으로 김현승의 시를 분석하고자 한다. 그 중에서도 차이를 전제로 하는 이항대립적 원리를 원용한 기호론적 방법론으로 그것을 분석하고자 한다. 이러한 기호론적 방법론에 의하면, 김현승은 우주 순환의 원리를 시적 코드로 원용하여 시 텍스트를 건축하는 것으로 나타난다. 초기시에서 후기시에 이르기까지 그의 시 텍스트에 사계절의 기호체계인 '봄－여름－가을－겨울'이 지속적으로 등장하는 이유도 이러한 시적 코드에 기인한다. 그만큼 우주 순환의 원리가 시 텍스트의 건축구조와 의미작용에 지대한 영향을 주고 있는 것이다. 이런 점에서 사계절의 기호체계를 산출하는 우주 순환의 시적 코드는 김현승의 시 텍스트를 지배해나가는 지배소가 된다.

주지하다시피 우주 순환 원리를 따르는 사계절의 기호체계는 모두 변별적이다. 각 계절의 시공간이 모두 변별적으로 작용하기에 그러하다. 그럼에도 불구하고 김현승 시인이 사계절의 시공간을 시 텍스트로 건축하는 원리는 동일한 것으로 나타난다. 사계절에 걸쳐 예외 없이 이항대립의 시적 코드로써 텍스트를 건축하고 있기에 그러하다. 그리고 그는 이러한 시적 건축을 통하여 사계절의 시공간과 융합하려는 시적 욕망을 보여준다. 다시 말해서 우주적 순환원리와 인간적 삶의 원리를 합일시키려는 시적 욕망을 보여주게 된다. 예의 그 시적 욕망은 다름 아닌 김현승의 존재양식을 상징적으로 대변해주는 것이다. 그래서 본고에서는 이항대립의 시적 코드로써 시 텍스트의 기호형식 및 기호의미를 체계적으로 탐색해보고자 한다. 이 연구가 유의미한 결과를 얻게 되면, 기존 연구의 폭을 넓히는 계기도 될 것이다.

Ⅱ. '파종/열매'의 대립적 코드와 공간적 의미작용

우주적 순환원리는 의식적이든 무의식적이든 간에 인간의 삶을 지배하는 중요한 요소로 작용한다. 인간은 어떤 형태로든지 우주공간과 상호 교섭하면서 살아가야 하기에 그러하다. 그래서 인간은 우주적인 순환원리를 인간적인 삶의 원리로 치환하여 받아들이기도 한다. 그 치환에 의해 자연적 현상이던 우주적 원리는 하나의 기호적 현상으로써 인간의 삶에 영향을 주게 된다. 예컨대 선조적 시간을 따르는 우주적 시간을 '봄/여름/가을/겨울'로 분절하여 각각의 계절적 시간에 변별적인 의미를 부여하는 것도 바로 기호적 현상 중의 하나라고 할 수 있다. 가령 사계절인 '봄/여름/가을/겨울'을 인생의 주기인 '청년/장년/노년/죽음'으로 분절하여 대응시키는 것이 그러하고, 하루의 주기인 '아침/오후/저녁/밤'으로 분절하여 대응시키는 것이 그러하다.24)

　이 지점에서 시간적 단위인 사계절의 주기, 인생의 주기, 하루의 주기를 공간기호론으로 적용해보면, 그 시간성은 공간성을 현시하는 공간적 기호로 전환하게 된다. 주지하다시피 공간기호론의 의미를 산출하는 기본 전제는 다름 아닌 이항대립이다. 예의 사계절에서 봄과 이항대립하는 것은 가을이고, 여름과 이항대립하는 것은 겨울이다. 그러므로 봄과 가을은 상징적으로 '아침·청년/저녁·노년'의 의미로 대립하고, 여름과 겨울은 상징적으로 '오후·장년/밤·죽음'의 의미로 대립한다. 여기서 먼저 봄과 가을의 경우를 보자. 시간성인 아침과 저녁을 공간적 의미작용으로 분석해 보면 '빛의 생성(밝음 − 상승)/빛의 소멸(어둠 − 하강), 열기 생성(온기 − 확산)/열기 소멸(냉기 − 응축)' 등의 의미로 대립한다. '청년/노년'의 대립도 마찬가지이다. 청년은 혈기가 생성되는 것으로써 상승과 팽창을, 노년은 혈기가 소진되는 것으로써 하강과 수축을 드러낸다. 결국 이런 점을 통합해보면, 봄은 상승과 확산의 출발점을 나타내는 공간적 기호로 작용하고, 가을은 하강과 응축(응고)의 출발점을 나타내는 공간적 기호로 작용한다.

　여름과 겨울의 대립도 동일한 경향을 보여준다. 예의 시간적 표현인

---

24) N 프라이, 임철규 역(1986), 「원형비평」, 『비평의 해부』, 한길사. pp. 222~226.

'오후(여름)'와 '밤(겨울)'을 공간적 의미작용으로 분석해 보면, '빛의 절정(상승의 절정)/어둠의 절정(하강의 절정)', '열기의 절정(확산의 절정)/냉기의 절정(응축·응고의 절정) 등으로 대립한다. 예의 '장년(여름)'과 '죽음(겨울)'의 대립도 마찬가지다. 장년은 혈기가 충만하여 그 생명의식이 상승의 절정에 이른 상태가 되지만, 이에 비해 죽음은 혈기가 완전히 소진하여 그 생명의식이 하강의 저점에 이른 제로상태가 된다. 이런 점에서 여름은 상승과 확산의 최고 절정 상태인 공간적 기호로 작용하고, 겨울은 하강과 응고의 최고 절정 상태인 공간적 기호로 작용한다. 물론 실제적 현상이 아니라 기호적 현상으로서 말이다.

김현승은 이러한 사계절의 우주원리를 원용하여 다양한 시적 소재를 시 텍스트로 구조화하게 된다. 그럼에도 불구하고 그 다양한 시적 소재들은 각 계절의 원리에 따라 구조화되는 모습을 보여준다. 예컨대 봄의 소재들은 봄의 원리를 따라서 가을의 소재들은 가을의 원리를 따라 구조화되고 있는 것이다. 여름과 겨울의 시 텍스트도 마찬가지다. 그래서 각 계절마다 동일한 기호형식과 기호의미를 보여준다. 가령, 시적 소재가 봄일 경우, 그 텍스트는 겨울의 시간에서 봄의 시간으로 전환되는 기호형식을 나타내주고, 그에 따른 기호의미는 죽음에서 삶으로, 응축성에서 확산성으로, 하방성에서 상방성으로 나아가려는 기점(출발점)을 나타내준다. 이 지점에서 그러한 실상을 구체적으로 탐색해보기로 한다. 먼저 이항대립적 관계에 있는 '봄'과 '가을'의 시 텍스트를 통하여 그 기호형식과 기호의미를 탐색해보기로 한다.

> 푸라타나스의 순들도 아직 어린 염소의 뿔처럼
> 돋아나지 않았다.
> 그러나 都市는 그들 첨탑안에 든 豫들의 종을 울려
> 지금 파종의 시간을 아뢰어 준다.
>
> 깊은 상처에 잠겼던 골짜기들도

이제 그 낡고 허연 붕대를 풀어 버린지 오래이다.

시간은 다시 黃金의 빛을 얻고,
의혹의 안개는 한동안 우리들의 不安한 거리에서
자취를 감출 것이다.

검은 煙突들은 떼어다 망각의 창고속에
넣어 버리고,
유순한 南風을 불러다 밤새도록
어린 水仙들의 처든 머리를 쓰다듬어 주자!
개구리의 숨통도 지금쯤은 어느 땅 밑에서 불룩거릴게다.

추억도 절반, 희망도 절반이여
四月은 언제나 어설프지만,
먼 북녘에까지 解凍의 기적이 울리이면
또다시 우리의 가슴을 설레게 하는
이달은 어딘가 迷信의 달…….

―「四月」 전문

시 텍스트의 제목은 시적 의미를 결정하는 중요한 요소로 작용한다.
제목의 의미가 가볍든지 무겁든지 어떻든지 간에 시인이 어떤 제목을
붙이면 그것은 텍스트 내의 언어들을 풀이하는 상위 언어로 작용하기
에 그러하다.25) 그런 만큼 이 텍스트에서도 제목에 해당하는 "사월"은
상위 언어로써 시 텍스트 건축을 지배해나가는 지배소로 기능하게 된
다. 시적 화자에 의하면, 사월은 시공간의 변화를 주도하는 감각적인
기호로서 시적 의미를 수렴하고 확산하는 기능을 한다.

---

25) 이어령(1995), 『詩 다시 읽기-한국 시의 기호론적 접근』, 문학사상사. pp.247~248.
　　참조.

먼저 제1연을 보면, 사월은 두 가지 양태의 시간적 현상을 보여준다. 하나는 사월인데 아직도 플라타너스의 순이 돋아나지 않은 시간적 현상이고, 다른 하나는 그럼에도 불구하고 도시 안의 인간들은 "예언의 종"을 울려 "파종의 시간"을 알려준다는 시간적 현상이다. 전자는 자연적 현상이고 후자는 인위적 현상이다. 이런 현상이 나타나게 된 것은 다름 아니라 잔존하는 겨울 추위에 대한 반응이 상호 다르기 때문이다. 플라타너스는 잔존하는 추위에 응축되고 있지만 인간은 그 잔존하는 겨울 추위를 뚫고 봄을 확산시키려고 하기에 그러하다.

그것을 공간기호론으로 살펴보면 그 변별적인 것이 확연히 드러난다. 제1연에서, 화자는 돋아나지 않은 플라타너스 "순"을 어린 염소의 "뿔"로 비유하고 있다. "순"과 "뿔"은 모두 몸의 내부에서 외부로 그것을 내민다는 공통점을 지닌다. 말하자면 몸의 안팎인 그 경계를 뚫는 공간적 기호인 것이다. 하지만 그 차이점도 존재한다. "순"은 식물성으로서 유약하지만 "뿔"은 동물성(광물성)으로서 견고하다. 다시 말해서 "순"은 내부에서 외부로 뚫고 나가는 힘이 약하지만 상대적으로 "뿔"은 그것이 매우 강하다. 화자가 "순"을 "뿔"로 비유한 것은 바로 이 강함을 보여주기 위해서다. 하지만 문제는 그렇게 강한 "뿔"로 비유된 플라타너스의 "순"이 아직 돋아나지 않았다는 점이다. 이것은 역설적으로 겨울의 기호가 아직 강하게 시공간을 점령하고 있다는 것을 나타내준다. 예컨대 견고한 광물성의 기호인 "뿔"로도 뚫을 수 없을 정도로 겨울이 매우 강하게 작용하고 있다는 뜻이다. 사월인데도 차가운 공기로 응축된 겨울로서 말이다. 그래서 '순의 뿔'은 몸의 내부에서 외부로 그 생명을 내밀지 못하고 있다. 곧 생명의 응축인 상태가 된다.

하지만 도시 안에 사는 인간들은 다가올 봄을 미리 예측하고는 "예언의 종"을 울려 인위적으로 "파종의 시간"을 모두에게 알려주고 있다. 말하자면 봄을 앞당기기 위한 인간의 욕망을 보여주고 있는 셈이다. 광물성인 "염소의 뿔"은 추위로 응축된 겨울을 뚫지 못했지만 광물성인 "예언의 종"은 그 종소리로써 추위로 응축된 겨울을 뚫고 전 도시로 퍼져

나가게 된다. 예의 광물성인 "뿔"보다 더 강한 셈이다. 이에 따라 "파종의 시간"은 잔존한 겨울을 밀어내는 봄의 시간이 되고, 파종한 종자는 염소의 뿔처럼 땅의 내부(하부)에서 외부(상부)로 그 싹을 내미는 생명의 시간이 된다. 곧 생명의 확산인 셈이다. 공간기호론으로 보면 상승지향적인 의미작용을 한다.

주지하다시피 제1연의 "파종의 시간"은 추상적이다. 이러한 추상적인 것을 구체화해주고 있는 것이 바로 제2,3연이다. 제2연의 "깊은 상처에 잠겼던 골짜기들도/ 이제 그 낡고 허연 붕대를 풀어 버린지 오래"라는 언술에서 그것을 알 수 있다. 겨울은 "깊은 상처"를 낼 정도로 생명을 위협하는 부정적 시간으로 작용해 왔다. 공간기호론으로 보면 하강지향적인 의미작용을 해온 것이다. 상처로 생겨난 고통과 아픔의 감정가치 체계는 하강의 의미작용을 하기 때문이다.[26] 그러나 이제 골짜기는 그 겨울을 이기고 상처를 감싸 왔던 "낡고 허연 붕대"[27]를 모두 풀어버리고 있다. 곧 상처를 회복하는 모습을 보여주고 있다. 공간기호론으로 보면 상승의 의미작용을 하고 있는 것이다. 생명의 고통이 아니고 기쁨이기에 그러하다. '낡은 것'이라는 언술도 마찬가지다. '낡은 것'은 상처의 환유로서 겨울의 기호에 속하고, '새로운 것'은 치유의 환유로써 봄의 기호에 속한다. 이런 점에서 겨울은 생명을 응축시키고 죽이는 부정적 기호로 작용하고 봄은 생명을 확산시키고 살리는 긍정적인 기호로 작용한다. 그래서 지금 사월의 골짜기는 죽음에서 삶으로, 상처에서 치유로 전환하고 있는 중이다. 이를 공간기호론으로 보면, 하강에서 상승

---

26) 인간의 감정가치를 공간기호론으로 보면 상승지향과 하강지향으로 대별된다. 가령 기쁨이 상승지향적이라면 고통은 하강지향적이 된다. 윌라이트에 의하면 상승작용은 성취, 지배 등의 개념으로 연상되며, 하강작용은 공허감, 혼미, 고통 등의 개념으로 연상된다. 필립 윌라이트, 김태옥 역(1993), 『은유와 실재』, 문학과지성사, 1993. pp.114~115. 참조.
27) 이 텍스트에서 "낡고 허연 붕대"는 오래 전에 내려서 쌓인 겨울눈의 잔설과 그 흔적들을 비유한 것이다. 그래야 황금의 빛으로 상징되는 태양이 이를 벗길 수 있는 것이다.

으로 전환하고 있는 것이 된다.

예의 제3연의 "황금의 빛"은 제2연의 "낡고 허연 붕대"를 풀 수 있도록 해주는 근원인 동시에 "의혹의 안개"를 인간의 거리에서 몰아내는 근원으로 작용한다. 그래서 태양을 비유하는 "황금의 빛"은 시적 의미를 수렴하고 확산시키는 열쇠어 기능을 한다.[28] 먼저 "황금의 빛"은 "다시"라는 언술에서 알 수 있듯이, 지난 사월의 그 태양이 다시 순환해서 돌아온 태양의 빛이다. 예의 우주 순환의 원리를 따르는 빛인 셈이다. 그리고 "황금의 빛"은 텍스트의 공간을 천상과 지상으로 대응시키는 기호로 작용한다. "황금의 빛"은 천상에 속하는 기호체계로서 지상의 기호체계인 "낡고 허연 붕대"(잔설의 비유), "의혹의 안개"(삶의 세계 비유)와 대립한다. 황금은 광물성으로서 견고하고 영원하지만 잔설과 안개는 水性으로서 부드럽고 유한하다. 또한 황금에서 나오는 "빛"은 열기, 불 등의 의미소로써 상승적인 의미작용을 하지만 '잔설'과 "안개"는 냉기, 물 등의 의미소로서 하강적인 의미작용을 한다. 이를 통합해보면, 전자와 후자는 '천상/지상, 광물성/수성, 영원성/유한성, 열기/냉기, 상승/하강'의 의미소로 대립한다.

그러나 이러한 공간적 대립은 오래가지 못한다. 천상적 기호체계인 "황금의 빛"은 열기와 불의 이미지로서 겨울의 추위를 녹여내는 긍정적인 의미로 작용하기에 그러하다. 예의 "황금의 빛"은 자연과 인간의 삶을 변화시키는 동인으로 작용한다. 잔설과 안개를 사라지게 한 것은 자연의 변화이고, "검은 연돌"을 "망각의 창고속에" 넣게 한 것은 인간의 변화이다. 주지하다시피 "검은 연돌"은 겨울에 속하는 기호체계이다. 겨울 추위를 방어하기 위해 사용했던 인간의 기제이니 말이다. 그래서 "황금의 빛"과 "검은 연돌"은 이미지 면에 있어서도 '빛/연기, 밝다/검다, 가벼움/무거움, 하늘/땅, 봄/겨울' 등의 의미로 변별된다. 그런 만큼 "검

---

28) 리파떼르에 의하면 텍스트는 전환과 확장에 의해서 생성된다. 그런데 그 전환과 확장은 키워드라고 할 수 있는 모형 열쇠어에 의해 이루어진다. 미카엘 리파떼르, 유재천 옮김(1993), 『시의 기호학』, 민음사. pp.83~91. 참조.

은 연돌"을 치우자는 것은 이제 겨울의 위세가 사라져가고 있다는 것을 의미한다. 달리 말하면 "황금의 빛" 열기가 지상에 충만하다는 것을 뜻한다. 이런 점에서 보면, 봄은 흙에서 오는 것이 아니라 하늘에서 오는 것이다. 곧 천상적 요소의 하강으로 봄이 오게 되는 것이다.

그리고 이 텍스트에서 "황금의 빛"과 등가에 놓이는 것은 다름 아닌 "유순한 남풍"이다. 전자가 천상적인 요소로서 대지의 낮에 관여하고 있다면, 후자는 천상과 지상을 매개하는 양의적 요소로서 대지의 밤에 관여하고 있다. 말하자면 밤낮없이 대지에 "황금의 빛"과 "유순한 남풍"이 관여하고 있는 것이다. 익히 알고 있듯이, 공간 방위로 보면 南과 北은 상호 대립한다. 이 대립을 음양오행론으로 보면 南은 양으로서 오행으로는 火를 주관하고 계절로는 여름을 주관한다. 이에 비해 北은 음으로서 水를 주관하고 계절로는 겨울을 주관한다.29) 다시 이를 공간적인 기호작용으로 보면, 南은 열기가 확산되는 상승적인 의미작용을, 北은 냉기로 응고되는 하강적인 의미작용을 한다. 전자가 생이라면 후자는 죽음이 되는 셈이다. 그러므로 남풍은 여름의 열기를 몰고 와서 생명을 살리는 상승적인 작용을 하게 되고, 북풍은 겨울의 냉기를 몰고 와서 생명을 죽이는 하강적인 작용을 하게 된다. 예의 사월이 도래하기 전까지는 "어린 수선"과 "개구리의 숨통"에는 북풍이 작용해 왔다. 하지만 이제 사월이 도래하여 그들에게 남풍이 작용하고 있는 것이다. 그러므로 사월은 북풍이 소멸하는 기점이 되고 남풍이 생성되는 기점이 된다. 이에 따라 "어린 수선"과 "개구리"도 '냉기와 열기, 응축과 확산, 하강과 상승, 죽음과 삶'이 교차하는 그 기점의 시공간에 존재하게 된다. 곧 모순이 융합된 시공간에 존재하고 있는 셈이다.

---

29) 음양오행론에 따르면, 북쪽은 겨울(음)에 속하고 오행으로는 수에 해당하는 반면에, 남쪽은 여름(양)에 속하고 오행으로는 화에 해당한다. 그리고 동쪽은 봄(양)에 속하고 오행으로는 목에 해당하는 반면에, 서쪽은 가을(음)에 속하고 오행으로는 금에 해당한다. 그러므로 양은 봄·여름을 주관하게 되고, 음은 가을·겨울을 주관하게 된다. 양계초, 풍우란 외 지음, 김홍경 편역(1993), 『음양오행설의 연구』, 신지서원. pp.186~198. 참조.

이 텍스트에서 그 모순을 해체시키는 것은 다름 아닌 "解凍의 기적"이다. 이 "해동의 기적"은 황금의 빛과 유순한 남풍을 동력으로 삼고 있다. 그래서 그 돌진하는 이미지도 광물성의 기차이미지로서 강하고 빠르게 북녘까지 뚫고 나가는 모습을 보여준다. 광물성의 이미지를 지닌 첨탑의 종소리보다 더 강한, 잔존하는 겨울의 시공간을 뚫고 나올 염소의 뿔보다 더 강한 이미지를 보여준다. 이 열기로 가득한 기적이 향하는 곳은 남녘과 대립하는 북녘, 곧 얼음으로 덮인 음지의 공간이다. 이를 공간기호로 보면, 하강의 시공간을 상승의 시공간으로 전환시키는 의미작용을 하게 된다. 이처럼 사월은 단순하게 봄을 기다리는 것만을 나타내지 않는다. 이 지점에서 사월의 기호형식과 기호의미를 통합해서 정리해 보면, 사월의 기호형식은 겨울에서 봄으로 전환하는 시점, 곧 그 경계적 시간을 나타내고 있으며, 사월의 기호의미는 냉동(결빙)에서 해동(해빙)으로, 북풍에서 남풍으로, 죽음에서 삶으로, 응축에서 확산으로, 절망에서 희망으로, 어둠에서 밝음으로, 하강에서 상승으로 전환하고자 하는 그 기점을 나타내주고 있다. 한 마디로 말하면 하늘과 땅이 융합해서 생명이 시작되고 확산되는 그 기점을 나타내주고 있는 것이다.
　이렇게 김현승 시인은 자연적, 우주적 삶의 원리를 원용하여 시 텍스트를 구조화하고 있으며, 이를 통하여 인간적 삶의 원리와 우주적 삶의 원리를 합일시켜나가고 있다. 예의 시인은 봄에 대한 다른 시 텍스트에서도 이러한 기호체계를 잘 보여준다. 가령, "오오, 목숨이 눈뜨는 三月이여/ …(중략)…/ 핏빛 동백으로/ 구름빛 백합으로/ 다시 살아나게 하라!"(〈삼월의 詩〉)에서의 '생명 현상'이 그러하고, "이월과 삼월이 바뀌는 때가 되면/ …(중략)…/ 우리 안에 맺힌 설음/ 묵은 恨의 저 땅들도/ 네 사랑 내 소망에/ 풀리고야 말테지."(〈解凍期〉)에서의 '설움과 恨'의 현상도 그러하다. 모두 봄의 원리를 따라 하강(冷)에서 상승(溫)으로 전환시키려는 시적 욕망을 담고 있다. 그렇다면 봄과 가장 대립하는 가을의 기호형식과 기호의미는 어떻게 될까. 이를 구체적으로 살펴보기로 한다.

넓이와 높이보다
내게 깊이를 주소서,
나의 눈물에 해당하는……

산비탈과
먼 집들에 불을 피우시고
가까운 길에서 나를 배회하게 하소서.

나의 공허를 위하여
오늘은 저 황금빛 열매들마저 그 자리를
떠나게 하소서,
당신께서 내게 약속하신 시간이 이르렀습니다.

지금은 汽笛들을 해가 지는 먼 곳으로 따라 보내소서.
지금은 비둘기 대신 저 공중으로 산가마귀들을
바람에 날리소서.
많은 진리들 가운데 위대한 공허를 선택하여
나로 하여금 그 뜻을 알게 하소서.

이제 많은 사람들이 새술을 빚어
깊은 지하실에 묻는 시간이 오면,
나는 저녁종소리와 같이 호올로 물러가
나는 내가 사랑하는 마른풀의 향기를 마실 것입니다.

—「가을의 詩」 전문

　　이 텍스트에서 시간의 변화, 곧 계절의 변화를 주관하는 이는 다름
아닌 "당신"이라는 존재이다. 그러므로 "당신"이라는 존재는 자연적 원
리, 우주적 원리를 주관하는 절대자를 가리킨다고 할 수 있다. 물론 여
기서 중요한 것은 "당신"의 존재 자체가 아니라 당신의 존재가 운행하

는 계절의 기능과 그 의미이다. 달리 말하면 봄과 대립하는 가을의 기능과 의미이다. 주지하다시피 가을을 하루의 주기로 보면, 아침과 대립하는 저녁, 인생의 주기로 보면 청년과 대립하는 노년이다. 예의 이를 공간기호론으로 보면 상승의 시점과 대립하는 하강의 시점, 확산의 시점과 대립하는 응축의 시점이 된다.[30] 요컨대 가을은 하강지향성과 응축성을 상징적으로 나타내는 공간적 기호로 작용한다.

그런데도 불구하고 시적 화자는 자연적 원리, 우주적 원리인 가을의 기능과 의미를 따라 시적으로 자신의 삶의 세계를 구축하고 있다. 부연하면 가을의 원리를 그대로 수용하여 시적 코드 원리로 원용하고 있는 것이다. 봄의 원리와 대립하는 가을의 원리는 이 텍스트의 문을 여는 제1연부터 나오고 있다. "넓이와 높이보다/ 내게 깊이를 주소서"의 언술이 바로 그것이다. 예의 '넓다·높다'는 '깊다'와 이항대립적 관계에 놓인다. '넓다'는 '좁다'를 전제로 한 것으로 확산적인 의미작용을 하고, '높다'는 '낮다'를 전제로 한 것으로 상승적인 의미작용을 한다. 따라서 '넓다·높다'를 통합해 보면, 확산과 상승의 공간적 의미작용을 하게 된다. 이에 비해 '깊다'는 '좁다'와 '낮다'의 의미소를 부여받으면서 응축과 하강의 공간적 의미작용을 하게 된다. 그러므로 "깊이"에 비유된 "나의 눈물"은 다름 아닌 응축과 하강의 의미를 산출하는 기호로 현현한다.[31] 생명이 시작·상승되는 청년(봄)과 달리 생명이 소진·하강되는 노년

---

30) 김재홍도 가을의 현상적인 의미를 기호론으로 적용하여 김현승의 시 텍스트를 일부 해석한 바가 있다. 가령, 그는 가을을 충만과 소실, 남음과 사라짐이라는 두 가지 원리로 설정하고 난 다음, 다시 이를 상승과 낙하, 생성과 소멸, 만남과 떠남이라는 속성으로 구체적으로 파악한 바가 있다. 김재홍(1989), 「다형 김현승」, 『한국현대시인연구』, 일지사. pp.299~300. 참조.

31) 김영석은 내면을 향한 깊이를 김현승 시인의 상상체계의 핵심으로 보고 이를 깊이의 심리학으로 규명하고 있다. 그에 의하면 김현승의 상상체계는 두 가지로 변별되는데, 하나는 광채가 나는 밝은 이미지 계열인 보석, 별, 금, 은, 유리창, 눈물 등이고, 다른 하나는 검고 어두운 빛의 이미지 계열인 석탄, 숯, 재, 마른 나뭇가지, 까마귀 등이다. 김영석, 「내면적 질의 힘-김현승론」, 이승하 편저(2006), 『김현승』, 새미. pp.84~86. 참조.

(가을)의 기호처럼 말이다.

익히 알고 있듯이 가을은 추락과 응축의 원리를 잘 보여준다. 이런 점에서 제1연의 "눈물"과 제3연의 "황금빛 열매들"은 추락과 응축의 원리를 잘 보여주는 시적 코드가 된다. "눈물"은 몸에서 나오는 몸의 열매(응축의 소산물)로서 아래로 하강하고, "황금빛 열매"는 나무의 몸에서 나오는 나무의 열매(응축의 소산물)로서 아래로 하강하기 때문이다. 곧 전자는 인간적인 생명의 결정체라고 할 수 있고, 후자는 식물적인 생명의 결정체라고 할 수 있다. 그래서 "눈물"과 "황금빛 열매"는 상동적인 관계에 놓인다.[32] 이에 따라 인간의 눈물을 나무에 달면 황금빛 열매가 되고, 황금빛 열매를 사람의 몸에 달면 눈물이 된다고 할 수 있다.

제3연에서 알 수 있듯이, "황금빛 열매"는 생명의 완성을 의미한다. 그런데 역설적으로 그 생명의 완성은 추락과 하강을 지향하게 된다는 사실이다. 가을의 원리를 따라서 말이다. 추락과 하강은 생명의 소멸, 곧 감각적인 몸의 소멸로 이어진다. 그래서 생사가 분리되는 기점의 시간이 되고 만다. 시적 화자는 그 생사가 분리되는 기점을 "공허"라고 표현한다. 그러므로 공허는 그냥 비워 있다는 것을 뜻하지 않는다. 공허는 추락한 생명 곧 그 감각적인 몸이 사라지고난 다음에 남는 추상적이고 관념적인 죽음의 세계를 의미한다. 말하자면 구상적인 육체와 대립되는 추상적인 정신의 세계를 의미하는 것이다. 그리고 그것은 상승하기보다는 하강하는 의미작용을 한다. 그러므로 시적 화자가 "위대한 공허를 선택하여 나로 하여금 그 뜻을 알게 하소서"라고 언술한 것도 기실은 生의 의미가 아니라 死의 의미, 몸의 의미가 아니라 정신의 의미를 탐구하고 싶다는 뜻이다. 달리 표현하면 생과 사의 관계, 몸과 정신(영혼)의 관계를 탐구하고 싶다는 뜻이다. 그만큼 가을의 시적 코드는 구

---

32) 相同的 관계라는 것은 두 대상이 본질적으로는 다르지만 그것이 표현하는 기호형식과 기호의미가 동일하다는 것을 말한다. 기호형식과 기호의미에 대해서는 소두영(1993), 「언어기호의 특성」, 『기호학』, 인간사랑. pp.164~173을 참조할 것.

상(생명)에서 추상(죽음)으로, 상승에서 하강으로 그 구조를 전환시키는 작용을 한다.

주지하다시피 시적 화자는 가을의 시적 코드를 향유하는 욕망을 보여준다. 그래서 화자는 "공허"의 "뜻"을 알기 위해 "공허"의 공간을 만드는 언술을 연이어 산출하기에 이른다. "汽笛들을 해가 지는 먼 곳으로 따라 보내소서."와 "비둘기 대신 저 공중으로 산가마귀들을/ 바람에 날리소서."의 언술이 바로 그것이다. 사월의 봄에서는 기적이 "解凍의 기적"이 되어 지상의 생명체들을 살려내는 확산과 상승의 의미작용을 했지만, 시월의 가을에서는 그 "기적들"이 지상의 생명체들을 버리는 소멸과 하강의 의미작용을 한다. 왜냐하면 방위 공간인 서쪽과 동쪽을 공간기호론으로 보면, 그 의미작용이 상호 변별되기 때문이다. 예의 동쪽은 빛이 시작되는 출발점으로서 생명성의 상승과 확산을 의미하지만, 이와 반대로 서쪽은 빛이 소멸되고 어둠이 시작되는 출발점으로서 육체의 죽음과 하강을 의미하기에 그러하다. 마찬가지로 인간과 가깝게 지내는 지상의 비둘기는 죽음의 차원이 아니라 생명의 차원에 있지만(겨울바람을 피할 수 있음), 전적으로 야생인 공중의 산가마귀는 생명의 차원이 아니라 죽음의 차원에 속해 있다(겨울바람을 피할 수 없음).

이처럼 공허는 감각적 실체인 생명체들이 사라지거나 소멸하는 바로 그 지점에서 생겨나는 기호현상이다. 물론 이런 현상을 두고 '기독교적인 회한의 처연한 감정'[33]이라고 볼 수도 있으나 그것보다 더 중요한 것은 그러한 공허를 만들어내고 있는 '가을의 원리'에 있다는 점이다. 봄의 원리는 死에서 生으로, 無에서 有로, 관념과 추상에서 감각과 구체로 전환하려는 기점이 되지만, 반대로 가을의 원리는 生에서 死로, 有에서 無로, 감각과 구체에서 관념과 추상으로 전환하려는 기점이 되기에 그러하다. 그러므로 가을의 원리가 아니면 공허의 시 텍스트를 산출할수가 없다. 이처럼 시적 화자는 자연적, 우주적 원리를 원용하여 삶의

---

33) 곽광수, 앞의 책, p.264.

의미를 공간적으로 구조화하고 있는 것이다.

그리고 봄과 달리 가을의 시적 코드는 열기, 곧 인위적인 불의 이미지를 필요로 한다. 봄의 시적 코드에 의하면, 인위적인 열기를 만들어내던 "연돌"은 사라지고 자연적인 열기를 만들어내던 "황금의 빛"이 생성되었지만, 반대로 가을의 시적 코드에서는 "황금의 빛"은 사라져가고 차츰 "연돌"이 생겨나게 된다. "먼 집들에 불을 피우고"라는 언술이 이를 증명한다. 예의 집에 불을 피운다는 것은 초겨울의 추위를 방어한다는 것을 뜻한다. 달리 표현하면 냉기를 발산하는 추위가 바깥으로부터 내부로 서서히 엄습해오고 있다는 뜻이다. 이렇게 생과 사가 대립하는 공허, 열기와 냉기가 대립하는 공허 속에서 화자는 어떤 감정을 보여주고 있을까. 그것은 다름 아니라 "배회"하는 감정, 곧 양가적인 감정이다. 그렇게 될 수밖에 없는 것은 화자를 지배하는 가을의 시공간 자체가 양가적인 구조(모순의 융합)로 되어 있기 때문이다. 이로 미루어 보면 화자의 삶의 원리와 가을의 원리는 일치하는 것으로 드러난다.

그러나 많은 사람들은 가을의 원리와 합일되지 않는 삶을 산다. 많은 사람들이 "새술을 빚어/ 깊은 지하실에 묻는"다는 언술에서 그것을 엿볼 수 있다. "새술"은 물질로서 소멸이 아니라 생성을 의미하고, "깊은 지하실"은 겨울을 방어해주는 생명의 공간을 의미한다. 그러므로 이러한 행동은 공허와 냉기, 곧 죽음의식을 향유하기보다는 생명의식을 향유하려는 의미와도 같다. 다시 말하면 봄의 시간을 향유하려고 하는 것과도 같다. 하지만 화자는 이와 달리 "저녁종소리와 같이 호올로 물러가" "사랑하는 마른풀의 향기를 마"시고자 한다. 사월의 봄에서는 "종소리"가 生을 향한 상승의 소리로 강하게 퍼져갔지만, 시월의 가을에서는 "종소리"가 死를 향한 하강의 소리로 약하게 퍼져가고 있다. 마찬가지로 사월의 봄에서는 어린 염소의 뿔처럼 순이 돋아나거나 어린 수선처럼 머리를 드는 生의 시간이었지만, 시월의 가을에서는 마른풀의 향기를 맡는 死의 시간을 보내고 있다. 마른풀이 죽은 몸이라면 그 향기는 영혼이 되는 셈이다.

이처럼 김현승 시인은 대다수 사람들처럼 육체를 지향하지 않고 가을의 원리를 따라 육체와 대립되는 정신과 영혼의 세계를 지향하고 있다. 강조하자면 자연적, 우주적 원리를 따라 그의 시적인 삶을 구조화해 나가고 있는 것이다. 그의 다른 가을의 시 텍스트들도 거의 모두 우주적 원리를 따르고 있다. 가령, "한 해의 육체를/ 우리는 팔월까지 다 써 버리고,/ 이제는 영혼의 절반만이/ 우리에게 남아 있다."(〈가을이 아직은 오지 않지만〉)에서의 "영혼"의 생성이 그러하고, "봄은/ 가까운 땅에서/ 숨결과 같이 일더니// 가을은 머나 먼 하늘에서/ 차가운 물결과 같이 밀려 온다."(〈가을〉)에서의 "숨결"과 "차가운 물결"의 대립이 그러하다. 부연하면 봄의 "숨결"은 온기가 있는 생명을 상징하고, 가을의 "차가운 물결"은 냉기가 있는 죽음을 상징한다.

Ⅲ. '육체(더위)/영혼(추위)'의 대립적 코드와 공간적 의미작용

주지하다시피 봄의 시적 코드와 가을의 시적 코드가 대립하듯이, 여름의 시적 코드와 겨울의 시적 코드도 대립한다. 그렇다면 그 여름과 겨울의 시적 코드는 어떤 대립으로 구축되고 있을까. 그것은 다름 아니라 바로 '육체(더위)/영혼(추위)'의 대립적 코드이다. 먼저 '육체(더위)'에 해당하는 여름의 시적 코드를 살펴보자. 예의 여름은 사계절 중에서 태양의 빛이 가장 작열하는 시기이다. 말하자면 열기의 확산이 최고조인 상태, 극한의 상태가 되는 시기이다. 여름을 하루의 주기로 비유하여 '오후'라 하고, 인생의 주기로 비유하여 '장년'이라고 한 것도 이에 연유한다. 그만큼 빛의 에너지, 삶의 에너지가 최고조로 충만하다는 상태이다. 비약하자면 뜨거운 불기 그 자체라고 할 수 있을 것이다. 그래서 여름의 빛과 열기를 공간기호작용으로 보면, 매우 역설적인 현상이 나타난다. 일반적으로 '빛과 열기'를 공간기호론으로 보면 상승적인 의미작용을 한다. 상대적으로 어둠, 냉기와 대립되기에 그러하다. 하지만

'여름의 빛과 열기'는 이와 반대로 극한의 하강적인 의미작용을 한다. '여름의 빛과 열기'가 육체적 기쁨보다는 극도의 육체적 고통을 안겨주기 때문이다. 강조하자면 生보다 死에 가까운 듯한 육체적 고통을 주고 있다는 것이다. 이런 점에서 여름은 정신성으로 작용하기보다는 육체성으로 작용하는 계절적 기호라고 할 수 있다.

그만 아스팔트 위에서 徒步에 지쳐버린 七月의 우리들 — 바다로 가자, 바다로 가서 뛰노는 물결의 춤을 배우자.

칠월 장마 길던 오피스의 계절 — 희랍여인의 가느다란 곡선마저 이제는 지리한 오후를 장식하여 줄 순 없다. 타이프 소리에 섞여 창가에 피던 카네숀, 히야신스의 엷고 붉은 입술, 또는 紫苑의 꽃송이들도, 그것들이 칠월달 밀려오는 저 파도에 비기면 얼마나 가냘픈 소시민의 리듬일 따름이냐? 하물며 한 모금의 소다수, 밀짚으로 빠는 레몬티에서 우리는 요즈막 무더운 습기에 익어가는 우리들의 肉體를 건져낼 수 있을까.

…(중략)… 칠월의 흰 파도와……찔레꽃 붉게 피는 浦口의 마스트와 언제나 그의 지붕들이 아름다운 都市의 가장자리와 표백의 백사장과 늠름한 푸른 산맥들과 이깔나무의 숲풀들을 일일이 적시우며 수 십 킬로 또는 수 백 킬로 가볍게 커브하는 푸른 해안선과 때로는 여송연을 피워 물고 지나가는 이국상선의 멋진 마도로스 풍경과……지금 그의 품안에 무역풍을 가득이 안고 퓨리탄의 巡禮옷보다 더 깨끗한 돛폭들과……그리고 먼 수평선가에 구름의 石工들이 쌓아올리는 화강암의 화려한 未來型들과…… 아아, 아직도 지상에서 꿈이 남아 있는 곳은 여기 숨쉬는 바다뿐이로구나! 먼지 투성이, 티끌 투성이 헤어진 아스팔트 위에서 끝없는 길의 徒步와 구원을 의미하는 窓들과 시간의 여백에도 지쳐버린 우리들 그곳에 그만 辭意를 표명하고 바다로 가자, 작열하는 태양 아래 肉體나마 태울 수 있는…….

거기 출렁이는 파도에선 새로운 생활의 리듬을 배우고 먼 수평선에선 明日을 위하여 소리없는 究竟의 언어를 듣자.

바다로 가자!

　펄럭이는 천막과, 털 많은 가슴과 흰 이빨의 웃음들을 몰고,
오오오오오 자유로이 소리치며 달려오는, 영원히 정지할줄 모르
는 저 무성한 리듬의 세계로 몰입하듯 뛰어들자!

—「바다의 연륜」 일부

　이 텍스트에서 칠월의 여름은 두 가지로 현상으로 나타난다. 하나는
장마로 인하여 "무더운 습기"를 생산하는 것이고, 다른 하나는 "작열하
는 태양"으로써 뜨거운 열기를 생산하는 것이다. 물론 이에 대한 화자
와 사람들의 반응은 "肉體"적으로 지쳐버려 '숨쉬기'조차 어렵다는 것이
다. 그래서 어떻게 하면 "익어가는 우리들의 肉體를 건져낼 수 있을까"
하고 고민하거나 괴로워하고 있다는 사실이다. 이런 점에 비춰보면 칠
월의 무더운 습기와 뜨거운 열기는 인간의 육체에 작용하여 그 감정 가
치를 부정적으로 만드는 기능을 한다. 요컨대 生이 아니라 死의 감정을
산출하게 만드는 기능을 한다. 그래서 상향지향성 전혀 없는, 다시 말
해서 하강지향성의 극한을 보여주는 의미작용을 하고 있을 뿐이다. 장
년이 힘과 에너지의 절정을 보여주듯이 습기와 열기 또한 그런 절정을
보여주고 있는 셈이다.

　예의 극한의 더위와 열기는 인간의 육체를 익게 만드는 불의 이미지
로 작용한다. 마찬가지로 극한의 추위와 냉기 또한 육체를 얼어버리게
만드는 얼음 이미지로 작용한다. 극한일 경우, 양자 모두 동일하게 육
체적 죽음을 떠올리게 만든다. 그렇다고 해서 여름이 불의 이미지만을
행사하는 것은 아니다. 이와 대립되는 물의 이미지도 행사하고 있다.
불이 더위로 생을 위협한다면, 물은 냉기로서 더위를 방어해내는 기제
가 된다. 겨울도 마찬가지다. 얼음의 추위에 대항할 수 있는 불을 준비
하게 만든다. 여름의 원리에는 대극적인 生의 활력과 死의 활력이 가장
크게 충돌하는 의미가 잠재되어 있다. 물론 겨울 또한 生死의 활력이
가장 크게 충돌하고 있다. 그래서 시적 화자는 死의 여름, 하강의 절정

인 여름에 대항하기 위해 生의 여름, 상승의 절정인 여름을 준비하게 된다. 그것은 다름 아니라 바로 여름의 바다이다. 바다는 물의 세계로서 불을 다스리는 의미작용을 한다. 감정가치 체계로 보면 불은 하강적인 의미작용을, 물은 상승적인 의미작용을 한다. 따라서 여름은 대극적인 모순이 동시에 융합된 상태가 된다. 生이면서 死이고, 死이면서 生인 여름, 하강의 절정이면서 상승의 절정인 여름, 상승의 절정이면서 하강의 절정인 여름으로서 말이다. 물론 겨울도 예외는 아니다.

이렇게 해서 여름은 '무더운 습기·뜨거운 열기'와 '살아나는 바다·숨쉬는 바다'로 이항대립한다. 전자는 "아스팔트"와 "오피스"로 상징되는 도시 공간 즉, 대지에 작용하는 여름이고, 후자는 대지와 대립되는 물의 공간 즉, 바다에 작용하는 여름인 셈이다. 전자와 후자의 의미는 상호 변별적이다. 가령 전자는 도저히 극복할 수 없는 대상으로 나타난다는 점이다. 시적 화자는 전자를 극복하기 위해 희랍 여인의 자태고운 곡선미, 카네숀을 비롯한 입술 고운 꽃송이, 한 모금의 시원한 소다수·레몬티 등 모든 상상적 요소와 물질을 동원해보지만 육체적 고통을 줄이지는 못하고 있다. 감정가치 체계로 보면 육체적 죽음(익은 육체)에 이른 상태가 된 셈이다. 그래서 화자는 "먼지 투성이, 티끌 투성이 헤어진 아스팔트 위에서 끝없는 길의 徒步와 구원을 의미하는 窓들과 시간의 여백에도 지쳐버린 우리들 그곳에 그만 辭意를 표명하고 바다로 가자"고 절박하게 권유한다. 도시적 공간, 곧 대지적 공간으로부터 "사의"할 수밖에 없는 것은 그곳이 "구원"의 가망성이 전혀 없는 죽음의 공간이기 때문이다. 그러므로 절정의 습기, 절정의 더위는 곧 죽음의 의식을 불러오게 만든다. 이것은 하강작용의 절정을 이루게 한다.

이와 달리 후자에 해당하는 바다는 전자의 부정적 요소, 곧 죽음 의식을 소멸시켜주는 삶의 공간, 생명의 공간으로 작용한다. 요컨대 육체성이 절정으로 살아나는 공간으로 작용한다. 그래서 바다와 관련되는 모든 시공간적 기호들은 생명을 상승시키는, 다시 말해서 습기와 열기의 공격을 무력화시키는 긍정적인 의미작용을 수행한다. 가령, "흰 파도", "가볍게 커브하는 푸른 해안선"을 따라 펼쳐지는 "포구의 마스트", "표백의 백사장", "푸른 산맥", "이깔나무의 숲풀" 등이 그러한 작용을 하고, 바다 위의 "이국상선의 멋진 마도로스 풍경", 무역풍을 안고 있는 "깨끗한 돛폭들" 등도 그러한 작용을 한다. 부연하면 해안선과 바다 위로 펼쳐지는 수평적인 공간이 전적으로 그러한 작용을 하고 있다. 뿐만 아니라 여기에 동시적으로 수직적인 공간이 참여하여 그러한 작용을 하고 있기도 하다. 예컨대 천상적 공간을 보여주는 "구름의 석공들" 이미지가 이를 대변해준다. 이렇게 수평과 수직이 통합된 바다는 그야말로 전체공간이 천상을 향하여 가볍게 상승하는 공간이 되고 있다.

이처럼 더위를 전제로 한 바다는 더욱더 시원한 냉기를 발산하는 생명의 시공간을 만들고 있다. 사람을 지치게 하고 숨도 못 쉬게 하는 습기와 열기의 부정적인 확산 때문에 상대적으로 바다는 더욱더 생명력 넘치는 시공간이 되고 있는 것이다. 말하자면 일종의 생명을 발아시키고 치유하는 생명수가 되고 있는 셈이다.[34] 이에 화자는 꿈이 없는 도시 공간(대지 공간)과 꿈이 있는 바다 공간, 명일이 없는 도시 공간과 명일이 있는 바다 공간으로 대별하면서 그 바다가 주는 "究竟의 언어를 듣자"고 한다. 바로 이 "究竟의 언어"는 다름 아닌 우주적 원리를 내포한 그런 기능을 하는 언어이다. 그러므로 이 언어를 듣는다는 것은 곧 우주적 원리와 인간적 삶의 원리를 융합하겠다는 뜻이 된다. 주지하다시피 모순이 극대화된 여름의 원리는 정신성을 요구하지 않고 육체성을 요구한다. 화자는 그 육체성을 위해 자연적 원리, 우주적 원리를 따르는 바다와 합일되어 모순의 여름을 향유하고 있다. 다시 말해서 작열하는 천상의 태양(불기)과 해상의 바다(냉기), 곧 생과 사의 대극적인 의미를 잠재적으로 지닌 시공간을 육체적으로 향유하며 존재하고 있는 것이다. 그래서 여름에 대한 그의 다른 시편에서도 이와 같은 원리가

---

34) 물은 존재의 모든 차원에서 발아력을 지니고 있으며, 또한 물은 치유하고 회춘시키며 영원한 생명을 보장하기도 한다. 미르치아 엘리아데, 이재실 옮김(1994), 「물과 물의 상징」, 『종교사 개론』, 까치. pp.185~188.

대부분 원용되고 있다. 가령, "바다에 와서야/ 바다는 물의 肉體만이 아니임을 알았다.// 뭍으로 돌아가면"(〈바다의 육체〉)에서의 바다의 "육체"가 그러하고, "八月의 바다는 청춘들의 도약대!// 탄환같이 쏘는 육체와 육체들!/ 바다의 푸른 심장"(〈바다의 八月〉)에서의 "푸른 심장"이라는 육체성의 기호가 그러하다. 이처럼 김현승 시인은 인간의 육체와 자연의 육체가 하나의 원리로 통합될 때에 생명의 에너지가 가장 극대화된다는 것을 보여주고 있다.

그렇다면 여름의 원리와 대립되는 겨울의 원리는 어떤 공간으로 구조화되고 있을까. 다시 말해서 그 겨울의 의미와 기능이 어떤 시적 코드로 구축되고 있을까 하는 점이다. 다음의 시 텍스트를 통하여 구체적으로 탐색해 보기로 한다.

잘 익은
스토브 가에서
몇 권의 낡은 책과 온종일
이야기를 나눈다.

겨울이 다정해지는
두꺼운 벽의
고마움이여.
過去의 집을 가진
나의 고요한 기쁨이여.

깨끗한 불길이여,
죄를 다시는 저지를 수 없는
나의 마른 손이여.

마음에 깊이 간직한
아름다운 보석들을 온종일 태우며,

내 영혼이 호올로 남아 사는
　슬픔을 더 부르지 않을
　나의 집이여.

─ 「겨울 室內樂」 전문

　익히 체감하고 있듯이, 실질로서의 겨울은 극한의 냉기 곧, 혹한의 추위를 주는 자연적 기호이다. 말자하면 여름의 극한의 더위(열기)와 대응되는 기호인 셈이다. 예의 극한의 더위가 우리의 육체를 고통으로 이끌었다면 극한의 냉기 또한 우리의 육체를 고통으로 이끈다. 겨울의 냉기 역시 모든 생명체들을 응고·응축시키는 기능으로 작용하기에 그러하다. 비약하자면 우리의 육체를 죽음으로 이끌어 갈 수도 있다. 이런 점에서 보면 여름과 겨울은 대립적이지만 그 의미작용에 있어서는 상동적인 요소가 있는 셈이다. 예의 자연적, 우주적 원리로서의 겨울을 하루의 주기로 비유하면 밤의 상징이 되고 인생의 주기로 비유하면 죽음의 상징이 된다. 빛을 전제로 한 밤의 어둠은 하강의 절정을 이루고, 삶을 전제로 한 죽음은 소멸의 절정을 이룬다. 그러므로 兩者 모두 하강지향의 최대 저점에 놓이게 된다. 그렇다면 이 텍스트에서의 겨울은 구체적으로 어떤 모습으로 나타나고 있을까.

　이 텍스트에서의 겨울은 집을 공격하는 혹한의 추위로 나타난다. 그것을 알 수 있는 것은 바로 집안에 존재하는 "스토브"이다. 혹한의 추위가 집 바깥에 존재하지 않는다면 불이 타오르는 스토브가 필요 없기 때문이다. 따라서 추위는 잠재적인 언어로 존재하게 된다.[35] 물론 그것을 가능하게 해준 것은 "두꺼운 벽"이다. 예의 벽은 안팎을 분절하는 기호로서 경계적 공간으로 작용한다. 말할 것도 없이 벽이 두꺼울수록 그

---

35) 이러한 언어를 '하이포그램'이라고 한다. 하이포그램이란 텍스트 내에는 존재하지 않지만 텍스트 내에 있는 선행의 단어나 구에 의해서 현동될 수 있는 잠재적인 언어를 말한다. 미카엘 리파떼르, 유재천 옮김(1993), 『시의 기호학』, 민음사. p.288.

분절시키는 힘은 더욱 커지게 마련이다. 그러므로 바깥의 겨울 추위가 강하면 강할수록 벽의 기능이 강화될 뿐만 아니라 상대적으로 집안의 내부 공간은 스토브의 불에 의해 더욱 따스해지게 된다. 이런 점에서 자연현상인 '겨울 추위'는 그 자체의 이미지보다도 공간을 분절하고 차이화하는 변별특징으로 작용하게 된다.[36] 결국 공간의 분절에 의해 집 바깥은 모든 생명체가 응고·응축되는 죽음의 공간이 되고, 상대적으로 집안은 따스한 열기가 확산되는 생명의 공간이 된다. 바슐라르에 의하면, 이러한 집은 인간 존재의 최초의 세계, 곧 삶의 요람인 동시에 육체이자 영혼이 되기도 한다.[37]

예의 삶의 요람은 행복한 몽상을 제공해준다. 그리고 그 몽상은 물질이나 육체에 대한 것이 아니다. 바로 내면적 정신이나 영혼에 대한 몽상이다. 겨울과 대립되는 여름은 육체에 대한 구원의 세계였지만 겨울은 정신이나 영혼에 대한 구원의 세계로 나타나고 있다. 곧 육체(여름)와 영혼(겨울)의 대립인 셈이다. 그런 만큼 물, 불에 대한 기호작용도 상반된다. 여름에는 불(열기)이 부정이고 물(냉기)이 긍정이었지만, 이와 반대로 겨울에는 불(열기)이 긍정이고 물(얼음)이 부정이다. 그래서 시적 화자는 따스함과 내밀함으로 충만해지는 집 안에서 "과거의 집"을 상상하며 "고요한 기쁨"에 잠긴다. 물론 그것은 안락함에서 나오는 기쁨이다. 겨울의 혹독한 추위가 거주하는 행복을 보강함에 따라 안락함은 비로소 화자를 은신처의 원초성에 되돌아가게 해준다.[38] 이때 원초성인 과거의 집은 인간의 사상과 추억과 꿈을 통합하는 힘으로 작용하는데, 그것이 바로 다름 아닌 기쁨의 에너지인 것이다. 말할 것도 없이 슬픔과 대립하는 기쁨은 상승적인 의미작용을 한다.

또한 화자는 스토브의 불길을 통해 원초성의 근원을 상상하기에 이른다. 그 불길은 단순한 감각적인 열기를 넘어서 깨끗한 불길, 곧 聖火

---

36) 이어령, 앞의 책, p.93. 참조.
37) 바슐라르, 곽광수 역(1993), 「집」, 『공간의 시학』, 민음사. p.118.
38) 바슐라르, 위의 책, p.159., p.224. 참조.

된 불길로 상상이 된다. 성화된 불길은 곧 神과 소통하는 거룩한 불의 제단을 의미한다. 그리고 그 제단은 시간을 새롭게 창조함으로써 새 생명을 부여해주는 거룩한 시간으로 작용한다.[39] 이에 따라 화자는 깨끗한 불로 "죄"를 씻고 새로운 사람, 곧 聖化된 존재로 전환하게 된다. 그래서 바깥 세계와 달리 집안의 내부공간은 세속과 대립되는 탈속의 공간, 성화의 공간, 거룩한 공간이 되고 있다. 따라서 이러한 공간은 더욱 큰 힘으로 감정 가치를 상승시키는 의미작용을 한다. 그 상승에 따라 화자는 육신의 세계보다는 영혼의 세계에 더 탐닉하는 모습을 보여준다. 마음속에 간직한 "아름다운 보석들을 온종일 태우"는 화자의 행위가 이를 구체적으로 밑받침해준다. 보석은 상징적으로 "정신적 깨달음 혹은 신과의 합일"[40]을 의미하기 때문에 육체적 세계보다는 신과의 만남을 전제로 하는 영혼의 세계를 환기시키기에 충분한 것이다. 그래서 화자의 집, 곧 겨울 추위(죽음)로 둘러싸인 화자의 집은 육체의 집이 아니라 영혼의 집으로 전환되고 만다. 처음에 화자는 겨울의 추위를 방어하기 위해 인위적으로 스토브의 불을 사용했지만, 종국에는 육적인 존재에서 영적인 존재로 전환시키는 불이 되고 만 것이다. 화자에게 영혼의 세계는 무겁고 슬픈 것이 아니라 가볍고 기쁜 것이다. 따라서 영혼의 세계는 상승적인 의미작용을 하게 된다.

이처럼 김현승 시인은 겨울의 원리를 원용하여 육체와 대립되는 영혼의 세계를 향유하는 시적 존재로 나타나고 있다. 겨울에 대한 그의 다른 시 텍스트에서도 그 원리는 동일한 것으로 나타난다. 가령, "오래 잊었던 기억의 검은 아궁이에/ 단풍 같은 불을 피우고,"(〈겨울방학〉)에서의 "단풍 같은 불"의 원리가 그러하고, "마른 열매와 같이 단단한 나날,/ 주름이 고요한 겨울의 가지들,"(〈겨우살이〉 일부)에서의 "겨울의

39) 멀치아 엘리아데, 이동하 역(1994), 「거룩한 시간과 신화」, 『성과 속 : 종교의 본질』, 학민사. p.66.
40) 잭 트레시더, 김병화 옮김(2007), 「금속과 보석」, 『상징이야기』, 도솔출판사. p.169.

가지들"이 그러하다. 특히 "겨울의 가지들"은 따스한 집안과 대립되는 바깥 공간, 곧 추위의 공간에 존재하기 때문에 그 육체성의 의미가 더욱 뚜렷하게 드러난다. 부연하면 따스한 집안에 있는 시인의 안락한 영혼과 대비되는 나무의 육체인 셈이다.

Ⅳ. 결론

지금까지 살펴본 것처럼 김현승은 우주 순환의 원리를 시적 코드로 원용하여 사계절의 시 텍스트를 건축해 왔다. 물론 이를 건축하는데 사용된 시적 코드는 다름 아닌 이항대립적 코드였다. 예의 그는 자연적, 우주적 원리에 따라 '봄'의 시 텍스트와 '가을'의 시 텍스트를 이항대립으로 놓고, '여름'의 시 텍스트와 '겨울'의 시 텍스트를 이항대립으로 놓고 그것들을 구조화해온 것이다. 그렇다고 해서 '봄-가을'의 텍스트 건축 원리와 '여름-겨울'의 텍스트 건축 원리가 상호 변별되는 것은 아니다. 이항대립의 시적 코드를 변환해가며 사계절의 시 텍스트를 건축해 왔기 때문에 그러하다.

이러한 코드에 의하면, 사계절의 기호형식과 기호의미는 다음과 같은 것으로 드러난다. 봄에 대한 시 텍스트의 기호형식은 겨울의 시간에서 봄의 시간으로 전환되는 것을 보여준다. 그리고 그 기호의미는 죽음에서 삶으로, 응축성에서 확산성으로 전환되는 그 출발점의 시간을 나타내준다. 마찬가지로 가을에 대한 시 텍스트의 기호형식은 가을의 시간에서 겨울의 시간으로 전환되는 것을 보여준다. 그 기호의미는 삶에서 죽음으로, 상승에서 하강으로, 생성에서 소멸로 전환되는 그 출발점의 시간을 나타내준다.

이에 비해 여름에 대한 시 텍스트의 기호형식은 모순적인 불과 물이 극한으로 대립하는 것을 보여준다. 그 기호의미는 육체적 고통(하강)에서 육체적 기쁨(상승)을 향유하려는 시적 욕망을 나타내준다. 마찬가지로 겨울에 대한 시 텍스트의 기호형식은 모순적인 추위와 따스함이 극한으로 대립되는 것을 보여준다. 그 기호의미는 육체성(응축)에서 벗어나 영혼성(확산)을 추구하려는 시적 욕망을 나타내준다. 부연하면 여름이 육체에 관련된다면 겨울은 영혼에 관련되는 셈이다.

이렇게 김현승은 우주적 원리를 시적 코드로 원용하여 사계절의 텍스트를 건축해내고 있다. 그러므로 우주적 원리가 순환하며 산출해내는 의미작용과 시 텍스트가 사계절 순환하며 산출해내는 의미작용은 상동성을 갖게 된다. 요컨대 우주적 삶의 코드와 시적 삶의 코드 사이에 어떠한 대립과 갈등도 내재하지 않는 것처럼 보인다. 이런 점에서 볼 때 김현승은 우주적 삶의 원리와 시적인 삶의 원리를 하나로 통합시켜 사는 시인이라고 할 수 있다.

▶ 제 7 장 ◀
신동엽의 시 텍스트

▶제7장◀ 신동엽의 시 텍스트

시 텍스트의 구조와 코드 변환

I. 서론

신동엽의 시적 욕망은 인간 중심적인 삶의 원리를 우주 중심적인 삶의 원리로 변환하는 데 있다. 인간 중심적인 삶은 이성적 사유에 의해 운행되는 원리이다. 근대 서구 철학의 토대를 마련해준 이성적 사유는 우연적인 것을 소거하고 영원불변한 진리를 발견하는 능력이다.[1] 이를 탐구하기 위해 요구되는 것이 예의 이항대립적인 체계이다. 가령 사유의 주체는 '이성/감성, 정신/물질, 문명/미개, 인간/자연' 등으로 이항대립 해놓고 그 구조 속에서 진리라고 명명되는 의미를 산출해 낸다. 이 때 주체는 前者의 우등한 자리를 차지하고 객체는 後者의 열등한 자리를 차지한다. 전자가 후자를 마음대로 소유하거나 지배할 수 있는 것도 다름 아닌 이러한 논리에 기인한다. 그러므로 이성적 사유의 토대인 이항대립 체계는 兩者의 차이를 심화시키고 고착시키는 폭력적인 억압구조, 종속구조로 작용하게 된다. 이에 따라 열등한 자리에 놓인 타자는 통제와 착취의 대상으로 전락할 수밖에 없다.

이에 비해 우주 중심적인 삶은 폭력적인 이항대립 구도를 해체하고

---

[1] 남경희(2001), 「생태주의 인문학 서설」, 한국기호학회 편, 『기호학 연구』 제9집, 문학과지성사, p.47.

이를 통합하는 원리이다. 천지의 우주공간은 순환원리에 의해 운행된다. 다시 말해서 재생과 소멸의 주기적 리듬을 타면서 운행되고 있는 것이다. 생태학 측면에서 보면, 인간도 우주공간을 형성하고 있는 전체 유기체의 일부분으로서 존재할 뿐이다. 그래서 인간은 다른 개체와 상호의존적인 연관성을 가지면서 어떤 계급적 질서도 없이 생물 평등주의를 실현하게 된다. 생태학이 이항대립적 또는 이원론적 사고를 거부하며 '모두'를 포용하는 입장을 취하는 이유도 바로 여기에 있다.[2] 인간이 인간중심주의를 벗어나 우주중심주의를 체현할 경우, 인간은 천지의 우주적 리듬을 타고 '全耕人'의 삶을 영위할 수 있을 것이다. 우주의 리듬은 질서, 조화, 영원성, 풍요성을 나타내는 것으로서[3] 주기적인 자기 갱신을 한다. 전경인의 삶 또한 예외는 아니다. 이런 점에서 우주 중심적인 삶이란 원형적 행위를 반복하는 신화적 현재를 사는 것이라고 할 수 있다.

신동엽 시인의 시적 욕망은 인간 중심적인 삶의 원리를 우주 중심적인 삶의 원리로 변환하는 데에 있다. 그는 인간 중심주의의 문명적 삶의 원리가 '지배/피지배', '주/종'의 대립적 갈등을 생산하는 폭력적 코드로 보고, 이를 해체하기 위해 우주 중심주의인 자연적 삶의 코드로 변환하고자 한다. 이 코드는 억압과 고통이 없는 공동체적 삶을 회복시켜 준다. 신동엽은 이 세계를 '原數性 世界', '次數性 世界', '歸數性 世界'로 구분하고 있다. 그러면서 진정한 시인이란 '원수성 세계→차수성 세계→귀수성 세계'로의 시적 정신을 구현해야 한다는 것이다.[4] 그가 강조

---

2) 생태학은 지구 생태계가 부분과 전체, 개체와 환경이 서로 깊이 연결되어 있는 유기체적 통일이라는 사실에 뿌리를 두고 있다. 그래서 이항대립을 거부하면서 생물 평등주의를 주장한다. 김욱동(2000), 「문학 생태학이란 무엇인가」, 『문학 생태학을 위하여』, 민음사, pp.33~34. 참조.
3) 멀치아 엘리아데, 이동하 역(1994), 「자연의 거룩함과 우주적 종교」, 『성과 속:종교의 본질』, 학민사, p.104.
4) "땅에 누워있는 씨앗의 마음은 原數性의 世界이다. 무성한 가지 끝마다 열린 잎의 세계는 次數性의 世界이고 열매 여물어 땅에 쏟아져 돌아오는 씨앗의 마음은 歸數性 世界이다"(신동엽(1985), 「시인정신론」, 『신동엽전집』, 창작과

한 이러한 시인정신도 따지고 보면 우주 중심적인 삶의 원리를 상징적으로 코드화한 것이라고 할 수 있다. 부연하면 우주 순환의 주기적 원리를 시인정신론으로 원용하고 있는 셈이다.

신동엽의 시문학에 대한 그간의 논의는 크게 두 부류로 나누어진다고 할 수 있다. 지배 이데올로기에 저항하는 민중·민족문학에 초점을 둔 논의가 그 하나이고, 도가적 상상력 및 생태학적 상상력을 중심으로 시 텍스트의 의미를 탐색한 논의가 그 다른 하나이다. 전자는 예의 인간 중심적인 삶의 원리가 가져다주는 그 부정성을 폭로하고 그 대안을 탐색하려는 논의가 주류를 이룬다. 부연하면 '지배/피지배'에 대한 역사적 상상력이 그 대상이 되고 있다. 기존 연구의 대부분이 이에 속한다고 볼 수 있다. 이에 비해 후자는 역사적 상상력보다는 텍스트 미학을 어느 정도 중시하면서 '자연/인간'에 대한 유기적 상상력을 통해 그 의미를 해명하고 있다. 포괄적으로 보자면 생명·생태의식을 중심으로 시 텍스트를 탐색하고 있다. 전자에 비해 이에 해당하는 연구가 적은 것이 사실이지만, 그래도 전자의 논의를 바탕으로 해서 신동엽 시문학에 대한 논의의 범주를 확장하고 있다는 점에서 그 의의가 있다.5)

본고에서는 후자의 논의를 참조하여 신동엽 시 텍스트의 건축 구조 및 코드 변환 체계를 탐구하고자 한다. 좀 더 부연하면 우주 중심적인 삶의 원리라는 코드로서 이에 대한 탐색을 진행하고자 하는 것이다. 후자의 논의가 주로 텍스트 내의 단편적인 이미지만을 중심으로 유기적

비평사, p.364.). 신동엽이 강조하는 '全耕人'이란 바로 '原數性 世界→次數性 世界→歸數性 世界'로의 과정을 肉魂으로 체득하고 실현하는 자이다. 이를 시로써 체득·실현하면 全耕人로서의 시인이 된다.
5) 이에 해당하는 연구로는 구중서·강형철 편(1999), 『민족시인 신동엽』(소명출판)에 실린 '김종철, 「신동엽의 道家的 想像力」; 김완하, 「신동엽 시의 형식과 이미지」; 박지영, 「유기체적 세계관과 유토피아 의식」; 오윤정, 「신동엽 시 연구-물질적 상상력과 歸數性의 시학' 등이 있으며, 학술논문으로는 '김창완(1993), 「신동엽 시의 原型的 연구」, 『한남어문학』 제19집, 한남대 국어국문학회; 김석영(2003), 「아나키즘의 시정신과 탈식민성」, 『어문학』 제81집, 한국어문학회' 등이 있다.

상상력을 탐색하고 있기 때문에 시 텍스트에 대한 통합적인 구조체계에 대한 탐색은 상대적으로 미약한 실정이다. 본 연구가 소기의 성과를 얻는다면, 후자의 논의를 보완하는 동시에 신동엽의 시적 욕망의 정체성도 파악할 수 있을 것이다. 본고에서는 기호론의 가장 기본적 원리인 이항대립을 적용하여 시 텍스트를 분석하기로 한다.

Ⅱ. 지상을 쇄신하는 알맹이의 코드

신동엽은 이항대립적 원리를 원용하여 시 텍스트를 건축하고 있다. 시 텍스트의 내용이 각기 달라도 이항대립적 원리는 코드 변환을 이루며 지속적으로 적용되어 나간다. 가령, 그의 대표작 가운데 하나인 「껍데기는 가라」에서 '알맹이/껍데기'의 이항대립은 「누가 하늘을 보았다 하는가」에서는 '하늘/먹구름'으로 코드 변환을 하고 있다. 그런데 그 이항대립적 코드를 구성하고 있는 기호를 보면, 공통적으로 자연의 환유로서 우주 순환의 원리를 보여주는 기호들이다. '알맹이와 껍데기'는 지상적 삶의 순환원리를 상징적으로 보여 주고 있으며, '하늘과 먹구름'은 천상적 삶의 순환원리를 상징적으로 보여주고 있다.

우주 순환 원리로 보면, '알맹이와 껍데기', '하늘과 먹구름'은 상호 결합 되어야 정상적으로 그 삶이 운행될 수 있다. 하지만 그의 시 텍스트에서는 이 두 항목이 서로 대립되어 있다. 이 대립이 시사해 주는 것은 다름 아닌 우주 순환적인 삶으로부터의 일탈을 의미한다. 그 삶의 일탈에 의해 알맹이가 죽고 하늘이 하늘답게 그 의미작용을 못한다면 인간적인 삶 또한 대립과 갈등 속에 놓이게 될 것이다. 신동엽에 의하면 이러한 현상이 파생될 수밖에 없는 이유는, 인간이 우주 순환적인 삶의 원리를 따르지 않고 인간 중심적인 삶의 원리를 따르고 있기 때문이라는 것이다. 그래서 그는 "시인은 선지자여야 하며 우주지인이어야 하며 인류발언의 선창자가 되어야 할 것이다."[6]라고 단언한다. 여기서 그가

언급한 시인으로서의 '우주지인'이란 어떤 사람일까. 그것은 곧 우주 순
환의 원리를 알고 그 원리에 따라 시 텍스트를 건축한 사람을 의미한다.

　이 지점에서 「껍데기는 가라」를 통해 우주 순환의 원리 및 그 의미작
용을 구체적으로 탐색해 보도록 한다. 이항대립적 코드로 건축된 「껍데
기는 가라」는 인간 중심적인 삶의 원리를 배제하고 우주 중심적인 삶의
원리를 수용하고자 하는 시적 욕망을 강하게 보여주고 있다. 그에게 우
주 중심적인 삶의 원리는 지상적(대지적) 삶의 세계를 쇄신하고 대립을
통합하는 탈이념의 의미작용을 한다.

　　　껍데기는 가라.
　　　사월도 알맹이만 남고
　　　껍데기는 가라.

　　　껍데기는 가라.
　　　동학년(東學年) 곰나루의, 그 아우성만 살고
　　　껍데기는 가라.

　　　그리하여, 다시
　　　껍데기는 가라.
　　　이곳에선, 두 가슴과 그곳까지 내논
　　　아사달 아사녀가
　　　중립의 초례청 앞에 서서
　　　부끄럼 빛내며
　　　맞절할지니

　　　껍데기는 가라.
　　　한라에서 백두까지
　　　향그러운 흙가슴만 남고

---

6) 신동엽(1985), 앞의 책, p.372.

        그, 모오든 쇠붙이는 가라.

— 「껍데기는 가라」 전문

    이 텍스트의 첫 연 첫 행과 마지막 연의 첫 행은 "껍데기는 가라"로 구성되어 있다. 그래서 이 텍스트의 전체 공간은 '껍데기'로 둘러싸인 공간이 되고 있다. 그리고 그 공간 안에 '알맹이'의 기호가 존재하고 있는 구조이다. 껍데기 속에 알맹이가 있는 실질 현상처럼 시 텍스트의 공간 또한 그런 구조를 갖추고 있다. 실질 현상과 기호 현상이 상동적 구조를 이루고 있는 셈이다. 봄이 왔을 때, 대지에 심은 알맹이가 생명의 싹을 트기 위해서는 껍데기를 뚫고 나와야 한다. 마찬가지로 이 텍스트 역시 생명의 싹을 트기 위해서는 껍데기를 뚫고 나와야 한다. 그것이 예의 대지적 삶의 원리이다. 이 텍스트의 시간적 배경이 사월이라는 '봄'으로 되어 있는 것도 그러한 이유에서다.

    '알맹이/껍데기'는 하나의 유기체이다. 그런데 '알맹이는 남고 껍데기는 가라'에서 알 수 있듯이 '껍데기'가 부정적인 요소로서 대지적 삶의 원리를 따르지 않고 있다. 그에 비해 제1연의 '알맹이'는 마지막 聯인 제5연의 "향그러운 흙가슴"에서 생명의 싹을 트고자 한다. 이는 대지적 삶의 원리를 따르는 것이 된다. 하지만 제1연의 '껍데기'는 마지막의 제5연에 와서 "모든 쇠붙이"로 변환되고 있다. 쇠붙이는 인간의 이성적 사고에 의해 만들어지는 물질적 도구이다. 그것은 인간의 욕망에 따라 얼마든지 그 용도가 달라질 수 있다. 쇠붙이가 대지적 삶의 원리를 억압하고 인간 중심적인 삶의 원리를 따르고 있는 것도 이에 기인한다. 따라서 이 텍스트는 인간 중심적인 삶의 원리인 '쇠붙이'로 둘러싸인 공간으로 전환되고 만다. 곧 식물성인 알맹이를 광물성인 쇠붙이로 둘러싸고 있는 원형공간을 이루게 된다. 알맹이가 쇠붙이로 둘러싸일 때 우주 순환의 원리, 다시 말해서 대지적 원리를 따라 생명을 갱신할 수 없다. 이는 다름 아닌 죽음을 의미한다. 이런 점에서 이 텍스트는 기본적으로

'삶과 죽음'의 문제를 '우주 중심적인 원리/인간 중심적인 원리'라는 코드를 사용하여 건축하고 있다.

껍데기가 쇠붙이로 코드 변환을 해나가자, 생명을 지닌 알맹이는 역사·설화의 코드로 변환해 나간다. '동학년 곰나루의 아우성'과 '아사달 아사녀의 중립의 초례청'이 바로 그것이다. 전자는 과거에 존재했던 역사적 사실이며, 후자는 과거에 존재했던 설화적 인물이다. 신동엽은 이러한 과거를 현재시제형으로 하여 사월의 시공간으로 끌어들이고 있다. 과거로의 이행보다는 현재로의 환원인 셈이다.[7] 그래서 '사월'='동학년'='중립의 초례청'은 알맹이의 내포적 의미를 지닌 기호로서 현재화된 공간에서 만나고 있다. 그가 '동학년'의 층위와 '중립의 초례청' 층위를 현재화한 이유는 다른 것이 아니다. 그 층위가 우주적 삶의 원리와 연관이 있기 때문이다. '동학년의 아우성'은 역사적 생명력을 지닌 알맹이이다. 그것은 단절 되지 않고 우주 순환의 원리에 따라 재생되고 있다. 쇠붙이로 상징되는 겨울의 역사를 지나 알맹이로 상징되는 봄의 역사, 곧 사월의 역사로 재생하고 있는 것이다. 그러므로 '사월의 알맹이'를 낳은 것은 '동학년의 알맹이'가 된다.

마찬가지로 '아사달 아사녀의 중립의 초례청'도 우주 순환의 원리를 따르는 시공간이다. 아사달과 아사녀는 설화적 인물로서 이 텍스트에서는 알몸의 초례를 치르고 있다. 쇠붙이는 문명의 역사를 일구어가는 인간의 도구이다. 이러한 쇠붙이와 대립하는 '알몸 초례'는 문명 이전의 삶을 상징하는 동시에 우주적 원리를 따르는 삶을 상징한다. 인간의 결혼은 음과 양, 혹은 하늘과 땅의 결합으로서 우주 창조적 구조를 재현할 뿐만 아니라 우주의 리듬과 통합되는 제의 양식을 보여주기 때문이다.[8] 더욱이 알몸과 대지는 '자연적 기표'로서 그 친연성이 높기 때문에

---

7) 시 텍스트에 나타난 소재로 보면 '사월(1960.4.19)→동학년(1984)'으로, 현재에서 과거로의 시간 이행처럼 보인다.(김창완(1993.12), 앞의 논문, p.140.) 하지만 구조적으로 보면 "그 아우성만 살고", "맞절할지니"에서 알 수 있듯이 현재화된 과거로 나타난다.
8) M. 엘리아데, 정진홍 역(1976), 「원형과 반복」, 『우주와 역사』, 현대사상사,

우주적 삶의 원리는 한층 더 강화될 수 있다. 그리고 '알몸 초례'는 신화적 원형을 반복하는 것으로서 세속적 시간이나 역사적 시간 등을 소거하게 된다.[9] 이 소거로 인하여 아사달과 아사녀가 있는 곳은 신성한 시공간으로 탈바꿈한다. 달리 표현하면 지금까지의 속된 인간의 역사를 폐기처분하고 새로운 우주의 신성한 역사를 창조하는 것을 의미한다.

이런 점에서 미루어 보면 "중립의 초례청"은 새로운 세계를 창조하는 신성한 시공간이다. 요컨대 인간 중심적인 삶을 표방하는 쇠붙이의 문화와 역사를 말끔히 쇄신하고 새로운 인간의 역사, 곧 우주 중심적인 삶의 역사를 여는 공간이다. 논자에 따라 "중립의 초례청"을 '중도, 중용 등으로 보아 어떤 궁극적인 덕성과 진리의 길'[10]로 보기도 하고, '영원한 생명의 힘, 영원한 민중의 힘'[11]으로 보기도 한다. 그러나 텍스트의 심층적인 구조로 보면, 대립적 의미를 통합하는 상생의 공간을 의미한다. 아사달과 아사녀의 결합은 우주의 원리인 陰陽과 天地의 상징적인 결합으로서 알맹이의 생명을 잉태하는 공간이기 때문이다.[12] 이러한 아사달과 아사녀의 '중립 초례청' 역시 '사월'과 밀접한 관계가 있다. 그것은 우주 순환의 리듬, 곧 봄의 리듬을 타고 사월로 재생되고 있다. 결국 '동학년의 아우성'과 '중립의 초례청'은 사월의 알맹이로 재생되면서 대지인 "향그러운 흙가슴"을 쇄신하는 의미작용을 한다. 그 쇄신의 공간은 "한라에서 백두까지"로 민족 전체를 포괄하고 있다.

신동엽의 「껍데기는 가라」는 우주 순환의 원리를 막고 있는 인간 중

---

pp.43~46. 참조.
9) 위의 책, pp.59~60. 참조.
10) 백낙청, 구중서·강형철 편(1999), 「살아있는 신동엽」, 『민족시인 신동엽』, 소명출판, p.20.
11) 조태일, 구중서·강형철 편(1999), 「신동엽론」, 『민족시인 신동엽』, 소명출판, p.110.
12) "우리들은 한 우주 한 천지 한 바람 속에/같은 시간 먹으며 영원을 살아요"(ㅡ「달이 뜨거든ㅡ아사달·아사녀의 노래」 일부)에서 알 수 있듯이, 아사달과 아사녀는 "한 우주 한 천지"라는 시공에서 우주적 삶의 원리를 따라 살고자 하는 욕망을 보여주고 있다.

심의 쇠붙이의 문화·역사를 걷어내는 데에 있다. 우주 순환 원리를 따르는 '알맹이'는 '여성(감성) – 자연(대지)'으로 이어지면서 생명을 확산시켜 가지만, 인간의 이성적 원리를 따르는 '쇠붙이'는 '남성(이성) – 인간(문명)'으로 이어지면서 생명을 억압·지배해가고 있다. 그래서 그는 쇠붙이의 코드를 알맹이의 코드로 전환시켜 그러한 세계를 전면 쇄신하려고 한다. 時空뿐만 아니라 쇠붙이의 코드에 해당하는 인간의 역사도 그 쇄신의 대상이다. 인간의 역사라는 것도 쇠의 논리(힘의 논리)에 의해 '현재'에서 '미래'로만 향하는 직선적 시간의 역사이다. 그러나 알맹이의 코드에 의하면 역사라는 것은 우주 순환의 원리에 따라 '과거↔현재↔미래'로 순환하는 원형적 시간의 역사이다. 때문에 역사라는 것은 불가역적이고 단절된 것이 아니라 가역적이고 반복되는 것으로 간주된다. 신동엽은 「아사녀」를 통해 그러한 순환적 역사를 보여주고 있다.

죽지 않고 살아 있었구나
우리들의 피는 대지와 함께 숨쉬고
우리들의 눈동자는 강물과 함께 빛나 있었구나.

사월십구일, 그것은 우리들의 조상이 우랄고원에서 풀을 뜯으며 양(陽)달진 동남아 하늘 고흔 반도에 이주 오던 그날부터 삼한(三韓)으로 백제(百濟)로 고려(高麗)로 흐르던 강물, 아름다운 치맛자락 매듭 고흔 흰 허리들의 줄기가 3·1의 하늘로 솟았다가 또 다시 오늘 우리들의 눈앞에 솟구쳐 오른 아사달(阿斯達) 아사녀(阿斯女)의 몸부림, 빛나는 앙가슴과 물굽이의 찬란한 반항이었다.

…중략…

어느 누가 막을 것인가

태백줄기 고을고을마다 봄이 오면 피어나는
진달래 · 개나리 · 복사

알제리아 흑인촌에서
카스피해 바닷가의 촌아가씨 마을에서
아침 맑은 나라 거리와 거리
광화문 앞마당, 효자동 종점에서
노도(怒濤)처럼 일어난 이 새피 뿜는 불기둥의
항거……
충천하는 자유에의 의지……

—「阿斯女」 일부

겨울이 죽음의 시간이라면 봄은 삶의 시간이다. 이를 쇠붙이의 코드
와 알맹이의 코드로 본다면 쇠붙이의 코드는 겨울이 되고, 알맹이의 코
드는 봄이 된다. 가령 "겨울은,/ 바다와 대륙 밖에서/ 그 매운 눈보라
몰고 왔지만/ 이제 올/ 너그러운 봄은, 삼천리 마을마다/ 우리들 가슴
속에서/ 움트리라.// 움터서,/ 강산을 덮은 그 미움의 쇠붙이들/ 눈녹이
듯 흐물흐물/ 녹여버리겠지.(-「봄은」 일부)"에서 알 수 있듯이, 겨울은
쇠붙이의 코드로서 "삼천리 마을"을 동토의 땅, 즉 죽음의 땅으로 만들
고 있다. 하지만 우주 순환의 원리에 의해 봄이 오자 알맹이의 코드는
"그 미움의 쇠붙이들"을 모두 녹여버릴 수 있는 힘을 갖게 된다. 물론
그 힘은 강제적인 지배의 힘이 아니고 우주 순환의 원리에 따른 순리적
인 힘이다. 마찬가지로 「阿斯女」 텍스트 역시 우주 순환의 원리인 봄에
의탁하여 순환하는 역사적 시간을 재생시키고 있다. 말하자면 알맹이
의 코드에 그러한 순환하는 역사적 시간을 내장하고 있는 셈이다.
「阿斯女」의 문을 여는 첫 행인 "죽지 않고 살아 있었구나"는 시간성
의 문제를 제기하고 있다. '죽다'와 '살다'의 대립이 그것이다. 그런데 인
간의 생명에 대한 이러한 대립적 시간이 우주적인 순환 원리와 조응하

고 있다는 사실이다. 인간의 '죽음'은 '겨울'에 조응하고, 인간의 '삶'은 '봄'에 조응한다. 이 텍스트에서 우주 순환의 원리에 의해 '겨울'에서 '봄'이 되자, 인간의 몸 역시 '죽음'에서 '삶'으로 전환되고 있다. 요컨대 인간적 삶의 원리가 우주적 삶의 원리를 그대로 체현하고 있는 셈이다. 이에 따라 '우리들'의 '피와 눈동자'는 봄의 리듬을 타고 있는 '대지와 강물'처럼 "함께 숨쉬고" "함께 빛나"게 된다.

이 텍스트에서 죽음과 대립하는 삶, 곧 우주적 원리를 따르는 삶은 쇠붙이의 역사적 코드에 반항하는 데에 있다. 다시 말해서 봄의 리듬을 타고 "태백줄기 고을고을마다" "진달래·개나리·복사"가 한꺼번에 피어서 대지를 쇄신하고 있는 것처럼, 쇠붙이의 역사에 감금되어 있는 알맹이의 역사를 재생·쇄신하는 것이다. 알맹이의 역사적 코드에 의하면, 현재의 역사는 과거 역사의 순환적 재생이다. 그래서 현재와 과거는 단절된 것이 아니고 하나의 역사적 뿌리에서 나온 동질적인 의미를 지닌다. 곧 과거적 현재, 현재적 과거라는 말이다. 쇠붙이의 역사적 코드가 존재하는 한 알맹이의 역사적 코드는 순환적 재생을 하면서 인간의 역사를 쇄신해 나간다. 제2연에서 전개되는 "사월십구일"의 항거도 그러한 역사의 순환적 재생에 해당한다.

제2연의 구조를 보면, 역사적 시간이 순차적으로 언술되지 않고 있다. 우리 조상들이 살아온 역사적 과정을 언술하고 있음에도 불구하고 그 시간적 구조는 '사월십구일(현재)→우랄고원(시원적 출발, 과거1)→반도(이동, 과거2)→삼한(과거3)→백제(과거4)→고려(과거5)→3·1의 하늘(과거6)→오늘(현재)→아사달·아사녀(과거의 현재화)'로 나타나고 있다. 이는 무엇을 의미하는 걸까. '현재→과거→현재→과거의 현재화'라는 것은 과거 역사의 순환적 재생과 부활을 의미한다. '현재'의 시점에서 시작된 언술이 과거를 거쳐 맨 마지막에는 '과거의 현재화'로 매듭 되고 있음이 이를 증명해준다. 우주가 순환하듯이 알맹이의 역사도 그렇게 순환하고 있는 셈이다. 이런 점에서 "사월십구일"에 솟구친 "찬란한 반항"은 현재적 힘에서 나온 것이 아니라 과거적 힘에서 나온 것이다. 과거 역사라는 알맹이가 현재적 힘으로 재생·부활되고 있는 것이다. 그 과거 역사의 뿌리는 다름 아닌 '아사달 아사녀'이다. 이와 같이 알맹이의 역사적 코드는 생명의 역사로서 봄이라는 우주적 리듬을 타고 재생되기 때문에 단절이 있을 수가 없다. 그 재생이 바로 "새피"이다. "새피"는 알맹이의 역사적 코드로서 대지적 삶을 영원히 쇄신해 나가고 있다.

「껍데기는 가라」에서는 그 쇄신의 공간이 "한라에서 백두까지"로 한정되어 있다. 하지만 「아사녀」에서는 민족적인 범주를 넘어 "알제리아 흑인촌에서/ 카스피해 바닷가의 촌아가씨 마을"로 확대되고 있다. 곧 알맹이 코드는 민족적인 차원을 넘어 세계적인 공간으로 확대되어 이를 재생 부활하고 있는 것이다. 민족과 세계의 공시적 결합은 구체적 현실에 바탕을 둔 것은 아니지만,13) 우주 순환의 원리로 보면 시적 구조의 타당성을 획득하고 있다. 우리 민족의 역사뿐만 아니라 이 세계의 역사 또한 우주 순환의 원리에 따라 재생된다. 알맹이의 코드는 쇠붙이의 코드가 작동하는 공간이면 민족과 세계를 분별하지 않고 그와 대응하여 동시에 작동하기 때문이다. '알제리'와 '카스피해'의 공간도 한반도처럼 쇠붙이의 코드에 의해 감금당하고 있는 현실이다. 신동엽 시인이 우주 순환의 원리를 따르는 알맹이의 코드를 작동시킨 이유도 바로 여기에 있다. 알맹이의 코드는 민족정신을 초월해 보편적인 인류정신을 담고 있는 생명의 기표이다. 신동엽은 인류정신이라는 것도 "物性의 정신"으로서 "인종의 가을철"에 결실을 맺지만, 그것은 죽지 않고 "겨울의 대지" 위에서도 바람처럼 살아 움직이는 것으로 본다.14) 인류정신이 가

---

13) 신동엽의 전경인의 기획이 외세-제국주의의 침략이라는 문제와 만날 때, 한편에서는 세계적 차원의 민중적 에너지로 그 범위가 확장되어야 하고, 다른 한편에서는 지역적 현실의 움직임으로 그 이미지 운동이 충돌되어야 한다. 그러나 「풍경」, 「아사녀」 같은 시에 일국적 영역과 세계적 영역의 직접적인 연결은 있으나 의도적 차원에서 전망된 미래가 구체적 차원에 못 미치는 현실로 나타나고 있다. 박수현(2002), 「신동엽의 문학과 민족 형이상학」, 『어문연구』 38, 어문연구학회, p.388.

을에서 겨울로 이어진다는 것은 인류정신이 우주 순환의 원리를 따른 다는 의미이다. 이로 미루어 보면 '알제리'나 '카스피해'도 겨울의 대지 에 놓여 있는 셈이다. 물론 실질이 아니라 기호현상으로서 말이다. 그 러한 시공간이 현재에 봄의 리듬을 타고 "새피"로서 분출되면서 인류의 역사적 대지를 새롭게 쇄신하고 있는 것이다.

Ⅲ. 정신을 쇄신하는 천상의 코드

신동엽은 알맹이의 코드로서 지상의 삶을 쇄신하고 새로운 역사를 창조하고자 욕망한다. 그와 동시에 그는 천상의 코드로서 정신적인 삶 을 쇄신하여 '영원한 하늘'을 창조하고자 욕망한다. 전자가 대지와 밀착 된 육체성의 원리를 보여준다면, 후자는 천상과 밀착된 정신성의 원리 를 보여준다. 인간의 조화로운 삶은 육체성의 원리와 정신성의 원리가 통합될 때에 가능하다. 다시 말해서 천지의 원리를 통합하여 체현할 때 에 조화로운 삶을 영위할 수 있다. 이에 따라 그는 지상적이고 육체적 인 삶을 상징하는 '알맹이/껍데기' 코드를 천상적이고 정신적인 삶을 상 징하는 '하늘/먹구름'의 코드로 변환하여 시 텍스트를 건축하게 된다. 그래서 '알맹이'는 '하늘' 코드로, '껍데기'는 '먹구름' 코드로 변환하게 된 다. 말할 것도 없이 '먹구름'은 '쇠붙이'의 변형인 '쇠항아리'까지 포함하 고 있다. 그의 대표작 중의 하나인 「누가 하늘을 보았다 하는가」가 예 의 천상적 코드에 의해 건축된 시 텍스트이다.

> 누가 하늘을 보았다 하는가
> 누가 구름 한 송이 없이 맑은
> 하늘을 보았다 하는가.

---

14) 신동엽(1985), 앞의 책, p.373. 참조.

네가 본 건, 먹구름
그걸 하늘로 알고
일생을 살아갔다.

네가 본 건, 지붕 덮은
쇠항아리,
그걸 하늘로 알고
일생을 살아갔다.

닦아라, 사람들아
네 마음속 구름
찢어라, 사람들아,
네 머리 덮은 쇠항아리.

아침 저녁
네 마음속 구름을 닦고
티없이 맑은 영원의 하늘
볼 수 있는 사람은
외경(畏敬)을
알리라

아침 저녁
네 머리 위 쇠항아릴 찢고
티없이 맑은 구원의 하늘
마실 수 있는 사람은

연민(憐憫)을
알리라
차마 삼가서
발걸음도 조심

마음 모아리며.

서럽게
아 엄숙한 세상을
서럽게
눈물 흘려

살아 가리라
누가 하늘을 보았다 하는가,
누가 구름 한 자락 없이 맑은
하늘을 보았다 하는가.

— 「누가 하늘을 보았다 하는가」 전문

열매가 알맹이와 껍데기로 구성되어 있듯이, 천상은 하늘과 구름으로 구성되어 있다. 알맹이는 우주 순환의 원리에 따라 그 생명이 영원히 이어지지만 껍데기는 일회적인 생명으로 끝이 나고 만다. 마찬가지로 하늘은 무궁한 공간으로서 영원히 존재하지만 구름은 가변적이고 일시적으로 존재한다. 따라서 알맹이와 등가를 갖는 것은 하늘이고, 껍데기와 등가를 갖는 것은 구름이다. 전자가 영원성의 의미를 산출한다면, 후자는 가변성의 의미를 산출한다. 그러나 이 텍스트에서 '하늘' 또한 영원성인 '맑은 하늘'과 가변성인 '먹구름의 하늘'로 변별된다. 이를 '알맹이와 껍데기'로 비유하자면 '알맹이의 하늘'과 '껍데기의 하늘'이 되는 셈이다. 이 텍스트의 공간구조를 보면 그러한 대립적 의미가 명료하게 나타나고 있다.

이 텍스트의 문을 여는 첫 연 첫 행과 텍스트의 문을 닫는 마지막 연 마지막 행을 보면 동일하게 '누가 하늘을 보았다 하는가'[15]의 언술로 구

---

15) 물론 마지막 연 마지막 행은 '하늘을 보았다 하는가'로 되어 있다. 하지만 "누가 구름 한 자락 없이 맑은/ 하늘을 보았다 하는가"의 두 행에서 '구름

성되어 있다. 물론 이 언술의 의미는 지금까지 아무도 '영원의 하늘(알맹이의 하늘)'을 본 사람이 없다는 뜻이다. 달리 표현하자면 '껍데기의 하늘'만을 보아 왔다는 뜻이다. 이에 따라 텍스트 전체공간을 둘러싸고 있는 것은 결국 '껍데기의 하늘'이 된다. 껍데기 속에 알맹이가 있듯이, '껍데기의 하늘' 속에는 이러한 '알맹이의 하늘'이 있다. 때문에 이 텍스트 또한 「껍데기는 가라」처럼 원형공간의 구조를 보여준다. 마찬가지로 '알맹이의 하늘'이 현현하기 위해서는 '껍데기의 하늘'을 뚫고 나와야 한다.

주지하다시피 '껍데기의 하늘'은 '먹구름과 쇠항아리'로 나타나고 '알맹이의 하늘'은 '영원과 구원의 하늘'로 나타난다. 전자가 물질적인데 비해 후자는 관념적이다. 구체적으로 보면 '먹구름'은 천상의 기호이지만 소멸과 생성을 반복하는 가변적인 의미를 산출한다. 또한 영원한 하늘을 가리는 장벽의 의미작용을 하기도 한다. 그리고 이러한 '먹구름'이 지상으로 차츰 하강하면 '쇠항아리'의 코드로 변환한다. 금속성의 물질인 '쇠항아리'는 '하늘'과 대립하는 것으로 인간적 세계의 산물이다. 이것은 인간의 욕망에 따라 '탄환, 기관포, 지뢰, 신무기, 탱크, 제트기, 기계, 투구'[16] 등으로 무한하게 변형되어 나가는 물질문명의 기표이다. 이러한 '쇠항아리'를 알맹이의 하늘로 알고 '지붕'을 덮고, '머리'를 덮으며 살아간다는 것은 가변적인 인간의 욕망대로 살아간다는 의미이다. 즉 우주 중심적인 삶의 원리를 버리고 인간 중심적인 삶의 원리로 살겠다는 뜻이다.

이에 대립하는 '알맹이의 하늘'은 가변성, 물질성(문명)과 달리 초월성, 불변성, 무한성, 신성성, 영원성, 구원성 등을 내포하는 정신성의 기표이다. 이러한 상징성 때문에 하늘은 인간에게 자신의 위치를 의식하게 해주는 직접적인 소여를 할 뿐만 아니라 인간의 잠재의식의 활동과

한 자락 없이 맑은' 부분을 생략하면 '누가 하늘을 보았다 하는가'라는 언술이 된다. '구름 한 자락 없이 맑은'을 삽입한 것은 하늘의 의미를 강조하려고 한 것에 지나지 않는다. 그래서 구조상으로는 첫 연 첫 행과 마지막 연 마지막 행은 동일한 언술로 보아도 무리는 없을 것이다.

16) 신동엽의 시에서 찾아볼 수 있는 대표적인 쇠의 변환 코드들이다.

정신생활의 고상한 표현들까지 결정해주는 의미작용을 한다.[17] 그래서 인간이 천상의 세계인 하늘을 보며 산다는 것은 그 행동과 정신을 천상의 코드로 쇄신하며 산다는 것을 의미한다. 그런데도 불구하고 지상의 인간들은 '알맹이 하늘' 대신에 '껍데기 하늘'을 삶의 좌표로 삼고 있다. 이에 따라 신동엽은 「껍데기는 가라」에서의 '가라'라는 코드를 이 텍스트에서는 '껍데기의 하늘'을 '닦아라(찢어라)'라는 코드로 변환하고 있다. '가라'의 코드가 대지적 생명을 억압하고 있는 세력들을 몰아내는 물리적(육체적) 코드이라면, '닦아라(찢어라)'의 코드는 생명의 의식을 물질화하려는 사람들의 마음을 쇄신하는 정신적 코드이다. 결국 알맹이의 코드는 대지적 삶의 원리에 의해서 생명(육체)을 얻고, 천상적 삶의 원리에 의해 정신을 얻는 것이 된다. 곧 천·지·인 삼재가 통합된 것이 바로 알맹이의 코드인 셈이다.

이러한 껍데기의 하늘과 알맹이의 하늘은 텍스트가 전개되면서 더욱 구체화되고 있다. 먼저 물질적 원리를 보여주는 껍데기의 하늘을 보면, '먹구름'과 '쇠항아리'로 이항대립하고 있다. '먹구름'은 '쇠항아리'에 비해 상방적 의미를 지닌 가변적인 기표로서 인간의 마음을 지배하는 의미작용을 한다. '마음 속의 구름을 닦아라'에서 알 수 있듯이, '마음'은 인간의 감정에 해당하는 영역이다. 따라서 '먹구름'은 인간의 가변적인 감정을 상징하게 된다. 이에 비해 머리를 덮은 '쇠항아리'는 이성을 지배하는 기표이다. 가령 "네 머리 덮은 쇠항아리"에서 알 수 있듯이 '머리'는 인간의 이성을 상징하는 것으로 드러난다. 신체공간기호인 '머리'를 '발'과 대립시키면 머리는 이성(정신)이고 발은 감정(육체)이다.[18] 그러나 인간의 이성이라는 것은 '쇠항아리'라는 물질을 인간의 욕망대로 가공해내는 도구적 이성에 지나지 않는다. 곧 물질적 원리에 종속되는

---

17) 미르치아 엘리아데, 이재실 옮김(1993), 「하늘: 하늘의 신들, 하늘의 제의와 상징」, 『종교사개론』, 까치, p.56.
18) 신동엽 시에서 '발'은 대지와 유기체적인 관계를 갖는 육체성의 기호로 나타난다. 가령 "맨발로 디디고/대지에 나서라"(ー「싱싱한 瞳子를 위하여」), "맨발을 벗고 콩바심하던"(ー「좋아」) 등의 언술에서 이것을 확인할 수 있다.

이성인 셈이다. 이에 따라 '껍데기의 하늘'은 인간의 감정과 이성을 모두 지상적 삶의 원리인 물질에 종속시키는 의미작용을 한다.

물론 알맹이의 하늘도 '외경'과 '연민'으로 이항대립하고 있다. '외경'은 하늘을 우러러 볼 때에 생겨나는 마음으로 그 의식은 천상공간에 걸린다. 이는 천상의 원리를 겸허히 수용하고자 하는 정신적 자세를 나타낸다. 그러므로 외경은 지상적 삶의 원리를 천상적 삶의 원리로 수렴하려는 의식이라고 볼 수 있다. 이에 비해 '연민'은 지상을 내려다볼 때에 생겨나는 마음으로 지상공간에 걸린다. '연민'은 하늘의 외경을 내면화한 사람만이 느낄 수 있는 감정이다. 천상의 원리를 수용한 마음으로 보면, 지상적 삶은 모두 현상적인 물질의 원리에 지배되고 있는 상태이다. 그런데 이것이 '껍데기의 하늘'인줄 모르고 사람들이 삶의 좌표로 삼고 있으니 연민의 감정을 느낄 수밖에 없다. 신동엽 시인이 "서럽게/눈물 흘"리는 이유도 이러한 맥락에서 이해할 수 있다. 그에게 '서러움'은 외경(천상)에서 나오는 것인 동시에 연민(지상)에서 나오는 것이다. 곧 서로 상반된 정신과 감정을 통합하고자 하는데서 나오고 있다. 이것을 통합한다는 것은 다름 아닌 천·지·인이 통합된 우주적 원리로서의 삶을 의미한다. 그 원리의 중심에는 '알맹이의 하늘'인 '영원성의 하늘'[19]이 존재한다.

신동엽의 시 텍스트에서 알맹이의 하늘은 지상적 삶의 원리를 흡수 통합하는 지고한 정신적 코드이다. 지상적 삶의 세계가 억압이 없는 생명의 공간이라 할지라도 그것이 천상적 삶의 원리를 수용하지 못하면 '알맹이 코드'는 우주 순환의 원리를 따르지 못하는 비정상적인 발아 상태가 된다. 그래서 그는 지상을 쇄신하는 동시에 그의 시선은 언제나 천상을 향하고 있다. 요컨대 지상에서 상승할수록 정신성의 의미작용을 하게 되고, 천상에서 하강할수록 육체성의 의미작용을 하게 되는 셈

---

19) 이러한 영원성의 하늘은 일종의 이상향을 의미하기도 한다. 그래서 '영원성의 하늘은 종종 고대의 이상사회의 이미지'(김종철, 앞의 논문, p.72.)로 나타나기도 한다.

이다. 그의 시 텍스트에서 정신적 코드로 작용하는 매개체는 주로 산정,
嶺 등이다.

산정(山頂)을 걸어가고 있는 사람의,
정신의 눈
깊게. 높게.
땅속서 스며나오듯한
말없는 그 눈빛.

이승을 담아 버린
그리고 이승을 뚫어 버린
오, 인간정신 미(美)의
지고(至高)한 빛.

— 「빛나는 눈동자」 일부

그렇지요, 좀만 더 높아 보세요. 쏟아지는 햇빛 검깊은 하늘
밭 부딪칠 거에요. 하면 영(嶺) 너머 들길 보세요. 전혀 잊혀진
그쪽 황무지에서 노래치며 돋아나고 있을 싹수 좋은 둥구나무
새끼들을 발견할 거에요. 힘이 있거든 그리로 가세요. 늦지 않
아요. 이슬 열린 아직 새벽 벌판이에요.

— 「힘이 있거든 그리로 가세요」 일부

「빛나는 눈동자」에서 '山頂'은 지상과 천상을 매개하는 공간기호이
다. 산정을 향하여 걸어간다는 것은 지상을 떠나 천상으로의 초월을 의
미한다. 곧 육체성에서 정신성으로의 전환인 셈이다. 산정을 걷는 사람
의 '눈'에서 '정신'을 읽을 수 있는 것도 그러한 이유에서다. 뿐만 아니라
신체공간기호인 '눈'을 '다리'와 대립시키면 '눈'은 상방공간으로서 정신
성을 나타낸다. 그러므로 산정에서의 '눈'은 지상에서보다 더욱 '깊고 높
은' 정신을 담을 수 있다. 더욱이 그 정신의 눈이 "땅속서 스며나오듯한"

것이기에 대지의 정기를 받은 신성성을 내포하고 있다. 이에 따라 "깊게"라는 언술은 대지를, "높게"라는 언술은 천상을 지시하는 것이 된다. 이렇게 천지의 기운으로 형성된 '정신의 눈'은 '우주적 눈'으로서 지상적 삶의 원리인 이승의 세계를 담아낼 뿐만 아니라 뚫어버릴 수 있는 빛을 지니게 된다. 그렇게 해서 그는 육체성의 삶을 정신정의 삶으로 흡수 통합하고 있다.

「힘이 있거든 그리로 가세요」에서도 '영(嶺)'은 하늘에 맞닿아 있다. 무한한 높이를 지닌 '영(嶺)'인 것이다. 그럼에도 불구하고 그 맞닿은 지점에 "하늘밭"이 있기 때문에 하늘은 대지로 나타난다. 달리 표현하면 하늘의 대지화인 셈이다. 하늘의 대지에서 내려다본 지상은 역설적으로 지상의 하늘화가 된다고 할 수 있다. 그곳이 바로 황무지이다. 지상의 하늘화가 된 황무지의 공간이기에 '힘'이 없는 사람은 그 곳으로 갈 수 없다. 신성한 영역이기 때문이다. 이에 따라 황무지는 하늘밭과 동위소(同位素)에 놓인다. 황무지는 둥구나무 새끼들이 봄을 맞아 노래하며 싹을 틔우고 있는 신생의 공간이다. 인간적 삶의 원리가 아니라 우주 순환의 원리에 의해 시공간이 재생되고 있는 황무지인 것이다. 신동엽 시인이 '영'에 다다른 '정신의 눈'이 없었다면 하늘밭인 황무지를 발견하지 못했을지도 모른다. 그의 '정신의 눈'은 지상의 인간적인 이념과 제도를 해체하고 우주 순환의 원리를 따르는 신생의 인간으로 교화하려는 눈이다.

Ⅳ. 천 · 지 · 인을 통합하는 몸의 코드

신동엽은 '알맹이의 코드'로서 '껍데기의 코드'를 해체하여 인간 중심적인 삶의 원리를 우주 중심적인 삶의 원리로 쇄신하고 있다. 동시에 '알맹이의 하늘' 코드로서 '껍데기의 하늘' 코드를 해체하여 물질적 삶의 원리(육체성)를 정신적 삶의 원리(정신성)로 쇄신하고 있다. 하지만 지상적 공간인 '알맹이의 코드'와 천상적 공간인 '(알맹이) 하늘 코드'가 하나로 통합되지 못한 채 별개로 운행되고 있다. 지상과 천상이 상호 소통할 수 있는 코드가 필요할 수밖에 없다. 그는 이를 위해 자신의 몸을 코드화하여 천지를 통합하고자 한다. 천·지·인의 세계가 하나로 통합되면 그의 시 텍스트는 대립과 갈등이 없는 유기체적인 세계를 창조하게 된다. 이처럼 그의 시 텍스트 건축 구조는 우주 순환의 원리를 따라 천·지·인 삼재를 수직적으로 통합하는 것으로 나타나고 있다. '알맹이의 코드'와 '껍데기의 코드', '알맹이의 하늘'과 '껍데기의 하늘'을 통합하는 그 구조는 신생의 역사를 다시 여는 의미작용을 한다. 이 지점에서 구체적으로 천지를 결합하는 그의 '몸 코드'의 시 텍스트를 보도록 한다.

> 뿌리 늘인
> 나는 둥구나무.
>
> 남쪽 산 북쪽 고을
> 빨아들여서
> 좌정한
> 힘겨운 나는 둥구나무
> 다리 뻗은 밑으로
> 흰 길이 나고
> 동쪽 마을 서쪽 도시
> 등 갈린 전지(戰地)
>
> 바위고 무쇠고
> 투구고 증오고
> 빨아들여 한 솥밥
> 수액(樹液) 만드는
> 나는 둥구나무
>
> ―「둥구나무」 전문

신동엽은 그의 '몸'을 '나무 코드'로 변환하여 천지를 결합시키고 있다. 그 '나무 코드'에 해당하는 것이 바로 '둥구나무'이다. "나는 둥구나무"라는 언술을 제1연과 마지막 연에 반복적으로 구조화하여 텍스트 전체가 둥구나무로 둘러싸인 공간이 되고 있다. 그만큼 둥구나무의 코드가 강조되고 있는 셈이다. 먼저 '둥구나무'를 음운적 층위에서 보면, '둥구리다'와 '나무'가 결합된 듯한 연상을 하게 만든다. 물론 '둥그리다'는 '동그라미를 그리다'의 옛말이다. 이러한 어휘적 연상에 의하면, '둥구나무'는 실질의 대상과 상관없이 '둥글다'라는 형상적 의미를 산출해 준다. '둥글다'라는 것은 직선과 달리 모든 사물을 감싸고 포용하는 원형공간의 이미지이다. 이것은 우주 순환의 원리와 동일한 이미지이다. 이로 미루어 본다면 '둥구나무'는 알맹이 코드와 껍데기 코드의 대립을 해체한 우주 순환의 원리를 보여주는 나무라고 하겠다.

이러한 둥구나무는 뿌리를 땅속으로 뻗으면서 그 줄기는 하늘을 지향하고 있다. 물론 이 텍스트에서 하방공간인 '뿌리'는 유표화 되어 있지만, 상방공간을 차지하는 '줄기'는 무표화 되어 있다. 하지만 '뿌리'를 신체공간기호인 '다리'로 직접 표현하고 있는 만큼, '줄기'도 신체공간기호인 '머리'로 표현되어 있다고 볼 수 있다. 다만 이 '머리' 부분이 상방공간에 감춰져 있을 뿐이다. 이런 점에서 둥구나무는 수직성을 나타내는 기표로서 땅과 하늘을 중재하는 매개체 기능을 하게 된다. 달리 표현하면 신동엽 시인의 몸(둥구나무로서의 몸)이 땅과 하늘을 매개하는 기능을 하고 있는 셈이다. 둥구나무는 세계의 중심에 '좌정한' 신성목·우주목이다. 왜냐하면 나무는 끊임없이 재생하는 살아 있는 우주를 구현하기 때문이다. 나무는 세계를 반복하는 동시에 세계를 요약하는 상징성을 보여준다. 부연하면 나무가 표명하는 것은 우주가 표명하는 것을 반복한다는 사실이다. 이것이 바로 신성목·우주목이 되는 이유이다.[20]

---

20) 미르치아 엘리아데, 이재실 옮김(1993), 앞의 책, pp.255~257. 참조.

우주목인 둥구나무는 우주론의 四方位를 코드화하여 시 텍스트를 건축해 나가고 있다. 먼저 "남쪽 산 북쪽 고을"을 빨아들인다는 언술이 그것이다. 동양의 음양오행설로 보면 南은 陽으로서 물질로는 火이고 시간 분절로서는 여름이다. 이에 비해 北은 陰으로서 물질로는 水이고 시간 분절로서는 겨울이다. 둥구나무 뿌리가 "남쪽 산 북쪽 고을"을 빨아들인다는 것은 곧 "남쪽 산"이 지닌 陽·火·여름의 상징성과 "북쪽 고을"이 지닌 陰·水·겨울의 상징성을 융합한다는 의미이다. 이에 따라 '남쪽 고을 북쪽 산'으로의 의미교환이 자유롭게 이루어질 수 있다. 그렇게 해서 융합이 되면 제3의 공간, 즉 "흰 길"의 공간이 새롭게 만들어진다. 음양이 결합하면 생명의 탄생이나 생명의 풍요가 되듯이 "흰 길"은 지하세계로 가는 '검은 길'과 달리 둥구나무의 수액 작용에 의해 천상세계로 가는 상승의 길이 된다.

마찬가지로 東은 陽으로서 물질로서는 木이고 시간 분절로서는 봄이다. 시작과 상승 운동을 하는 출발(삶)의 공간이다. 이에 비해 西는 陰으로서 물질로서는 金이고 시간 분절로서는 가을이다. 끝과 하강 운동을 하는 종착(죽음)의 공간이다.[21] 둥구나무의 뿌리가 "동쪽 마을 서쪽 도시"를 빨아들인다는 것은 동쪽이 지닌 陽·木·봄의 상징성과 서쪽이 지닌 陰·金·가을의 상징성을 융합한다는 의미이다. 동서의 공간은 "등 갈린 전지(戰地)"로서 삶과 죽음이 나누어진 상처의 공간이다. 때문에 동서의 융합, 곧 음양의 결합은 전쟁으로 인한 삶과 죽음의 대지를 융합하여 새로운 시간, 새로운 대지를 재생시키는 것이 된다. 물론 그 융합이 쉽지 않기에 신동엽은 "힘겨운"이라는 언술을 구사하고 있다.

이와 같이 둥구나무는 대지의 중앙에서 동서남북의 공간적 의미를 통합하고 있다. 세계의 軸으로서의 둥구나무인 것이다. 둥구나무는 동서남북으로 계속 뻗어나가고 있으므로 한반도뿐만 아니라 전 세계의

---

21) 음양오행에 관한 내용은 이어령(1995), 「우주론적 언술로서의 〈처용가〉」, 『시 다시 읽기』, 문학사상사, pp.81~85를 참조한 것임.

공간으로 뻗어나가 그 시공간의 의미를 모두 빨아들이게 된다. 마지막 연에서 '바위, 무쇠, 투구, 증오' 등 인간에 관계된 모든 물질적 감정적 욕망을 수액으로 빨아들여 하나의 "흰 길"로 융합시킬 수 있는 것도 그에 기인한다. 다시 말해서 '껍데기 코드', '쇠붙이 코드'에 해당하는 것들까지 전부 빨아들여 "한솥밥/ 수액"으로 융합할 수 있게 된 것이다. '솥'은 쇠붙이 코드에 해당한다. 그러나 둥구나무는 그러한 '쇠붙이 코드'에서 생명을 억압하고 죽이는 요소를 걸러내어 역설적으로 생명을 살리는 코드로 변환시키고 있다. "한솥밥"에는 정신과 물질, 인간과 인간, 인간과 자연 사이에 어떠한 분별이나 차별도 없다. 오로지 유기체적인 하나의 영원한 생명적 세계만 있을 뿐이다.

대지에 깊게 뿌리를 내리고 좌정한 둥구나무는 수액 작용에 의해 그 줄기는 상방공간인 하늘을 지향한다. 신체공간으로 말하면 '다리'와 대립하는 '머리' 부분이 상방공간을 지향하고 있는 셈이다. 그래서 둥구나무는 지상의 의미와 천상의 의미를 지닌 兩義的 기호가 된다. 지상이 물질적인 원리가 작용하는 공간이라면, 천상은 정신적인 원리가 작용하는 공간이다. 둥구나무는 수직 상승하면서 물질적인 원리를 정신적인 원리로 전환시켜 나간다. 그렇다고 해서 지상적 삶을 초월하는 것은 아니다. 대지에 뿌리박고 있기 때문이다. 이로써 몸의 변환 코드인 둥구나무는 지상과 천상을 매개하는 매개체로서 '천·지·인 삼재'를 통합하는 창조적 공간을 만들고 있다. 둥구나무는 우주 순환의 원리를 따르며 주기적으로 자기 갱신을 하는 영생의 나무이다. "불경이나 성서의 거대한 둥구나무"처럼[22] 신동엽이 건축한 '시의 둥구나무'는 부조리한 모든

---

22) 불경 저술인, 성서 저술인은 대지에 뿌리박은 大圓的인 정신으로서 우주와 세계와 인생을 탐구하다가 다시 대지로 돌아간 위대한 시인이요 철인이다. 그 저술인들이 남긴 '불경이나 성서의 거대한 둥구나무'는 어느 무엇과도 바꿀 수 없는 全耕人의 정신이 투영되어 있다.(신동엽(1985), 「시인정신론」, 앞의 책, p.370.) 신동엽이 언급한 '불경이나 성서의 거대한 둥구나무'를 좀더 부연하면, 저술인들이 천·지·인의 세계를 우주론적 관점에서 탐구했다는 의미를 담고 있다.

지상적 삶의 원리를 천상적 삶의 원리로 정화 쇄신하여 다시 지상의 인간들에게 돌려주고 있다. 이를 통해서 볼 때, 그의 시 텍스트의 통합적인 건축구조는 수평적 세계를 수직적 세계로 수렴하였다가 다시 이를 수평적 세계로 확산(순환)시키는 원형공간의 구조로 나타난다. 그 원형공간은 우수 순환의 원리를 따라 운동하는 것으로서 영원한 인간의 생명과 정신을 담고 있다.

V. 결론

신동엽의 시 텍스트 건축 구조와 코드 변환 체계는 인간 중심적인 삶의 원리를 해체하고 우주 중심적인 삶의 원리를 창조하는 과정을 보여주고 있다. 먼저 「껍데기는 가라」의 텍스트를 보면, 광물성인 쇠붙이(껍데기)가 식물성인 알맹이를 둘러싸고 있는 원형공간의 구조로 나타난다. '알맹이/쇠붙이'의 대립적 코드에 의해 알맹이의 생명이 감금당하고 있는 구조이다. 그러나 알맹이의 코드는 우주 순환의 원리를 따르면서 생명의 역사를 주기적으로 재생하여 인간 중심의 원리를 따르는 쇠붙이의 모든 기표들을 해체하고 쇄신하게 된다. 「阿斯女」에서 그것을 확인할 수 있다. 사월십구일에 솟구쳤던 반항의 힘은 다름 아닌 아사달과 아사녀의 생명의 힘에서 나온 것이다. 알맹이에 해당하는 아사달과 아사녀가 봄의 우주적 리듬을 타고 재생하여 그것이 사월십구일의 힘이 되고 있기 때문이다. 그래서 '알맹이의 코드'는 '쇠붙이의 코드'가 작동하는 공간이면 민족과 세계를 분별하지 않고 작동하게 된다.

다음으로 그는 지상적 육체적 삶의 원리인 '알맹이/껍데기' 코드를 천상적 정신적 삶의 원리인 '하늘/먹구름'의 코드로 변환하여 시 텍스트를 건축한다. 「누가 하늘을 보았다 하는가」의 텍스트를 보면 불변성, 정신성을 상징하는 '알맹이의 하늘'과 가변성, 육체성(물질성)을 상징하는 '껍데기의 하늘(먹구름)'로 대립한다. 마찬가지로 이 텍스트 또한 껍데기의 하늘(먹구름)이 알맹이의 하늘을 둘러싸고 있는 원형공간의 구조를 보인다. 그럼에도 불구하고 사람들은 지상적 삶의 원리에 종속되어 껍데기의 하늘을 알맹이의 하늘로 삼아 생명처럼 받들고 산다. 즉 물질화된 생명을 살고 있는 것이다. 그래서 그는 천상적 코드로서 지상적 인간의 정신을 쇄신하려고 한 것이다. 「빛나는 눈동자」, 「힘이 있거든 그리로 가세요」 등에서 지상을 떠나 천상으로 초월하고자 하는 것도 곧 유한한 육체성에서 무한한 정신성으로의 전환을 꾀하기 위해서다. 이렇게 보면, 알맹이의 코드에 의해 지상적 생명(육체)을 얻게 되고, 천상의 코드에 의해 영원한 정신을 얻는 것이 된다.

마지막으로 그는 '몸'의 변환 코드인 '둥구나무'를 사용하여 지상과 천상을 통합하는 시 텍스트를 건축한다. 「둥구나무」의 텍스트가 이에 해당한다. 둥구나무(시인의 몸)는 대지의 중앙에 좌정하여 그 뿌리로써 동서남북의 대립된 의미를 모두 빨아들여 "한솥밥/ 수액"으로 융합한다. 이에 따라 지상적 세계인 '알맹이 코드', '껍데기 코드', '쇠붙이 코드'까지 모두 하나로 융합된다. 둥구나무에는 어떠한 분별도 차별도 존재하지 않는다. 동시에 둥구나무는 천상을 향하여 수직상승하면서 육체성의 삶의 원리를 정신적인 삶의 원리로 전환시켜 나간다. 그렇다고 해서 지상적 삶을 초월하는 것은 아니다. 언제나 대지에 뿌리박고 있기 때문이다. 뿐만 아니라 천지를 매개하는 둥구나무는 우주 순환의 원리를 따르면서 주기적으로 자기 갱신을 한다. 곧 영생의 나무인 셈이다. 따라서 이 텍스트의 건축구조는 천·지·인이 통합되어 우주 순환을 따라 운행하는 원형공간이 된다. 이 원형공간은 신생의 인간 역사가 시작 되는 곳으로서 영원한 인간의 생명과 정신을 담게 된다.

▶ 제 8 장 ◀
신경림의 시 텍스트

▶제 8 장◀ 신경림의 시 텍스트

언술 주체에 따른 시적 코드의 구성 원리

I. 서론

신경림의 첫 시집 『농무』는 그를 한국현대시문학사의 반열에 들게 하는데 하나의 디딤돌 역할을 했다고 할 수 있다. 그만큼 시집 『농무』가 개성적일 뿐만 아니라 문학적인 내용과 형식에 있어서도 일정한 문예미학적인 성과를 거두고 있기 때문이다. 물론 신경림 자신에게도 『농무』는 중요한 의미를 지닌다. 그는 『농무』를 통해 이룬 성과를 바탕으로 그의 시세계를 확장할 수 있는 시창작 시론까지 겸비하기에 이른다. 그의 시창작 시론을 구체적으로 명명하자면 '민중시론'이라고 할 수 있다. 그는 '민중시론'을 근거로 하여 '민중-현실'에 대한 시적 소재를 폭넓게 수용하는 동시에 다양한 시적 형식을 실험하게 된다. 예컨대, 민요나 무가 장르를 이끌어와 시창작 원리로 원용한 것이 바로 그 대표적인 사례이다. 『농무』 이후 발간된 『새재』, 『달넘새』, 『남한강』 등은 이를 통해서 얻은 귀중한 소산물이다. 이로 미루어 본다면 『농무』는 단순하게 첫 시집으로 끝나는 것이 아니라 이후의 시집들을 창조하는데 하나의 원천 작용을 하고 있는 것이 된다.

그러므로 신경림의 통합적인 시세계를 해명하기 위해서는 먼저 그 원천 작용을 하고 있는 『농무』의 시적 코드와 의미작용을 제대로 밝혀내야 할 것이다. 대부분의 기존 연구를 보면, 첫 시집 『농무』에 대한 시적 코드 원리를 구체적으로 해명하지 않은 채, 그 시적 주제가 어떻게 이후의 시집들에서 변화되고 있는지를 통시적으로 조망하고 있다.[1] 달리 표현하면 주로 신경림이 전개한 '민중시론'에 초점을 두고 그 시적 의미의 변화 양상을 조망하고 있다는 점이다. 이럴 경우, 시인의 시적 정신의 변화 과정은 명료하게 제시할 수 있으나, 시 텍스트를 구축하는 원리인 시적 코드의 변환 과정은 명료하게 제시할 수 없게 된다. 시적 정신이 텍스트에서 나타난 추상적 의미라면 시적 코드는 텍스트를 구조화하는 구체적인 원리이다.

그렇다고 해서 『농무』만을 대상으로 한 연구가 거의 진행되지 않고 있다는 것은 아니다. 드물지만 『농무』에 대한 기존 연구의 한계를 극복하기 위해 다양한 연구 방법론을 원용하여 분석한 논문들이 나오고 있다.[2] 이 경우, 연구 방법론의 다양성이란 측면에서 그 의의를 충분히 인정받을 수 있을 것이다. 하지만 그 다양성에도 불구하고 실제 『농무』를 분석해서 도출한 거시적 결과를 보면, 기존 연구의 한계를 크게 넘어선 것처럼 보이지 않는다. 다만 미시적 부분에서는 기존 연구와의 변별성을 어느 정도 확보한 것으로 보인다. 그리고 덧붙여 언급하자면 텍스트의 구조에 대한 논의가 부족하다는 점도 하나의 아쉬움으로 남는다고 하겠다.

---

1) 근래의 기존 연구로는 고현철(2006. 12), 「신경림 시의 장르 패러디 연구」, 『한국문학논총』 제44집, 한국문학회 ; 공광규(2004. 12), 「신경림 시의 풍자적 상상과 창작방법」, 『한국문예창작』 제6호, 한국문예창작학회 ; 박몽구(2005. 4), 「신경림 시와 민중제의의 공간」, 『한중인문학연구』 제14집, 한중인문학회 ; 양문규(2006. 4), 「신경림 시에 나타난 공동체의식 연구」, 『어문연구』 50, 어문연구학회 ; 정민(2008. 8), 「신경림 시론의 변화 양상과 그 의미」, 『한국현대문학연구』 25, 한국현대문학회 등이 있다.
2) 『농무』만을 대상으로 한 연구로는 강정구(2004. 3), 「신경림의 시집 『농무』에 나타난 탈식민주의 연구」, 『어문연구』 121호, 한국어문교육연구회 ; 서범석(2006. 8), 「신경림의 『농무』 연구 - 농민시적 성격을 중심으로」, 『국제어문』 제37집, 국제어문학회 ; 양병호(1999. 1), 「『농무』의 인지의미론적 연구」, 『국어문학』 34, 국어문학회 ; 오수연(2007. 8), 「『농무』의 문체 연구」, 『비평문학』 제26호, 한국비평문학회 등이 있다.

이와 같은 점에서『농무』의 시적 코드 원리를 명료하게 분석해야할 당위성이 요구된다고 할 수 있다. 그래서 본고에서는 언술 주체를 중심으로 시적 코드 원리를 분석하고자 한다. 그 분석을 위해 이항대립을 기본으로 하는 기호론과 가장 기본적인 라캉의 주체성 형성 이론을 원용할 것이다. 라캉에 의하면 주체성은 상상계적 주체와 상징계적 주체와의 변증법적 과정에 의해 형성이 된다. 상상계적 주체는 이상적 자아로서 타자의 욕망과 자아의 욕망을 구별하지 못하는 오인의 구조 속에 있다. 그럼에도 불구하고 자기가 욕망하는 대상이 자아의 결핍된 욕망을 채워줄 것이라 믿는다. 하지만 상징계적 주체, 곧 사회적 자아로 들어서면서 그것이 허구임을 깨닫게 된다. 그렇다고 해서 자아의 욕망이 사라지는 것은 아니다. 그 허구를 대신할 수 있는 타자에 대한 욕망을 다시 욕망하기 때문이다. 그러므로 실재계에 나타나는 이러한 틈새, 구멍이 곧 무의식적 욕망이다.3) 그 무의식적 욕망에 의해 주체는 분열과 통합의 과정을 겪게 된다. 신경림의 시 텍스트를 산출하는 언술 주체역시 그러한 무의식적 욕망을 보여주고 있다. 그의 언술 주체는 상상계와 상징계를 오가면서 주체의 분열을 겪고 있으며, 그 과정을 통해 주체의 정체성을 확립하고자 하는 욕망을 보여주고 있다. 본고에서는 이러한 것을 중심으로 텍스트를 탐색할 것이다.

Ⅱ. '우리-농촌'의 시적 코드와 분열되는 주체성

언술 주체로 보면 시집『농무』는 이항대립의 시적 코드로 구조화 되어 있다. 그 이항대립은 다름 아닌 '나/너', '우리들/너희들'로 나타난다. 뿐만 아니라 언술 주체가 산출해내는 시적 공간 또한 '농촌/도시(서울)'라는 이항대립의 구조로 나타난다. 언술 주체와 시적 공간을 통합해 보

---

3) 자크 라캉, 권택영 엮음(1997), 「라캉의 욕망이론」,『욕망이론』, 문예출판사, pp.15~22. 참조.

면, '나-우리'는 '농촌'과 결합하고 '너-너희들'은 '도시'와 결합한다. 그러므로 결국 '나·우리-농촌'과 '너·너희들-도시'로 이항대립이 되는 셈이다. 물론 이러한 이항대립의 구조는 정적으로 고착되어 있는 것은 아니다. 그 兩項이 주체들의 욕망에 따라 상호 배척·융합하는 흐름을 보여주고 있기 때문이다. 이에 따라 언술 주체는 정립된 주체, 고정된 주체가 아니라 타자와의 관계에 의해 과정 중에 있는 주체, 분열되는 주체로 존재한다.

먼저 '우리-농촌'의 시적 코드에 의한 언술 주체의 양상을 구체적으로 탐색해 보기로 한다. 이 코드에 의하면, '우리'는 상상계적 자리와 상징계적 자리 어느 쪽에도 위치하지 못하는 분열 양상을 보여준다. 동시에 '우리'라는 복수의 언술 주체도 '우리 속의 개체(나)'로 분열되고 갈등하는 모습을 보여주고 있다. 신경림의 시적 욕망은 이렇게 분열되는 주체를 극복하고 단일한 주체, 상징계적 주체를 정립하는 데에 있다. 하지만 그러한 욕망에도 불구하고 언술 주체는 타자 의식을 결여한 채 상징계적 주체 자리에서 늘 미끄러지고 있다. 그래서 농촌을 억압하는 지배권력의 담론을 극복하지 못하고 농촌에서 타자화되는 주체성을 보여주게 된다. 신경림의 대표작 중의 하나인 「겨울밤」을 통해서 그것을 검증해 보도록 하자.

> 우리는 협동조합 방앗간 뒷방에 모여
> 묵내기 화투를 치고
> 내일은 장날. 장꾼들은 왁자지껄
> 주막집 뜰에서 눈을 턴다.
> 들과 산은 온통 새하얗구나. 눈은
> 펑펑 쏟아지는데
> 쌀값 비료값 얘기가 나오고
> 선생이 된 면장 딸 얘기가 나오고.
> 서울로 식모살이 간 분이는
> 아기를 뱄다더라. 어떡헐거나.

술에라도 취해 볼거나. 술집 색시
싸구려 분 냄새라도 맡아 볼거나.
우리의 슬픔을 아는 것은 우리뿐.
올해에는 닭이라도 쳐 볼거나.
겨울밤은 길어 묵을 먹고.
술을 마시고 물세 시비를 하고
색시 젓갈 장단에 유행가를 부르고
이발소집 신랑을 다루려
보리밭을 질러 가면 세상은 온통
하얗구나. 눈이여 쌓여
지붕을 덮어 다오. 우리를 파묻어 다오.
오종대 뒤에 치마를 둘러 쓰고
숨은 저 계집들한테
연애 편지라도 띄워 볼거나. 우리의
괴로움을 아는 것은 우리뿐.
올해에는 돼지라도 먹여 볼거나.

—「겨울밤」 전문

　　이 텍스트를 구축하는 이항대립적 코드는 '우리/너희들'이다. '너희들'
을 전제로 한 것이 '우리'이기 때문이다. 물론 '너희들'은 이 텍스트에서
무표화되어 있지만 말이다. '우리/너희들'의 대립은 농촌과 도시, 피지
배와 지배라는 의미소를 산출하게 한다.[4] 타자인 '너희들'은 도시를 기
반으로 한 지배 권력자로서 '우리'의 슬픔과 괴로움을 몰라주고 있을 뿐
만 아니라 우리들의 쌀값, 비료값, 양계사업, 양돈사업 등을 배후에서
조종하고 있기 때문이다. 이러한 거시적 구조인 '우리/너희들'의 대립적

---

4) '너희들'이 '도시'와 결합될 수밖에 없는 것은 '너희들'이 농사를 짓는 '우리'와
　대립되는 공간에 있기 때문이다. 신경림 시에서 그 공간은 서울이라는 '도시'
　로 나타난다. 이 텍스트에서도 알 수 있듯이, 우리들 중의 하나인 '분이'도 너
　희들이 있는 '서울'로 가서 결국 아기를 배는 미혼모가 되고 만다.

코드는 언술 주체로 하여금 '우리'의 욕망을 가시적으로 드러내게 하는 동인이 되고 있다.

그런데 문제는 언술 주체인 '우리'가 상징계적 타자인 '너희들'의 무관심과 교란을 극복하지 못하고 자기 분열의 무의식적인 욕망을 보여주고 있다는 점이다. 요컨대 농민으로서의 자기 주체성을 상실하고 있다는 점이다. 그 과정을 살펴보도록 하자. 언술 주체 '우리'가 상징계적 타자인 '너희들'의 세계로 들어가기 전에는 의식과 무의식이 융합된 단일한 주체로 존재하게 된다. 예컨대 '방앗간 뒷방'에서 화투칠 때의 모습이 바로 그것이다. 화투를 치는 것은 일종의 '놀이'[5]로서 시간의 향유에 지나지 않는다. 이는 농촌의 시공간과 '우리'가 갈등 없이 하나로 융합되고 있음을 시사해 준다. 우리에게 '뒷방'은 상상계적 타자의 공간으로 은유화되고 있는 것이다. '뒷방'을 기호론적으로 분석해 보면, 접사 '뒤 -'는 '앞-'을 전제로 한 기호로써 개방과 대립되는 폐쇄적 의미를 부가해주는 작용을 한다. 이에 따라 '뒷방'은 개방과 대립되는 닫힌 공간, 곧 폐쇄적인 공간이 되고 있다. 더욱이 바깥에는 '눈'[6]이 펑펑 내리면서 '뒷방'을 감싸고 있기에 그 내밀성은 더욱 높아질 수밖에 없다. 그 내밀한 방의 이미지를 비유적으로 표현한다면 자궁 이미지라고 할 수 있을

---

5) 이 텍스트에서 화투는 일종의 놀이로서 기능하지만 이것이 텍스트 전체 의미를 지배하는 민중들의 놀이로 확대되지는 않는다. 박몽구는 '화투' 놀이를 확대 해석해 이 텍스트에 놀이를 통한 민중들의 일상적인 삶을 담고 있다고 하는데, 지나친 비약이 아닐까 사료된다.(박몽구(2005. 4), 앞의 논문, p.180. 참조.)
6) 이 텍스트에서 '눈'은 두 가지 매개 작용을 한다. 먼저 눈은 자연적 기표로써 인간이 사는 뒷방의 내밀성을 높여주는 긍정적인 의미작용을 한다. 이러한 내밀성에 의해 '우리'의 공동체적인 무의식의 욕망은 더욱 강화된다. 이와 달리 눈은 '우리'의 의식과 무의식을 가르게 하는 계기를 제공해 준다. 이런 점에서는 부정적인 의미작용을 하는 셈이다. 산과 들의 경계를 무화시키는 눈은 "평화와 평등의 이미지"(유종호(1995), 「서사 충동의 서정적 탐구」, 구중서·백낙청·염무웅 편, 『신경림 문학의 세계』, 창작과비평사, p.55.)로써 '우리'에게 작용한다. 하지만 우리는 그 이미지를 통해서 역설적으로 평등하지 못한 우리의 삶을 들여다보게 된다. 이로 인하여 '우리'는 분열하는 주체로 전환된다.

것이다. 자궁의 안의 태아가 가장 행복한 상태로 있었던 것처럼 '뒷방'의 우리 또한 그렇게 존재하고 있다.

하지만 그 '뒷방'의 상상계적 세계는 오래가지 않는다. 그것은 '눈'에 의해서다. 각주6)에서 언급했듯이, '눈'은 긍정적인 의미와 부정적인 의미로 동시에 작용하는 매개항이다. 내밀한 공간을 만들 때와 달리, '눈'이 부정적으로 작용하는 것은 '뒷방'과 대립되는 '너희들'의 세계, 곧 상징계적 현실을 불러오고 있기 때문이다. 그것은 다름 아닌 상징계적 담론으로서 그 대상은 '쌀값, 비료값, 선생이 된 면장 딸, 식모살이를 하다 아기를 밴 분이' 등이다. 예의 상징계적 담론이 생겨나자 '뒷방'은 억압받는 공간으로 전환되고 만다. 마찬가지로 언술 주체인 '우리' 역시 상징계에 진입하고 만다. 그 진입은 절망과 분노만 생성시켜주고 있다. 특히 면장의 '딸'과 농민의 딸인 '분이'의 대립은 더욱 더 그러한 모습을 보여준다.7) 결국 상징계적 담론은 '가난/부, 약자/강자, 피지배/지배, 농촌/도시'라는 대립적 의미를 산출해 주게 된다.

그렇다면 이에 대한 '우리'의 욕망은 어떻게 나타날까. "어떡헐거나"라는 언술에서 알 수 있듯이, '우리'의 욕망은 일종의 망설임 상태를 보여주고 있다.8) 그 망설임은 다름 아닌 실재계의 주체인 '우리'의 의식에 구멍을 내려는 순간을 의미한다. 말하자면 상징계적 주체를 포기하고 상상계적 주체로 환원하려는 무의식적인 욕망 상태라고 할 수 있다. 그 욕망은 '—거나'류 투의 언술로 구조화되어 나타난다. "어떡헐거나" 다

---

7) 면장은 자본과 권력의 말단에 위치한 사람이다. 그러므로 '우리'와 같은 존재가 아니고 적어도 '너희들'에게 속하는 존재이다. 면장의 딸이 선생이 된 것은 그러한 힘을 입어서이다. 반면에 분이는 자본과 권력이 없는 농민의 딸이기에 식모로 전락하고 있다. 뿐만 아니라 분이가 미혼모가 된 것도 '서울'에 사는 '너희들'의 자본과 권력에 의해서 그렇게 된 것이다. 이렇게 '너희들'은 '우리들'의 딸인 분이의 몸을 하나의 성적 욕망을 배설해 주는 물질적 기계, 물질적 육체로만 여기고 있는 것이다.

8) "어떡헐거나"는 현실적인 억압에 대항할 수 없는 우리들의 무력함에 대한 한탄인 동시에 그것을 해소하기 위한 망설임 상태를 나타낸다. 오수연(2007. 8), 「『농무』의 문체 연구」, 『비평문학』 제26호, 한국비평문학회, p.141. 참조.

음에 곧장 이어지는 "술에 취해 볼거나", "술집 색시/싸구려 분 냄새라
도 맡아 볼거나", "올해에는 닭이 쳐 볼거나" 등이 바로 그 언술이다.
  '술'은 상징계에서는 이성과 대립하는 감성의 기표로 작용한다. 하지
만 상상계에서는 이성과 감성, 곧 의식과 무의식을 통합해주는 심리적
방어기제이다.[9] 마찬가지로 '술집 색시'의 분도 상징계에서는 정신과
대립하는 육체적 기표, 性的 기표이다. 그러나 상상계에서는 정신과 육
체를 통합해주는 어머니와 같은 타자로 작용한다. '우리'가 이러한 기표
를 욕망하는 것은 상징계에서 '우리'의 욕망을 실현시켜줄 상징계적 큰
타자가 없기 때문이다. 다시 말해서 우리들의 슬픔과 괴로움을 해소해
줄 정치, 사회적 지도자나 제도가 없기 때문이다. 이 텍스트. '후반부'[10]
에 해당하는 "저 계집들한테/ 연애 편지라도 띄워 볼거나"라는 언술도
예외는 아니다. 뿐만 아니라 언술 주체 '우리'는 자연적 기호인 '눈'을 통
해서도 상상계적 세계에 위치하려고 한다. 펑펑 쏟아지는 눈에게 "우리
를 파묻어 다오"라고 하는 언술이 바로 그것이다. 이것은 죽음을 향한
일종의 타나토스 의식으로써 상상계적 세계를 보여준다. 즉 자아가 죽
게 되면, '죽음'이라는 타자가 전적으로 '자아'의 모든 욕망을 해결해 주
기에 '자아'는 행복한 상태를 유지할 수 있는 것이다. 이렇게 보면 '술',
'술집 색시', '계집들', '눈' 등은 그 기호가 각기 다름에도 불구하고 그
의미작용으로 볼 때에는 등가 관계에 놓인다. 언술 주체 '우리'의 욕망
을 상상계적 세계에 위치시키는 매개 기능을 하기에 그런 것이다.
  그러나 '―거나'투의 언술 모두가 상상계에 위치하려는 욕망을 보여

---

9) 사실 방어기제란 무의식의 기제들을 전도시킨 것에 지나지 않는다. 권택영
   (1997), 앞의 책, p.84.
10) 「겨울밤」의 시 텍스트를 의미구조로 보면 전반부와 후반부로 나누어진다. 1
   행에서 14행까지가 전반부이고, 15행부터 26행까지가 후반부이다. 이렇게
   나누어지는 이유는 1행에서 14행까지의 언술 내용과 15행부터 26행까지의
   언술 내용이 대응하고 있기 때문이다. 그래서 전반부의 14행을 마무리하는
   "쳐 볼거나"와 26행을 마무리하는 "먹여 볼거나"가 대응하고 있는 것이다.
   좀 더 부연하면 후반부는 전반부의 구조를 그대로 반복하면서 그 내용만 달
   리한 것이 된다.

주고 있는 것은 아니다. '우리'의 언술 속에 상징계에 위치하려는 무의식적인 욕망이 배어 있기에 그러하다. 이 지점에서 '우리'의 주체성은 분열되고 갈등하는 모습을 보이게 된다. 예컨대 "올해에는 닭이라도 쳐볼거나(14행 - 전반부 끝)", "올해에는 돼지라도 먹여 볼거나(26행 - 후반부 끝)"라는 언술이 바로 그것이다. 양계 · 양돈 사업은 상징계적 타자들(너희들)이 제시하는 일종의 농민을 위한 정책이다. 따라서 '우리'가 양계 · 양돈 사업을 한다는 것은 상징계적 타자들의 욕망과 우리들의 욕망을 동일시한다는 의미이다. 이것은 거세 콤플렉스를 받아들이고 상징계로 진입하려는 욕망과도 같은 것이다. 물론 그것이 실현되지 않고 미정 상태에 있기 때문에 상징계에 위치한 것은 아니다. 여전히 상상계에 머물러 있는 셈이다. 하지만 상상계와 상징계를 동시에 욕망하는 무의식으로 인하여 '우리'는 분열의 주체, 갈등의 주체를 벗어나지 못하고 있다.

결국 상상계에 위치할 수 없는 '우리'는 다시 상징계적 현실로 돌아올 수밖에 없다. 상징계적 현실은 "우리의 슬픔을 아는 것은 우리뿐", "우리의/ 괴로움을 아는 것은 우리뿐"인 세계이다. 이러한 언술에 대하여 '부조리한 현실을 타파하기 위한 결연한 의지의 역설적인 표현'[11]이라고 할 수 있으나 텍스트의 구조적 의미로 보면, 상징계적 타자와의 관계 속에서 '우리'로서의 주체성을 세우지 못한 무의식적인 자기 위안의 표현이다. 우리의 '슬픔'과 '괴로움'은 본래부터 주어진 것이 아니라 상징계적 타자에 의한 억압에서 생겨난 것이다. 그럼에도 '우리'는 상징계적 타자에 대하여 저항하지도 않고 있다. 말하자면 상상계적 특징인 공격성이나 증오도 보이지 않고 있다.[12] 그 이유는 상징계적 담론을 전복시킬 만한 언술 주체의 담론이 결여되고 있기 때문이다. 이 텍스트를 지배하는 정서가 '기쁨'과 대립하는 '슬픔', '즐거움'과 대립하는 '괴로움'이 된 것도 이에 기인한다. 기쁨과 즐거움의 정서를 기호론적 의미작용

---

11) 양문규(2006. 4), 앞의 논문, p.255.
12) 권택영(1997), 앞의 책, p.29. 참조.

으로 보면, 상승의 의미를 산출하고, 슬픔과 괴로움은 하강의 의미를 산출한다. 하강하는 텍스트, 그것은 곧 주체의 억압을 의미한다.

이와 같이 '우리'가 주체성을 정립하지 못할 때, 언술 주체 '우리'는 상징계적 현실로 뚫고 나가지도 못한 상태가 되고, 동시에 상상계적 현실로 안주하지 못하는 상태가 된다. 달리 말하면 부표처럼 떠도는 무의식의 타자로만 존재하고 있는 셈이다. 「농무」역시 이러한 코드를 보여주는 대표적인 텍스트이다.

> 징이 울린다 막이 내렸다
> 오동나무에 전등이 매어달린 가설 무대
> 구경꾼이 돌아가고 난 텅빈 운동장
> 우리는 분이 얼룩진 얼굴로
> 학교 앞 소줏집에 몰려 술을 마신다
> 답답하고 고달프게 사는 것이 원통하다
> 꽹과리를 앞장세워 장거리로 나서면
> 따라붙어 악을 쓰는 건 쪼무래기들뿐
> 처녀애들은 기름집 담벽에 붙어 서서
> 철없이 킬킬대는구나
> 보름달은 밝아 어떤 녀석은
> 꺽정이처럼 울부짖고 또 어떤 녀석은
> 서림이처럼 해해대지만 이까짓
> 산구석에 처박혀 발버둥친들 무엇하랴
> 비료값도 안나오는 농사 따위야
> 아예 여편네에게나 맡겨 두고
> 쇠전을 거쳐 도수장 앞에 와 돌 때
> 우리는 점점 신명이 난다
> 한 다리를 들고 날나리를 불꺼나
> 고갯짓을 하고 어깨를 흔들꺼나

—「農舞」전문

이 텍스트에서 '우리'는 농민인 동시에 유랑생활을 하는 사당패 일원이다. 그러므로 정착과 유랑이라는 모순된 의미를 지닌 존재로서 '우리'가 되는 셈이다. 유랑생활을 구체적으로 보여주는 것은 '가설무대'이다. '가설무대'는 '상설무대'를 전제로 한 기호로써 '정착·항구'와 대립하는 '유랑·임시'라는 의미를 산출한다. 이것이 바로 가설무대의 제1차적인 의미이다. 텍스트 내에서 제2차적인 의미는 두 가지로 변별되어 나타난다. 그것은 다름 아니라 가설무대의 막 오름과 막 내림이다. 막 오름은 농무의 신명으로써 '우리'의 의식과 무의식을 아무런 갈등 없이 융합해 주는 시공간이다. 예컨대 막 오른 '가설무대'는 「겨울밤」에서의 '뒷방' 코드의 변환이라고 할 수 있다. '뒷방' 코드가 화투를 치는 놀이공간으로서 우리의 의식과 무의식을 갈등 없이 융합해 주고 있기 때문이다. 이에 비해 징이 울리고 가설무대의 막이 내리게 되면 신명이 사라지면서 상징계적인 억압의 현실로 복귀하게 된다.

막이 내렸을 때, '우리'가 '분이 얼룩진 얼굴'로 '술'을 마시러 간 것도 이에 기인한다. 앞에서 논의 했듯이 '술'은 상징계에 주체를 위치시키기보다는 상상계에 위치시키는 매개 작용을 한다. 그리고 그 상상계는 '분이 얼룩진 얼굴'과 밀접한 관계를 맺는다. '분이 얼룩진 얼굴'은 상상계적 주체와 상징계적 주체가 혼합된 위장(僞裝)의 얼굴이다.[13] '얼룩진'에서 알 수 있듯이, 분을 완벽하게 칠한 얼굴도 아니고 분을 모두 지운 얼굴도 아니다. 물론 가설무대에 섰을 때에는 분을 완벽하게 칠한 얼굴이었다. 가설무대에서의 분의 얼굴은 상징계에 위치한 얼굴이다. 이때의 '우리'는 보는 주체인 동시에 타자에 의해 보여지는 주체가 되기도 한다. 타자에 의한 응시는 주체에게 거세공포를 형성하는 동인이 된다.[14] 따라서 주체는 무의식적인 분열을 일으키게 된다. 하지만 이 텍

---

13) 시 텍스트에 언술된 '분'을 애매성의 언어로 보고 漢字인 '憤과 粉'으로 나누어 '분노'와 '분가루'로 분석한 경우가 있다.(양병호(1999. 1), 앞의 논문, p.449.) 논의의 발상은 좋으나 텍스트의 전체 구조적 의미와는 그 상관성이 밀접한 것으로 보이지는 않는다.
14) 권택영(1997), 앞의 책, p.195. 참조.

스트에서는 일종의 가면으로서의 얼굴이기에 그 무의식은 크게 작용하지 않는다. 부연하면 자기 주체성이 결여된 상징계의 얼굴에 불과하니까 말이다. 그래서 분을 하기 전의 맨 얼굴은 진짜 상징계의 얼굴을 감싸고 있는 거짓 상징계의 얼굴이 되는 셈이다. 그런데 농무의 신명이 끝나고 분이 얼룩진 얼굴이 되자 차츰 진짜 상징계의 얼굴이 나오고 있다. 그러자 무의식이 주체를 분열시키는 언술을 하게 만든다. 곧 "답답하고 고달프게 사는 것이 원통하다"라는 언술이다. 상징계적 타자들을 향한 내면의 저항적 언술이라고 볼 수 있다. 그렇다고 해서 주체를 상징계에 위치시킨 것은 아니다. 주체는 진짜와 거짓 상징계 사이에 있는 것이다.

'우리'가 "꽹과리를 앞장세워 장거리로 나서"는 것은 진짜와 거짓의 갈등을 해소하기 위해서다. 즉 무의식에 의해 산출된 현실적인 원통한 삶을 잊어버리고 농무의 신명을 연장하기 위해서다. 농무의 신명은 무의식으로 하여금 상징계적 현실을 끄집어내려는 것을 억압하는 기호로 작용하기 때문이다. 비록 가면의 얼굴로서 행하는 것이지만 말이다. 그러므로 장거리는 '가설무대'의 코드가 변환된 기호에 지나지 않는다. 부연하면 가설무대의 연장이 곧 장거리인 셈이다. 장거리의 농무 신명을 따르고 보는 무리는 '쪼무래기들'과 '처녀애들'뿐이다. 어른들과 대립되는 이들은 거의 상상계적 세계에 속하는 기표들이다. 특히 '쪼무래기들'은 농무의 신명을 더해주는 협조자로서 긍정적인 의미작용을 한다.[15] 어른들은 장거리에서 농무를 연행하는 '우리'의 가면적인 상징계의 얼

---

15) '쪼무래기들'은 상징계적 삶을 살고 있는 어른들과 달리 아직 대사회적인 삶의 억압을 받지 않는 아이들이기 때문에 상상계적 특성을 지닌다. 이에 비해 '처녀애들'은 '처녀'라는 성년의 의미와 '아이'라는 미성년의 의미를 동시에 지니고 있기 때문에 상징계와 상상계의 특성을 모두 지니게 된다. 텍스트에서 '쪼무래기들'은 '우리'를 따르며 함께 농무에 참여하고 있지만, 이에 비해 '처녀애들'은 담벽에 붙어 서서 농무를 바라보며 철없이 웃고만 있다. 이것은 상징계적 의식이 그들로 하여금 농무에 대한 직접적인 참여를 억압하고 있기에 그러한 것이다.

굴들을 모두 외면하거나 멀리하고 있지만, '쪼무래기들'은 그 가면적인 상징계의 얼굴들을 상상계적인 얼굴로 오인하여 자기들과 동일시하고 있다.[16) 그리고 협조자 아이들과 함께 보름달까지 밝으면서 그 농무의 신명은 더해가게 된다.

천상계의 기호인 '보름달'은 그 빛으로써 지상적 사물들의 무게를 지우고 가볍게 뜨게 하는 의미작용을 한다.[17) 그래서 신명을 탄 우리 중의 "어떤 녀석은/ 꺽정이처럼 울부짖고 또 어떤 녀석은/ 서림이처럼 해해대며" 가면적 얼굴인 상징계적 자아의 욕망을 표출・해소하기에 이른다. 결국 울부짖고 해해대는 가운데 상징계적 자아의 의식은 가벼워지게 된다. 하지만 문제는 언술 주체인 '우리'가 '어떤 녀석들'의 그런 행위를 보는 순간, 언술 주체인 '우리'가 분열되고 있다는 점이다. 울부짖고 해해대는 행위와 산구석의 농사를 '이까짓 것'이라고 언술하여 그 대상을 모두 부정하고 있기 때문이다. 이것은 '우리'의 언술이 아니고 '우리 속의 나'로 분열된 개별적인 '나'의 언술이다. '우리'와 '나' 사이에 틈이 생겨나고 있는 것이다. 다시 말해서 울부짖고 해해대는 녀석들은 타자로서 '나'를 무의식적으로 상징계에 위치하게 만들고 있는 것이다. 물론 그 틈을 생기게 한 것은 상징계적 삶(분칠한 얼굴)의 의식을 뚫고 나오는 맨 얼굴의 목소리이다. 농무와 농사를 부정하는 맨 얼굴의 목소리는 상징계적 타자, 곧 '너희들'의 불가시적인 욕망에 포섭되는 언술을 하게 된다.[18) '너희들'은 거대한 지배 세력으로서 '우리'의 욕망을 소유

---

16) 상상계의 특성 중의 하나는 나르시시즘에 의한 자기 오인이다. 가령, 어린아이는 거울에 비친 자아의 이미지처럼 어머니도 그의 욕망에 따라 반응해 주리라고 생각한다. 하지만 어머니의 욕망은 현실적으로 어린아이의 욕망과는 다르게 나타난다. 그럼에도 어린아이가 이를 욕망하는 것은 오인에 의한 나르시시즘 때문이다. 엘리자베드 라이트, 권택영 옮김(1995), 『정신분석비평』, 문예출판사, pp.146~147. 참조.
17) 김열규(1992), 「달의 미학」, 『한국문학사』, 탐구당, p.263.
18) '무의식은 스스로를 부정하는 속성을 갖고 있는데'(김승희(2001), 「1/0의 존재론과 무의식의 의미작용」, 『현대시 텍스트 읽기』, 태학사, p153. 참조.) 이 텍스트에서 그 부정은 상징계적 타자들의 자본적 논리를 무조건 수납하게

하고 조종하는 존재들이다. 그러므로 '너희들'의 정체에 대한 탐색 없이 '너희들'의 논리를 무의식적으로 따르게 된다면 종국에는 '너희들'의 타자화된 존재로 전락할 수도 있다. 그럴 경우, 농촌에서도 타자가 되고, 농촌을 떠난 도시에서도 타자가 될 것이다.

자기 주체성을 정립하지 못한 언술 주체 '우리 속의 나'는 무의식적으로 강자인 '너희들'의 논리를 그대로 재생산하기도 한다. 농사 따위는 '아예 여편네에게 맡겨 두고' 탈농하겠다는 언술이 바로 그것이다. 강자인 '너희들'이 '우리들'의 비료값, 쌀값 등을 너희들의 욕망대로 정하듯이, '우리 속의 나' 역시 나의 욕망대로 농사를 여편네에게 강제로 맡기려고 한다. '우리'가 '너희들'의 소유물이 아니듯이 '여편네' 또한 '나(남편)'의 소유물이 아니다. 그런데도 불구하고 '나'는 '여편네'를 무의식적으로 소유하거나 종속시키려고 한다. 이렇게 '나'의 무의식에는 '농사=여성'이라는 열등의 기호가 자리 잡고 있는 것이다.[19]

그러나 '나'의 무의식은, "쇠전을 거쳐 도수장 앞에 와 돌 때"에 다시 공동체적인 '우리' 속으로 스며들어가 숨어버리게 된다. 예컨대 농무의 신명이 그 무의식적 언술을 억압하여 그 노출을 제지하고 있는 것이다. 그래서 '나'는 농무의 신명을 타는 공동체적인 '우리'로 다시 회복하게 된다. 그렇다고 해서 그 무의식이 사라진 것은 아니다. 억압되어 잠재해 있을 뿐이다. 농무가 신명나는 축제 속의 유희가 아니라 하나의 허탈한 거짓 몸짓에 지나지 않는 것[20]도 이에 연유한다. 「겨울밤」처럼 「농무」 역시 상징계에 위치하려는 주체와 이를 거부하려는 주체의 반복에 의해 건축되고 있는 텍스트이다. 동시에 언술 주체가 '우리'와 '우리 속의 나'로 분열되기도 하고 다시 '우리'로 결합되기도 하는 코드에 의해 건축되고 있는 텍스트이기도하다. 이러한 분열과 결합은 '신명(분

하는 것으로 작용하고 있다.

19) 이런 점에서 이 텍스트의 '여편네'는 「겨울밤」에서의 '술집 색시'가 코드 변환한 기호라고 할 수 있다.

20) 조태일(1995), 「열린 공간, 움직이는 서정, 친화력 - 시집 『농무』를 중심으로」, 구중서·백낙청·염무웅 편, 『신경림 문학의 세계』, 창작과비평사, p.150.

칠한 얼굴)'과 '신명 아닌 것(맨 얼굴)'으로 작용한다. 감정적 가치를 나타내는 신명을 기호론적 의미작용으로 보면 상승 지향적이다. 그래서 성취의 개념으로 상상된다. 이에 비해 신명 아닌 것은 하강 지향적인 것으로써 공허감이나 혼미의 뜻으로 상상된다.[21] 그러므로 이 텍스트는 상승과 하강을 반복하는 공간적 의미작용을 하고 있는 셈이다. 예의 그 상승과 하강의 반복은 언술 주체인 '우리'의 분열과 결합이라는 것과 등가 관계에 놓인다. 언술 주체의 분열은 '나-도시'로서의 주체를 욕망하는 것이고, 결합은 '우리-농촌(농무)'으로서의 주체를 욕망하는 것이다.

Ⅲ. '나-도시'의 시적 코드와 분열되는 주체성

『농무』를 구축하고 있는 언술 주체 '우리'는 타자인 무의식에 의해 공동체적인 주체성을 정립하지 못하고 개별적인 '나'로 분화되는 양상을 보인다. 자기 주체성은 스스로 구성하는 것이 아니라 타자와의 관계에 의해 구성된다.[22] 그런데『농무』에서의 '우리'는 타자인 '너희들'과의 구체적이고 직접적인 관계를 형성하지 못하고 있다. 그럴 수밖에 없는 것은 '우리'와 대립하는 '너희들'의 존재가 텍스트 내에 현존하지 않고 그 외부에 불가시적으로 존재하고 있기 때문이다. 이로 인해서 상징계적 타자를 통한 주체를 구성하지 못하고 '우리' 자신의 현실과 내면세계만을 토로하고 있다.『농무』에 대하여 "절망과 분노, 체념과 실의 같은 자포자기적 감정의 잔재를 극복하지 못한 측면"[23]이 있다고 하거나, "농촌의 본래적 삶 속에 내재된 신명과 허물어져가는 농촌의 삶에 대한 울분어린 체념적 정서를 대비시키는 구도"[24]라고 본 것도 여기에 기인한다.

21) 김태옥(1993), 「원형상징」, 『은유와 실제』, 문학과지성사, pp.114~115. 참조.
22) 김승희(2001), 앞의 책, pp.83~84. 참조.
23) 염무웅(1995), 「민주의 삶, 민족의 노래」, 구중서・백낙청・염무웅 편, 『신경림 문학의 세계』, 창작과비평사, p.80.
24) 박혜경(1995), 「토종의 미학, 그 서정적 감정이입의 세계」, 구중서・백낙

이렇게 자기 주체성을 정립하지 못한 언술 주체 '우리'는 불가시적인 억압을 탈피하기 위해 농촌을 떠나 막연하게 도시인 '서울'로 가고자 한다. 가령, "약장사 기타 소리에 발장단을 치다 보면/ 왜 이렇게 자꾸만 서울이 그리워지나"(―「파장」), "나는 장정들을 뿌리치고 어느/ 먼 도회지로 떠날 것을 꿈꾸었다."(―「失明」), "우리의 피가 얼룩진/ 서울로 가는 길을/ 굽어 보며"(―「서울로 가는 길」) 등에서 그러한 욕망을 확인할 수 있다. 요컨대 '서울 동경'인 셈이다. 이에 따라 '농촌'과 '서울'의 대립은 '주변/중심, 가난/부자, 열등/우등, 전근대/근대, 여성성/남성성, 절망/희망, 부정/긍정' 등의 다의적인 대립적 의미를 산출하게 된다. 그러나 언술 주체 '우리'가 정작 '서울'을 구성하는 삶의 원리 속으로 편입되었을 때, '우리=도시'라는 동일시적 환상은 사라지고 '도시의 타자화'라는 것을 경험하고 만다. 도시의 타자화가 되자 언술 주체인 '우리'라는 공동체적인 주체성도 해체되고 만다. 뿐만 아니라 '우리'에서 분화해나간 '나'라는 개별적인 주체도 극심한 분열을 겪는다. 농촌에서는 '우리'가 '우리 속의 나'로 분열되었지만 도회지 속에서는 '나'가 '나―나'로 분열되고 있다. '나―나'의 분열은 농촌과 도시로부터 동시에 타자화되는 결과를 초래한다. 「시외버스 정거장」이 이를 구체적으로 보여주고 있다.

> 을지로 육가만 벗어나면
> 내 고향 시골 냄새가 난다
> 질펀이는 정거장 마당을 건너
> 난로도 없는 썰렁한 대합실
> 콧수염에 얼음을 달고 떠는 노인은
> 알고 보니 이웃 신니면 사람
> 거둬들이지 못한 논바닥의
> 볏가리를 걱정하고
> 이른 추위와 눈바람을 원망한다

청·염무웅 편, 『신경림 문학의 세계』, 창작과비평사, p.108.

어디 원망할 게 그뿐이냐고
한 아주머니가 한탄을 한다
삼거리에서 주막을 하는 여인
어디 답답한 게 그뿐이냐고
어수선해지면 대합실은 더 썰렁하고
나는 어쩐지 고향 사람들이 두렵다
슬그머니 자리를 떠서
을지로 육가 행 시내버스를 탈까
육가에만 들어서면
나는 더욱 비겁해지고

—「시외버스 정거장」전문

이 텍스트에서 '대합실'은 '을지로 육가 안'과 '을지로 육가 밖'을 연결하고 중재하는 매개적 공간이다. 그래서 양항의 의미를 동시에 지닌 모순의 공간으로 나타난다. 을지로 육가 밖은 "고향 시골 냄새가" 나는 공간으로써 농촌의 의미를 산출하는 기호로 작용하고 있다. 이에 비해 무표화된 을지로 육가 안은 타향공간으로써 도시 냄새가 지배하는 기호로 작용한다. 그러므로 '대합실'은 '고향'과 '타향(도시)'의 의미를 동시에 지닌 모순의 공간이 된다. 언술 주체인 '나'가 실제의 고향이 아닌 을지로 육가 밖에서 '고향 냄새'를 느끼는 것은 무의식의 산물이다. 그 무의식은 하나의 이물질로서 상징계에 위치한 주체를 분열시키고 있는 것이다. 그러나 '나'가 춥고 썰렁한 대합실 공간으로 들어서면서 그 무의식은 다시 의식 속으로 숨어들게 된다.

대합실에는 '을지로 육가 밖'의 세계에 해당하는 실제의 '고향 사람들'이 모여 있다. '고향 냄새'라는 추상적인 기호가 '고향 사람'이라는 구체적인 기호로 변환된 공간이 바로 대합실인 것이다. 그리고 '나'는 '을지로 육가 안'에 존재하는 '도시 사람'으로서 그들을 만나고 있기에, 대합실은 '고향과 도시(타향)'의 의미가 혼합된 공간으로 작용한다. 그런데 중요한 것은 '나'에게 '고향 사람들'이 반가움의 대상, 동일시의 대상이 아니고 무서움의 대상, 비동일시의 대상이 되고 있다는 점이다. 고향 사람들은 약하고 가난한 노인과 여성들인데, 그들 모두가 하는 말들은 하나같이 농촌적 삶에 대한 원망과 한탄뿐이다. 언술 주체인 '나'에게 그 소리는 '나'의 무의식적인 욕망, 곧 '고향 냄새', '고향 사람'과의 동일 시적 욕망을 억누르는 상징계적 타자의 소리로 들린다. 그들의 소리는 고향을 떠나오기 전의 '나'의 목소리와 그대로 닮아 있다. 농촌에서의 삶은 여전히 억압받는 부정의 세계를 환기시킨다. 그래서 '나'는 그들과의 분리를 욕망하게 된다. 이물질인 무의식이 상징계에 주체를 위치시키게 한 것이다.

 "슬그머니 자리를 떠서/ 을지로 육가 행 버스를 탈까"하는 것은 상징계적 주체를 세우려는 욕망에 지나지 않는다. 그러나 그 욕망에 의해 을지로 육가에 들어서게 되지만, 정작 '나'는 상징계적 주체를 세우지 못하고 흔들리는 주체로 존재하게 된다. '나는 더욱 비겁해지고'라는 언술이 이를 대변한다. 이에 따라 '나'는 상징계적 주체와 상상계적 주체 어느 쪽에도 위치하지 못하는 상태를 보인다. 이렇게 말하고 있는 주체인 '나'와 언급 당하고 있는 주체인 '나'는 타자인 무의식에 의해 분리되고 있다. 다시 말하면 '나 – 나' 사이에 메울 수 없는 틈을 만들고 있는 것이다. 언술 주체 '나'는 동일하지만 상상계의 거울로 여겨졌던 시골 사람들이 오인의 실체였음을 인식하고는 '나 – 나'로 분열되고 있는 것이다.

 농촌에서는 적어도 '우리 – 너희들' 코드가 우세했지만 도회지인 서울에서는 '나 – 나'의 코드가 우세해지고 있다. 서울은 거대한 자본으로써 공동체적인 '우리'를 해체시키고 개별화된 '나'로 원자화하는 공간이다. 그래서 '나'는 공동체적인 '우리(고향 사람들)'의 기표를 억압하고 원자화된 '나'를 상징계에 위치시키려고 한다. 그렇다면 상징계에 위치한 '나'는 자기 주체성을 정립해나가고 있을까. 결론은 '아니다'이다. 서울에서의 '나'는 자기 주체성을 정립하지 못한 채 길항하고 있을 뿐이다.

이것은 농촌에서의 삶보다 더 어려울 수 있다는 것을 의미한다. '우리'라는 공동체적인 욕망도 상실했을 뿐만 아니라 원자화된 '나'로서는 상징계적 타자들에게 저항할 수도 없기 때문이다.

여름 들어 나는 찾아갈 친구도 없게 되었다
사글세로 든 시장 뒤 반찬가게 문간방은
아침부터 찌는 것처럼 무덥고 종일
아내가 뜨개질을 하러 나가 비운 방을 지키며
나는 내가 미치지 않는 것이 희한했다
때로 다 큰 쥔집 딸을 잡고
객쩍은 농짓거리로 핀퉁이를 맞다가
허기가 오면 미장원 앞에 참외를 놓고 파는
동향 사람을 찾아가 우두커니 앉았기도 했다
우리는 곧잘 고향의 벼 농사 걱정을 하고
떨어지기만 하는 소값 걱정을 하다가도
처서가 오기 전에 어디 공사장을 찾아
이 지겨운 서울을 뜨자고 벼러댔다
허나 봉지쌀을 안고 들어오는 아내의
초췌하고 고달픈 얼굴은 내 기운을 꺾었다
고향 근처에 수리조합이 생긴다는 소문이었지만
아내의 등에 업혀 잠이 든 어린 것은
백일이 지났는데도 좀체 웃지 않았다
처서는 또 그냥 지나가 버려 동향사람은
군고구마 장사를 벌일 채비로 분주했다

—「處暑記」 전문

주지하다시피 언술 주체 '나'는 찾아갈 친구도 하나 없는 실업자이다. 농촌을 부정하고 그렇게 동경하던 서울로 왔지만 '나'의 생활은 농촌보다 더 나을 게 없다. 그래서 공간만 농촌에서 서울로 바뀌었을 뿐이지 주체인 '나'의 욕망을 텍스트로 구축하는 원리는 거의 동일하다. 부연하면 「겨울밤」, 「농무」 등의 시적 코드를 변환하여 「처서기」 텍스트를 구축해 나가고 있다는 점이다. 예컨대 '화투 놀이'는 주인집 딸에게 '농짓거리'하는 코드로, '뒷방, 가설무대'는 '문칸방' 코드로, '텅빈 운동장'은 '빈 방'의 코드로, '슬픔, 괴로움, 발버둥'은 '미치는' 코드로, '쌀값, 비료값'은 '벼농사, 소값' 코드로, 농사를 '여편네'에 맡겨두자는 것은 봉지쌀을 들고 오는 '아내'의 코드로, '분이가 아기 뱄다'는 소문은 '수리조합이 생긴다'는 소문의 코드로, '양계 양돈'을 해볼까 하는 것은 어디 '공시장'을 찾아 봐야겠다는 코드 등으로 변환되고 있을 뿐이다.

탈향한 서울에서의 삶은 사글세로 든 '문칸방'이 상징하는 것처럼 빈곤 그 자체이다. 그 빈곤도 아내가 뜨개질하며 버는 돈으로 겨우 해결해 나가고 있다. "나는 내가 미치지 않는 것이 희한했다"는 언술도 그래서 가능하다. 극심한 빈곤의 억압은 언술 주체인 '나'를 언술내용의 타자로 만드는 결과를 낳고 있다. '내가 미치지 않은 이유'를 모를 정도이니까 말이다. 이 언술에는 '내가 미쳐야 했다'와 '내가 미치지 않았다'의 모순된 두 목소리가 융합되어 있다. 예의 전자는 상징계적 주체 자리의 포기를 의미하고 후자는 상징계적 주체 자리의 지속을 의미한다. 그런데 타자인 무의식은 주체로 하여금 그 어느 쪽에도 위치하는 것을 허락하지 않고 있다. 포기와 지속의 싸움인 셈이다. '내'가 주인집 딸과 농지거리하거나 참외 파는 동향사람을 찾아가 우두커니 앉아 있기도 한 것은 주체의 지속을 위해서다. 다시 말해서 미치지 않고 사는 상징계적 자아를 내세우기 위해서다. 그런데도 불구하고 그 동향사람과 만나 '나'라는 주체에서 '우리'라는 주체로 잠시 전환되면, 무의식속에 잠재해 있는 고향 이야기 곧 벼농사, 소값 걱정 등을 이야기하게 된다. 말할 것도 없이 이때에는 상징계적 자아의 포기를 의미한다. 그로 인해서 나온 언술이 "어느 공사장을 찾아/ 이 지겨운 서울을 뜨자"이다.

프로이트에 의하면 주체 속에 있는 무의식은 타자이다. 그리고 이 타자는 하나의 이물질로써 이성으로 완전히 제어되지 않는다.[25] 언술 주체 '나'의 무의식도 그러하다. 내가 농촌에 살고 있을 때에는 서울을 동경하는 무의식을 보이다가, 막상 서울에 살고 있을 때에는 농촌을 그리워하는 무의식을 보인다. 나의 무의식속에는, '서울'은 돈 없는 사람을 미치게 한다는 것과 '우리'를 무장해제하여 오로지 단독자로서의 '나'만을 존재하게 한다는 공포가 내재되어 있다. 그래서 나는 '서울을 뜨자'고 벼르고 있다. 하지만 나의 욕망은 "봉지쌀을 안고 들어오는 아내의/초췌하고 고달픈 얼굴"에 의해 꺾이고 만다. 상징계적 타자인 아내에 의해 나의 욕망은 억압되어 무의식으로 존재하게 된다. 이와 같이 '나'는 '서울콤플렉스'에만 걸린 것이 아니라 '농촌-서울'콤플렉스에 동시에 걸리고 있다.[26] 이성으로 제어되지 않는 이러한 이물질에 의해 언술 주체 '나'는 상징계적 주체를 정립하지 못하고 '농촌-서울'로부터 타자화되고 있다. 주체 자리를 상실한 셈이다. 이렇게 '나'가 주체 자리를 상실할 수밖에 없는 것은 상상계적 세계에서조차 '나'의 욕망을 받아주고 실현해 줄 상상계적 큰 타자, 곧 어머니 같은 타자가 없기 때문이다. 신경림은 그러한 주체에게 자리를 부여하기 위해 시적 욕망을 지속적으로 산출하게 된다. 그것은 이념이 부재한 '우리', '나'의 주체성 정립이 아니라 농민으로서의 '우리', 농민으로서의 '나'를 정립하는 욕망이다.

Ⅳ. 결론

지금까지 살펴본 바와 같이 『농무』의 언술 주체는 '우리-농촌/나-도시'라는 이항대립적 코드를 바탕으로 해서 시 텍스트를 건축하고 있

---

25) 권택영(1996), 「현대문학과 타자 개념」, 『현대시사상』 겨울호, pp.104~110. 참조.
26) 강정구는 농민이 근대적인 서울을 비판하면서도 서울을 동경하는 것을 '서울콤플렉스'라고 언급한다.(강정구(2004. 3), 앞의 논문, p.313. 참조.) 하지만 서울이 동경의 대상이 아니라 실제의 삶이 될 때에는 '농촌-서울'의 콤플렉스로 나타난다.

다. 그리고 그 兩項의 코드는 주체의 욕망에 의해 상호 배척·융합하기도 하는 갈등의 구조를 보여준다. 예의 그 갈등의 구조 속에서 언술 주체는 자기 주체성을 정립하지 못한 채 분열되고 있다.

간결하게 그 내용을 요약하면, 「겨울밤」의 언술 주체인 '우리'는 상징계적 타자들인 '너희들'의 억압에 의해 상징계적 주체와 상상계적 주체로 분리되면서 갈등을 겪는다. 상상계적 세계에 위치하려는 언술 주체는 '술', '술집 색시', '계집들', '눈' 등의 기표를 통하여 슬픔과 괴로움이 없는 합일의 세계를 욕망한다. 하지만 동시에 언술 주체인 '우리'는 상징계적 타자들의 전략에 빠져 양계·양돈 사업을 해보겠다는 무의식적인 욕망을 보인다. 이것은 상징계적 타자들의 세계에 '나'를 위치시키려는 욕망이다. 이러한 대립적 갈등에 의해 결국 '우리'로서의 단일한 주체성을 세우지 못하고 두 주체로 분열되고 만다. 예의 「농무」도 이러한 대립적 코드 원리에 의해 건축된 텍스트이다. 「농무」의 언술 주체인 '우리'는 상징계에 위치하려는 욕망을 보여준다. 그러나 그 욕망 또한 '분을 칠한 얼굴'(가짜 상징계)과 '분을 칠하지 않는 얼굴'(진짜 상징계)로 대립·갈등하고 있다. 전자는 농무의 신명을 타는 '우리'로서의 주체이고 후자는 농무의 신명을 타지 못하는 '우리 속의 나'라는 주체이다. '우리 속의 나'는 농무의 신명을 부정하며 산구석의 농사를 여편네에게 맡겨놓고 탈향하려는 주체이다. 이 탈향의 주체에게 '도시'는 상상계적 세계에 해당한다.

이렇게 자기 주체성을 정립하지 못하자 '우리 속의 나'는 실제로 농촌을 부정하고 서울로 탈향하게 된다. 하지만 농촌과 대립되는 서울은 '우리'라는 공동체적인 주체를 붕괴시킬 뿐만 아니라 개별적인 주체인 '나'의 의식과 무의식을 극도로 교란시키는 공간으로 작용한다. 그래서 언술 주체인 '나'는 '나 – 나'로 분열되면서 농촌과 도시로부터 모두 타자화가 되고 만다. 가령 「시외버스 정거장」에서는 고향과 고향사람들을 동일시하려는 상상계적 자아와 그러한 것들과 분리되고자 하는 상징계적 자아가 대립·갈등하고 있다. 「시외버스 정거장」의 코드 원리는 변환되어「處暑記」를 건축하는 코드로 나타난다.「처서기」의 언술 주체인 '나'는 극심한 빈곤의 억압에 의해 '내가 미쳐야 했다'라는 자아와 '내가 미치지 않았다'라는 자아로 분열되고 있다. 전자는 상징계적 주체를 포기한 자아로 서울을 떠나자는 욕망을, 후자는 상징계적 주체를 지속하는 자아로서 서울을 떠날 수 없다는 욕망을 보인다. 결국 분열된 욕망에 의해 '나'는 자기 주체성을 정립하지 못한 채 무의식의 타자로 전전하고 있을 뿐이다. 이에 따라 신경림은 그러한 주체에게 정립된 주체성을 부여하기 위해 시적 욕망을 지속적으로 산출하게 된다.

참 고 문 헌

* 이상화의 참고문헌

〈단행본〉

김경용, 『기호학이란 무엇인가』, 민음사, 1994.

김재홍, 「尙火 이상화」, 『한국현대시인연구』, 일지사, 1989.

김재홍, 『이상화(문학의 이해와 감상 74)』, 건국대학교 출판부, 2008.

김학동, 「尙火 이상화론」, 『한국근대시인연구』, 일조각, 1974.

김학동, 『이상화(한국문학의 현대적해석 10)』, 서강대학교 출판부, 1996.

멀치아 엘리아데, 이동하 역, 『聖과 俗-종교의 본질』, 학민사, 1994.

문덕수, 「이상화와 로만주의」, 신동욱 편, 『이상화연구』, 새문사, 1981.

양애경, 『이상화 시의 구조연구』, 한국문학도서관, 2008.

이승훈 엮음, 『한국문학과 구조주의』, 문학과비평사, 1998.

이어령, 「몸과 보행의 시학-〈빼앗긴 들에도 봄은 오는가〉」, 『詩 다시 읽기』,
        문학사상사, 1995.

필립 윌라이트, 김태옥 역, 『은유와 실재』, 문학과지성사, 1993.

〈논문〉

김기택, 『한국 현대시의 '몸' 연구: 이상화·이상·서정주의 시를 중심으로』,
        경희대학교 대학원 국어국문학과, 2007.

김은철, 「이상화의 시를 통해서 본 한국시가의 관념과 현실」, 『한국문예비
        평연구』 제23집, 한국현대문예비평학회, 2007.

김주연, 「신령주의와 조선문학의 건설-〈빼앗긴 들에도 봄은 오는가〉에 대
        한 새로운 해석」, 『문학·선』, 문학·선, 2004. 상반기.

김태엽, 「이상화 시어에 나타나는 경북 방언」, 『우리말글』 제41집, 우리말
        글학회, 2007.

손민달, 「이상화 시의 환상성 연구」, 『국어국문학』 제150호, 국어국문학회,
        2008.

송명희, 「이상화 시의 장소와 장소상실」, 『한국시학연구』 제23호, 한국시학회, 2008.

엄성원, 「한국 근대시 문학사 교육의 모형 연구: 1920년대 홍사용과 이상화의 시를 중심으로」, 『교양교육연구』 제6권 제3호, 한국교양교육학회, 2012.

유병관, 「〈나의 침실로〉론」, 『반교어문연구』 제13집, 반교어문학회, 2001.

육근웅, 「〈빼앗긴 들에도 봄은 오는가〉의 한 이해」, 『대전어문학』 제16집, 대전대 국어국문학회, 1999.

이기철, 「이상화의 〈나의 침실로〉, 〈빼앗긴 들에도 봄은 오는가〉 해석의 제문제」, 『한국시학연구』 제6호, 한국시학회, 2002.

이대규, 「〈이상화의 '빼앗긴 들에도 봄은 오는가'는 저항시인가〉」, 『선청어문』 제24집, 서울대 국어교육과, 1996.

이동순, 「태산교악의 시정신-이상화론」, 『문예미학』 제9호, 문예미학회, 2002.

정우택, 「'근대 시인' 李相和」, 『반교어문연구』 10집, 반교어문학회, 1999.

정유화, 「꿈의 침실과 꿈의 보행을 위한 시적 코드:이상화론」, 『어문연구』 144호, 한국어문교육연구회, 2009.

정효구, 「〈빼앗긴 들에도 봄은 오는가〉의 구조시학적 분석」, 『관악어문연구』 제10집, 서울대 국어국문학과, 1985.

조두섭, 「이상화의 시적 신명과 양심의 강령」, 『비평문학』 제22호, 한국비평문학회, 2006.

진순애, 「1920년대 연애시와 사랑의 정치학: 이상화, 소월, 만해 시를 중심으로」, 『비평문학』, 한국비평문학회, 2009.

최현식, 「민족과 국토의 심미화-이상화의 시를 중심으로」, 『한국시학연구』 제15호, 한국시학회, 2006.

홍문표, 「자기 동일성의 상실과 회복-〈나의 침실로〉에 대한 언술적 의미」, 『인문과학연구논총』 제18집, 명지대 인문과학연구소, 1998.

*정지용의 참고문헌

〈단행본〉

권영민, 『정지용 시 126편 다시 읽기』, 민음사, 2004.

김신정, 『정지용 문학의 현대성』, 소명출판, 2000.

김신정 엮음, 『정지용의 문학 세계 연구』, 깊은샘, 2001.

김용희, 『정지용의 시의 미학성』, 소명출판, 2004.

김은자 편, 『정지용』, 새미, 1996.

김종태, 『정지용 시의 공간과 죽음』, 월인, 2002.

김학동, 『정지용 연구』, 민음사, 1997.

문덕수, 「정지용론」, 『한국 모더니즘시 연구』, 시문학사, 1981.

손병희, 『정지용 시의 형태와 의식』, 국학자료원, 2007.

오탁번, 「지용시의 제재」, 『현대문학산고』, 고려대학교 출판부, 1979.

이숭원, 『정지용 시의 심층적 탐구』, 태학사, 1999.

장도준, 「정지용의 『백록담』의 세계와 미적 논리」, 『한국 현대시의 전통과
        새로움』, 새미, 1998.

진순애, 「정지용 시의 내적 동인으로서 童詩」, 『현대시의 자연과 모더니티』,
        새미, 2003.

최동호 외, 『다시 읽는 정지용 시』, 월인, 2003.

최동호, 『정지용시와 비평의 고고학』, 서정시학, 2013.

한계전, 『한계전의 명시 읽기』, 문학동네, 2002.

〈논문〉

고형진, 「지용 시와 백석 시의 이미지 비교 연구」, 『현대문학이론연구』제
        18집, 현대문학이론학회, 2002.

권정우, 「정지용 시론 연구」, 『개신어문연구』제24집, 개신어문학회, 2006.

김동근, 「정지용 시의 공간체계와 텍스트의 의미」, 『한국문학이론과비평』
        제22집, 한국문학이론과비평학회, 2004.

김문주, 「해방 전후 정지용의 글쓰기와 내면 풍경」, 『어문논집』제68집, 민
        족어문학회, 2013.

김용희, 「정지용 시에서 자연의 미적 전유」, 『현대문학의 연구』 제22집, 한국문학연구학회, 2004.

나민애, 『1930년대 한국 이미지즘 시의 세계 인식과 은유화 연구: 정지용과 김기림을 중심으로』, 서울대 대학원 국어국문학과, 박사학위논문, 2013.

박명옥, 「정지용의 「장수산 1」과 漢詩의 비교연구」, 『한국문학이론과 비평』 제27집, 한국문학이론과 비평학회, 2005.

박순원, 「정지용 시에 나타난 색채어 연구」, 『비평문학』 제24호, 한국비평문학회, 2006.

송기한, 「정지용의 시에 나타난 가톨릭시즘의 의의와 한계」, 『한중인문학연구』 제39집, 한중인문학회, 2013.

여태천, 「정지용 시어의 특성과 의미」, 『한국언어문학』 제56집, 한국언어문학회, 2006.

이상오, 「정지용 후기 시의 시간과 공간」, 『현대문학의 연구』 제26집, 한국문학연구학회, 2005.

이선이, 「정지용 후기시에 있어서 전통과 근대」, 『우리문학연구』 제21집, 우리문학회, 2007.

이태희, 「정지용 시의 체험과 공간」, 『어문연구』 제129호, 한국어문교육연구회, 2006.

장철환, 「정지용 시의 리듬 연구」, 『한국시학연구』 제36호, 한국시학회, 2013.

정유화, 「'집-기차-배'의 공간기호체계 연구: 정지용론」, 『한민족문화연구』 제25집, 한민족문화학회, 2008.

진수미, 「정지용 시의 회화지향성 연구」, 『비교문학』 제41집, 한국비교문학회, 2007.

최동호, 「한국 현대시와 산수시의 미학: 중국과 한국의 산수화론과 지용의 시」, 『비교문학』 제28권, 한국비교문학회, 2002.

* 이육사 · 윤동주의 참고문헌

⟨단행본⟩

강창민, 『이육사 시의 연구』, 국학자료원, 2002.

권영민 엮음, 『윤동주 연구』, 문학사상사, 1995.

김열규, 「「광야」의 씨앗(Ⅰ.Ⅱ)」, 『한국문학사』, 탐구당, 1992.

김영무, 「이육사론」, 『창작과비평』 여름호, 창작과비평사, 1975.

김용직 편, 『이육사』, 서강대학교출판부, 1995.

김용직, 「시와 역사의식 : 이육사론」, 김용직.손병희 편, 『이육사 전집』, 깊
　　　　은샘, 2004.

김재홍, 「육사 이원록」, 『한국현대시인연구』, 일지사, 1989.

김재홍, 「윤동주-암흑기의 등불, 시의 별」, 『한국현대시인연구』, 일지사,
　　　　1989.

김종길, 「한국시에 있어서 비극적 황홀」, 『진실과 언어』, 일지사, 1974.

김학동, 「육사 이원록론」, 『한국현대시인연구』, 민음사, 1984.

김학동, 『이육사 평전: 천고 뒤의 초인이 부를 노래의 씨』, 새문사, 2012.

문덕수, 「이육사론—공간 구조의 체계」, 문덕수 외 편, 『한국현대시인연구
　　　　하』, 푸른사상, 2001.

박민영, 「윤동주 시의 상상력-자기인식」, 『현대시의 상상력과 동일성』, 태
　　　　학사, 2003.

오세영, 「이육사의 「절정」-비극적 초월과 세계인식」, 김용직 · 박철희 편,
　　　　『한국현대시작품론』, 문장, 1994.

이기서, 「윤동주 시에 나타난 세계상실구조」, 『한국현대시의식연구』, 고려
　　　　대 민족문화연구소, 1984.

이사라, 『시의 기호론적 연구』, 도서출판 중앙, 1987.

이어령, 「자기확대의 상상력-이육사의 시적 구조」, 김용직 편, 『이육사』,
　　　　서강대학교출판부, 1995.

조창환, 『이육사—투사의 길과 초극의 인간상』, 건국대학교출판부, 1998.

F. 카프라, 이성범 · 김용정 옮김, 『현대물리학과 동양사상』, 범양사출판부,
　　　　2002.

N. 프라이, 임철규 역, 『비평의 해부』, 한길사, 1986.

〈논문〉

강진호, 「이육사―일제하 암흑기의 별」, 『문화예술』 제204호, 1996.

김승희, 「1/0의 존재론과 무의식의 의미작용 – 새로 쓰는 윤동주론」, 『현대 시 텍스트 읽기』, 태학사, 2001.

권영민, 「이육사의 〈절정〉과 〈강철로 된 무지개〉의 의미」, 『새국어생활』 제9권 제1호, 국립국어연구원, 1999.

김광화, 『한국 현대시의 공간 구조 연구―청마와 육사, 김춘수와 김수영을 중심으로』, 서강대 대학원 국어국문학과, 박사학위논문, 1994.

김윤식, 「절명지의 꽃 : 이육사론」, 『시문학』, 시문학사, 1973. 12.

김종길, 「이상화된 시간과 공간」, 『문학사상』 2월호, 문학사상사, 1986.

김창완, 「이육사의 「청포도」 검토」, 『한국언어문학』 29, 한국언어문학회, 1991.

김현자, 「이육사 시에 나타난 상상력의 구조」, 『논총』 제40집, 한국문화연 구원, 이화여자대학교, 1982.

김현자, 「〈황혼〉 속에 자신도 우주화」, 『문학사상』 2월호, 문학사상사, 1986.

김흥규, 「육사의 시와 세계인식」, 『창작과비평』 여름호, 창작과비평사, 1976.

마광수, 「궁극적 이상과 현실적 시련의 암시-"별헤는 밤"의 구조분석」, 『문 학사상』 4월호, 문학사상사, 1986.

박태일, 「이육사 시의 공간 현상」, 『국어국문학』 제22호, 부산대 국어국문 학과, 1984.

박현수, 「이육사의 주리론적 수사관과 '서울'의 해석」, 『새국어교육』 제61 호, 2001.

박현수, 「이육사 시 연구의 몇 가지 문제들」, 『현대문학』 4월호, 현대문학 사, 2004.

이남호, 「비극적 황홀의 순간 묘파」, 『문학사상』 2월호, 문학사상사, 1986.

이사라, 「이육사 시의 기호론적 연구 : '한 개의 별'의 의미작용」, 『논문집〉 30, 서울산업대학교, 1989.

이형권, 「이육사 시의 구조 분석적 연구―'황혼'을 중심으로」, 『어문연구』 제25호, 어문연구회, 1994.

* 백석의 참고문헌

〈단행본〉

고형진, 『백석 시를 읽는다는 것』, 문학동네, 2013.

김명인, 「궁핍한 시대의 건강한 식욕 - 백석 시고」, 『시어의 풍경:한국현대시사론』, 고려대학교출판부, 2000.

김재용 엮음, 『백석전집』, 실천문학사, 1998.

소래섭, 『백석의 맛: 시에 담긴 음식, 음식에 담긴 마음』, 웅진씽크빅, 2009.

유종호, 『다시 읽는 한국 시인:임화, 오장환, 이용악, 백석』, 문학동네, 2002.

이동순 편, 『白石詩全集』, 창작과비평사, 1987.

이숭원, 『백석: 갈매나무의 시인』, 살림출판사, 2012.

정유화, 「백석론」, 『한국 현대시의 구조미학』, 한국문화사, 2005.

정효구 편, 『한국현대시인연구 · 백석』, 문학세계사, 1996.

최동호 외, 『백석 시 읽기의 즐거움』, 서정시학, 2006.

〈논문〉

강외석, 「백석시의 음식 담론考」, 『배달말』 제30호, 배달말학회, 2002.

고형진, 「지용 시와 백석 시의 이미지 비교 연구」, 『현대문학이론연구』 제18집, 현대문학이론학회, 2002.

김문주, 「백석 문학 연구의 현황과 문학사적 균열의 지점」, 『비평문학』 45호, 한국비평문학회, 2012.

김용희, 「'몸말'의 민족시학과 민족 젠더화의 문제」, 『여성문학연구』 통권 12호, 한국여성문학학회, 2004.

김춘식, 「사소한 것의 발견과 전통의 자각:백석의 시를 중심으로」, 『청람어문교육』 제31집, 청람어문교육학회, 2005.

박여성 · 김성도, 「아르스 쿨리나에-음식기호학 서설」, 『텍스트언어학』 제8집, 한국텍스트언어학회, 2000.

박여성, 「융합기호학의 프로그램으로서의 음식기호학」, 『기호학연구』 제14집, 한국기호학회, 2003.

손진은, 「백석 시의 '옛것' 모티프와 상상력」, 『한국문학이론과비평』 8권 3호 제24집, 한국문학이론과비평학회, 2004.

유지현, 「백석 시에 나타난 자아의식 고찰」, 『현대문학이론연구』 제19집, 현대문학이론학회, 2003.

이경, 「5 · 60년대 한국소설과 음식의 기호학」, 『사회이론』 제26호, 한국사회이론학회, 2004. 가을 · 겨울.

이광호, 「백석 시의 서술 주체와 시선 주체」, 『어문론총』 제58호, 한국문학언어학회, 2013.

이동순, 「백석의 시와 전통 인식의 방법」, 『민족문화논총』 제33집, 영남대학교 민족문화연구소, 2006.

이혜원, 「백석 시의 에코페미니즘적 고찰」, 『한국문학이론과비평』 9권 3호 제28집, 한국문학이론과비평학회, 2005.

하상일, 「백석의 지방주의와 향토」, 『한민족문화연구』 제43집, 한민족문화학회, 2013.

한수영, 「백석 시에 나타난 '소리'의 의미와 시적 기능」, 『어문연구』 제72권, 어문연구학회, 2012.

* 김광균의 참고문헌

〈단행본〉

김유중, 『김광균: 회화적 이미지와 낭만 정신의 조화』, 건국대학교출판부, 2000.

김재홍, 「김광균 ― 방법적 모더니즘과 서정적 진실」, 『한국현대시인연구』, 일지사, 1989.

김학동 · 이민호 편, 『김광균 전집』, 국학자료원, 2002.

김학동 외, 『김광균 연구』, 국학자료원, 2002.

류순태, 「김광균 시에서의 이미지와 서정의 상관성」, 『한국 현대시의 방법과 이론』, 푸른사상, 2008.

박호영, 「와사등」, 김용직 · 박철희 편, 『한국현대시 작품론』, 문장, 1994.

송기한, 「김광균 시의 전향과 근대성의 문제」, 『한국 시의 근대성과 반근대성』, 지식과교양, 2012.

조영복, 「모더니즘 시의 '현실'과 그 기호적 맥락」, 『한국 현대시와 언어의 풍경』, 태학사, 1999.

진순애, 「김광균 시의 자연과 모더니티」, 『현대시의 자연과 모더니티』, 새미, 2003.

〈논문〉

김석준, 「김광균의 시론과 지평융합적 시의식」, 『한국시학연구』제21호, 한국시학회, 2008.

김영원, 「김광균과 소멸의 시학」, 『선청어문』제19집, 서울대 국어교육과, 1991.

김 훈, 「한국 모더니즘시의 분석적 연구－김광균 시의 구조」, 『어문연구』 88호, 한국어문교육연구회, 1995.

나희덕, 「김광균 시의 조형성과 모더니티」, 『한국시학연구』제15호, 한국시학회, 2006.

박민규, 「중간파 시 논쟁과 김광균의 시론」, 『배달말』제50호, 배달말학회, 2012.

박성필, 「김광균 시의 소리 표상에 관한 연구」, 『국어교육』130호, 한국어교육학회, 2009.

박영환, 「'설야'의 시문법적 분석」, 『한남어문학』제19집, 한남대 국어국문학회, 1993.

박현수, 「김광균 시의 '형태의 사상성'과 이미지즘의 수사학」, 『어문학』79집, 한국어문학회, 2003.

엄홍화, 「김광균과 하기방의 시관 비교」, 『비평문학』제30호, 한국비평문학회, 2008.

윤지영, 「김광균 초기작의 근대적 면모」, 『어문연구』제112호, 한국어문교육연구회, 2001.

이경애, 「김광균 시의 '낯설게 하기' 기법과 시적 의미」, 『한국언어문학』제59집, 한국언어문학회, 2006.

정재찬, 「현대시 교육의 방향」, 『문학교육학』제19호, 역락.

조용훈, 「김광균 시론 연구」, 『논문집』제40집, 제주교육대학교, 2003.

* 김현승의 참고문헌

〈단행본〉

곽광수,『한국현대시문학대계 17: 김현승』, 지식산업사, 1982.

곽광수,「김현승론」, 박철희·김시태 편,『작가·작품론-시』, 문학과비평사, 1990.

김영석,「내면적 질의 힘-김현승론」, 이승하 편저,『김현승』, 새미, 2006.

김윤식,「신앙과 고독의 분리문제-김현승론」,『한국현대시론비판』, 일지사, 1975.

김재홍,「다형 김현승」,『한국현대시인연구』, 일지사, 1989.

노드롭 프라이, 임철규 역,『비평의 해부』, 한길사, 1986.

멀치아 엘리아데, 이동하 역,『성과 속:종교의 본질』, 학민사, 1994.

미르치아 엘리아데, 이재실 옮김,『종교사 개론』, 까치, 1994.

미카엘 리파떼르, 유재천 옮김,『시의 기호학』, 민음사, 1993.

바슐라르, 곽광수 역,『공간의 시학』, 민음사, 1993.

소두영,『기호학』, 인간사랑, 1993.

송기한,「김현승 시에서의 성과 속의 길항관계」,『한국 시의 근대성과 반근대성』, 지식과교양, 2012.

숭실어문학회 편,『다형 김현승 연구』, 보고사, 1996.

유성호,「김현승 시의 분석적 연구」,『다형 김현승 연구 박사학위 논문선집』, 다형김현승시인기념사업회, 2011.

이승하 편,『김현승』, 새미, 2007.

이어령,『시 다시 읽기』, 문학사상사, 1995.

잭 트레시더, 김병화 옮김,『상징 이야기』, 도솔출판사, 2007.

조태일,『김현승 시정신 연구』, 태학사, 1998.

필립 윌라이트, 김태옥 역,『은유와 실재』, 문학과지성사, 1993.

〈논문〉

권성훈,「김현승 시 '고독'에 대한 라캉의 정신분석」,『문학과 종교』, 한국문학과종교학회, 2012.

금동철,「김현승 시에서 자연의 의미」,『우리말글』40, 우리말글학회, 2007.

김문주, 「추상과 구체, 그 어긋남의 관습」, 『작가세계』 68호, 2006.

김옥성, 「김현승 시에 나타난 전이적 상상력 연구」, 『한국현대문학연구』 제9집, 한국현대문학회, 2001.

_____, 「김현승 시의 종말론적 사유와 상상」, 『한국문학이론과비평』 제38집, 한국문학이론과 비평학회, 2008.

김윤정, 「기독교 해석학적 관점에서 본 김현승의 문학」, 『한중인문학연구』 제29집, 한중인문학회, 2010.

김인섭, 「김현승 시의 '어둠·청각심상' 고찰」, 『한국문학이론과 비평』, 한국문학이론과 비평학회, 2013.

박몽구, 「김현승 시의 이미지와 주제의 관련성 연구」, 『한국언어문화』 제22집, 한국언어문화학회, 2002.

박종철, 「김현승의 시와 3원적 구조」, 『우리문학연구』 23, 우리문학회, 2008.

손미영, 「김현승의 고독과 루시퍼 콤플렉스」, 『한민족문화연구』 제31집, 한민족문화학회, 2009.

유혜숙, 「김현승 시에 나타난 '어둠·밤' 이미지」, 『비평문학』 33호, 한국비평문학회, 2009.

이은봉, 「김현승의 시와 고독의 세 층위」, 『시와 시』 제12호(가을호), 푸른사상, 2012.

최문자, 「김현승 시 연구」, 『돈암어문학』 12호, 돈암어문학회, 1999.

홍용희, 「고독과 신성의 변증: 김현승론」, 『한민족문화연구』, 제43집, 한민족문화학회, 2013.

* 신동엽의 참고문헌

〈단행본〉

구중서·강형철 편, 『민족시인 신동엽』, 소명출판, 1999.

김경복, 「신동엽 시와 무정부주의」, 『한국 아나키즘시와 생태학적 유토피아』, 다운샘, 1999.

김영철, 「신동엽 시의 상상력 구조」, 『한국 현대시의 좌표』, 건국대학교출판부, 2000.

김완하, 『신동엽의 시와 삶: 우주적 순환과 원수성의 환원』, 푸른사상, 2013.

김응교, 『신동엽: 사랑과 혁명의 시인』, 글누림, 2011.

남기택, 『(근대의 두 얼굴) 김수영과 신동엽』, 청운, 2009.

신동엽, 『누가 하늘을 보았다 하는가』(신동엽시선집), 창작과비평사, 1979.

신동엽, 『신동엽전집』(수정증보판), 창작과비평사, 1985.

프리초프 카프라, 이성범·김용정 옮김, 『현대물리학과 동양사상』, 범양사 출판부.

〈논문〉

강계숙, 「1960년대 한국시에 나타난 윤리적 주체의 형상과 시적 이념: 김 수영·김춘수·신동엽의 시를 중심으로」, 연세대학교 대학원 국 어국문학과 박사학위논문, 2008.

강형철, 「신동엽 시의 근원사상과 새로운 연구방향의 모색」, 『한국언어문 화』 제39집, 한국언어문화학회, 2009.

강은교, 「신동엽 연구 2」, 『국어국문학』 13집, 동아대 국어국문학과, 1994.

김석영, 「아나키즘의 시정신과 탈식민성–신동엽의 작품을 중심으로」, 『어 문학』 제81집, 한국어문학회, 2003.

김영철, 「신동엽 시의 상상력 구조」, 『우리말글』 16집, 우리말글학회, 1998.

김창완, 「신동엽 시의 原型的 연구」, 『한남어문학』 제19집, 한남대 국어국 문학회, 1993.

김창완, 「신동엽 시의 담화 구조」, 『한남어문학』 제20집, 한남대 국어국문 학회, 1995.

김현정, 「신동엽 시의 고향의식」, 『어문연구』 45, 어문연구학회, 2004.

남기택, 「신동엽 시의 '지역'과 '저항'」, 『비평문학』 제18호, 한국비평문학 회, 2004.

박미경, 「신동엽 문학의 극성 발현양상 연구」, 아주대 대학원 국어국문학 과, 박사학위논문, 2012.

박수연, 「신동엽의 문학과 민족 형이상학」, 『어문연구』 38, 어문연구학회, 2002.

양은창, 「신동엽 시의 서정 양상」, 『어문연구』 50, 어문연구학회, 2006.
유 승, 「신동엽의 아나키스트적 상상력」, 『한국학연구』 41집, 고려대학교
    한국학연구소, 2012.
이경수, 「신동엽 시의 공간적 특성과 심상지리」, 『비평문학』 39호, 한국비
    평문학회, 2011.
조강석, 「신동엽 시의 민주주의 미학 연구」, 『한국시학연구』 제35호, 한국
    시학회, 2012.

* 신경림의 참고문헌

〈단행본〉

김윤정, 「민중에서의 '울음'의 의미-신경림론」, 『한국현대시와 구원의 담론』,
    박문사, 2010.
박혜경, 「토종의 미학, 그 서정적 감정 이입의 세계」, 구중서·백낙청·염
    무웅 편, 『신경림 문학의 세계』, 창작과비평사, 1995.
신경림, 『농무』, 창작과비평사, 1975.
엘리자베드 라이트, 권택영 역, 『정신분석비평』, 문예출판사, 1995.
유종호, 「서사 충동의 서정적 탐구」, 구중서·백낙청·염무웅 편, 『신경림
    문학의 세계』, 창작과비평사, 1995.
윤호병, 「신경림의 시세계」, 『한국현대시의 구조와 의미』, 시와시학사, 1995.
자크 라캉, 권택영 엮음, 『욕망 이론』, 문예출판사, 1997.
조태일, 「열린 공간, 움직이는 서정, 친화력-시집 『농무』를 중심으로」, 구
    중서·백낙청·염무웅 편, 『신경림 문학의 세계』, 창작과비평사,
    1995.

〈논문〉

강정구, 「신경림의 시집 『농무』에 나타난 탈식민주의 연구」, 『어문연구』
    121호, 한국어문교육연구회, 2004.
강정구·김종회, 「문학지리학으로 읽어본 신경림 문학 속의 농촌: 1950-70
    년대의 작품을 중심으로」, 『한국문학이론과 비평』 제56집, 한국문
    학이론과 비평학회, 2012.

고현철, 「신경림 시의 장르 패러디 연구」, 『한국문학논총』 제44집, 한국문학회, 2006.

공광규, 「신경림 시의 풍자적 상상과 창작방법」, 『한국문예창작』 제6호, 한국문예창작학회, 2004.

김석환, 「신경림 시집 『농무』의 기호학적 연구」, 『한국문예비평연구』, 한국현대문예비평학회, 2000.

김홍진, 「신경림 시의 장르 패러디적 특성」, 『한남어문학』 23, 한남대 국어국문학회, 1998.

노창선, 「신경림 문학공간 연구―초기 작품을 중심으로」, 『한국문예창작』 제12호, 한국문예창작학회, 2007.

류순태, 「신경림 시의 공동체적 삶 추구에서 드러난 도시적 삶의 역할」, 『우리말글』 제51집, 우리말글학회, 2011.

박몽구, 「신경림 시와 민중제의의 공간」, 『한중인문학연구』 제14집, 한중인문학회, 2005.

박혜숙, 「신경림 시의 구조와 담론 연구」, 『문학한글』 제13호, 한글학회, 1999.

서범석, 「신경림의 『농무』 연구」, 『국제어문』 제37집, 국제어문학회, 2006.

양문규, 「신경림 시에 나타난 공동체의식 연구」, 『어문연구』 50, 어문연구학회, 2006.

양병호, 「『농무』의 인지의미론적 연구」, 『국어문학』 34, 국어문학회, 1999.

오수연, 「『농무』의 문체 연구」, 『비평문학』 제26호, 한국비평문학회, 2007.

정　민, 「신경림 시론의 변화 양상과 그 의미」, 『한국현대문학연구』 25, 한국현대문학회, 2008.

찾 아 보 기

저 자 약 력

정 유 화

- 경북 선산 출생
- 중앙대 국어국문학과 및 동 대학원 박사과정 졸업
- 문학박사
- 1988년 〈동서문학〉으로 등단(시)
- 2003년 〈월간문학〉으로 등단(문학평론)
- 중앙문학상, 어문논문상, 녹색시인상 수상
- 시집으로 『청산우체국 소인이 찍힌 편지』, 『미소를 가꾸다』 등이 있음.
- 저서로는 『한국 현대시의 구조미학』, 『타자성의 시론』, 『서정주의 우주론적 언술미학』이 있음.
- 서울시립대 교양교육부 강의전담교수(歷)
- 서울시립대 강사

현대시의 기호론적 세계

저 자 / 정유화

인 쇄 / 2014년 7월 10일
발 행 / 2014년 7월 17일

펴낸곳 / 도서출판 청운
등 록 / 제7-849호
편 집 / 최덕임
펴낸이 / 전병욱

주 소 / 서울시 동대문구 용두동 767-1
전 화 / 02)928-4482
팩 스 / 02)928-4401
E-mail / chung928@hanmail.net

값 / 27,000원
ISBN 978-89-92093-41-5